스마트 하이드로포닉 가이드

수경재배학

대표 저자 박권우 · 김영식

Smart Hydroponic Guide **Hydroponic**

월드사이언스
worldscience.co.kr

대표 저자

박권우	고려대학교 명예교수
김영식	상명대학교 명예교수

공동 저자(가나다 순)

강호민	강원대학교 교수
김종윤	고려대학교 교수
이정현	전남대학교 교수
이준우	전북대학교 교수
최기영	강원대학교 교수
최은영	한국방송통신대학교 교수
황승재	경상대학교 교수

스마트 하이드로포닉 가이드

수경재배학

인 쇄 | 2025년 10월 20일
발 행 | 2025년 10월 30일

저 자 | 박권우, 김영식 외
발행인 | 신정숙
발행처 | 도서출판 월드사이언스

주 소 | 서울특별시 서초구 도구로 115 (월드빌딩 3층)
등록일자 | 1988년 2월 12일
등록번호 | 제16－1601호
대표전화 | (02) 581－5811~3
팩스 | (02) 521－6418
E－mail | worldscience@hanmail.net
URL | http://www.worldscience.co.kr

정가 | 25,000원
ISBN | 978－89－5881－328－6

저자 서문

지구의 온난화로 작물 재배환경이 나빠지고 세계적으로 도시화가 증대되면서 경작지는 축소되고 있다. 거기에 2050년까지 현재보다 20억 명이 증가된 약 90억 사람들에게 식량을 제공하기 위해서는 작물 재배 양을 현재보다 2배 이상 증가가 필요하게 된다. 지구 온난화로 불모지가 늘어나고 농경지는 제한된 상태에서 이 수요를 충족하려면 수경재배나 식물공장이 새로운 대안으로 제시되고 있다. 이러한 세계적인 농업환경 변화에 대처를 위하여 한국의 시설원예는 농가의 자발적이 노력과 정부에 지원에 힘입어서 수경재배 면적이 증대되고 버티컬 팜에 대한 시도도 증가되고 있다.

국내 수경 재배면적은 90년대 초는 100ha 정도였지만, 2010년에 약 1,000ha로 10배 증가하였다. 10년대 후반부터 딸기의 수경재배가 대폭 증가하면서 2023년 현재 채소 수경재배 4,350ha, 화훼 수경재배 면적 750ha 합계 약 5,100ha에 이르고 있다. 이와 같은 수경재배 면적의 증가는 관련된 산학연의 활동이 매우 큰 역할을 했다고 본다.

국내 수경재배 면적의 확장에 따라 20여 년 전에는 알지도 못했던 코코넛 코이어의 이용이 대폭 확대되었고 딸기의 고설재배도 폭발적으로 증가되었다. 이는 보건적인 효능이 높은 토마토와 딸기를 소비하는 시민들이 증가된 때문도 있으나, 수경재배가 생산성 증대로 소득 창출에 기여하는 것을 간파한 농가들의 적극적인 노력의 결과이다. 이 과정에서 수경재배에 대한 지적인 요구가 증대되었고, 특히 귀농 귀촌하는 엘리트 그룹은 수경재배를 통한 고품질 과채류 생산에 대한 지식의 욕구가 강하게 표출되어 새로운 재배서를 요구하기에 이르렀다.

이러한 요구에 따라 현재 세계적으로 이용되는 다양한 수경재배법에 대하여 설명하면서 사막 같은 불모지에서도 채소 생산이 가능한 식물공장(plant factory), 도심의 빌딩에서 채소 생산이 가능한 버티컬 팜(vertical farm), 국내에서는 다소 생소한 물고기를 이용하여 채소를 생산하는 수경법인 아쿠아포닉(aquaponic), 그리고 세계적으로 관심이 증가되는 유기수경(organic hydroponic) 및 스마트 하이드로포닉(smart hydroponic, 스마트 팜과 하이드로포닉을 합성한 신규 용어)의 이론과 실제를 정립하여 국내 처음으로 스마트 하이드로포닉 가이드북인 "수경재배학"을 출간하게 되었다.

그러나 수경재배 저서의 이용자가 매우 한정되어 있어 농업서적으로 출판이 가져오는 한계성은 여전한 문제점으로 남아 있지만, 스마트 수경에 관심이 있는 농가, 청년농, 취미원예가 및 일반인의 수경재배에 관련한 지식 증진에 많은 도움이 되기를 바란다.

앞으로 기회가 되면 생산성이 높은 최신 국내외 기술정보를 보다 적극적으로 수집하고 발췌하여 정리 수록하는 과정을 거쳐서 한국 최고의 “수경재배학” 지침서가 되도록 노력할 것을 약속한다.

이번 신간을 저술함에 있어서 바쁜 중에도 공동으로 집필에 참여하신 강원대학교 강호민 교수님과 최기영 교수님, 경상대학교 황승재 교수님, 고려대학교 김종윤 교수님, 전남대학교 이정현 교수님, 전북대학교 이준우 교수님, 한국방송통신대학교 최은영 교수님께 감사를 표하고 싶다.

본서를 출판함에 있어서 전문도서 출판이 가져다주는 경제적인 어려움에도 컬러판 책의 발행을 기꺼이 허락해 주신 ㈜월드사이언스에 진심으로 감사를 드린다.

끝으로 본서가 한국의 스마트 수경재배 분야의 지속적인 발전과 중동과 동남아, 아프리카에 널리 알려진 K-스마트 팜 확대 보급에 수경재배 분야 지침서로서 역할을 해주기를 바란다.

원예학 전공 60주년을 맞아
대표 저자 씀

차례

부록

제1부

총론

제 1 장 서론

1.1 수경재배 및 스마트 하이드로포닉 정의

21세기 첨단 농업 기술에서 가장 중요한 수경재배(hydroponics, soilless culture)의 의미는 '최적 영양소가 들어있는 수경액 속에 뿌리를 담구고 식물을 재배하는 기술'을 의미한다. 그러나 최근에 와서는 다양한 천연 또는 인공배지를 이용하여 식물을 재배할 뿐만 아니라 식물을 물이나 배지에 의존하지 않고 베드에 고정시킨 후에 공중에 메달린 뿌리에 양액을 분무시켜서 재배하는 분무수경법(aeroponics)이 개발되어 수경재배는 단순한 물속 재배가 아니라는 의미에서 양액재배(nutrient culture)라고 부르기도 한다. 수경재배는 영어로 'Hydroponics'라고 하는데, 이는 미국의 캘리포니아 대학의 게리크(W. F. Gericke) 교수가 만들어낸 단어로서 그리스어인 'hydro'(물)와 'ponos'(노동)의 합성어인데, 물속에서의 작업(water-working) 또는 경작[耕]을 뜻한다(Gerick, 1940). 이에 우리는 단어를 번역하여 수경재배(水耕栽培)라 칭하여 사용한다. 토양을 사용하지 않고 재배하므로 무토양재배(soilless culture)라고도 한다.

수경재배는 크게 토양이 아닌 물만을 사용하는 순수수경재배(water culture)와 암면, 펄라이트, 자갈, 모래, 피트, 버미큘라이트, 톱밥 등의 배지에 양액을 공급하여 식물을 가꾸는 배지경(substrate culture) 또는 고형배지경으로 나눈다. 이들 모두가 포괄적 의미의 수경재배, 즉 양액재배의 범주에 속한다. 그래서 현재는 수경재배를 '토양 이외의 배지(medium)에서 식물을 기르는 것'이라고 정의하고 있다. 일본에서는 이를 '양액재배'라 하며, 국내에서는 90년대까지 양액재배와 수경재배가 혼용해 사용되었다. 그러나 2000년대 들어서서 한국의 수경농가들이 양액재배 단어가 소비자들에게 좋은 의미로 각인되지 않는다고 주장하여 수경재배만을 사용하고 있다.

스마트 하이드로포닉(smart hydroponics)의 정의는 『스마트 농법을 수경재배에 접목하는 새로운 농법』으로서 국내에서는 처음으로 본서에서 제시를 하고 있다

1.2 수경재배의 국내외 역사

1.2.1 수경재배의 기초 연구

물을 이용하여 토양이 아닌 곳에서 식물을 기르기 시작한 역사는 매우 오래되었다. 이집트인들은 나일 강에서 물을 끌어와 모래밭에서 원초적인 사경 재배를 시작하였다. 그리고 바빌론의 공중정원(hanging garden, BC 600년경)과 멕시코 아즈텍(Aztec, AD 100년경)의 수상정원(floating garden)(그림 1-1, 좌)도 무토양재배의 일종이었다. 마르코 폴로(1275~1292)가 중국 여행을 하면서 수상 정원을 언급했는데, 아마도 동남아의 미얀마에서 수초로 만든 수상 정원 같은 것을 보고서 언급한 것으로 추측된다(그림 1-1, 우). 오늘날 수경재배와는 다르지만, 모래땅과 수상에서 작물 생산을 위한 노동력 제공의 역사가 이처럼 오래되었음을 알 수가 있다.

오늘날과 같은 수경재배의 연구 효시는 17세기에 그 유래를 찾을 수 있다. 1650년대에 많은 학자들은 물이 식물 생육에 중요하다고 믿었다. 벨기에의 반 헬몬트(van Helmont, 1648)는 버드나무를 화분에 심고 5년 동안 빗물만으로 식물을 가꾸었는데, 그 동안 흙의 무게는 62g이 줄어든 데 비해 식물체의 무게는 74kg이 늘어난 것을 관찰한 후, 식물이 흙이 아닌 물속에서도 자랄 수 있다는 근거를 제시했다. 18세기가 시작되면서, 영국의 우드워드(Woodward, 1699)는 토양이 식물의 생육에 중요하다고 보았다. 그는 1699년 박하를 가지고 실시한 수경재배에서 순수한 물보다 정원의 흙으로 흙탕물을 만들어 공급했을 경우에 식물의 생육이 더 촉진되는 현상을 관찰함으로써 토양의 중요성을 강조했다.

우드워드 이후에 수경재배는 두 가지 방향으로 발전했다. 두 하멜(Du Hamel, 1758)은 순수한 물과 낮은 농도의 비료 성분이 몇 가지 들어 있는 물을 이용하여 여러 가지 작물을 발아시켜서 가꾸었다. 그 결과, 비료 성분이 들어 있는 물에서 생육이 더 좋았는데, 이를 통해 하멜은 식물이 다만 순수한 물뿐 아니라 그 속에 녹아 있는 무기성분도 흡수한다고 결론지었다. 그는 계속해서 많은 순수 수경재배를 실시했고, 이를 토대로 하여 수많은 학자들이 계승 발전시켰다.

순수 수경재배가 이루어지고 있는 한편에서는 모래, 자갈, 피트, 기왓장 조각 등과 같은 천연 및 인조 배지에 식물을 심고 특정한 양액을 공급하는 재배에 대한 연구가 비그만(Wiegmann)과 폴스토르프(Polstorff) 등에 의해 수행되었다. 부싱고(Boussingault)와 소쉬르(De Sauussure)는 식물의 성장을 위해서는 탄소, 수소, 산소, 질소가 필요함을 증명하였다. 그리고 1862년 네겔리(Naegeli)와 죌러(Zöller)는 토양이 아닌 피트를 이용한

그림 1-1 아즈텍(좌)과 미얀마 수상정원(우, Google)

재배 실험을 하였다. 오늘날 수경재배가 광범위하게 행해지기까지는 독일의 슈프렝겔(Sprengel)과 리비히(Liebig, 1840)의 기초 연구가 중요한 역할을 하였다. 이들은 영양소가 식물의 생육에 어떤 영향을 미치는가를 각각 연구하였다. 수경재배 발전에 있어 가장 획기적인 역할을 한 사람은 독일의 농화학자 삭스(von Sach)와 크노프(Knop, 1857)로서, 각각 삭스액(1860), 크노프액(1865)을 발표하였다. 그 후 많은 실험을 통해 다량원소와 미량원소를 분류하였고, 영양소 간의 알맞은 비율도 연구하였다(박, 김: 1998)

1.2.2 수경재배 실용화와 학술적 발달

수경재배에 대한 기초연구는 19세기 독일 과학자들에 의해 수행되었지만, 실제적인 생산은 미국인에 의해 발전되었다. 1921년 펨버(Pember)와 아담스(Adams)는 온실 카네이션으로 사경 재배를 하였다. 1929년 캘리포니아 농업연구소의 게리크(W. F. Gericke) 등은 순수 수경재배인 물탱크 재배(tank culture)를 발전시켰다. 이것이 수경재배를 원예 생산에 이용하는 효시가 되었고, 그는 1940년 오랫동안의 실험을 토대로 하여 『무토양재배의 완벽지침서(*The Complete Guide to Soilless Gardening*)』를 펴내기도 했다. 게리크 이후에 미국뿐만 아니라 외국에서도 많은 연구가 계속되었다. 이처럼 수경재배에 관한 연구가 주로 미국 중심으로 이루어진 것은, 미국에서는 1936년 전후로 하여 역경 재배를 위시한 연구가 활발히 진행된 반면, 유럽에서는 그에 대한 연구가 비교적 천천히 이루어진 데 그 원인이 있었다고 본다.

공식적인 최초의 상업 목적의 수경재배는 1930년대 남태평양의 바위섬인 Wake Island에서 급유를 받아 운행했던 Pan American Airlines가 여행객과 승무원에게 채소를 공급할 목적으로 작은 바위섬에서 자갈을 사용하여 수경재배를 한 것이다.

미군은 2차 세계내전 중 게리그의 역경 재배를 응용해서, 남태평양의 바위섬에서 채소를 생산하여 군인들에게 공급하였다. 1945년 봄에는 대서양의 Ascension Island에서

그림 1-2 1940년대 미군의 역경 재배(좌) 및 1946년 일본 조후시 역경 온실(우)

오이, 토마토, 파프리카, 상추를 역경으로 생산했다(그림 1-2, 좌). 이 기술을 2차 세계대전 후 Iwo Jima와 Okinawa에 적용하여 미군을 위한 신선한 채소를 생산하였다. 영국의 공군도 1945년에 이라크의 페르시아 만에 위치한 전략적 기지인 Bahren 섬의 Habbaniya 지역에서 수경재배를 실시하였다. 전쟁 기간 동안, 미국과 영국의 군인들에게 신선한 채소를 공급할 목적으로 실시한 것이 수경재배를 발전시키는 큰 계기가 되었다.

2차 세계대전 종전 후에도 일본을 점령한 미군은 1946년에 일본의 조후시(調布市: 22ha)와 사가현 오쯔시(佐賀縣 大津市: 10ha)에서 역경 재배를 실시히여 채소를 조달하였는데, 이것이 일본에서 수경재배가 시작되는 계기가 되었다(그림 1-2, 우). 그 당시 미군의 역경 시설은 모두 Hydroponic Farm이라 불렀다. 전쟁이 끝난 후 1952년까지, 미군은 전 세계 해외 기지에서 연간 약 4,000톤가량의 수경채소를 생산하였다. 한국전에 참전한 미군들도 일본에서 수경재배한 채소를 공수하여 섭취하였다.

민간에서는 1959년대부터 군납이 아닌 상업 목적의 수경재배가 본격적으로 수행되었고, 이탈리아, 프랑스, 영국, 독일, 스웨덴, 소련, 이스라엘 등에서 실용화가 잇따라 시작되었다. 특히, 70년대 그로단사의 암면 재배와 영국의 Coopper가 제안한 NFT (nutrient film technique) 방법은 수경재배 발전에 기폭제 역할을 하였다.

1955년에 네덜란드의 쉐베닝언(Scheveningen)에서 있었던 제14차 국제원예학회에서 국제무토양재배학회(ISOSC : International Society for Soilless Culture)가 최초로 창설되었다. 그 당시에 이들 무토양재배학회를 이끈 사람들은 홈스(Homes), 페닝스펠트(Dr. Franz Penningsfeld, 독일) 그리고 슈타이너(Steiner, 네덜란드) 등 이었는데, 회장은 뮌헨대학 교수였던 페닝스펠트였다. 국제무토양재배학회가 결성됨으로써 이 학회를 중심으로 하여 많은 연구 활동이 수행되었다. 또한 국제원예학회 (ISHS)산하에 배지 관련 분야, 수경재배 분야, 식물공장 분야 등의 워킹 그룹이 창립되면서 장족의 학문적인 발전을 가져오게 되었다. 또한 일부 농가들과 기업체들의 적극적인 노력에 의해 세계 각국에서 상업적인 수경재배가 이루어지게 되었다. 최근에는 사막에서의 사경 재배, 도시의 녹화(greening)를 목적으로 하는 수직농장(vertical farm) 등에 대해 각국이 관심을 기울이고 있으며, 미국의 NASA가 주도하고 있는 우주농업과 같은 다양한 분야에 수경재배가 적용되어 미래의 식물생산에 크게 기여하고 있다(박, 김: 2022).

국내에서는 1995년에 한국양액재배연구회(2000년 한국수경재배연구회로 변경)가 발족하여 운용되다가 한국생물환경조절학회로 통합되어 오늘에 이르고 있다. 2020년대 들어 스마트 팜이 정부의 주도로 이루어지고 있는데, 저자는 스마트팜의 원리를 접목한 스마트 하이드로포닉을 제안하여 이 분야의 발전을 도모하고자 한다.

1.3 수경재배의 국내외 현황

1.3.1 외국의 현황

수경재배의 상업적인 역사는 겨우 60여 년에 불과했지만, 그 짧은 기간에 많은 발전을 가져왔다. 특히, 1950년대 말에 플라스틱이 농업에 이용되기 시작하면서 시설원예가 급속하게 발전했으며, 그 후 1970년대에 화학공업의 발달에 힘입어 새로운 재배용 배지와 플라스틱 제품이 개발되었고, 이를 바탕으로 하여 더욱 발전되었다.

서구에서는 다년간 고정된 유리온실 내에서 계속적으로 식물을 재배해 온 결과로 인한 연작장해가 문제시됨에 따라, 농가에서 시설자재의 발달과 함께 연작장해의 회피 방법으로서 수경재배에 대해 관심을 갖게 되었고, 이에 따라 수경재배의 발전이 가속화되었다. 특히, 수경재배에 대한 관심은 1973년에 영국 온실작물연구소의 쿠퍼(Cooper)에 의해 생력적인 NFT(박막수경: nutrient film technique)법이 발표돼서 1970년대 초의 에너지 위기를 넘김으로써 더욱 고조되었다. 하지만, NFT는 펌프의 고장, 정전 등에 의한 사고, 그리고 여름철에는 근권에 고온이 생겨나 뿌리썩음병이 발생하는 문제점 때문에 상추와 토마토 등에 주로 이용될 뿐 그 외에는 큰 진전이 없었다. 그러다가 스웨드포닉(Swedponic), 호티프란(Hortiplan) 등에 의해 NFT를 응용한 엽채류 식물공장이 확대되면서 새로운 관심의 대상이 되었다. 유럽에서는 1970년 덴마크의 그로단(Grodan) 사에서 개발된 암면 재배(rockwool culture)가 네덜란드에 본격적으로 보급되면서 원예작물 재배에 많이 적용되게 되었다. 네덜란드에서는 수경농가의 70% 이상이 암면 방법을 이용하고 있다.

1980년대에는 유럽의 수경재배 면적은 5,000~6,000ha이었다. 1990년대에는 유럽의 시설재배 면적이 약 52,000ha(Benoit, 1996)이었으며, 이 중 총 수경재배 면적은 약 11,000ha이었다. 그 가운데 채소 수경재배 면적은 약 6,600ha이었고, 98%에 해당하는 6,437ha가 고형배지경이었다. 화훼 수경재배 면적은 약 4,000ha로서 고형배지경이 약 65%였다. 당시 유럽 전체의 채소 수경재배 면적의 절반 정도인 5,000ha가 네덜란드에 있었으며, 화훼 수경재배 면적도 80% 정도를 차지하고 있었다. 수경재배 면적은 계속 증가하여 2001년에는 면적이 약 20,000~25,000ha이었는데, 2010년대는 수경재배 면적이 약 35,000ha로서 매 10년마다 10,000ha가 늘어나는 것으로 나타났다. 이 중에 약 55%가 채소수경재배이다. 2011년 기준 채소수경재배 면적 순서는 네덜란드 4,600ha, 멕시코 4,305ha, 이탈리아 4,000ha, 일본 1,500ha, 중국 1,250ha, 캐나다 1,141ha, 뉴질랜드 688ha, 미국 574ha, 터키 520ha로 나타났다. 한국은 2011년에 약 1,000ha이었지만, 국제 통계자료에는 포함되지 않았다(Resh: 2013, 박, 김: 2022).

최근의 세계 재배면적 통계는 접하기 어렵지만, 2024년 세계 수경시장은 약 40억 달러이며, 북미 약 16억, 유럽 약 12억, 아시아－태평양 5억, 라틴아메리카 4억, 기타 3억 불을 차지하고 있다. 앞으로 30년까지는 연평균 12.4%의 급속한 성장이 이루어져서 60억 달러 이상의 시장이 되리라고 예상하고 있다. 아시아－태평양 지역은 현재 전 세계 시장의 약 13%를 차지하지만, 중국, 호주, 한국, 인도, 중동 국가들이 수경법을 택함에 따라 2030년에는 전 세계 시장의 35.6% 점유율을 차지할 것으로 예상하고 있다(GVR. 2023). 수경재배되는 작물 중에 토마토 재배면적이 약 44%로 가장 많고, 허브 17%, 상추 16%, 오이류(오이, 멜론 등) 11%, 고추류(피망, 파프리카, 고추 등) 3%, 기타 8% 순서이다. 서양에서는 바질 같은 신선 허브를 토마토 샐러드, 피자 등에 필수적으로 첨가하여 취식하므로, 허브 수경 면적이 두 번째로 많다(**그림 1-3**).

온실 내의 수경재배와 함께 식물의 공장 생산에 관한 연구도 진행되었다. 식물공장의 실용화는 1970년 초에 덴마크의 크리스텐센(Christensen) 농장에서 처음 실용화시켰다.

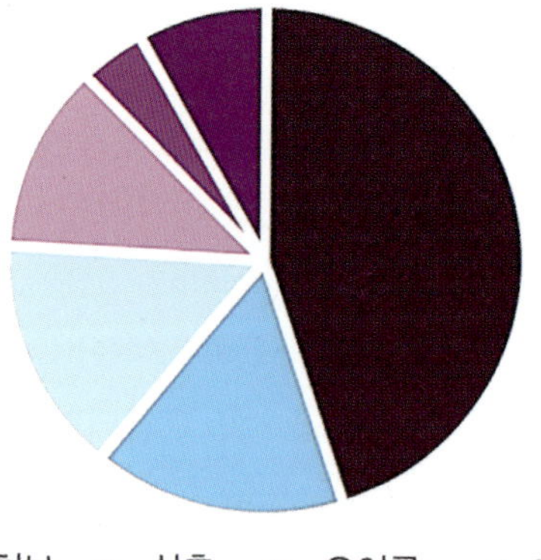

그림 1-3 세계에서 수경 재배되는 주요 채소류(GVR. 2023)

이 농장에서는 컨베이어 시스템을 이용하여 크레스(cress)라는 싹채소를 생산하고 있다. 그 후 오스트리아의 루트너(Ruthner) 사가 입체수경재배 방법을 고안했는데, 이는 높은 온실을 만들어 상하로 움직이는 컨베이어에서 식물을 기르는 방식이다. 이후 미국이나 일본 등지에서 상추 생산을 위한 대단위 식물공장이 설치되기 시작하였고, 현재 전 세계에서 크고 작은 많은 식물공장이 가동 중에 있다. 유럽에서는 스웨드포닉(Swedponics)이라는 방법에 의한 식물공장이 여러 군데에 설치되어 주로 상추들 생산하고 있으며, 허브도 일부 생산하고 있다.

근래 우주농업(space farming)에 대한 연구도 많이 이루어지는데, 이는 우주기지에서 신선한 채소 공급이 요구되기 때문이다. 이에 양액의 공급이나 환경제어 등에 관한 연구가 이루어지고 있다. 우주기지에서 한 사람에게 충분한 채소를 공급하기 위해서는 20m^{2}가 요구되며, 이에 필요 면적을 줄이는 연구도 같이 진행되고 있다.

1.3.2 한국의 현황

국내 양액재배 역사는 매우 짧은데, 중앙농업기술원에서 1954년에 10a 정도의 온실을 만들어 양액재배를 시작했지만, 이후 20여 년 동안은 연구가 전혀 이루어지지 않았다. 1970년 초부터 고려대학교의 김용철 교수 연구실에서 관비농법(fertigation, 물과 비료를 혼합해서 관수하는 농법)에 의한 사경 재배법을 연구한 것을 시작으로(김, 1970), 1977년 이후 원예시험장(현 원예특작과학원)에서는 순수수경에 대한 연구를 본격화하였다. 1980년 초에는 일부 농가가 역경 재배와 훈탄 수경재배를 수행했지만 진전이 없어서 1988년에 6.5ha에서 1992년 13ha로 증가했다. 그러나 1990년대 들어서 정부의 적극적인 지원으로 1996년 275ha, 2000년에 약 780ha로 늘어났다. 2010년까지 파프리카(348ha)와 토마토(일반 및 방울토마토, 353ha)의 재배 면적에 힘입어 971ha에 이를 만큼 중요한 작물이었다. 국내 수요의 급증에 따라서, 2013년부터 딸기 수경재배 면적이 파프리카를 추월하였다. 2015년은 1,840ha이었지만, 2020년에 전체 수경 면적이 3,469ha가 되었는데, 이는 딸기 면적이 2015년의 768ha에서 2020년에는 2,018ha로 3배 증가했기 때문이다. 2022년 4,255ha로 증가했다가 2023년에 4,005ha로 줄어든 것은 파프리카 재배 면적이 대폭 줄었기 때문이다(**그림 1-4**). 작물별로는 딸기 수경 면적이 2023년에 채소 수경재배 면적의 약 60%를 차지하고 있으며, 앞으로 꾸준한 증가가 예상된다(농축식부, 2024 a). 지난 7년간 딸기 수경 면적은 2배 증가했고, 파프리카는 일정 면적을 유지했으며, 토마토는 매년 약간씩 증가했다(**표 1-1**). 반면에 화훼 수경재배 면적은 2016년 338ha에서 2023년은 약 749ha로 2배 증가하였다. 가장 많이 재배하는 것은 장미이고, 국화, 거베라, 안스리움 그리고 기타 순이다(농축식부, 2024 b).

수경배지 종류별로 2016~2023년을 분석해 보면, 고형배지경은 약 70%에서 91%로 증가하였고, 비고형배지경은 약 30%에서 9%로 줄었다. 전 세계적으로는 고형배지경 52.5%, 비고형배지경 47.5%이지만, 우리나라는 비고형배지경이 10%대를 유지 못하는 독특한 특성을 가지고 있다. 수경 방법별로 비교해 보면, 코이어경이 42.1%로 가장 많고, 펄라이트 25.6%, 암면 5.7%, 담액 2% 순이었다(표 1-2).

식물공장에는 식물의 생산에 자동화 공정 과정이 포함되어야 하는데, 국내에서는 1990년대에 유리온실이 도입될 당시 고정식 비이동 식물 생산 시스템을 식물공장이라는 개념으로 사용해 왔다.

표 1-1 채소 작물별 수경재배 비교(농축식부, 2024)

연도	합계 (ha)	딸기	파프리카	토마토	방울 토마토	오이	고추	가지	멜론	상추	호박	기타
2016	2,265	1,149	454	336	238	20	7	14	5	9	4	29
2023	4,005	2,383	507	559	300	112	27	23	20	23	3	37

표 1-2 국내 배지 종류 및 수경법에 따른 비율 비교(농축식부, 2024)

배지별	고형배지경(91%)				비고형배지경(9%)			
수경법	펄라이트	암면	코이어	기타	담액	NFT	분무경	기타
2016	20.1	9.8	25.8	16.2	2.1	1.1	8.9	16.0
2023	25.6	5.7	42.1	17.8	2.0	0.6	1.6	4.7

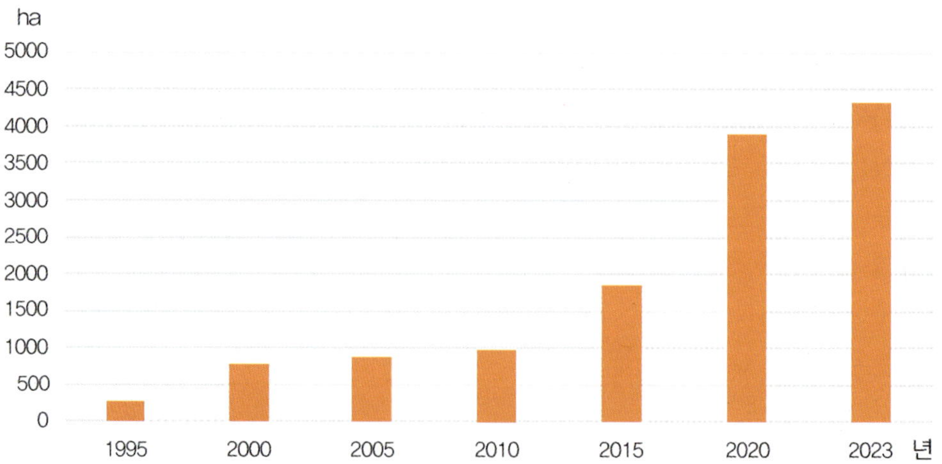

그림 1-4 국내 수경재배 연도별 증가 면적 추세

대학교, 기술원, 진흥청에서는 독자적으로 소형 식물공장을 시범 운영하였다. 진흥청에서 2011년 3층 높이의 연면적 396m^2 규모의 빌딩형 식물공장과 높이 10m 연면적 50m^2 규모의 수직재배 시스템을 제작하여 식물공장 연구를 시작하였다. 2010년대에 들어서 경기농업기술원을 비롯한 몇 개 대학과 개인 기업체가 식물공장 기초연구를 진행해 왔다. 2010년 후반부터 몇몇 기업체가 식물공장을 구축해서 운영하고 있지만, 면적은 1~2ha 미만으로 추측된다.

앞으로 수경재배 면적은 젊은 층들이 선호하는 딸기, 방울토마토, 그리고 샐러드 엽채류에서 꾸준히 증가할 것이라고 본다. 이런 소비 패턴과 함께 정부의 적극적인 노력 절감형 스마트 팜 정책을 추진하고 있으므로, 이를 기존의 수경재배에 접목하여 자동화시키면 재배자가 보다 편하게 수경재배를 할 수 있는 스마트 하이드로포닉(스마트 수경)으로 정착되어 더욱 발전할 수가 있다고 본다.

1.4 수경재배의 분류

수경재배는 순수한 양액만을 이용하던 방법에서 여러 가지 배지를 사용하는 방법에 이르기까지 다양한 변천을 거쳤으며, 현재는 작물을 생산하는 각각의 배지나 배양액의 급여 방법 등에 따라 다양하게 분류되고 있다. 지금까지 주요 학자들에 의해 분류된 수경재배의 종류를 보면 **표 1-3**과 같다.

상업적인 수경재배가 처음 시도된 미국에서 수경재배에 대한 저서가 최초로 나왔는데, 이때 엘리스(Ellis)와 스와니(Swaney, 1946)는 수경·사경·역경으로 분류하였다. 그 후 국제무토양재배학회의 초대 회장이었던 페닝스펠트(Penningsfeld & Kurzmann, 1965)가 앞서의 세 가지 방법 이외에 피트 모스경을 추가했는데, 이것은 유럽에서 얻기 쉬운 피트 모스를 이용한 재배법을 중요시했기 때문이다.

1970년대 들어서면서, 각국에서는 원예의 발달과 함께 다양한 수경재배법이 개발되어 소개되었다. 미국의 레시(Resh, 1978)는 수경법을 크게 순수 수경, 역경 재배, 사경 재배, 톱밥수경, 기타 수경으로 나누었다. 순수 수경재배는 고전적인 순수 수경재배, 그리고 높은 대형 하우스 내에서 재배용 원통 화분이 붙은 컨베이어 벨트를 사용하여 수직으로 움직이게 해서 파종과 수확이라는 일련의 연속 과정에 의해 식물을 가꾸는 루트너(Ruthner) 연속 재배, 기울기가 1/100~4/100이 되게끔 폴리에틸렌 베드를 설치하고서 양액을 계속 흘려보내 식물을 가꾸는 NFT(박막수경), 직경이 100mm되는 파이프에 구멍을 뚫어

표 1-3 수경재배 분류의 종류

연구자		종류
Ellis & Swaney	1946	수경재배, 사경 재배, 역경 재배
Penningsfeld & Kurzmann	1965	수경재배, 사경 재배, 역경 재배, 피트 재배
Resh	1978	순수 수경(담액 수경, 루트너 연속 재배, NFT 수경, 파이프 수경, 분무경, 목초 수경 장치) 역경 재배, 사경 재배, 톱밥 수경 기타 수경(통재배, 피트 모듈, 원주 재배, 자루 재배)
야마자기(山崎)	1982	고형배지경(역경, 훈탄경, 사경, 암면 재배) 순수 수경(순수 수경, 시트 재배, 분무 수경, 탱크 수경, NFT, 부근식 수경)
Jensen & Collins	1985	비고형배지경(NFT, DFT 변형, 부유수경, 분무경) 고형배지경(► 개방형: 트랜치 재배(trench culture), 자루 재배, 암면 재배, 사경 재배, ► 폐쇄형: 역경, NFT와 암면혼합형), 인공배지경(사경, 역경, 자루 재배, 암면 재배)
다카쿠라(高倉)	1986	순수 수경(NFT, DFT(deep flow technique), 분무 수경), 배지경(사경, 역경, 자루 재배, 암면 재배)
Resh	2013	순수 수경(래프트시스템, 분무경, NFT, 담배수 수경) 배지경(역경 재배, 사경 재배, 톱밥 수경, 암면 재배, 코코 코이어 재배(coco coir culture), 피트, 기타(버미큘라이트, 펄라이트, 경석, 왕겨, 혼합 배지))
Rajaseger 등	2023	NFT, DWC(Deep water culture), 점적 시스템, 담배수 수경(Ebb and flow), 분무경, Wick system, Krakty system

식물을 심고 양액을 흘려보내서 식물을 가꾸는 파이프 수경, 뿌리 부분에 분무하여 작물을 가꾸는 분무경, 그리고 플라스틱 상자에서 목초를 기르는 목초 수경 장치로 나누었다. 레시는 톱밥 수경을 소개했는데, 이는 캐나다와 미국의 북부 지역에서 쉽게 재료를 얻을 수 있는 톱밥에 양액을 공급하는 방법이다. 레시는 기타 양액에서 통재배 (ring culture: 직경 20~30cm되는 화분에 식물을 심고 베드 위에서 기르는 방법), 피트

모듈법(peat module method: 폭 18~23cm, 길이 1m의 성형된 module 1개에 피트를 넣어 3그루씩 식물을 심어 가꾸는 법), 원주 재배(column culture: 플라스틱 통을 세우고 옆에 식재 구멍을 뚫어 가꾸는 법, 원통형 수경 시스템이라고도 함. 그림 7-3 참조), 자루 재배(bag culture: 폴리에틸렌 주머니에 각종 배지를 충전하여 식물을 가꾸는 법, 그림 11-2 참조), 그리고 소규모 가정용 재배장치를 소개했다.

야마자키(1982)는 수경재배법을 크게 고형배지경, 순수 수경, 그리고 부근식 수경(浮根式水耕)으로 나누어 설명했다. 그는 고형배지경에 일본에서 개발된 훈탄 수경법과 시트 재배(sheet culture: 양액의 베드 상부에 플라스틱 판을 고정시키고 그 위에 뿌리가 널리도록 한 다음, 빛을 차단하고 여기에 양액을 공급하는 방식)를 포함시켰다. 부근식 수경은 물에 뜰 수 있는 1~2cm 두께의 물질(예: 스티로폼)에 구멍을 뚫고서 식물을 재식하는 방법이다. 그 이후 1985년에는 고형배지경과 순수수경으로만 나누고, 고형배지경에는 역경, 사경, 암면 재배, 자루 재배, 훈탄 수경을, 그리고 순수 수경에는 시트 재배, NFT, 분무경과 함께 부근식 수경을 포함시켰다.

젠센과 콜린스(Jensen and Collins, 1985)는 수경재배법을 크게 고형배지경(aggregated hydroponics)과 비고형배지경(nonaggregated hydroponics)으로 나누어 설명했다. 고형배지경 가운데 트렌치 재배(trench culture)는 일종의 콘크리트 또는 성형 베드에 배지를 채운 후 점적 양액 공급 장치를 설치하여 작물을 가꾸는 방식이다.

다카구라(1986)는 수경재배법을 순수 수경과 고형배지경으로 분류하였다 순수 수경 재배는 NFT, DFT(deep flow technique), 분무수경을 다루었고, 고형배지경은 사경 재배, 역경 재배, 자루 재배(bag culture)를 제시했다. 여기서 DFT는 폭이 약 1m 정도되는 재배판에 물을 50~150mm 깊이로 계속적으로 흘러가게 하는 방식이다.

Resh(2013)은 약 40년 만에 새로운 수경재배에 관한 저서를 발간하면서 순수 수경에 래프트 시스템(raft system), 분무경, NFT, 담배수 수경(ebb and flow system)을 포함시켰다. 고형배지경은 따로 언급하지 않고, 역경 재배, 사경 재배, 톱밥 수경, 암면 재배, 코코 코이어 재배(coco coir culture: 이하 코이어경), 기타 수경(피트, 버미큘라이트, 펄라이트, 경석, 왕겨, 혼합배지)으로 분류하였다.

가장 최근에, Rajaseger 등(2023)은 재배 방법을 기준으로 해서, NFT, DWC(deep water culture), 점적 시스템(암면, 펄라이트, 코이어경), 담배수 수경, 분무경, Wick system, Krakty system으로 구분하였다. Wick system은 심지 수경법이며, Krakty법은 재배 상자에 양액을 한 번만 공급하고서 수확하는 액면저하식 수경법이다.

근래에는 분무수경에서 사용하는 물방울보다 더 작은 안개 입자(5~10 μm)로 분무하여 재배하는 포그포닉(fogponics), 회전하는 통의 중앙에 조명 장치를 설치하고 주변에 식물을 심은 회전식 수경(rotary culture), 천연자갈을 대용하여 인조자갈(baked clay pallets, expanded clay aggregate)을 이용하는 배지경, 그리고 유리구슬처럼 만든 그로우스톤(growstones)경, 폴리스틸렌을 재료로 땅콩처럼 만든 폴리스틸렌 피너트 배지(polystyrene packing peanuts)경 등이 있지만, 수경재배 분류표에는 없고 국내에서는 일부 취미 원예가들만 사용하는 수경법이다(Wikipedia, 2017). 최근에는 국내에도 입체식 수경 농법으로 행깅 베드(hanging bed)가 딸기나 토마토 재배에 보급돼서 재배 면적 이용 효율성 증대의 효과가 크지만 초기 시설비가 많은 것이 단점이다(그림 1-5).

지금까지 최근의 국외 수경재배 연구자들의 분류 방식을 언급했는데, 우리나라에서는 젠센과 콜린스(1985)의 분류 방법을 따라서 고형배지경과 비고형배지경으로 나누며, 거기에 따라 다양한 국내외 개발 방식을 분류하고 있다. 또한 두 가지 방법 이외에 종합적인 환경 제어기술에 의해 이루어지는 식물공장, 그리고 무중력 상태의 우주공간에서 식물을 기르는 재배법 등을 특수수경으로 분류하고 있다(박. 김: 1998). 그러나 여기서는 수경과 물고기 양식을 겸한 아쿠아포닉(aquaponic)과 유기수경(organic hydroponics)을 비고형배지경으로, 21세기 인류의 새로운 도전인 수직농장(vertical farm)을 식물공장(그림 1-6) 및 우주 농업(space farming)과 함께 특수수경으로 국내에서 처음으로 분류하였다(표 1-4). 외국에서는 담배수법(ebb and flow system)을 따로 분류하여 비고형수경법으로 다루기도 하지만, 저자는 담액수경에서 다루고 있다. 우리는 모세관수라고 하지만, 외국에서는 wick system(심지 수경)이라고 명명하는 추세이다.

국내의 수경재배 방법을 분류하여 정리하면, 비고형배지경은 담액 수경(DFT), 박막 수경(NFT), 모세관 수경, 분무 수경, 아쿠아포닉, 유기수경으로 나뉘고, 고형배지경은 사경 재배, 역경 재배, 암면 재배, 펄라이트 재배, 코이어 재배, 기타 고형배지경으로 나뉜다. 특수수경에는 식물공장, 수직농장, 우주 농업이 포함된다(표 1-4). 스마트 하이드로포닉은 이들 각각 수경법을 첨단 자동화 온실에 설치하고 많은 센서를 이용한 재배환경 자동화 제어 농법이라 할 수 있다.

그림 1-5 딸기 행깅 베드(스마트베리 팜, 담양)

그림 1-6 식물공장(팜에이트, 평택)

표 1-4 수경재배의 분류

비고형배지경	담액식 수경(DFT:deep flow culture, 담배수법, Krakty법 포함) 박막 수경(NFT:nutrient film technique) 모세관 수경(capillary culture, wick system-심지수경) 분무 수경(aeroculture, aeroponics) 아쿠아포닉(aquaponics) 유기 수경(organic hydroponics)
고형배지경	사경 재배(sand culture) 역경 재배(gravel culture) 암면 재배(rockwool culture) 펄라이트경(perlite culture) 코이어 재배(coco coir culture) 기타 재배(훈탄, 왕겨, 톱밥수경 등)
특수 수경	식물공장(plant factory) 수직농장(vertical farm) 우주 농업(space farming)

1.5 수경재배와 토양재배의 차이점

수경재배와 토양재배의 차이점을 비교함에 있어서 먼저 양액을 이용한 재배와 토양 이외에, 고형물, 즉 원예용 상토 등을 포함한 각종 재배용토를 이용한 재배와의 식물영양학적인 장단점을 비교해 본 다음, 재배 관리적인 측면에서 수경재배의 특징을 살펴보기로 한다.

일반적으로, 수경재배의 영양학적 장점은 영양분이 식물체가 이용할 수 있는 상태로 배양액 내에 녹아 있고, 이들의 공급과 제어를 쉽게 할 수 있으며, 어떠한 독성물질도 나타날 위험이 전혀 없다는 것이다. 그러나 단점은 양분의 부족할 경우 인공적으로 첨가해 주어야 하고, 다량 공급에 따른 완충작용이 없으며, 공기가 부족하고, 비고형배지경인 순수수경에서는 뿌리가 착근되지 않는다는 문제가 있다. 그 반면에 토양재배에서는 토양이 영양소와 느슨하게 결합되어 있고, 부족분은 토양에서 스스로 보충하며, 다량으로 시비하더라도 완충작용이 있어서 완화되고, 통기성이 좋으며, 뿌리가 토양에 의해 고정되는 장점이 있다. 단점은 필요 양분의 결핍이 일어나기 쉽고, 양분이 불용화되거나 뿌리가 직접 양분을 찾아 자라야 하며, 양분의 합리적 조절이 어렵고, 때때로

표 1-5 토양재배와 수경재배의 차이점(박과 김, 1998)

항목	토양재배	수경재배
재배 측면		
연작장해	발생함	발생하지 않음
잡초방제	잡초가 많아 제초작업이 필요함	제초작업이 필요하지 않음
병충해	많은 토양전염성병원균, 선충, 해충으로 인해 윤작함	배지 내에는 병해충이 없으나, 외부 병원균의 침입 시에는 피해가 큼
재식밀도	영양분과 광량에 의해 제한됨	제한요인은 광량뿐이며, 밀식 가능함
배지소독	많은 노동력과 시간이 요구됨 완전 소독이 현실적으로 불가능함	단기간 소요되고 간단함
시비	시비량이 많고, 균등시비가 어려움 이용효율이 나쁨	시비량이 적고, 균등시비가 가능함 이용효율이 좋음
정식	정지작업이 필요함. 다소 복잡함	정지작업이 필요하지 않음. 간단함
재배 환경		
위생	비위생적인 경우가 많음	위생적임
자동화	어느 정도 가능함	거의 가능함
재배지	한정됨	덜 한정됨
편리성	불편함	편리함
식물 생육		
식물영양	변동이 심함. 국부적인 양분 부족 양분의 조절이 어려움	균일하게 조절하여 공급할 수 있음 pH나 양분의 조절이 쉬움
토양수분	수분 스트레스를 받기 쉬움 물이용 효율성이 낮음	수분 스트레스가 거의 없음
과실품질	부적절한 환경으로 다소 나쁨	품질, 수송성, 저장성이 증대함
식물생육	느림	빠름
수확량	보통	많음(토마토의 경우에 약 3배 정도)
무공해	어려움	쉬움
시설비	낮음	높음
지식수준	낮음	높음
지출 내역	인건비의 비율이 큼	설비비용의 비율이 큼

독성물질이 생성되는 문제가 있다. 이상과 같은 영양학적인 특징의 차이 이외에 토양재배와 수경재배의 자세한 차이점은 **표 1-5**와 같다.

일반적으로 토양재배에서보다 수경재배에서 식물의 생육이 빠른데, 그 이유 중 하나는 물이 충분히 공급된다는 점을 들 수 있다. 광합성의 한계 요인으로는 CO_2(탄산가스)·빛·물 등이 있는데, 한 분자의 CO_2를 고정하기 위해서는 약 70배 정도의 물을 흡수해야 한다. 수경재배에서는 물 부족으로 기공이 닫히는 경우가 드물며, 그 결과로 인해 광합성량이 많아져서 생육이 빨라진다고 볼 수 있다. 이에 따라 수경재배 토마토는 토양재배에서보다 수확량을 20~25% 증가시킬 수 있다고 알려져 있다.

1.6 수경재배 장소의 적지 선정

수경재배는 토양재배보다 여러 가지 면에서 유리하지만, 가장 큰 문제는 높은 시설 비용을 필요로 하는 것이다. 농장을 설치하는 데 있어서 다음의 사항들을 고려하여 적지를 선택하면 영농의 합리화를 기할 수 있다(박과 김, 1998).

1.6.1 기후 환경

① 겨울철 기후가 온난하고 일조량이 충분한 지역을 선택한다.
② 동·남·서쪽으로부터 최대한 광선을 받으며, 북쪽은 바람을 막을 수 있어야 한다. 단동일 경우에는 동서 길이로 하되 남향을 보게 하고, 연동일 경우에는 남북 길이로 한다. 남북의 하우스에서는 베드를 남북 방향으로 한다.
③ 강한 바람이 부는 곳과 적설량이 많은 곳은 피한다.

1.6.2 토양 조건

① 수경온실 건설 지역은 수평이거나 수평을 만들기에 용이해야 한다.
② 배수가 용이해야 하고, 시간당 최소 2.5cm는 침투해야 한다.
③ 지하수위가 높지 않고, 홍수의 위험이 없어야 한다. 특히, 우리나라에서는 여름철 장마기에도 배수가 잘되어 침수되지 않는 곳을 택해야 한다.

1.6.3 충분한 용수 확보

① 식물 한 그루당 1일 2~4ℓ 정도의 깨끗한 물을 공급할 수 있어야 한다.
② 관개수의 오염이 적은 곳을 택해야 한다. 공장 지역의 중금속, 대도시의 생활수로부터 오염이 되지 않은 관개수가 필요하다.
③ 딸기 수경재배에서는 물 커튼 방법으로 난방을 하므로, 겨울철에도 충분한 지하수가 확보되는 곳을 택해야 한다.

1.6.4 사회적 환경

① 가스, 전기, 유무선 전화 등의 사용이 용이한 곳이 좋다.
② 도매시장이 있는 인구 밀집 지역까지 교통이 편리하고, 온실 부근에 소매시장이 있는 곳이 좋다.
③ 주거지는 기후가 불량할 때 온실 관리가 편리하도록 인접해야 한다.
④ 수확·분류·포장 등을 위해 필요한 노동력을 쉽게 구할 수 있는 곳이어야 한다.
⑤ 생산 단지화가 되어 있는 곳이 유리하다. 최소한 20ha 이상이면 좋다.
⑥ 식물공장, 버티컬 팜, 스마트 하이드로포닉에 대한 관심이 높아지고 있다.

1.7 수경재배의 필요성과 전망

20세기 중후반부터 세계적으로 상공업의 발전과 그에 따른 도시와 농촌의 소득 격차는 노동력의 도시 집중화를 가속화시켜 농촌 노동력의 급속한 감소를 초래했으며, 공업화에 따른 관개수와 토양 및 환경의 오염은 보다 높은 품질의 농산품을 요구하기에 이르렀다. 이와 같은 농촌 노동력의 감소와 고품질 상품의 요구는 생력적이면서 작물의 품질 제어가 가능한 수경재배에 많은 관심을 갖게 하였다. 아울러 도시의 거대화와 인구 증가가 경지 면적의 협소화를 가져옴에 따라 토지 및 공간의 고도이용이라는 측면에서 식물공장이라는 형태의 수경법이 개발되었는데, 이를 통해 농산물을 공산품처럼 일련의 과정에서 외부의 기후 환경에 제한됨이 없이 계속적으로 생산할 수 있게 되었다. 이와 같은 식물공장의 기초 지식으로 우주선 내에서의 식물재배 가능성과 몇 개월 동안 극지방에 체류하면서 연구하거나 수중에 있는 잠수함 내 승무원들에게 신선한 작물을 재배하여 공급하기 위한 연구 등이 행해지게 되었다. 이뿐만 아니라, 식물재배가 불가능한 사막·산악 등 불모지의 농업적 이용이라는 측면에서도 수경재배의 필요성은 대두되었다.

수경재배에 대한 필요성을 열거하면 다음과 같다.

1) 생산자 측면에서의 필요성

① 노동력 부족 및 인건비 증가에 따른 자동화가 필요하다.
② 인구 증가 및 공업화의 발달로 재배면적의 감소에 따른 생산성 증대가 필요하다.

③ 작물 재배가 불가능한 사막, 대도시, 극지대, 폐탄광 등에서 재배가 가능해진다.
④ 각종 최신 자동화 설비의 농업에 대한 적용 욕구가 증대되고 있다.
⑤ 생산 환경의 개선이 요구된다.
⑥ 주년생산에 의한 소득 증대가 가능해진다.
⑦ 스마트폰 등으로 자동제어가 가능하여 재배의 편리성이 증대되었다.

2) 소비자 측면에서의 필요성

① 무공해, 고품질의 생산물에 대한 소비자 욕구의 증대를 충족할 필요가 있다.
② 수요의 주년화에 대처한 신선하고 다양한 기능성 채소 생산의 필요성이 증대한다.

3) 스마트 수경재배의 필요성

이상과 같이 수경재배는 고품질의 작물 생산이라는 소비자 대응뿐 아니라 생력적 농법, 토지의 고도 이용, 불모지나 사막, 극지방 같은 특수 환경에서의 식물 생산이라는 여러 가지 이점들에 의해 근래에 눈부시게 발전했다.

국내에서의 수경재배 발전이 다소 저조한 이유는 초기 시설비가 일시에 많이 필요하고, 아직까지 수경 농산물의 제값 받기가 정착되지 않았을 뿐만 아니라, 가장 중요한 수경재배용 비료의 저가공급이 이루어지지 않고 있으며, 수경재배용 작물의 품종 육성 등의 연구가 미천하기 때문이다. 아울러 수경재배를 시작하는 농가를 위해 수경재배 전반에 대한 최신 정보 제공과 재배를 위한 교육 실시가 지속적으로 이루어져야 네덜란드와 같은 수경 선진국의 수준까지 발전할 수가 있다고 본다.

국내의 제반 문제점에도 불구하고, 농가들이 자발적으로 노력한 결과로 최근에 이르러서 재배 면적이 일본보다 많이 증가된 것은 한국의 수경재배 발전 가능성이 어느 때보다 높다는 것을 의미한다. 따라서 이와 같은 자발적인 농가의 노력과 함께 정부가 스마트 수경 농가에게 설치 보조금을 저리로 융자해 주고 지자체에서 적극적으로 보조한다면 젊은 재배가들도 더 많이 참여하게 되어 지속적인 발전이 이루어지리라 본다.

여러 자료의 분석에 의하면, 2030년까지 세계 수경재배 시장은 50억 달러 이상을 크게 상회하고, 2023년부터 2030년까지 연간 성장률 12.4% 정도를 예상하고 있다. 또한 아시아 태평양 시장이 전 세계 수경 시장의 35.6%를 차지하고 있고, 그 중심에 한국, 일본, 중국 등이 있다고 분석됨에 따라 청년농들이 동참하면 미래의 한국 스마트 수경재배 산업의 발전은 매우 밝다할 수 있다(GVR, 2024).

제2장 수경재배의 기초가 되는 식물 영양

2.1 식물의 조성

초본성 원예식물은 생체의 80~95%가 수분으로 구성되어 있는데, 정확한 수분 함량은 식물의 종류, 품종, 생육 단계, 측정시의 토양 조건, 빛, 온도, 그리고 습도 조건, 풍속, 재배 장소 등에 따라 다르다(표 2-1).

식물체의 수분 함량 측정은 다양한 방법이 있지만, 일반적으로 비커에 생체 100g을 넣은 후 80℃에서 약 4~5일간 건조시킨 뒤에 103℃로 24시간 건조한 다음 무게를 측정하여 백분율로 표시하는데, 4반복으로 처리하는 것이 보통이다.

표 2-1 주요 채소류의 수분 함량

작물명	수분 함량(%)	작물명	수분 함량(%)	작물명	수분 함량(%)
양파	87	배추	93	피망	86
마늘 (인경)	66	박	92	고추	74
토란	70	수박	93	토마토	93
비트	87	멜론	93	가지	90
근대	92	오이	95	감자	77
엔디브	92	호박	92	양배추	93
상추 (비결구)	94	마	69	꽃양배추	87
고구마	70	완두 (채소용)	74	샐러리	93
순무	90	오크라	88	당근	88
무	94	식용 대황	94	파슬리	85

(Tindall, 1983)

식물체에서 수분 함량을 제외한 무게를 건물중(乾物重)이라 하며, 생체중(生體重)의 5~20%에 해당된다. 건물중의 44~49%는 탄소(C), 42~46%는 산소(O), 5~7%는 수소(H)로 구성되어 있으며, 무기염류는 5~10%이다. 이처럼 건물중의 90~95%가 탄소, 산소, 수소의 3원소로 구성되어 있는데, 이들은 당, 단백질, 지방 등 다양한 형태로 식물체 내에 존재한다. 식물체 내의 산소와 수소는 물로부터, 그리고 탄소는 공기 중의 탄산가스로부터 유래된다.

식물체 생체중의 5~20%에 해당되는 건물중에 포함된 각종 주요 무기성분의 함량을 비교하면, 가장 많이 들어 있는 성분은 질소(N)와 칼륨(K)으로 약 1~5% 정도의 범위에 있고, 다음으로는 칼슘(Ca), 마그네슘(Mg), 인(P), 황(S), 염소(Cl)가 0.1~2% 포함되어 있다. 미량 원소에 해당되는 철(Fe), 망간(Mn), 아연(Zn), 구리(Cu), 붕소(B)는 5~200ppm, 그리고 몰리브덴(Mo)은 0.2~5ppm이 들어 있다.

이와 같은 분포는 식물의 종류에 따라 다른데, 콩과 식물에는 칼슘, 마그네슘, 붕소가 비교적 많은 반면에 규소는 적다. 배추과 식물은 다른 작물보다 황이 많고, 산성에 강한 식물은 철, 망간, 알루미늄 등을 많이 함유하는 반면, 내염성 식물은 나트륨, 마그네슘, 염소, 황이 많다.

같은 잎이라 해도 어린잎과 늙은 잎은 주요 성분에서 차이가 있다. 어린잎에는 질소, 인, 칼륨, 칼슘, 마그네슘, 황 등 모든 성분이 많은 반면, 늙은 잎은 이동이 용이한 성분인 질소, 칼륨 등은 적고 이동하기 어려운 칼슘, 구리, 붕소 등이 많이 분포되어 있다.

이와 같이 식물체는 다양한 성분으로 구성되어 있는데, 이들 각각의 특성과 생리적 작용을 이해하는 것이 식물 영양에 대한 기초 지식을 향상시키는 길이다.

2.2 영양소의 종류와 분류

2.2.1 영양소 분류 종류

식물이 흡수하여 체내에서 발견되는 원소는 92개의 천연원소 가운데 60여 개에 이르고 있으며, 그중에서 앞서 언급한 10여 개의 주요한 무기 영양분이 생리적 역할을 하게 된다.

이들 무기 영양분의 생리적인 작용을 크게 간추려 보면, ① 세포의 원형질 및 세포막 형성 물질의 공급, ② 세포액의 심투입 및 산도에 대한 영향, ③ 세포액의 완충작용, ④ 원형질의 수화도(水和度)에 대한 영향, ⑤ 세포막의 투과성 관여, ⑥ 과다 성분의 과잉해, ⑦ 원소 상호간의 길항작용, ⑧ 생리작용의 촉매작용 등을 들 수 있다.

이와 같은 생리작용을 하는 데 있어서 식물의 요구도에 따라 필수 원소(essential element)인지 또는 유용한 원소(useful element)인지를 결정하게 된다. 필수 원소의 조건은 ① 특정 원소가 없으면 식물이 정상적으로 생장할 수 없고, ② 그 원소의 작용이 특수해야 하며, ③ 그 원소가 식물 영양에 직접 관여해야 하는데, 필수 대사물질이거나 최소한 필수 원소의 작용에 필요할 뿐 아니라 다른 물질의 이용성을 증진시키기도 해야 한다.

이와 같은 견지에서 많은 원소 가운데 약 16개의 원소가 식물의 생육에 필수적이라고 알려져 있다. 이들 원소를 필요량에 따라 분류하면, 비교적 많은 양이 필요한 원소인 다량 원소(macronutrient)와 비교적 소량이 필요한 원소인 미량 원소(micronutrient)로 분류한다. 다량 원소에는 탄소, 수소, 산소, 질소, 인, 칼륨, 칼슘, 황, 마그네슘이 있고, 미량 원소에는 철, 염소, 망간, 붕소, 아연, 구리, 몰리브덴이 있다. 그러나 무기염류가 아닌 탄소, 수소, 산소는 포함시키지 않고, 나머지 13개 원소만 필수 원소로 다룬다.

필수 원소의 또 다른 분류 방법은 화학적 성질에 따라 분류하는 것이 있다. 먼저 비금속 원소로는 질소, 인, 황, 염소, 붕소가 있고, 금속 원소로는 칼륨, 칼슘, 마그네슘, 철, 망간, 아연, 구리, 몰리브덴이 있다. 식물체에 흡수될 때 비금속 원소는 주로 음이온(anion)으로, 금속 원소는 양이온(cation)으로 흡수된다.

유용 원소(useful element)는 일부 식물에는 필요하지만, 정상적인 생장 조건에서는 필요 없거나 때로는 어떤 원소의 대용으로 쓰이는 원소를 말한다. 예컨대, 규소(Si), 나트륨(Na) 등이 있다. Beet는 토양에 칼리가 부족하면 나트륨을 대용으로 사용한다.

2.2.2 배지 내의 영양소의 존재 형태

주요 원소가 배지 내에 어떤 형태로 존재하는가는 식물이 양분을 흡수하는 데 있어서 매우 중요한 의미를 갖는다. 일반적으로 배양액에서는 영양소가 이온 상태로 존재하지만, 배지 내에서는 첫째 수용성 상태로 존재하고, 둘째 배지의 표면에 붙어서 치환될 수 있는 치환성 상태로 존재하며, 셋째 유기 또는 무기물에 완전히 고정되어 있어서 이용할 수 없는 결합 상태로 존재한다. 수용성 상태와 치환성 상태에서는 식물체 내로 비교적 이동이 용이하지만, 고정되어 있는 상태에서는 비이동성이다.

이와 같은 영양소의 활동성은 배지의 건조 정도, 배지 산도, 풍화 작용 등에 의해 변화를 가져오지만, 토양 중에는 가용성 상태가 2%, 그리고 비이동성인 영양분이 98%를 차지하고 있다. 고정되어 있는 원소는 풍화 작용이나 생물적인 작용에 의해 서서히 녹아 나오며, 시간이 경과하면 식물이 사용할 수 있게 된다.

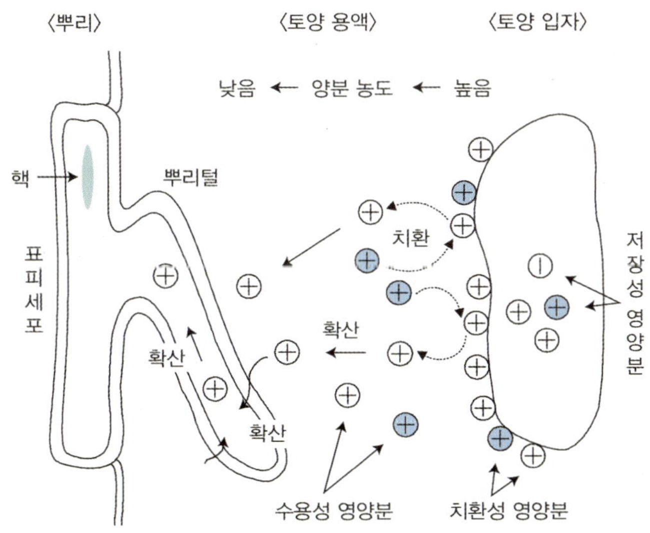

그림 2-1 토양 내 영양분의 형태 및 상호 관계

그림 2-1을 보면, 토양입자로부터 치환된 영양분이 확산에 의해 뿌리털을 통해 표피세포로 들어가는 현상을 보여주고 있다. 흡수된 양분은 물관을 통해 식물체내 필요한 곳으로 공급된다.

표 2-2 양분의 흡수 형태와 식물체 내의 함량

원소	원자량	흡수 형태	건토중 함량	식물체중 함량	엽중 한계 함량
			%	%[z)]	%[z)]
N	14.0	NO_3^-, NH_4^+	0.03~0.3	0.5~50	3
P	31.0	$H_2PO_4^-$, HPO_4^{2-}	0.01~0.1	0.1~0.5	0.3
S	32.1	SO_4^{2-}	0.01~0.1	0.05~0.5	0.2
K	39.1	K^+	0.2 ~3	0.5~5	2.5
Ca	40.1	Ca^{2+}	0.2 ~1.5	0.05~5	1
Mg	24.3	Mg^{2+}	0.1 ~1	0.1~1	0.2
			ppm	ppm	ppm
Fe	55.9	Fe^{3+}, Fe^{2+}	5000~40000	50~1000	50
Mn	54.9	Mn^{2+}	200~4000	20~200	40
Zn	65.4	Zn^{2+}	10~300	10~100	30
Cu	63.5	Cu^{2+}	5~100	2~20	7
Cl	35.5	Cl^-	50~1000	200~10000	100
B	10.8	$H_2BO_3^{2-}$	5~100	2~100	30
Mo	95.9	MoO_4^{2-}	0.5~5	0.2~10	0.3

z) 건물중에 대한 함량 (Finck, 1976)

배양액 내에서 필수 원소들이 어떤 이온의 상태로 존재하는가 하는 것은 표 2-2에 잘 표시되어 있다. 비료 3 요소를 보면, 질소는 NO_3^-, NH_4^+, 인산은 $H_2PO_4^-$ 또는 HPO_4^{2-}, 그리고 칼리는 K^+으로 존재하다가 흡수된다. 이들의 흡수 이온 형태 외에 건토중 함량(乾土中含量 ; 건조 토양 내에 존재하는 영양소의 양), 그리고 엽중의 수확을 위한 최소한의 한계치를 표시했다. 엽중의 한계 함량은 엽분석 등을 통해 결핍증을 조사하는 데 참고 자료로 사용할 수 있으므로 중요한 의미를 가진다.

2.3 영양소의 흡수 기작

식물의 양분 흡수 기관은 크게 잎과 뿌리로 나눌 수 있다. 잎은 주로 CO_2, O_2 및 물(여기에 녹은 물질)을 흡수한다. 뿌리는 산소, 물, 그리고 무기 염류 또는 물에 녹은 유기물을 흡수하는데, 아래에서 이들 각각의 흡수에 대해 자세히 알아보기로 한다.

2.3.1 잎의 흡수

잎은 불투명하고 왁스질을 함유한 큐티큘라층에 의해 대기와 차단되어 있지만, 숨구멍과 작은 미세공(micropore)을 통해서 양분을 흡수할 수 있다. CO_2는 잎의 뒷면에 있는 숨구멍($1mm^2$에 수백 개가 존재)으로 흡수되어 세포 간극을 통해 엽록소에 도달하면 동화작용에 이용된다. 미세공은 잎의 앞면과 뒷면에 골고루 존재하는데, 큐티쿨라층에 있는 미세공을 통해 물 또는 물에 녹아 있는 물질이 통과하여 세포벽을 지나 세포액에 도달하게 된다. 엽면살포는 잎에 존재하는 미세공을 통해 영양분이 흡수되도록 하는 방법인데, 적정 농도보다 짙어지는 경우에는 약해를 받을 수 있다.

2.3.2 뿌리의 흡수

뿌리는 식물을 지지할 뿐만 아니라 물과 양분을 흡수하는 역할도 수행한다. 이와 같은 작용을 하는 데 있어서 가장 중요한 역할을 하는 것은 뿌리털이다. 식물에는 수만 개의 뿌리털이 존재하는데, 길이가 1mm 이하로 극히 짧은 것에서부터 수 mm가 되는 것까지 다양하며, 굵기는 0.02mm 이하이다.

일반적으로 한 식물에 있어서 뿌리털의 전체 길이는 10~50km 가량이 되므로 뿌리의 표면적을 크게 넓히는 역할을 한다. 뿌리털의 생명은 2~3일이며, 계속해서 새로이 형성

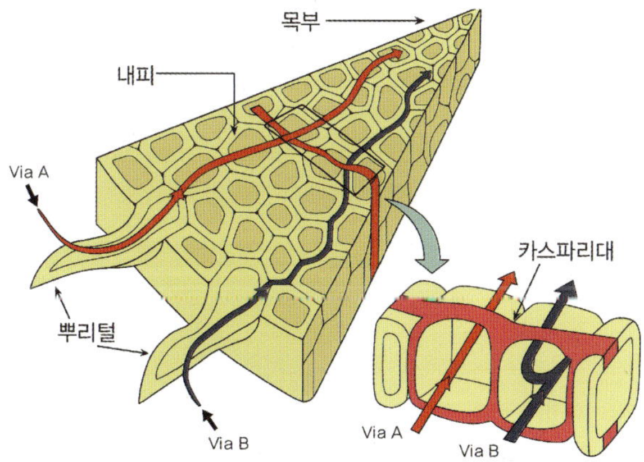

그림 2-2 이온의 뿌리 흡수 경로[심플레스트(Via A) 및 아포플레스트 경로(Via B)]

된다. 토양에 있는 수용성 이온은 삼투압이나 모세관 현상에 의해 수동적으로 뿌리털로 흡수된 후, 외표피와 피층을 거쳐서 내피에 도달한다. 이 과정에서 이온이 물관부에 이동할 수 있는 방법은 피층과 표피의 세포벽을 통해 이동(아포플레스트 경로)하거나, 세포 안의 원형질 연락사(plasmodesmata)를 통해 이동하는 것이다(심플레스트 경로). 내피 세포에는 카스파리대(Casparian strip)라고 하는 세포벽과 세포벽의 사이가 목질화된 띠가 있는데, 이로 인해 내피를 통과할 때에는 자유 공간으로 이동하지 못하고 원형질 안으로 들어간 다음 원형질 연락사를 통해서 물관부로 이동하고, 여기를 거친 다음 식물의 각 조직으로 이동한다(**그림 2-2**).

2.3.3 양수분 흡수의 이론

식물체 안으로의 양분 흡수는 물, 유기물, 그리고 이온 등에 따라 각기 다른 기작에 의해 이루어진다(박, 김: 2022).

1) 물의 흡수

식물체 안으로의 물의 흡수는 세포벽이나 원형질막을 통해 이루어지는 수동적인 삼투 현상에 의해 이루어진다. 이 현상은 생체막이 용매인 물 분자는 통과시키고 용질(분자 또는 이온)은 통과시키지 않는 선택적 투과성막(semipermeable membrane)으로 구성되어 있기 때문에 일어난다. 즉, 식물의 세포액 속에 녹아 있는 용질은 농도가 높은 세포 속에서는 농도가 낮은 세포 밖으로 확산(diffusion)되지 못하는데, 이러한 세포 내외간의 농도 불균형을 맞추기 위해 물이 세포 안으로 확산돼서 흡수되는 것이다. 이처럼, 물이 수동적으로 흡수되므로, 에너지가 필요한 능동적 흡수는 큰 의미가 없다(**그림 2-3**).

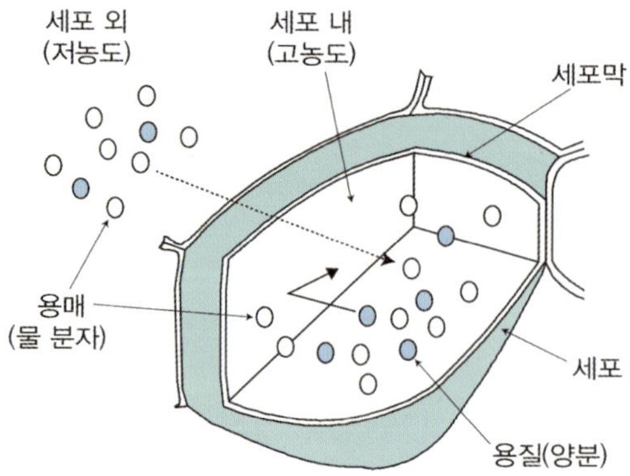

그림 2-3 삼투 현상에 의한 물의 흡수

2) 유기질 분자의 흡수

비전해질인 유기질 분자의 막 투과를 통한 흡수는 원형질막에 있는 아주 미세한 여과 구조를 통해 이루어진다. 이들 물질이 원형질막을 통과할 때 투과 물질의 분자 부피와 막투과성이 함께 작용하는 것으로 여겨졌는데, 이러한 이론을 리포이드필터 가설(lipoid-filter theory)이라 한다.

이 가설에 의하면 아주 작은 분자는 여과공을 통해 쉽게 통과되지만, 중간 크기의 분자(분자량 500까지)는 몇 개의 거대 여과공을 통해서만 흡수될 수 있다. 그리고 아주 거대한 분자는 원칙적으로 흡수가 이루어지지 않는다. 다만 소수성인 거대 분자는 세포막의 지방에 결합했다가 흡수된다.

3) 이온의 흡수

이온의 흡수는 식물의 체내 대사작용과 무관하게 일어나는 수동적 흡수와 대사작용과 관련되어 일어나는 능동적 흡수로 나뉜다. 수동적인 흡수에는 확산설, 자유공간설, 집단류설, 이온접촉치환설, 도난설 등이 있고, 능동적인 흡수에는 운반체설, 이온펌프설 등이 있다.

(1) **수동적 흡수**(passive absorption)

① 확산설(diffusion theory)은 이온이 확산 현상에 의해 흡수된다는 가설이다. 그러나 식물체 내의 이온 농도가 바깥보다 높고 이온의 이동이 매우 느리기 때문에 이 가설에는 다소 문제가 있다. 다만, 식물의 선택적 흡수에 대한 설명에는 일부 적용될 수 있다. 왜냐하면, 움직이는 속도는 이온의 크기에 따라 달라지기 때문이다.

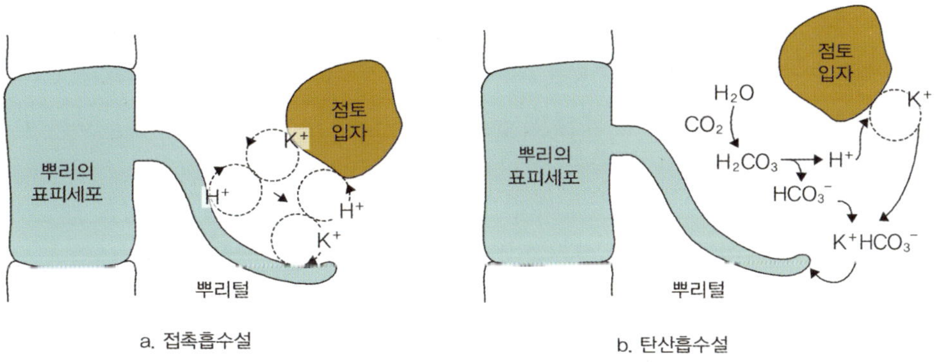

그림 2-4 이온접촉치환설

일례로, K^+은 Na^+에 비해 절반 정도의 크기이며, 수용액에서는 2배 정도 빨리 확산되지만 세포 내에서는 7배나 빨리 확산된다.

② 집단류설(mass flow theory)은 잎에서 수분 증발에 따라 발생하는 증산류로 인한 연쇄적인 반응에 의해 뿌리에까지 영향을 미쳐서 토양 수분으로부터 용질을 흡수하여 운반한다는 설이다. 이 설에 의하면 용질이 집적될 가능성이 있지만 다른 기작에 비해서는 중요하지 않다.

③ 이온접촉치환설(ion contact exchange theory)은 몇 가지 영양소에 있어서 이온을 흡착하여 치환하는 능력을 가지고 있는 토양이나 무기 콜로이드 입자와 그것에 접촉되어 있는 뿌리 사이에 직접적으로 치환이 이루어져서 양분을 흡수한다는 설이다. 이 경우 토양 용액에 녹지 않은 고상(固相) 상태에서 직접 흡수된다(**그림 2-4**).

④ 도난설(Donnan theory)은 생체막을 기준으로 하여 안쪽과 바깥쪽에 있는 이온 활성

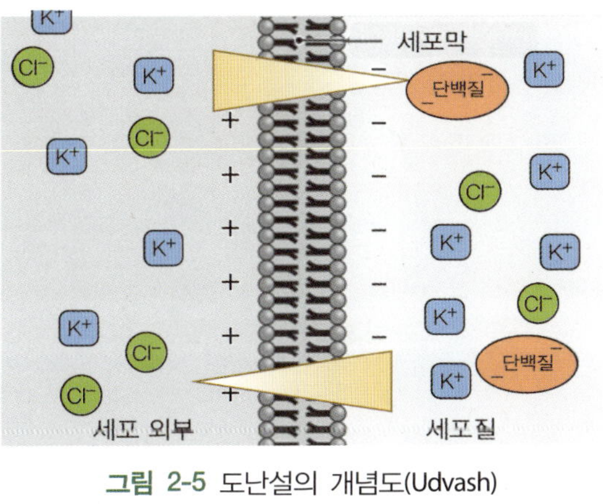

그림 2-5 도난설의 개념도(Udvash)

의 산물이 비슷하고 동시에 많은 이온을 가지고 있는데, 생체막 안쪽에서 치환에 따른 흡수로 활력이 저하되는 경우에는 바깥쪽의 다른 이온들이 내부로 계속 흘러 들어와 집적이 이루어진다는 설이다(그림 2-5). 이는 결국 뿌리의 치환 능력이 좋을수록 좀 더 많은 이온을 흡수할 수 있다는 것이다. 이 가설은 다소 문제가 있다. 왜냐하면, 이 가설은 생체막 안팎의 이온 활성 산물의 양이 같을 때만 해당되는 것인데, 이 경계면이 아직까지 확실하지 않기 때문이다. 그러나 이와 같은 이온 집적은 수동적인 양분 흡수에서 큰 의미를 갖는다.

(2) **능동적 흡수**(active absorption)

① 운반체설(carrier theory)은 생체막 내에 어떤 분자(운반체)가 있고, 이것이 외부의 이온과 독특한 결합자리를 이용하여 결합한 다음, 세포질이 있는 내부로 이동하여 이온을 분리시킴으로써 흡수가 이루어진다는 설이다(그림 2-6). 이 운반체를 재생하려면 ATP(adenosine triphosphate)가 필요한데, ATP는 뿌리의 호흡작용이나 광인산화 반응에 의해 생성되므로 에너지가 필요한 흡수 작용이다.

② 이온 펌프설(ion pump theory)은 생체막에 있는 ATP 분해효소에서 나온 H^+이 생체막 밖으로 나가고, 여기에 상응하는 양이온을 막을 통해 흡수한다는 가설이다. 그림 2-7은 뿌리가 양이온을 흡수하는 현상을 가상적으로 표현한 것이다. 여기서 이온 펌프 기구는 기본적으로 확산 삼투적인 ATP 합성의 역과정이다. ATP 분해효소는 ATP^{4-}을 ADP^{3-}과 HPO_4^{2-}, H^+으로 분해시키는데, 이 H^+이 외부로 나가게 되므로, 결과적으로는 막 사이에 pH 기울기가 발생한다. 즉, 음이온에 해당되는 이온이 세포질에 남게 됨으로써 음전하를 띠게 되고, 이에 따라 세포는 H^+을 치환하기 위해 양이온을 끌어들이게 된다. 한편, ADP(adenosine diphosphate)는 세포질로 들어가 수분과 결합하여 OH^- 농도를 증가시키는데, 이때 OH^-은 음이온

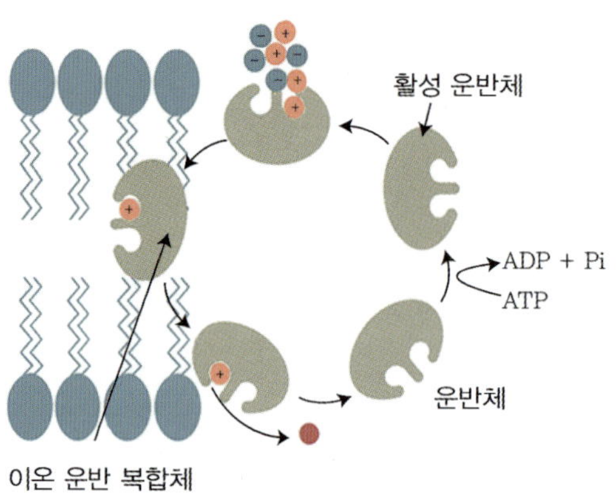

그림 2-6 운반체설의 개념도

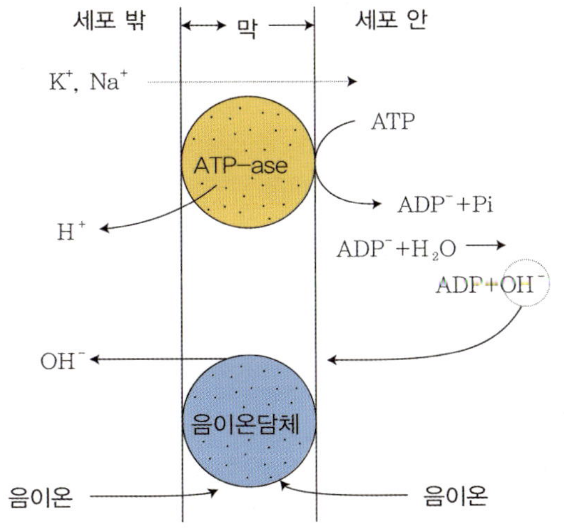

그림 2-7 ATPase에 의한 양이온 펌프의 모식도(Hodges, 1973)

운반체로 하여금 OH^-과 치환할 수 있는 음이온을 선택적으로 흡수하게 한다. 이러한 과정을 통해 양이온과 음이온을 흡수하는 것이 이온 펌프설이다.

2.3.4 영양소의 체내 이동

뿌리에서 흡수된 물과 영양소는 이를 필요로 하는 잎 또는 다른 기관에까지 이동하게 된다. 이동할 때의 속도는 주로 증산작용의 강도에 달려 있는데, 보통 하루에 0.5~1m 정도 이동한다. 이 흐름은 집단류로 죽은 물관세포를 따라 이동하며, NO_3^-, $H_2PO_4^-$, K^+ 등은 운반 도중에 주변의 세포로 흡수되어 이용되기도 한다.

증산작용에 의해 엽육세포에서 수분이 없어지면, 그 세포의 흡수력 및 확산압 낙차가 높아지고, 이에 따라 잎의 유관속에서 수분을 끌어올리게 된다. 이 힘(장력)은 잎에서 뿌리까지 연결되어 있는 물기둥을 끌어올리기에 충분하므로 뿌리의 물이 잎에까지 올라오게 된다. 이처럼 증산작용에 의해 상승하는 수분을 증산류(transpiration stream)라고 하며, 이러한 학설을 응집력설(cohesion tension theory)이라고 한다(그림 2-8).

증산작용이 약하거나 전혀 이루어지지 않을 때에도 수분이 근압(root pressure)에 의해 통도 조직 속에서 밀려 올라가지만, 이렇게 상승한 수분량을 증산작용에 의해 상승하는 수분량과 비교하면 얼마 되지 않는 양이다. 그러나 엽면살포를 하면 물관을 통해서 움직이지 않고 사관을 통해서 필요한 부분으로 이동한다. 사관에서 목질부 내부로 통과하는 것은 방사상으로 확산된다. 목질부 사출수에 있는 세포는 원형질을 함유한 살아 있는 세포이지만, 세포벽이 목화되어 두껍고 막 사이사이에 막공(pit)이라고 하는 많은 구멍이 인접 세포와 연결되어 있어 수분의 수평 이동이 가능하다.

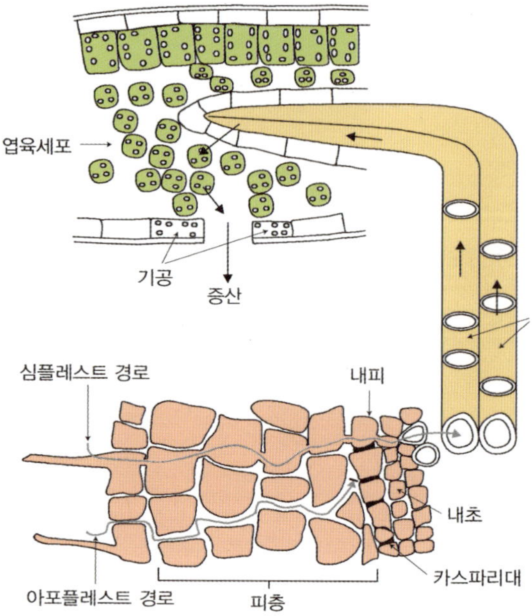

그림 2-8 응집력설의 원리

2.4 영양소의 기능, 결핍 및 과다 증상

2.4.1 다량 원소

1) 질소(N)

질소는 식물 영양학적인 측면에서 매우 중요한 요소이다. 질소의 대부분은 단백질에 포함되어 있고, 핵산에 10%, 가용성 아민에 5% 정도 함유되어 있으며, 그 외에 엽록소나 비타민 등에도 포함되어 있다.

식물체의 건물중에는 0.5(볏짚)~5%(콩과) 정도 함유되어 있으며, 수확을 위한 엽중 최저 한계 농도는 약 3%로 알려져 있다. 질소는 공기 중에 많이 있지만 탄산가스와 달리 공기 중에서 직접 흡수하지 못하며, 토양에서 NO_3^- 또는 NH_4^+의 형태로 뿌리를 통해 흡수된다.

흡수된 NH_4^+은 뿌리에서 전부 아미노산으로 동화된 후 재분포되므로, 체내에서는 거의 NO_3^-과 아미드 혹은 아미노산의 형태로 이동하게 된다. 요소는 물에 녹은 상태의 질소와 같은 잎을 통해 흡수되는데, 이 원리를 응용한 것이 요소 엽면 살포이다.

그림 2-9 딸기의 질소 결핍 잎, 붉은색이 나타난다(Yara, UK).

일반적으로 질소가 부족하면 생장이 빈약해짐에 따라서, 식물체가 작고, 개화와 착화가 불량하며, 단백질 함량이 낮은 것이 특징이다. 질소가 부족해지면 늙은 잎에서 어린잎으로 재전류가 일어나는데, 결핍 증상이 늙은 잎에서 먼저 일어나 잎의 끝에서부터 황화가 발생한 후 괴사하다. 식물에 따라서 딸기처럼 붉은색을 띠는 것도 있다(그림 2-9). 칼륨이나 마그네슘이 부족할 때에도 질소처럼 늙은 잎에서 황화가 나타나지만 시기적으로 질소 결핍보다 빠르며, 칼륨이 부족하면 잎에 백색 반점이 나타나고 가장자리가 괴사하게 된다. 철, 칼슘과 황의 결핍증도 질소 결핍과 비슷한 증상을 나타내지만, 증상이 어린잎에서부터 나타나는 것이 다르다.

질소 과다는 잎에 건물중의 6% 이상 함유될 경우에 나타나는데, 잎이 검은 녹색을 띠고, 성숙이 늦으며, 조직이 연해서 바람들이의 피해가 많고, 저장성과 가공성이 떨어진다. 채소에 NO_3^-이 과다하게 집적되면 품질이 떨어진다.

2) 인(P)

인은 당인산, ATP, 핵산, 인지질 및 여러 가지 보조 효소의 구성성분으로 세포 분열 촉진, 초기의 뿌리 생장, 분화 촉진, 성숙과 꽃눈 분화 등에 크게 관여하며, 종자와 열매의 수량에 영향을 미친다.

식물체에 흡수되는 형태는 $H_2PO_4^-$나 HPO_4^{2-}이지만, $H_2PO_4^-$를 더 좋아한다. 식물체의 건물중에는 0.1~0.5% 함유되어 있고, 수확을 위한 엽중 최저 한계 농도는 약 0.3%로 알려져 있다.

인이 부족하면 생장이 억제되고, 뿌리 발육과 출수가 나쁘며, 개화 성숙이 지연되고, 아마이드가 많아져서 단백질 합성이 저하된다. 비타민 함량이 낮고, 특히 채소는 서리에 대한 저항성이 낮아진다. 늙은 잎에 엽록소가 많이 집적돼서 암녹색이 되며, 때때로

그림 2-10 딸기(좌, Yara)와 고추(우, Haifa Group) 인산 결핍: 안토시안 형성

안토시아닌이 집적되어 딸기나 고추의 하엽이 자주색을 띠기도 한다(그림 2-10). 특히 온도가 낮을 때 옥수수 잎에서 심하다. 증상이 심해지면 잎이 오글거리는 백화현상(chlorosis)이 나타난 후 고사한다. 딸기의 경우에는 열매에 백화현상이 나타난다.

과다 증상은 잘 나타나지 않지만, 칼륨, 철, 아연, 구리 등과 길항작용을 하므로, 인이 너무 과하면 이들 요소에 따른 결핍 증상이 나타날 수 있다. 과다 증상이 나타나는 농도는 건물중의 1% 이상이다.

3) 칼륨(K)

식물체 내에서 칼륨의 주요 역할은 당의 전이, 기공의 개폐, 삼투압 조절, 각종 효소의 작용에 관여하는 것이다.

식물체의 건물중에 0.5~5% 정도 함유되어 있는데, 수확을 위해서는 최소한 2.5% 정도 함유되어 있어야 한다. 식물체 내의 분포를 보면 모든 잎에 골고루 분포되어 있으며, 늙은 잎보다는 어린잎에 더 많다. 칼륨을 가장 많이 필요로 하는 시기는 잎의 생장이 왕성한 영양 생장 최성기이다. K^+의 형태로 흡수되는데, 칼륨이 부족하면 탄수화물의 합성이

그림 2-11 파프리카 칼륨 결핍(좌, Yara), 토마토 얼룩과(중), 카네이션 칼륨 결핍(우)

나빠지고, 아마이드태가 많아져서 채소의 맛과 저장성을 나쁘게 한다. 또한 팽압이 낮아지고 증산과 호흡이 빨라진다. 그 결과 서리와 가뭄에 대한 저항성이 약해진다.

결핍 증상에는 두 가지가 있다. 그중 한 가지는 생장이 나빠지고, 엽색은 진해지며, 늙은 잎 선단이 약간 위축되고, 황색으로 되었다가 점차 잎의 가장자리가 황화되는 것이다. 황화는 잎의 내부로 퍼져서 잎 가장자리의 황화한 부분은 갈색이 되고, 조직은 고사하여 햇볕에 탄 것처럼 된다(**그림 2-11, 좌**). 과일은 착색이 불량해져서 상품성이 떨어진다(**그림 2-11, 중**). 또 다른 증상은 볏과의 목초류나 카네이션 등에서 나타나는데, 늙은 잎에 작은 흰점이 생겼다가 점점 커지면서 죽게 된다(**그림 2-11, 우**).

칼륨의 과다는 염의 농도를 높여 염류 집적해를 일으키며, 다른 영양분과의 길항작용에 의해 질소, 칼슘, 마그네슘의 흡수를 억제시킴으로써 다른 영양분의 결핍 증세를 일으키기도 한다. 과실의 경우에 표면이 거칠고, 착색이 나쁘며, 단맛이 떨어진다. 과잉증은 건물중의 6% 이상일 때 나타난다.

4) 칼슘(Ca)

칼슘은 세포벽 및 원형질막의 구성성분으로서 세포의 형태 지지와 막투과성에 관여한다. 각종 유기산의 중화작용을 하고, 체내의 이온 전류와 생리에 보조적인 역할을 하며, 질소 고정과 뿌리혹의 발달을 돕고 질산 환원 효소에 영향을 준다.

Ca^{2+}의 형태로 흡수되고, 식물체의 건물중에 0.05~5%가 포함되어 있으며, 수확 한계 농도는 1%이다. 칼슘은 뿌리보다 잎, 어린잎보다 늙은 잎에 많고, 필요 최대량은 밝혀지지 않았지만 매일매일 일정량을 흡수해야 한다.

부족하게 되면 뿌리와 지상부 생육 및 꽃가루 발아가 나쁘고, 이동이 잘 되지 않음에 따라 잎의 선단 부근이 황백색이 되며, 신장이 정지되고, 차차 갈색이 되어 주변이 괴사한다. 과일은 조직의 일부가 괴사한다. 토마토나 피망의 배꼽썩음병(blossom end rot, BER)(**그림 2-12**)과 상추, 샐러리, 양배추, 배추의 속썩음병 등이 칼슘 부족으로 나타나는 대표적인 생리병이다.

과잉증은 토양재배의 경우에 극히 드물며, 직접적인 영향보다는 토양의 알칼리화 등에 의한 2차적인 양분 흡수의 저해가 나타날 수 있다. 수경재배에서는 과다로 인한 문제가 일어나지 않는다.

그림 2-12 토마토 배꼽썩음병

5) 마그네슘(Mg)

마그네슘의 70% 이상이 확산성이며, 무기음이온, 사과산, 구연산 등과 결합되어 있다. 또한 엽록소의 구성성분이며, 그 비율은 엽록소의 15~20%이다. 마그네슘은 광합성 이외에 ATP나 효소류의 활성화, 질소대사 또는 알칼리화에 관여한다. 인산화 과정에 관여하는 많은 효소가 마그네슘을 하나의 보조 인자로 필요로 한다. 마그네슘은 Mg^{2+}의 형태로 흡수되고, 건물중에 0.1~1%가 포함되어 있으며, 수확을 위한 최소 한계치는 0.2%이다.

그림 2-13 파프리카 마그네슘 결핍

마그네슘이 부족하면 탄수화물의 생산량이 감소하고 아마이드가 많이 증가한다. 결핍 증상은 늙은 잎이나 열매가 많이 달린 근처 잎의 엽맥 사이에 황화현상이 나타나며(그림 2-13), 쌍떡잎식물은 엽맥 사이가 황화되었다가 심하면 백화된 다음 부스러지는데, 토마토, 완두, 강낭콩, 감자 등에서 잘 나타난다. 결핍 증상이 나타날 경우의 응급 처치로서 1%의 $MgSO_4$을 엽면 살포하면 좋다. 수경재배의 경우, 마그네슘이 과잉되면 처음에는 엽맥간의 색이 약간 옅어지다가 심하면 갈색 반점이 생긴다. 그러나 토양재배에서는 매우 드물다. 과잉증은 엽중 마그네슘 함량이 건물의 2%(8me/L) 이상일 때 일어난다.

6) 황(S)

황은 단백질과 효소의 구성성분이며, 광합성에 관여한다. 파, 마늘, 양파, 무, 그리고 배추 등의 2차 산물인 매운 맛 성분을 구성하는 요소이다.

식물체에는 SO_4^{2-}의 형태로 흡수되는데, 건물중에 0.05~0.5%가 포함되어 있으며, 수확을 위한 엽중 최저 한계 농도는 0.2%이다.

황이 부족해지면 단백질의 합성이 저하되고, 비단백질 화합물이 증가된다. 탄수화물은 과잉이 되고, 세포벽은 두꺼워지며, 매운 맛이 극히 낮아진다. 또한 어린잎이 황화되는데, 엽맥이 엽맥 간의 조직보다 밝은 색을 띠는 경우가 가끔 있다. 생육 저해는 지하부보다 지상부에서 크게 나타나며, 잎이 가늘어지고 생장이 느리다. 이와 같은 결핍증은 황을 많이 필요로 하는 양배추, 꽃양배추, 케일, 양파, 파, 아스파라거스 등에서 잘 나타난다. 그러므로 배추과 작물을 수경재배할 때는 황을 잘 공급해 주어야 한다.

황 자체에 의한 과잉증은 별로 나타나지 않지만, 황과 결합된 염류의 과잉해가 나타나는 경우가 있다.

2.4.2 미량 원소

1) 철(Fe)

철은 광합성, 호흡, 단백질 합성 그리고 각종 효소 작용에 관여한다. 철은 뿌리에 존재하는 3가철 환원 효소에 의해 Fe^{3+}이 Fe^{2+}으로 환원된 다음 흡수된다. 따라서 Fe^{3+}보다는 Fe^{2+}을 더 효과적으로 흡수한다. 볏과 식물에서는 철 이온이 뿌리에서 분비된 유기물과 킬레이트를 이루어 함께 흡수되기도 한다. 철은 보통 식물체에 50~1,000ppm이 함유되어 있고, 시금치에는 3,000ppm 이상이 함유되어 있다. 수확에 알맞은 범위는 50~200ppm이며, 최저 한계 농도는 50ppm이다.

철은 잎에 가장 많이 분포되어 있고, 줄기와 뿌리는 대부분 함량이 같다. 철의 최대 필요 시기는 잎의 발달 최성기와 일치한다. 철이 부족하면 단백질과 탄수화물의 합성이 낮아진다. 결핍 증상은 마그네슘 결핍과 같은 황화현상이 나타난다. 마그네슘 결핍은 아래 잎, 철 결핍은 어린잎에 나타나는데, 엽맥은 녹색이지만 엽맥간이 뚜렷하게 되고, 심하면 황화현상(chlorosis)이 나타나 죽게 된다(그림 2-14). 특히, 수경재배에서는 산도 조절이 잘못되어 양액이 알칼리화되거나 수온이 낮을 때 발생된다.

과다 증상은 산성 토양에서 가끔 나타나며, 마디에 집적되어 인산의 이동을 억제한다. 수경재배에서는 과잉증보다 부족증이 주로 나타난다.

2) 망간(Mn)

중금속인 망간은 2, 3, 4가로 존재하는데, 2가 이온만이 유용하다. 2가로 존재하므로 산성에서 유효성이 크다. Mg에 상응하는 작용을 하거나 산화와 환원($Mn^{2+} \leftrightarrow Mn^{3+}$)을

그림 2-14 딸기의 철 결핍에 의한 황화현상(원특원)

그림 2-15 토마토 망간 결핍(좌)와 딸기 아연 결핍(우: 잎 중간 적색)(Yara, UK)

통해서 효소의 활성화에 관여하는데, 이들 효소를 통해 탄소 동화작용과 단백질 대사, 비타민 C 합성 등에 관여하게 된다.

식물체에는 Mn^{2+}의 형태로 흡수되는데, 식물체의 건물에는 20~200ppm이 포함되어 있다. 그러나 산성에서는 식물이 500ppm까지 흡수한다. 알칼리 토양에서 결핍이 나타난다. 망간은 잎에 가장 많고, 최대 필요시기는 발달 최성기와 같다.

망간이 부족하면 탄수화물, 단백질 및 비타민 C의 함량이 떨어진다. 증상은 각각의 식물에 따라 다른데, 엽맥이 뚜렷해지고 엽맥 사이가 황화되다가 심하면 갈변된다(**그림 2-15, 좌**), 주로 어린잎에 많이 나타나며, 쌍떡잎식물에서는 잎에 작은 황색 반점이 나타나는 경우가 있다. 따라서 철 결핍이 어린잎에 황색으로만 나타나는 것과 구별된다.

과잉증은 500~1,000ppm 이상 흡수되는 경우에 한해서 늙은 기관에 갈색 반점이 나타나고, 엽록소 분포가 불규칙하고, 독성은 철 결핍증과 함께 발생한다.

3) 아연(Zn)

아연은 구리나 몰리브덴처럼 분자량이 큰 미량 원소로서, 식물 호르몬인 오옥신의 전구물질인 트립토판(tryptophan)의 합성에 필요하며, 각종 효소의 활성에 관여한다. 특히, 탄소동화작용에 관여하는 탈수소효소의 활성과 관계가 깊다.

식물체에는 Zn^{2+}의 형태로 흡수되는데, 무기이온의 형태보다는 유기물에 결합되어 흡수된다. 건물중에 10~100ppm이 포함되어 있고, 수확을 위한 한계 농도는 30ppm이다. 아연은 콩과와 볏과 식물의 싹에서 많이 발견된다.

아연이 부족하면 탄수화물과 단백질 부족에 따라 생장과 수량이 감소한다. 특히, 체내에 오옥신이 생성되지 않아 줄기의 신장이 좋지 않다. 결핍 증상은 알칼리 토양에서 많이 나타나며 식물의 종류에 따라 다른데, 잎의 크기가 작고 좁아지며, 마디의 신장이 억제되거나 마디 사이가 짧아진다. 대부분 다른 결핍에 의한 황화와는 구별할 수 있을 정도로 녹색 부분과 황화된 부분이 뚜렷한 경계를 보인다. 딸기의 경우에서는 생육이 억제되고 잎이 황화되면서 중앙 부위가 붉어진다(그림 2-15, 우). 이와 같은 황화는 딸기, 옥수수, 담배, 목화 등의 어린잎에서 심하게 나타난다. 과수류는 잎이 몹시 오글거리고 작아지는 로제트 현상을 보이는데, 감귤이나 사과에서 많이 나타난다. 수경재배 시 아연이 부족하면 토마토와 딸기의 뿌리털 생장이 나빠져서 짧아지고 억제되면서 구부러진다.

토양재배에서 과다 현상은 거의 드물지만, 수경재배에서는 배양액 조제가 잘못되었을 때 나타나는데, 아연이 엽맥에 집적되면 그 부위는 고사한다. 이때 Zn의 함량은 200~400ppm 이상이다.

4) 구리(Cu)

구리의 생리작용은 산화 효소 활성화 및 탄소동화 작용 시에 전자전달 체계에 관여하고, 뿌리혹박테리아 형성에 간접적인 효과가 있다.

식물체에는 Cu^{2+}의 형태로 흡수되며, 식물체의 건물중에 2~20ppm이 포함되어 있고, 수확을 위한 한계 농도는 7ppm이다. 식물체에는 주로 엽록체 속에 전체량의 70%가 단백질과 결합되어 있다. 체내에 100ppm 이상 있으면 과잉증이 나타난다. 연간 구리의 흡수량은 10a당 3~10g으로 알려져 있다.

구리가 부족하면 탄수화물과 단백질의 감소에 따른 생장과 수량이 감소한다. 결핍증은 알칼리 토양에서 많고, 감귤, 올리브 등에서는 수지를 표피 밖으로 내놓는 현상이 나타난다. 감자 잎은 짙은 녹색이 되고 꼬여서 기형이 된다. 채소류인 토마토, 콩, 완두 등에서는 어린잎에 황화나 백화현상이 나타나기도 한다.

과잉증은 일반 토양에서는 극히 드물고, 광산지대나 구리 관련 산업지역, 폐수 오염지역에서 주로 나타난다. 증상은 이동이 어려워져서 뿌리에 집적되기 때문에 가는 뿌리가 뭉툭하고 짧아진다.

5) 몰리브덴(Mo)

몰리브덴은 질산 환원 효소의 구성성분이며, 철의 흡수와 전이를 돕는다. 몰리브덴은 질소를 고정하는 효소인 니트로게나제(nitrogenase)의 구성성분이므로 콩과 식물에서 많이 요구된다. 식물체에는 MoO_4^{2-}의 형태로 흡수되며, 식물체 내에 0.2~10ppm이 포함되어 있고, 수확을 위한 한계 농도는 0.3ppm이다. 다른 이온과는 달리 알칼리성에 잘 흡수된다.

몰리브덴이 부족하면 생장과 탄소 동화작용이 억제되고, 식물체에 질산태가 집적된다. 결핍 증상은 어린잎에서 황화가 나타나거나 잎이 기형화된다. 특히, 배추과 식물은 잎이 숟가락 모양이 된다. 꽃양배추는 편상엽(鞭狀葉 : whiptail)이 된다(그림 2-16). 과잉증은 일반

그림 2-16 꽃양배추의 몰리브덴 부족에 의한 편상엽(맨 우측, 정상엽)

토양재배에서는 찾아보기 힘들며 오염 지역에서만 나타난다. 꽃양배추에 엽면 살포를 과다하게 하면 잎에 회백색의 불규칙한 반점이 생기고 위조 낙엽이 된다. 체내에 건물 중의 10ppm 이상 포함되면 과잉증이 나타난다.

6) 붕소(B)

붕소는 당의 전이에 관여하고, 세포 분열과 세포벽의 미세 구조에서 매우 중요하며 예민하게 작용한다. 생장조절제의 생성과 관계가 크다고 한다.

붕소는 BO_3^{3-}의 상태로 흡수되며, 식물체 내에는 3~100ppm이 들어 있다. 콩과 식물과 사탕무는 30ppm이 한계 농도이고, 볏과에서는 5ppm이 한계 농도이지만, 식물에 따라 차이가 크다.

과잉증은 볏과에서는 50ppm, 사탕무나 콩과 식물에서는 보통 200~300ppm 이상에서 나타난다. 붕소를 좋아하는 식물은 배추, 샐러리, 토마토, 사과, 감귤, 포도 등이다. 부족하면 생장이 억제되고, 생장조직에 피해가 나타나는데, 생장점, 부름켜, 표피의 코르크화, 줄기와 뿌리의 공동화 등의 증상을 나타낸다. 붕소의 결핍증과 과잉증이 일어나는 농도의 폭은 굉장히 좁은 것이 특징이다.

붕소가 부족하면 어린잎이 황화되고, 이어서 급속히 괴사한다. 샐러리 엽병의 줄기 쪼갬, 무 뿌리의 갈변화, 배추류 어린잎의 흑색 갈변화 등의 현상이 나타난다. 칼슘이 부족하면 새 잎의 위쪽 끝 가장자리가 갈변하지만, 붕소가 부족하면 새 잎의 아래쪽 가장자리가 갈변한다. 그러나 토마토 배꼽썩음병의 경우는 칼슘과 붕소가 동시에 작용한다. 과잉 증상은 화곡류, 감자, 콩류에서 잘 나타나는데, 잎에 갈색 반점이 생기거나 잎이 안쪽으로 오그라들고, 결국에는 괴사 증상이 나타난다. 딸기는 겨울철 시설 내의 온도가 10℃ 이하로 낮아지면 붕소의 흡수가 저조해져서, 잎이 갈변하고, 꽃이 작아지며, 열매는 심한 기형과가 된다(그림 2-17). 이럴 경우 붕소 엽면살포를 실시하면 좋다.

그림 2-17 딸기의 붕소 결핍 기형과(코넬 대학교)

7) 염소(Cl)

염소는 친수성이 높아서 식물의 삼투압을 높이고 증산을 억제함으로써 체내 수분 이용에 영향을 준다. 간접적으로 효소 활성에 관여한다. 특히, 광합성 작용에 있어서 물이 광분해되어 산소가 발생될 때에 망간과 화학작용에 관여한다. 이런 관계로 염소가 없으면 잎으로부터 저상조직으로 녹말의 이동이 부진하다.

염소의 흡수 형태는 Cl^-이며, 식물체 중에는 200~10,000ppm의 염소가 들어 있고, 수확의 한계 농도는 100ppm이다. 염소의 분자 형태(Cl_2)나 클로레이트(chlorate, ClO_3^-)는 식물에 심한 피해를 준다.

결핍 증상이 토양재배에서는 나타나지 않지만, 수경재배에서는 가끔 나타난다. 대표적인 증상은 어린잎에 황화현상이 일어나고 식물 전체가 시드는 것이다. 염소를 좋아하는 식물에서는 생장점과 뿌리의 생장이 떨어진다. 과다 증상은 바닷가에서 작물을 재배하는 경우에서 태풍 등에 의해 소금 바람이 피해를 주거나, 염화칼리 같은 비료를 수년간 시비할 때 염류에 의한 장해와 함께 나타나는데, 일반적으로 뿌리를 상하게 하므로 수분이나 양분의 흡수가 나쁘고 심하면 황화되어 죽는다. 10me/L 이상에서 과잉증이 나타난다.

지금까지 언급한 모든 필수 원소의 특성을 정리하면 표 2-3과 같다.

2.4.3 기타

1) 규소(Si)

규소는 볏과와 그 밖의 일부 식물에서 필수적이다. 규소는 볏과 식물의 세포막을 튼튼하게 하며, 내도복성을 증가시키고, 증산을 억제시키며, 해충이나 도열병의 피해를 감소시킨다. 파프리카나 딸기의 뿌리 발육촉진, 토마토 과일의 경도를 증가시킨다.

식물에는 SiO_4^{4-} 형태로 흡수되며, 볏과 식물의 Si 함유량은 0.1~0.5%로 인산의 함량과 비슷하다. 볏과류나 고사리류에서는 규소의 함량이 건물중의 5%까지 차지한다. 규조류는 규소가 필수 원소이다.

표 2-3 필수 원소의 특성(과잉 및 결핍증은 제시한 농도 이상과 이하에서 발현)

원소명	질소(N)	인산(P)	칼륨(K)
함유 물질	단백질, 핵산, 엽록소, 비타민, 알칼로이드	당인산, ATP, 핵산, 인지질, 피틴	주로 이온 상태로 존재
기능	산화환원 작용	세포분열 촉진 초기 뿌리 생장 촉진 분화 촉진 성숙과 꽃눈 분화	광합성 증대 및 전류 촉진 숨구멍 개폐 삼투압 조절 각종 효소의 활성화
흡수 형태	NO_3^- > NH_4^+	$H_2PO_4^-$ > HPO_4^{2-}	K^+
건물중 함량	0.5~5%	0.1~0.5%(황과 비슷)	0.5~5%
결핍 농도 (건물중)	3%	0.3%	2.5%
과잉 농도	6%	1%	6%
최초 결핍 부위	늙은 잎의 끝	늙은 잎	늙은 잎
결핍증	생장 불량 잎 끝으로부터 황화 root/shoot비 증가 엽맥도 황화 개화, 착과 불량 단백질 함량 낮음 성숙 지연, 노화가 빠름 담녹색 잎, 딸기 적자색 잎 고엽이 성숙 전에 낙엽	생장 억제 개화 성숙이 지연 잎이 암녹색이 되고 괴사 뿌리 발육 지연 단백질 합성 불량 비타민 함량 낮음 자색 및 보랏빛 잎 결핍증은 잠재적임	잎 선단이 위축되고 황화된 황변한 부분과 정상인 부분의 경계가 뚜렷함 맛과 저장성 저하 백색 반점(볏과) 탄수화물, 단백질 감소 엽맥이 적자색(딸기) 내건성이 약화됨
과잉증	잎이 암녹색으로 됨 성숙 지연 조직이 연해 저장성이 약해짐 바람들이	생장 억제 과잉증이 잘 나타나지 않음 과다하면 K, Fe, Zn, Cu와 길항작용	과실의 경우 착색 불량 단맛이 떨어지고 표면이 거침
기타	흡수는 pH에 민감	pH 6~7에서 최적 강산성에서 Fe, Al과 침전 알칼리성에서 Ca과 침전 Mg과 상조작용	과다하면 N, Ca, Mg 등의 양이온 흡수를 방해
도관 내 이동 형태	질산, 아미노산, 아마이드	$H_2PO_4^-$ 사관 : 포스포릴콜린	K^+

표 2-3 필수 원소의 특성(과잉 및 결핍증은 제시한 농도 이상과 이하에서 발현) (계속)

원 소 명	철(Fe)	망간(Mn)	아연(Zn)
함유 물질	사이토크롬, 페레독신, 피토페리틴(철인단백)		
기능	광합성, 호흡, 단백질 합성 각종 효소 작용	산화환원 작용 탄소동화 작용, 물의 광분해 비타민 C의 합성 IAA 산화	트립토판 합성 탈수소효소 활성 단백질 합성
흡수 형태	Fe^{2+}, Fe^{3+}	Mn^{2+}	Zn^{2+}
건물중 함량	50~1,000ppm	20~200pmm	10~100ppm
결핍 농도 (건물중)	50ppm	40ppm	30ppm
과잉 농도		500~1,000ppm	200~400ppm
최초 결핍 부위	어린잎 엽맥간	어린잎 엽맥간	늙은 잎 엽맥간
결핍증	단백질, 탄수하물 합성 저해 마그네슘과 같이 황화 엽맥간 황화 후 백화, 고사 엽맥은 짙은 초록색 Mg과 같이 엽록소 감소	탄수화물, 단배질, 비타민 C 함량 감소 마그네슘처럼 엽맥간 황화 쌍떡잎식물 잎에 작은 황색 반점	탄수화물, 단백질 감소 오옥신합성 저해로 신장 불량 잎이 작고 가늠 녹색 부위와 갈변 부위가 뚜렷이 구별됨 잎의 변형 아마이드와 아미노산 증가
과잉증	인산 이동을 방해	늙은 잎에 갈색 반점 엽록소 분포가 불균일	잘 일어나지 않음
기타	결핍증이 잘 일어남 산성에서 유효성이 큼 pH가 높으면 Fe^{2+}이 Fe^{3+}으로 되어 불용	산성에서 유효성이 큼 Mg과 경합 Ca이 많으면 흡수 저해	산성에서 유효성이 큼 인산과 침전을 생성 Cu와 길항
도관 내 이동 형태	구연산 착염	Mn^{2+}	Zn^{2+}

2) 나트륨(Na)

일반적인 나트륨의 기능은 칼륨을 대신할 수 있다는 점이다. 칼륨이 부족한 상태에서 나트륨은 물의 이용성에 대해 영향을 준다. 식물체 내에는 Na+으로 흡수되며, 염류 작물에는 건물중에 10%까지 함유된다.

표 2-3 필수 원소의 특성(과잉 및 결핍증은 제시한 농도 이상과 이하에서 발현) (계속)

원 소 명	칼 슘(Ca)	마그네슘(Mg)	황(S)
함유 물질	세포막, 세포벽	엽록소 글루타민 합성 효소	단백질, 비타민, 향기 매운맛 성분
기능	세포의 형태 지지 막투과성 유기산의 중화 작용 질소 고정을 도움	광합성 ATP나 효소류의 활성화, 알칼리화 효과, 단백질 합성, 질소대사에 관여	광합성 산화계에 관여(CoA)
흡수 형태	Ca^{2+}	Mg^{2+}	SO_4^{2-}
건물중 함량	0.05~5% 뿌리보다 잎에 많음 특히 늙은 잎에 많음	0.1~1%	0.05~0.5%(P과 비슷) 배추과, 백합과, 마늘, 파에 다량 존재
결핍 농도 (건물중)	1%	0.2%	0.2%
과잉 농도		2%	
최초 결핍 부위	어린잎의 위쪽 끝 가장자리	늙은 잎의 엽맥간	어린잎
결핍증	생장점 생육 불량 꽃가루 발아의 장해 잎 선단이 황백화된 후 갈변 하여 고사 과일 조직의 괴사 토마토, 피망의 배꼽썩음병 상추 등의 속썩음병	엽맥간 황화 엽맥간에 크고 불규칙한 흑색 반점 탄수회물 감소 아마이드 증가 쌍떡잎식물은 심하면 황화	담녹색 잎, NO_3-N 축적 생장 감소 N 결핍과 유사 단백질합성 저하 탄수화물 증가 매운 맛 감소 엽맥색이 엽신보다 밝음 잎이 가늘고 생장 저하
과잉증	직접적인 피해보다 알칼리화 에 의한 간접 피해가 있음	엽맥간 색이 열어짐 심하면 갈색 반점이 생김	과잉증은 거의 나타나지 않음
기타	질소 흡수를 도움 Mg, Fe, Zn, Cu, P, B, Mn의 흡수 방해 사관 이동하지 않음 NO_3^-이 흡수를 도움 어린뿌리에서 흡수함	NH_4^+, K, Ca, Mn과 길항작용 P과 상호작용	
도관 내 이동 형태	Ca^{2+}	Mg^{2+}	주로 SO_4^{2-} 소량은 유기황화합물

식물에 나트륨과 칼륨을 동시에 공급하면 나트륨보다 칼륨을 많이 흡수한다. 토마토 등에는 건물중에 0.01~0.1%가 들어 있지만, 호염성 식물들, 즉 사탕무, 시금치, 샐러리, 양배추는 잎에 2.0~3.5%가 포함되어 있다. 결핍증은 확실하게 알려진 것은 없지만,

표 2-3 필수 원소의 특성(과잉 및 결핍증은 제시한 농도 이상과 이하에서 발현) (계속)

원소명	구리(Cu)	몰리브덴(Mo)	붕소(B)	염소(Cl)
함유 물질	페놀아제 등 효소 플라스토시아닌	질산 환원 효소 니트로게나아제	세포벽	
기능	산화환원 효소의 활성 광합성의 전자전달계에 관여	철의 흡수와 전이를 도움 질산염 감소 뿌리혹 성장 촉진	당의 전이 세포 분열 세포벽 미세구조 생장 조절제 합성	삼투압, 증산 체내 수분 이용 물의 광분해
흡수 형태	Cu^{2+}	MoO_4^{2-}	BO_3^{3-}	Cl^-
건물중 함량	2~20ppm	0.2~10ppm	3~100ppm	200~10,000ppm
결핍 농도 (건물중)	7ppm	0.3ppm	5~30ppm	100ppm
과잉 농도	50ppm	10ppm	50~300ppm	350ppm
최초 결핍 부위	어린잎	늙은 잎	어린잎 아래쪽 가장자리	어린잎
결핍증	탄수화물 감소 단백질 감소 잎이 짙은 초록색이며 비틀림	엽연의 황화 기형화 개화 결실 불량 부족 시 질산태 집적	황화된 후 괴사 생장점 괴사 샐러리 엽병의 줄기 쪼개짐	어린잎의 황화 식물 전체 위조 생장점과 뿌리의 생장 저하
과잉증	뿌리에 집적되어 뿌리가 뭉툭하고 짧아짐	황금빛 또는 오렌지색을 띠고 오글거림	갈색 반점 잎이 안쪽으로 말림 나중에 괴사	뿌리가 상해서 물질 흡수를 저해
기타	인산과 침전 생성 Zn과 길항 관계	알칼리에서 유효성이 큼(Mo^{5+}보다 Mo^{6+}이 유효하기 때문)	칼슘 과잉 시 결핍	
도관 내 이동 형태	Cu^{2+}	MoO_4^{2-}, 아미노산 복합체 OH 함유 화합물	BO_3^{3-}	Cl^-

부족 시 체내 수분 관리에 문제가 생긴다고 여겨진다. 그러나 칼륨을 공급하면 적은 양이라도 수분 관리는 다시 원활해진다. 과잉되면 뿌리에서의 물 흡수와 이동에 방해를 주어 생육이 나빠지게 된다.

지표상에 나트륨의 함량은 최대 2.8%로서 칼륨 2.6%보다 높다. 나트륨을 좋아하는 사탕무는 나트륨을 칼륨보다 선호하는 작물로 칼륨이 부족하면 나트륨을 흡수하여 생장을 한다. 색비름나물은 나트륨이 토양 중에 낮으면 건물중이 현격하게 감소한다. 그러나 일반 식물은 나트륨이 건물중에 영향을 미치지 않는다. 이처럼 나트륨은 몇 가지 식물에 아주 유용한 영양소이다.

2.4.4 양분의 결핍증 및 과잉증 판별법

앞에서 식물에 필요한 각종 원소의 생리작용과 과부족 시 나타나는 장해현상 그리고 식물체 내의 적정 및 결핍 농도를 **표 2-3**에 대하여 언급하였지만, 실제 원인을 규명하는 것은 용이하지 않다. 왜냐하면, 양분의 과부족 여부를 판단하기 위해서는 양분에 대한 분석뿐만 아니라 온도, 습도, 빛 등의 재배 환경 및 배지 내의 수분 상태, 배수량, pH, EC 등 근권 환경에 대해서도 알아야 하기 때문이다. 물론, 양분 그 자체의 과부족으로 인하여 증상이 나타나는 특성을 알아야 하는데, 이는 과부족 증상이 시작되는 부위의 위치라든가 증상의 형태 등으로부터 단계적으로 판독해 가는 방법을 통해 알 수 있다. 양분의 과부족을 쉽게 판별하는 방법은 **그림 2-18**과 **표 2-4**와 같다.

제시한 간이 판별법을 기초로 증상이 나타나는 부위를 도식화한 것이 **그림 2-19**이다. 이 그림을 잘 이해하면 포장에 나가서 부족과 과잉증을 빠르게 판단하여 대책을 강구할 수가 있으나 많은 경험이 필요하다. 수경재배의 경우에는 불량 환경에 따른 증상이 쉽게 나타나므로 여기서 제시한 그림과 표의 증상을 기초로 비교 관찰하여 올바르게 대처해야만 생리장해가 없는 고품질 작물을 생산할 수가 있다.

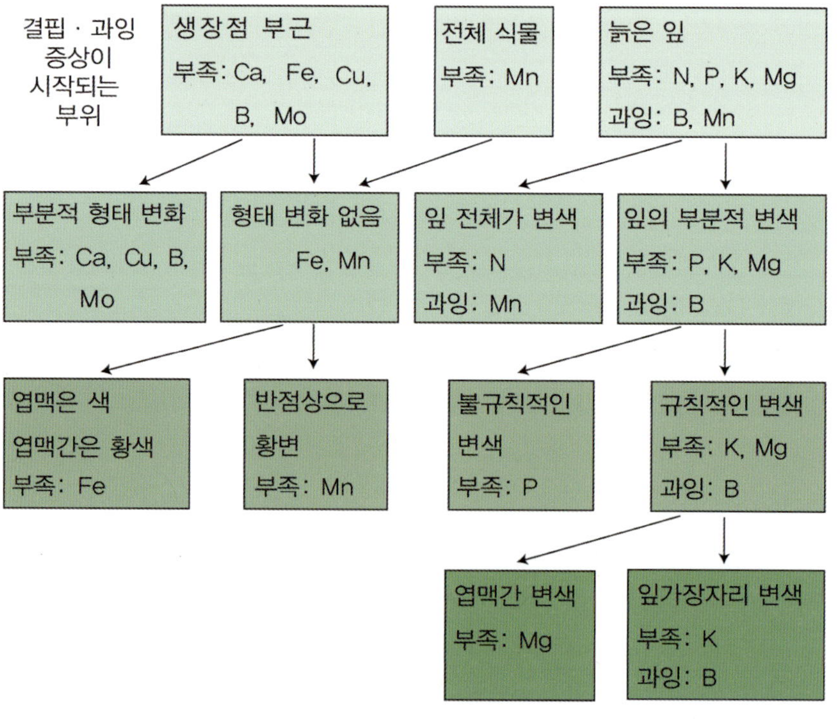

그림 2-18 식물 부위와 증상에 따른 양분 결핍 및 과잉증 판별법

표 2-4 양분 결핍 간이 판별법

분류	증상	결핍 원소
A	하엽부터 증상이 나타남. 증상 부위는 국부적이거나 전체.	
B	증상이 식물 전체에서 나타남. 하엽이 마름. 잎이 연녹색 혹은 암녹색으로 변함.	
C	식물은 연녹색. 하엽은 황변. 옅은 갈색으로 마름. 생육 후반기에 결핍하면 식물체가 작고, 빈약함.	질소(N)
CC	식물은 암녹색, 때때로 적색을 띰. 하엽이 때때로 황변함. 녹색을 띤 갈색 혹은 검정색으로 마름.	인(P)
BB	증상이 국부적으로 나타남. 반점이 생기고, 황화되며 하엽에 죽은 조직에 의한 점이 생길 때도 있음. 하엽이 마르지는 않음.	
C	잎이 반점 혹은 황화, 전형적으로 적색을 띰. 때때로 고사된 점이 나타남. 잎 끝과 엽연이 뒤틀리고 위로 오그라듦. 식물이 연약함.	마그네슘(Mg)
CC	잎에 반점이 생기거나 황화되는데, 괴사된 크고 작은 반점이 생김.	
D	괴사 조직의 작은 반점이 잎 끝과 엽맥 사이에 발생하고, 엽연에 좀더 현저하게 나타남.	칼륨(K)
DD	반점이 식물 전체에 생기고 빠르게 커짐. 엽맥간에 먼저 생기고 나중에는 엽맥에서도 나타남. 잎이 두껍고, 마디 사이가 짧음.	아연(Zn)
AA	어린잎이나 생장점에 증상이 나타남. 증상은 국부적임.	
B	생장점 괴사, 어린잎이 뒤틀림.	
C	정아의 어린잎이 먼저 구부러지고, 잎 끝과 엽연이 죽음. 심하면 생장점이 죽음.	칼슘(Ca)
CC	생장점 어린잎의 기부가 옅은 녹색으로 된 후 파괴됨. 후에 잎이 뒤틀리고 생장점이 괴사함.	붕소(B)
BB	생장점은 일반적으로 살아 있음.	
C	어린잎이 반점이나 현저한 황화 없이 시듦. 심해지면 줄기 윗부분이 휨.	구리(Cu)
CC	어린잎이 시들지 않음.	
D	괴사 반점은 없음. 어린잎이 황화, 주맥은 녹색. 황화가 하엽으로 진전됨.	철(Fe)
DD	어린잎과 엽맥이 황화됨.	황(S)
DDD	괴사 반점이 잎 전체에 발생, 가는 엽맥이 녹색이라 바둑판 무늬를 띰.	망간(Mn)

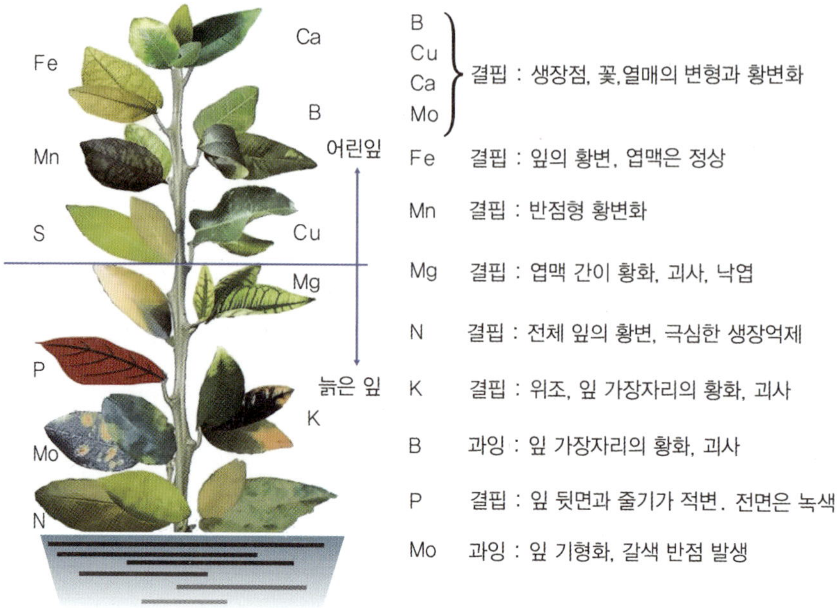

그림 2-19 양분의 과부족증 모식도(i Plant Nutrition)

2.4.5 식물에 있어 영양소의 복합적인 작용

지금까지 여러 영양소의 특징을 살펴보았다. 이들은 개별적으로도 작용하지만 결국에는 복합적 기능과 상호작용을 하므로, 이들에 관해 좀 더 알아보기로 한다.

1) 이온의 복합적 기능

영양분 개개의 일반적인 영양 특성보다는 식물에 제공되는 모든 이온들의 복합적 작용이 좀 더 중요한 역할을 하게 된다. 일반적인 이온의 기능은 크게 팽윤작용, pH 값 조절, 그리고 세포의 산화환원능의 조절이다.

(1) 팽윤작용

모든 생명 현상에 있어서, 일반적인 이온 작용에 의해 팽윤이 잘 이루어지면 생장이 촉진되고, 그 반대이면 생장이 억제된다. 일반적으로 크기나 전하에 따라 수화도는 차이를 보이는데, 호프마이스터(Hofmeister) 법칙에 의해 양이온은 Na^+ > K^+, NH_4^+, H_3O^+ > Mg^{2+} > Ca^{2+} > Al^{3+}의 순서로 수화도가 감소된다. 음이온은 OH^- > Cl^- > NO_3^- > SO_4^{2-} > PO_4^{3-} > $H_2BO_3^-$ 순이다. 이들 이온 각각의 영향보다는 수화도가 높은 여러 이온이 많이 녹아 있을 때 팽윤이 촉진되고 흡수대사 등이 원활해진다.

(2) pH 값 조절

pH 조절은 세포 내에서 효소의 활성화와 양분의 흡수 및 이동을 원활하게 하므로 원형질과 세포액에 있어서 큰 의미를 갖는다. 세포의 pH는 4~6으로 산성이다. 세포 내의 산도는 당분해에 있어서 유기산의 생산, 그리고 산의 분해 등에 의해 영향을 받으며, 인산 분해($H_2PO_4^- \longrightarrow HPO_4^{2-} + H^+$)의 강약과 양이온의 흡수 정도에 따라 다르게 된다.

(3) 세포의 산화환원능의 조절

식물체 내에서는 수많은 산화환원 반응이 일어나는데, 각종 이온이 이들의 작용에 기여하여 식물체 내에 일어나는 생화학적 반응에 관여한다.

산화는 전자를 잃는 반응으로서, 산소를 얻거나 수소를 잃어버리는 경우이다. 반대로 환원은 전자를 얻는 반응으로서, 수소를 얻거나 산소를 잃어버리는 경우이다. 예를 들어, NO_3^-이 NH_4^+로 되었다면, 이온이 산소가 잃고 수소를 얻었으므로 환원이라 하고, 반대의 경우를 산하라고 한다.

2) 이온의 상호작용

식물의 무기영양소는 상호 간의 길항작용(antagonism) 그리고 상조작용(synergism) 등과 같이 다양한 작용성을 갖는다. 이와 같은 상호작용은 경쟁과 보조를 통해서 양분의 흡수, 저장, 그리고 기능에 커다란 영향을 미친다.

흡수의 길항작용은 일반적으로 같은 이온 간에 일어난다. 즉, 질소원으로 NH_4-N을 사용하면, 칼륨, 마그네슘, 칼슘 등의 흡수가 억제되는 데 반해 인산의 흡수는 촉진된다. NH_4-N을 사용하면 칼륨보다는 마그네슘과 칼슘의 흡수가 저해되는데, 이는 칼륨이 능동적으로 흡수되기 때문이라 생각된다. 서로 같은 양이온끼리 즉, 칼륨－마그네슘, 칼슘－마그네슘, 칼륨 사이에도 길항관계가 나타난다. 그리고 음이온 간에는 $NO_3^- - Cl^-$ 사이에서 많이 나타난다. 예를 들어, 칼륨 비료를 많이 주면 마그네슘의 체내 농도는 낮아진다. 칼슘 농도가 높으면 붕소 흡수를 억제하고, 높은 수준의 구리는 몰리브덴, 철, 망간, 아연의 흡수를 저해시켜서 결핍이 나타나게 할 수가 있다. 이들 영양소 간에는 상호 길항작용이 있지만, 모든 양이온과 음이온은 항상 같은 양이 흡수되므로 전체 이온 간의 당량비는 1을 나타낸다. 그러므로 양이온 흡수에 따른 같은 양의 음이온 흡수는 상조적인 관계를 가진다. 식물체 내에서 양이온이 과잉되면 체내의 음이온이 보상관계를 유지한다.

집적에 따른 길항관계는 난용성 결합이지만 불활성화 물질을 만듦으로써 상대 쪽

이온의 작용성을 없애는 관계이며, 붕소와 철, 철과 몰르브덴 사이에서 나타난다.

상승적인 상호작용은 질소와 칼리, 질소와 인 관계에서 잘 알려져 있다. 따라서 이들은 뿌리 생장뿐만 아니라 수확량에도 영향을 크게 미치므로, 결국 질소, 인산, 칼리의 흡수를 고려한 3가지 성분의 알맞은 시비가 필요하다.

기능적인 길항 관계는 철과 망간의 비율이 효소에 영향을 미친다거나 마그네슘이 붕소 과잉을 경감시키는 등의 작용을 통한 상조적인 효과가 가능하다. 이는 하나의 원소가 식물체 내의 효소작용에 관여하는 것이 아니라 2가지 성분이 흡수되어 상조적으로 생리현상을 개선하거나 과잉증을 경감시켜서 작물의 생장을 촉진한다는 의미이다.

모든 식물이 붕소만 주면 과잉해가 나타나지만, 황산마그네슘 비료를 과잉된 토양에 동시에 시비하면 붕소의 독성을 완화시켜 준다. 따라서 양분의 상호작용을 잘 이해하면 생장촉진과 수량 증대를 가져올 수가 있다.

식물에 필요한 영양소 이온의 흡수 및 상호작용은 토양 pH, 토양 유기물 함량, 토양 수분 등에 큰 영향을 받는다. 즉, 토양 pH는 특정 영양소의 가용성을 변화시키고, 유기물은 이온의 흡착과 완충 작용을 통해 영양소의 이용성을 조절한다. 따라서 양분 상호간의 길항관계나 상조작용을 이해하는 것도 중요하지만 토양 근권의 환경에 대한 이해도 필요하다. 이와 같은 길항작용이나 상조작용은 일반 토양재배에서는 자주 나타나지만, 수경재배에서는 알맞은 수온과 양액의 혼합을 규정대로 사용하면서 적정 산도를 유지하면 큰 문제를 일으키지 않는다.

식물 영양소 이온의 상호작용은 식물의 생장 속도, 잎의 크기와 색깔, 줄기와 뿌리 발달, 꽃과 열매의 형성 등에 영향을 미친다. 따라서 식물 영양 관리 시에는 다양한 영양소 간의 상호작용을 고려하여 균형 잡힌 영양 공급을 해야 수확량과 품질을 향상시킬 수가 있다.

제3장 스마트 수경용 배양액

3.1 농도와 pH

3.1.1 이온

배양액(nutrient solution)을 만들 때는 농도나 pH에 대해 알고 있어야 하는데, 이를 위해서는 먼저 이온, 원자가, 원자량, 분자량, 당량 등에 대한 이해가 선행되어야 한다.

1) 이온(ion)

원자는 양전하를 띤 양성자와 음전하를 띤 전자를 동일한 개수로 갖지만, 어떤 이유로 인해 전자를 잃거나 얻었을 때 발생되는 전기를 가진 원자나 원자단을 가리켜 이온이라 한다. 전자를 잃을 경우에는 양전하를 띠어 양이온이 되고, 전자를 얻을 경우에는 음전하를 띠어 음이온이 된다. 이때 원자 1개에서 잃거나 얻는 전자의 개수에 따라 1가 이온, 2가 이온이라 불리며, 일반적으로 3가 이온까지 존재한다.

2) 원자가(valence)

원자가란 어떤 원소의 원자 1개와 결합한 수소 원자의 개수를 말하며, 수소의 원자가를 +1이라 정한다. 이온이 될 수 있는 원소의 원자가는 잃거나 얻은 전자수와 동일하며, 분자를 이루는 원자의 원자가 총합은 0이다.

예 물(H_2O)에서 산소 1개는 수소 2개와 결합하므로 산소의 원자가는 −2가이다. 또한

CaO에서 칼슘 1개는 산소 1개와 결합하는데, 산소의 원자가가 −2이므로 분자의 원자가 총합이 0인 것을 이용하면 칼슘의 원자가는 +2가가 된다.

3) 원자량, 분자량, 당량

원자량이란 탄소의 질량을 12로 한 다음, 이를 기준으로 해서 정한 원자량의 상대적 질량을 말한다. 분자량이란 분자를 이루는 모든 원자의 원자량의 합을 말한다.

예 H_2O의 분자량 : 수소의 원자량 × 개수 + 산소의 원자량 × 개수

1 × 2 + 16 × 1 = 18

당량(equivalent)은 한 원소의 원자량을 그 원소의 원자가로 나눈 것이다. 당량과 원자량의 관계를 보면, 원자가가 1인 원소는 두 양이 같고, 원자가가 2인 원소는 당량이 원자량의 절반이 된다. 한 화합물 내에는 각 이온이 같은 당량만큼 들어 있다.

$$당량 = \frac{원자량}{원자가}$$

예제 칼슘은 원자량이 40.1이고, 원자가가 2이므로, 당량은 20.05이다. 질산이온(NO_3^-)의 이온량은 62이고, 이온가가 1이므로, 당량은 62이다. 질산칼슘($Ca(NO_3)_2$)의 분자량은 164인데, 이 중에는 칼슘이 40.1(2당량), 질산이온이 124(2당량)가 들어 있다. 즉, 같은 당량수만큼 들어 있다.

> 질소는 NO_3-N 또는 NH_4-N으로 표시되는데, 이는 질산 형태의 질소 및 암모니아 형태의 질소를 나타내는 것이다. 이 경우에 성분은 모두 N이므로 이들의 1me는 14mg으로 계산하면 된다.

원자량, 분자량 혹은 당량에 g을 붙인 것을 각각 1g 원자량, 1g 분자량, 1g 당량이라 한다. 보통 우리가 쓰고 있는 원자량이나 분자량은 엄밀하게 말하면 그램 원자량이나 그램 분자량이지만 혼용해서 쓰이고 있다.

예 물의 분자량 = 18　　　　물의 1g 분자량 = 18g

칼슘의 원자량 = 40.1g　　　　칼슘의 1g 당량 = 20.05g

수경재배와 관련된 원소의 원자가, 원자량 및 당량 등을 **표 3-1**에 수록하였다.

표 3-1 수경재배와 관련된 원소들의 성질

원소	원소명	영명	원자량	원자가	당량	흡수 형태
C	탄소	carbon	12	+4	-	CO_2
H	수소	hydrogen	1	+1	1	H_2O
O	산소	oxygen	16	−2	8	H_2O, O_2 등
N	질소	nitrogen	14	+3	-	NO_3^-, NH_4^+
P	인	phosphorus	31	+5	-	$H_2PO_4^-$, HPO_4^{2-}
K	칼륨	potassium	39.1	+1	39.10	K^+
Ca	칼슘	calcium	40.1	+2	20.05	Ca^{2+}
Mg	마그네슘	magnesium	24.3	+2	12.15	Mg^{2+}
S	황	sulfur	32.1	+6	-	SO_4^{2-}
Fe	철	iron	55.9	+2, +3	-	Fe^{2+}, Fe^{3+}
Mn	망간	manganese	54.9	+2	27.45	Mn^{2+}
Zn	아연	zinc	65.4	+2	32.70	Zn^{2+}
Cu	구리	copper	63.5	+2	31.75	Cu^{2+}
Mo	몰리브덴	molybdenum	95.9	+6	-	MoO_4^{2-}
B	붕소	boron	10.8	+3	-	BO_3^{3-}
Cl	염소	chlorine	35.5	−1	35.50	Cl^-

3.1.2 용액(solution)

물질이 물에 녹아 있을 경우에 이것을 용액이라 하고, 녹아 있는 물질을 용질, 녹이는 역할을 하는 물을 용매라고 한다. 즉, 용액은 용질과 용매를 합한 것이다. 용매가 물일 경우에는 이 용액을 수용액이라 한다. 그러므로 배양액은 수용액의 일종이다. 수경재배의 경우에 용질로는 필수영양소의 무기염을, 용매로는 물만을 사용한다.

3.1.3 농도(concentration)

용액 내에 용질(배양액에서는 이온)이 얼마나 녹아 있는가를 나타내는 데에는 여러 가지 표시법이 있다.

1) 퍼센트 농도(percent concentration)

퍼센트 농도란 '용액 100g 중에 녹아 있는 용질의 질량(g)'을 말한다.

$$\% \text{ 농도} = \frac{\text{용질의 질량}}{\text{용액의 질량}} \times 100$$

예 물 80g에 KNO_3이 20g 녹아 있을 때의 KNO_3의 % 농도는 20이다.

2) 몰 농도(M : molarity)

몰 농도(M)란 '용액 1L 중에 녹아 있는 용질의 몰수'를 말한다.

$$M = \frac{\text{용질의 몰수}}{\text{용액의 부피(L)}} \text{(단위 : mol/L, mM = }10^{-3}\text{M)}$$

예 KNO_3이 101g 녹아 있는 용액 10L가 있을 때 이 용액의 몰농도는 0.1M이다.

> 몰이란 아보가드로의 수(6.02×10^{23}개) 만큼의 알갱이의 모임을 말하는데, 알갱이의 종류에 따라 아래와 같이 구분한다.
> 원자 1몰 : 아보가드로의 수만큼의 원자 = 1g 원자량
> 분자 1몰 : 아보가드로의 수만큼의 분자 = 1g 분자량
> 이온 1몰 : 아보가드로의 수만큼의 이온 = 1g 이온량

3) 몰랄 농도(m : molality)

몰랄 농도란 '용매 1kg 중에 녹아 있는 용질의 몰수'를 말한다.

$$m = \frac{\text{용질의 몰수}}{\text{용매의 무게}} \text{(단위 : mol/kg)}$$

예 물 10kg에 KNO_3이 101g 녹아 있을 때, 이 용액의 몰랄 농도는 0.1m이다.

4) 규정 농도(N : normality)

규정 농도(N)란 '용액 1L 중에 녹아 있는 용질의 당량수'이다.

$$N = \frac{\text{용질의 당량수}}{\text{용액의 부피(L)}} \text{(단위 : e/L)}$$

용질의 원자가가 1일 경우에는 규정 농도와 몰 농도는 같다. 원자가가 2일 때에는 규정 농도 값이 몰 농도 값의 2배가 된다.

규정 농도(N) = 몰 농도(M) × 원자가(이온가)

규정 농도는 e/L 외에 me/L로도 표기한다. e는 equivalent의 약자로서 당량수를 나타내므로, 1N은 1e/L와 같다. 1me/L는 규정 농도의 1000분의 1(10^{-3})인데, 배양액 중의 영양소의 농도는 낮기 때문에 me/L를 많이 쓴다.

예 용액 1L에 KNO_3이 101g 녹아 있을 때, 당량이 101g이므로 1N 혹은 1e/L이다.

5) ppm

ppm이란 'part per million'의 약자로 100만분의 1이란 뜻으로, '용액 1L 중에 녹아 있는 용질의 mg 수'를 말한다.

$$\text{ppm} = \frac{\text{용질의 질량}}{\text{용액의 부피}} \quad (\text{단위 : mg/L})$$

예 KNO_3이 101g 녹아 있는 용액 10L가 있을 때, 이 용질의 농도를 ppm으로 나타내면 10,100ppm이다.

6) 배양액 내 각 이온의 농도 표시 및 농도 간의 환산법

배양액 내의 각 이온의 농도는 ppm, mM(mmol), μM(μmol), me/L 등으로 나타낸다. ppm은 배양액 1L에 들어가는 무게(mg)이므로, 배양액을 만들 때 실제로 비료의 무게를 측정하는 데 편리하다. 그러나 뿌리가 흡수하는 것은 이온이므로 원소 간의 비율이나 개수 등은 배양액 조성을 생각할 때에는 적합하지 않다. 배양액 조성을 고려할 경우에는 이온의 개수를 나타내는 mM이나 me/L를 사용하는 것이 바람직하다. 배양액의 농도는 낮기 때문에 몰 농도(M)나 규정 농도(e/L 혹은 N)는 사용하지 않는다. 특히, 이온 상호 간의 비율을 고려한다든지, 붕소, 철, 불소, 마그네슘처럼 원자가가 변하는 것을 취급할 때에는 me/L를 사용할 필요가 있다. 그러나 me/L를 사용하기 위해서는 당량에 대한 이해가 필요하기에 농가에서는 쉽게 사용하지 못한다는 어려움이 있다. 실제로 다량 원소에는 me/L(유럽에서는 mM)를, 미량 원소에는 ppm을 사용하는 것이 일반적이다.

배양액을 조제하거나, 원소 간의 비율을 알고자 하는 경우처럼 농도를 다른 형태로 변환시켜야 하는 경우가 종종 있다. 또한 수경재배에서는 각 양분의 농도가 표시되는 경우도 있으며, 배양액에 들어가는 비료의 농도 혹은 양이 표시되는 경우도 있다. 예를 들어, 배양액 조성표를 보면 필요한 비료의 양을 표시한 것도 있는 반면에 성분 원소의 농도만을 표시한 것도 있다. 이럴 경우 실제로 필요한 비료의 양을 구하거나 성분 원소의 농도를 구할 필요가 있는데, 이에 관해서는 부록에 자세히 나타내었다.

예제 질산칼슘 656.4g이 물 4L에 녹아서 질산칼슘 용액 5L가 되었다고 가정하자. 질산칼슘의 분자식은 $Ca(NO_3)_2$, 분자량은 164.1g, 칼슘과 질산(NO_3^-)의 원자가는 각각 2와 1이다. 용액에 포함된 칼슘과 질산의 몰수는 각각 4와 8이다. 또 질량은 각각 160.4와 496g이며, 당량수는 각각 8이다. 물 1g은 1mL라고 생각할 수 있으므로, 다음과 같이 질산칼슘에 대하여 여러 가지의 농도를 계산할 수 있다.

% 농도 : 656.4 / (656.4+4,000) × 100 ≒ 14.1%

몰 농도 : 4(녹아 있는 몰 농도) / 5(용액의 부피) = 0.8M

몰랄 농도 : 4(녹아 있는 몰 농도) / 4(물의 무게) = 1m

규정 농도 : 8(당량수) / 5(용액의 부피) = 1.6N

ppm : 656.4(질산칼슘의 무게) × 10^3 / 5(용액의 부피) = 131,280 ppm

3.1.4 전이온 농도 및 전기전도도

전이온 농도란 '배양액 내에 존재하는 모든 이온 농도의 합'을 말한다. 단위는 mg ion/L 혹은 mM이다. 전이온 농도는 실용적으로 측정이 용이한 전기전도도(EC)로 측정한다. 전기전도도란 전기를 통하는 정도를 말하며, '단면적 $1cm^2$인 전극이 1cm 떨어져 있을 때 평행전극 간에 채워져 있는 용액의 전기저항의 역수'라고 정의된다. 전기전도도를 나타내는 단위는 mho이지만, 배양액의 전기전도도는 편의상 mmho/cm(millimho)나 mS/cm(S: Siemens)로 나타내는 경우가 많다. 최근에는 미터법의 권장 사용으로 $dS{\cdot}m^{-1}$ (d: deci, S: Siemens)을 사용하도록 되어 있다. 단, 단위만 바뀔 뿐 수치는 변동이 없다. 즉, 2mS/cm는 $2dS{\cdot}m^{-1}$이다. Ohm으로도 나타내기도 하는데, 이는 전기저항의 역수이다. 전기전도도는 이온의 이동성(K은 Na보다 이동성이 큼), 전하(2가 이온이 1가 이온보다 큼), 농도 및 온도에 비례한다.

용액의 전기전도도는 온도를 변화시키면 1°C당 2% 정도가 변하므로 측정 시 용액의 온도를 명기해야 한다. 보통 25°C를 기준으로 하는데, 측정치를 25°C에서의 EC로 환산하려면 아래의 식을 이용하면 된다. EC를 측정하는 EC meter(전기전도계)는 온도가 자동으로 보정되는 것이 있으므로, 이를 사용하는 것이 편리하다.

$$25°C에서의\ EC = EC\ 측정값 \times (1 + \alpha \times (측정\ 온도 - 25))\quad \alpha : 온도\ 계수(0.02)$$

EC로는 이온의 개별적인 농도를 알 수는 없지만 전체 농도를 아는 데는 편리하다. 이온의 종류에 관계없이 이온 농도가 높을수록 EC 값이 크다. 보통 1me/L가 약 0.1mmho/cm에 해당된다. 식물은 일반적으로 2~4mmho/cm의 범위에서 재배하는 것이 좋다. 이 이상일 경우에는 위조, 생육 억제, 열과 등의 현상이 일어나기 쉽다(표 3-2). 표 3-3에는 채소 및 화훼류의 내염성에 대한 차이를 나타냈다. 대체로 유럽의 석회가 많은 지역이 원산지인 양배추류는 내염성이 강하고, 한국이 원산지인 콩은 내염성이 낮다. 내염성이 강한 채소는 양액의 pH가 높아도 잘 견딘다. 화훼류는 국화, 카네이션이 내염성이 강하고 철쭉은 약하여 산성 토양에서 잘 자란다.

각 작물별 적정 EC는 표 3-4 A, B와 같다. 날씨가 좋은 날은 과채류인 토마토, 가지, 피망, 오이는 EC가 2.5~3.0이지만, 흐린 날은 3.0~5.0 정도 범위이다. 이는 흐린 날에는 식물의 활력이 그 만큼 떨어져 흡수능이 저하되기 때문이다. 이에 반해 화훼류인 장미나 거베라는 날씨에 관계없이 EC를 2.0~2.5를 유지한다(표 3-4 A). 일반적으로 기온이 낮거나 추운겨울 철은 뿌리의 활성이 저하되므로 날씨가 따뜻해서 뿌리의 활력이 강한 여름보다 EC를 1정도 높게 제공하는 것이 원칙이다.

표 3-2 용액의 전기전도도와 식물 생육과의 관계

전기전도도(mmho/cm)	식물의 생육상
0~2	모든 작물이 생육 가능
2~4	염분에 매우 예민한 작물은 생육 불량
4~8	내염성 작물만이 생육 가능
8~16	대부분의 작물이 생육 불량
16~	생육 불량

표 3-3 채소 및 화훼류의 내염성 정도

강함	중간	약함	아주 약함
케일 양배추 꽃양배추 아스파라거스 시금치 차이브 비트	토마토 피망 샐러리 당근 양파 완두 오이	콩 상추	싹기름채소
국화 카네이션	포인세치아 베고니아 프리지아 장미 거베라 수국	시크라멘 에리카 안스리움 프리뮬라	양란 고사리류 브로멜리아 철쭉

표 3-4(A) 과체류 및 화훼류 배양액의 적정 EC 값

작물	배지	EC 값	
		a	b
오이(cucumber)	암면	2.5~3.5	3.0~6.0
피망(pimento)	암면	2.5~3.5	2.5~4.0
가지(egg plant)	암면	2.5~3.5	3.0~5.0
토마토(tomato)	암면	2.5~3.5	3.0~8.0
장미(rose)	암면	2.0~2.5	2.0~2.5
거베라(gerbera)	암면	2.0~2.5	2.0~2.5

a : 보통의 EC 값
b : 흐린 날의 EC 값

과채류는 많은 영양을 필요로 해서 EC를 2.5를 넘게 관리한다. 그러나 엽채류는 엔디브를 제외하고 EC를 날이 좋을 때는 1.5 수준, 흐린 날은 2,0 수준을 유지하면 좋다. 수경재배 방식 간에도 차이가 있는데, 상추의 NFT에서는 다소 높은 1.5~2.0 수준이지만 담액에서는 1.1~1.3을 유지한다. 엔디브도 NFT에서는 2.6, 담액에서는 2.0을 유지하지만 날씨에 따른 자료는 없다(표 3-4 B).

표 3-4(B) 엽채류 배양액의 적정 EC 값

작물	방식	EC 값		비고
		a	b	
상추	NFT	1.5~2.0	3.0~4.0	네덜란드
	담액	1.1~1.3	1.5~2.0	일본
신선초	담액	1.5	2.0~2.2	일본
케일	담액	1.5	2.0~2.2	일본
파드득나물	담액	1.6	2.0	일본
엔디브	NFT	2.6		네덜란드
	담액	2.0		일본
콜라비	NFT	1.5		네덜란드
쑥갓	담액	1.4	2.0	일본
샐러리	담액	1.5	2.0~2.2	일본
파슬리	담액	1.5	2.0~2.2	일본
잎파	담액	1.5	2.5	일본
시금치	NFT	1.4	2.0	일본
잎들깨	NFT, 담액	1.4	2.0	일본
치커리	담액	1.1~1.3	1.5~2.0	일본

a: 맑은 날(여름)의 경우 EC 값(dS · m^{-1})
b: 흐린 날(겨울)의 EC 값

3.1.5 pH(potential of hydrogen)

pH란 '수소이온 농도의 역에 상용로그한 것'으로 다음과 같다.

$$pH = -\log_{10}[H^+]$$

따라서 수소이온이 많을수록 pH는 낮으며 산성이다. 예를 들어, pH가 6에서 5로 '1' 만큼 낮아진다는 것은 수소이온이 '10배' 많아진다는 것이므로, pH의 변화를 민감하게 받아들여야 한다. 용액 내에서는 수소이온과 수산화이온의 비율 간에 $[H^+] \times [OH^-] = 10^{-14}$mol/L의 관계식이 존재한다. 따라서 수소이온이 많아진다는 것은 상대적으로 수산화이온이 감소함을 뜻한다. 배양액 내 pH 조절에 대해서는 이 책의 [3.10 재배 중의 배양액 관리]에서 상세히 다루고 있다.

3.2 용수

수경재배에서 용수는 대단히 중요한 문제이다. 용수로 사용되는 물로는 지하수, 하천수, 수돗물, 빗물을 들 수 있는데, 용수에 대하여 고려해야 할 사항은 수질과 공급량이다.

3.2.1 수질

수질이 적당하면 배양액 관리도 쉽게 되지만, 그렇지 못한 경우에는 배양액의 균형이 깨져서 각종 장해가 발생한다. 염분이 과다할 경우 염류 장해를 일으키므로, 염분 외에 배양액에 녹아 있는 모든 염류 농도도 고려해야 한다.

용수를 수경재배에 이용하기 전에 칼슘, 마그네슘, 철, 탄산염, 황산염, 염화물의 함량을 분석해야 한다. 대규모의 수경재배 시설을 계획하는 경우에는 모든 원소에 대하여 철저한 조사가 이루어져야 한다. 용수에 포함되어 있는 각각의 이온 양을 알면 원하는 배양액 농도와의 차이만큼만 물에 녹이면 되므로 비료의 절감 효과도 있다.

배양액에 용수를 첨가하면 용수 자체에 녹아 있는 염류가 축적되고, 이로 인해 피해가 발생할 수 있다. 또한 고형배지경에서는 식물이 물과 양분을 흡수하는 속도가 다르기 때문에 염류가 배지에 축적될 수 있다. 이럴 경우에는 일정 기간마다 배양액을 갈아주든지 베드를 세척해 주어야 한다. 철분이 많으면 망간과 인이 결핍되기 쉽고, 망간이 많으면 철이 결핍되기 쉽다.

용수에 Na, Cl, SO_4^{2-}이 있을 경우, 이들은 흡수가 잘 안 되어 과잉되고, 칼륨, 칼슘, 마그네슘 등의 흡수를 저해한다. 만약, 용수에 수은, 납, 카드뮴, 크롬, 비소 등의 중금속이 포함되어 있으면 식물의 생육뿐만 아니라 사람에게도 해를 끼치게 된다.

1) 지하수 - 칼슘과 마그네슘이 있는 물

칼슘이나 마그네슘을 포함하고 있는 지하수(경수)는 대부분의 경우에 단물처럼 식물 재배에 쓸 수 있는데, 이는 칼슘이나 마그네슘이 필수 영양소이고 보통 경수에 포함되어 있는 양이 배양액에서 필요한 양보다 훨씬 적기 때문이다.

경수에 녹아 있는 칼슘이나 마그네슘은 탄산염이나 황산염의 형태로 존재하는 것이 보통이다. 황산이온이 필수 원소인 데에 반해, 탄산이온은 그렇지 않다. 하지만 저농도의 탄산은 식물에 해를 주지 않으며, pH 완충작용도 갖기 때문에 50ppm(0.8mol HCO_3) 정도까지는 허용된다. 그러나 탄산이온의 농도가 높으면 pH가 높아져서 탄산염이나 인산염과 같이 불용화되는 이온이 발생된다. 특히, 석회암이나 백운석의 지층에 있는 지하수는 탄산칼슘이나 탄산마그네슘을 많이 함유하고 있으므로 주의해야 한다. 이러한 지하수는 미량 원소가 침전되어 있어도 생육 장해를 일으키므로, 용수 중의 칼슘 함량을 조사하여 많이 포함된 경우에는 칼슘의 공급량을 줄여야 한다. 용수의 경도에 관여하는 물질은 표 3-5와 같다.

배양액을 조제할 때, 용수에 의하여 배양액의 pH가 달라지는 경우가 있다. 이것은 용수에 포함되어 있는 HCO_3^- 때문이다. 중탄산의 pH 상승 원리는 아래와 같다.

$$HCO_3^- + H_2O \rightarrow OH^- + CO_2 + H_2O$$

일반적으로 중탄산이 많으면 EC에 따른 pH의 변동폭이 좁고, 적으면 변동폭이 크다. 따라서 용수의 중탄산 농도가 높을 경우에 적절한 pH를 유지할 수 있는 EC의 폭이 넓어진다. 그러나 중탄산은 용수를 알칼리성으로 하기 때문에 산을 첨가하여 중화시켜야 하며, 중탄산이 많을수록 첨가되는 산의 양도 많아져서 배양액 조성이 달라지므로 바람직하지 않다. 따라서 배양액의 양분 조성 및 pH를 적절하게 유지하기 위해서는 용수의 HCO_3^- 양을 측정한 후 배양액의 pH를 보정하는 데 필요한 산의 양을 계산하여, 양분을 조제할 필요가 있다.

중탄산의 중화에는 보통 4% 질산(HNO_3)이나 40% 인산을 이용한다.

$$HCO_3^- + HNO_3 \rightarrow NO_3^- + CO_2 + H_2O$$

$$HCO_3^- + H_3PO_4 \rightarrow H_2PO_4^- + CO_2 + H_2O$$

표 3-5 용수의 경도에 관여하는 물질

경도를 증가시키는 염		경도를 증가시키지 않는 염	
탄산염	비탄산염	탄산염	비탄산염
$Ca(HCO_3)_2$ $Mg(HCO_3)_2$	$CaCl_2$ $CaSO_4$ $MgCl_2$ $MgSO_4$	$NaHCO_3$	$NaCl$ Na_2SO_4 KCl

지하수를 사용할 경우에는 생물학적 산소요구량(BOD : biochemical oxygen demand)이나 화학적 산소요구량(COD : chemical oxygen demand)을 공신력 있는 기관에 의뢰하여 알아두는 것이 좋다. 이 값들이 극단적으로 높을 경우(5ppm 이상)에는 대책이 필요하다.

> BOD는 유기물이나 미생물의 함량을 나타내는 것으로서, 부유물이 많을수록 미생물이 많아지므로 BOD 값이 높아진다. BOD 수치가 높으면 뿌리에 해를 주는 병원균이 많아질 가능성이 크므로 좋지 않다.
> COD는 환원성의 메탄, 황화수소, 2가철 등의 함량을 나타내는 것이다.
> COD 값이 크면 환원성 물질이 물속에서 산화될 때 용존 산소를 빼앗아가므로 식물이 필요로 하는 산소가 부족해진다.

최근 지하수의 오염이 문제가 되고 있는데, 도시 근교나 공장지대 등 오염이 염려되는 지역에서는 특히 주의해야 있다. 또한, 비순환식 수경재배를 장기간하는 곳에서는 폐액에 의한 지하수의 오염도 발생할 수 있으므로 주의해야 한다. 지하수를 정화해서 사용하는 경우, 여러 가지 정수 방식이 있으며 모래여과기를 만들어 이용할 수도 있다.

2) 수돗물

수돗물은 소독한 것이지만 소독 방법에 따라 잔류물의 종류나 양이 달라진다. 우리나라의 수돗물 정수 방법은 침전－염소 처리를 이용하는데, 충분한 살균 효과를 유지하기 위하여 염소가 용수에 0.4~0.5ppm 정도 존재하며 중금속이나 화학물질도 남아 있다. 좀 더 선진적으로 입상 활성탄이나 오존을 처리하면 수질은 더욱 좋아진다. 따라서 수돗물을 사용할 경우에는 소독 방법 등에 관한 조사와 검토가 선행되어야 한다.

최근에는 수돗물이 수도관을 부식시키는 것을 막기 위해 pH를 높여 공급하므로 수돗물을 배양액으로 직접 사용하는 것은 바람직하지 않다. 물론, 비료를 첨가한 후의 배양액의 pH가 5.5~6.5ppm 사이라면 문제가 없지만, 여전히 염소 등의 문제는 남아 있다.

잔류 염소는 티오황산나트륨($Na_2S_2O_3 \cdot 5H_2O$)을 물 1t당 2.5g 넣어 간단히 없앨 수 있다. 수돗물을 하루 정도 방치하였다가 사용할 경우에 염소는 제거되지만 pH는 변하지 않는다.

수돗물에 존재하는 염소, 즉 잔류 염소는 염소이온(Cl^-)이 아니라 차아염소산(HOCl 혹은 OCl^-)의 형태로 존재하는데, 이를 유리염소라 한다.

수돗물을 사용하여 배양액을 만들 경우, 비료에 함유되어 있는 NH_4^+과 유리염소가 결합하여 결합염소라는 물질이 생성된다. 결합염소가 포함된 배양액에 식물을 심으면 뿌리에 손상을 급속하게 입힌다.

증상으로는 반결구상추에서는 반나절 만에 뿌리가 갈변한다. 기온이 높을 때에는 30분 만에 잎이 시든다. 또 결합염소에 6시간 동안만 접촉하여도 작물의 생육이 현저히 저하되는데, 잔류 염소 농도가 높을수록 증상은 심해진다. 이러한 장해는 배양액의 EC나 pH, 용존 산소 등과 무관하게 일어난다.

3) 염분이 있는 물 －Na 및 Cl가 있는 물

나트륨과 염소는 식물체에서는 필요 없으며, 오히려 농도가 높으면 작물에 나쁜 영향을 끼친다. 해안 근처 지역에서는 500ppm 이상 존재하는 경우가 있으므로 주의해야 한다. 바닷물이 포함된 지하수에서는 마그네슘의 피해도 나타나는데, 생육 단계에 따라 피해의 차이가 있지만, 염소는 10me/L, 마그네슘은 8me/L 이상이면 과잉증이 나타난다. 순환식 수경재배에서는 용수를 계속 공급하기 때문에 이들 물질이 급속히 농축되기 쉽다. 이들이 고농도로 존재하면 배양액의 삼투압이 상승하여 뿌리의 흡수 능력이 저하되고 생리 장해가 일어난다.

염분이 과다하면, 토마토는 칼슘의 흡수가 저해되어 배꼽썩음병이 발생하기 쉽고, 딸기는 배양액의 EC가 낮아야 하므로 이들의 피해를 많이 받는다. 나트륨이 80ppm 이상인 용수를 사용하면 칼륨 결핍이 발생한다. 용수에 들어 있는 염분 등을 제거하기 위하여 역삼투법을 이용할 수는 있지만 비용이 많이 들기에 현실적이지 못하다.

4) 철분이 있는 물

용수 중에 포함되어 있는 철분은 일반적으로 $Fe(HCO_3)_2$ 형태로 용해되어 있으며, 공기와 접하면 붉은색인 $Fe(OH)_3$의 형태로 침전되는 특성을 가진다. 철분을 제거하는 방법으로는 여과법과 용수에 공기를 불어 넣는 폭기법이 있다. 용수에 함유된 철분을 제거하기 위해서 시판되는 제품을 이용하거나 직접 만들 수도 있는데, 그 원리는 용수를 산소와 많이 접촉시켜서 철분 침전을 유도한 후 여과하여 사용하는 것이다(**그림 3-1**).

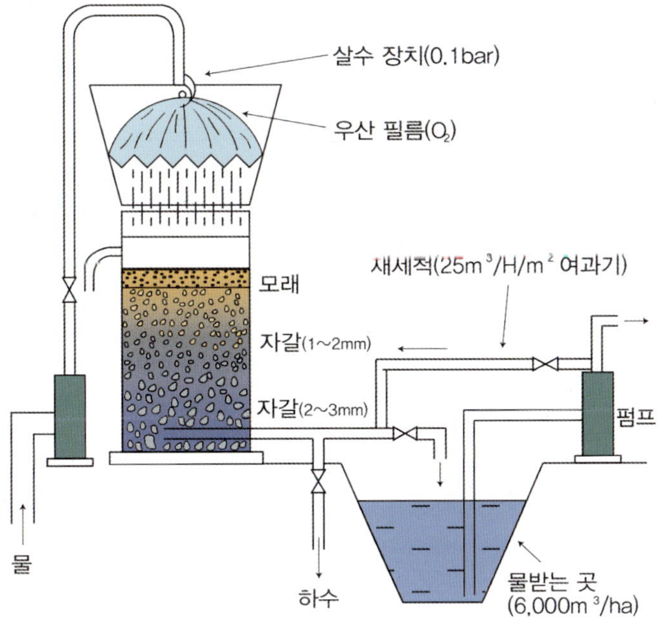

그림 3-1 용수 내 철분 제기 장치

그림에서와 같이 지하수를 끌어올린 후 분사시켜서 공기와 접촉시킨 다음, 여과장치를 통하여 철분을 제거하고 저수조에 모아 두었다 사용한다. 여과장치는 20cm 정도 두께의 자갈로 이루어지는데, 바닥 쪽에는 지름 2~3mm의 자갈, 위쪽에는 지름 1~2mm의 자갈 그리고 맨 위는 모래를 깐다. 이때 여과장치의 크기는 용수의 소요량을 계산하여 만들어야 한다. 철을 킬레이트 형태로 공급하면 침전이 생기지 않는 것으로 여기는 경우가 있는데, FeEDTA는 알칼리성에서는 분리되어 침전이 생기므로 주의해야 한다.

5) 용수의 허용 기준

적합한 용수의 기준은 나라마다 다른데, 유럽에서는 전기전도도계로 측정했을 때 EC가 0.3mS/cm 이하이고, pH는 5 ~ 6.5의 범위이며, 질소를 포함하지 않고, 총염류 함량은 450ppm 이하이며, 각 원소의 최고 허용 농도는 칼슘 100ppm, 마그네슘 25ppm, 황산이온 80ppm, 염소 30ppm, 나트륨 30ppm 이하이다. 일본에서는 EC가 0.02 ~ 0.04mS/cm, pH가 6.3 ~ 7.0ppm이다(표 3-6). 그러나 작물에 따라 용수에 대한 각 원소의 허용치가 다르므로 작물 고유의 허용 한계치를 알아 두어야 한다(표 3-7). 국내에서는 이(1995)가 국내 수경재배 농가의 용수를 분석하여 수경재배별 적정 용수 기준을 설정하였다(표 3-8). 따라서 처음 수경재재를 하려고 하면 원수공급원의 수질과 1일 최대 취수할 수 있는 용수의 양을 반드시 조사 및 분석해야 한다.

표 3-6 일본의 수경재배 시 용수 내 원소의 한계 농도(단위: ppm)

성분	NO_3-N	P	K	Ca	Mg	Na	Cl	Fe
한계 농도	60	30	80	80	40	80	200	10

표 3-7 온실재배 작물에 따른 용수 내 원소의 한계치

항목	단위	식물의 내염성			
		매우 약함	약함	중간	강함
전기전도도	mS/cm	400	800	1,000	1,500
삼투압	bar	0.15	0.30	0.40	0.60
총 염류량	mg/L	250	500	750	1,000
염소	mgCl/L	50	100	200	300
황	$mgSO_4$/L	100	200	250	300
나트륨	mgNa/L	50	100	150	150
경도	me/L[z]	2	4	7	11
칼슘	me/L[z]	1	3	5	9
철	mgFe/L			1	
붕소	mgB/L			0.5	

[z]1me/L는 28mg CaO/L에 해당 (Jungk, 1979)

표 3-8 국내 수경재배 방법마다 용수 내 원소의 한계치(단위: ppm), (이, 2015)

요소	순수수경 재배		고형배지경		
	A	B	A	B	C
pH	5.5~7.5	5.0~8.0	6.0~7.5	5.0~8.0	5.0~8.0
EC	0.3	0.5	0.2	0.5	0.5
Ca	20	60	20	40	80
Mg	10	20	5	15	30
Na	20	30	10	30	60
Cl	15	30	15	30	50
SO_4	20	40	20	40	60
HCO_3	50	100	50	100	200
Fe	0.5	1.0	0.03	0.5	1.0
Mn	0.2	0.6	0.2	0.6	1.0
Zn	0.2	0.5	0.15	0.5	1.0
B	0.05	0.1	0.05	0.1	0.7

*A : 시판되는 수경재배용 비료를 이용하는 경우

B : 단비로 배양액 원액을 조성하는 경우

C : 단비로 원액을 조성하여 재배는 가능하지만 양이온과 미량 원소가 베드 내에 집적되므로 재배 중에 수시로 씻어낼 것

3.2.2 용수의 양

수질 못지않게 용수의 양도 고려해야 한다. 맑은 한여름에 식물이 하루에 m^2당 흡수하는 최대의 용수량인 6L/m^2/day(60,000L/ha/day) 정도는 공급할 수 있어야 한다. 1ha라면 하루에 60t(네덜란드는 최대 120t 제시)을 확보할 수가 있는 용수원을 갖추어야 한다. 지하수가 부적당하고 수돗물에 드는 비용을 절감하려면 빗물을 모아 탱크에 저장하였다가 사용하되 부족분은 수돗물을 사용하는 것도 한 가지 방법이다. 네덜란드와 같이 온실 주변에 설치하는 대형의 빗물을 모으는 저수조는 조류가 번성하지 못하도록 빛을 차단해야 하는 것은 물론, 어린이의 익사 사고를 막기 위한 주의도 철저해야 한다.

우리나라와 흡사한 일본에서는 현재 60% 이상의 농가가 지하수를 용수로 사용하고 있으며, 34%는 수돗물을 사용하고 있다. 수돗물은 바로 용수로 사용하지 말고 저수 탱크에 하루 정도 담아두었다가 사용하는 것이 좋다. 특히, 장마철은 소독약을 많이 첨가하므로 염소에 매우 민감한 작물은 주의가 필요하다.

3.3 이온의 흡수 특성

배양액에 포함되는 이온 중에서 질소, 인산, 철 등은 배양액의 성질에 따라서 존재 형태지만 흡수 특성 등이 달라지기 쉬우므로 이들에 대하여 상세히 기술한다.

3.3.1 질소

비료로 공급하는 양분 중 가장 많이 필요한 것은 질소이며, 보통 질산태 질소(NO_3-N)와 암모니아태 질소(NH_4-N)의 형태로 식물에 흡수된다. 일반적으로 NO_3^-을 선호하나 식물의 종류, 생육 단계, 환경, 배지 내 다른 이온의 농도 등에 따라서 달라진다. 이케타(池田, 1981)와 오사와에 의하면 작물의 종류나 배양액의 pH에 따라 우선적으로 흡수하는 형태가 다르다고 한다(표 3-9).

식물에 있어, 질산태 질소와 암모니아태 질소 중 어느 것을 사용하는가 하는 것에는 영양 생장과 생식 생장 중 어느 쪽을 촉진시킬 것인가가 관계한다. 암모니아태 질소는 흡수되면 곧 바로 생합성에 이용된다. 그러므로 암모니아가 너무 많이 흡수되면 식물은 과다한 영양 생장을 한다. 이에 비해서 질산태 질소는 흡수된 후 환원이 되고 나서야

표 3-9 채소의 질소 흡수 특성

배양액 pH	NH_4 선호 식물	NO_3 선호 식물	중간 식물
pH에 무관계	옥수수, 샐러리, 미나리, 파드득나물, 상추, 오이, 쑥갓, 딸기, 멜론	시금치, 배추, 순무	
5		완두, 수박, 피망, 토마토, 강낭콩, 양배추	가지, 콩
7	피망, 가지, 콩		강낭콩, 양배추, 수박, 토마토, 완두

(이케타 · 오사와, 1981)

생합성에 사용되므로, 영양 생장은 조금 늦어진다. 어느 것을 쓰는 것이 좋은가는 식물의 종류, 생육 단계, 배지의 pH, 배지 내의 다른 이온의 농도 등에 의해서 좌우되지만, 대부분의 작물에게는 질산태 질소를 주는 것이 좋다.

일반적으로 NO_3^-은 고농도로 시용해도 식물 생육에 해가 나타나지 않는 데 반해, NH_4^+는 농도를 낮게 해도 그것만 시용하면 생육 장해가 나타나기 쉽다. 그 이유는 체내에서 일부 NH_4^+이 NH_3로 변하기 때문이다. 또 암모니아태 질소는 칼슘이나 마그네슘의 흡수를 억제하는 작용이 있으므로, 일조량이 강해 광합성량이 많은 경우나 질소가 결핍되어 질소를 빨리 보충해 주어야 할 경우에는 암모니아태 질소를 공급하지만, 일반적인 경우에서는 질산태 질소를 공급하는 것이 좋다. NH_4-N의 비율이 지나치게 높으면 뿌리에 손상을 입어 수분 흡수가 억제되고 생육이 저해를 받는다.

대부분의 채소 작물은 NH_4-N의 비율이 50%를 넘지 않아야 정상적인 생육을 지속할 수 있다. NH_4-N의 비율이 높으면 NH_4^+로부터 유리된 H^+이 뿌리 표면에 축적되는데, 이것을 제거하지 않으면 뿌리에 손상을 입는다. 토마토에서 NH_4-N의 시용량을 증가시키면 뿌리가 짧아지고, 측근의 발생이 불량해지며, 목화(木化)된다. NO_3-N의 시용량을 증가시키면 새 뿌리가 많이 생성된다. NH_4^+의 과잉해는 온도가 높을 때 심해지는데, 딸기를 NH_4-N만으로 수경재배하는 경우에 배양액 온도가 10~17°C일 때는 해가 없지만, 32°C일 때는 식물이 고사한다.

또한, 식물에 NO_3^-이 흡수되어도 NH_4^+로 환원되지 않으면 사용하지 못하며, 환원될 때 에너지를 소모한다. 이에 반해 NH_4^+은 흡수된 상태로 곧바로 생합성에 이용 가능하므로, 에너지 효율성 면에서는 NH_4^+이 질소원으로 좋다고도 볼 수 있다.

NO_3^-을 환원시키는 효소의 활성은 광의존성이 크므로, 햇빛이 약한 경우에 활성이 떨어지고 NO_3^- 이용량이 줄어든다. 이럴 때에는 NO_3^-보다 NH_4^+의 비율을 높여야 생육이 좋아진다.

토양 pH에 따라 흡수 형태가 달라지며, NO_3^-은 산성에서, NH_4^+은 중성에서 흡수가 잘 된다. 그 원인은 pH가 높아서 OH^-이 많으면 OH^-이 NO_3^-의 흡수를 억제하고, pH가 낮으면 H^+이 많아서 NH_4^+과 길항작용을 나타내기 때문이다. 채소는 질산태에 암모니아태를 소량 겸용할 때 생육이 좋은 경우가 많은데, 일반적으로, NO_3-N : NH_4-N는 10 : 1의 비율이 알맞다. 하지만 식물에 따라 다르므로, 이 두 이온 간의 비율을 알맞게 조절하여 공급하는 것이 중요하다.

일반적으로 배양액의 pH는 NO_3^-만 섞어주면 올라가고, NH_4^+만 섞어주면 내려간다 (Kirkby & Mengel. 1967). 배양액의 pH는 질소의 형태에 의해서만 변하는 것은 아니지만, NO_3^-과 NH_4^+의 비율을 조절하여 pH 변화를 방지할 수 있다. 오이나 상추는 NH_4-N을 우선적으로 흡수하므로 NH_4^+이 조금만 있어도 NH_4^+을 흡수하여 pH가 내려가고, 시금치 등은 NO_3^-을 우선적으로 흡수하므로, NH_4-N와 NO_3-N를 적절한 비율로 사용하면 pH가 변하지 않고 오래 재배할 수 있다는 것을 알 수 있다. 토마토에서는 NO_3^-이 전체 질소 중 90% 이상이면 pH가 상승하고, NH_4^+이 20% 이상이면 pH가 내려간다 (Jones, 1983). 일반적으로 NH_4-N의 비율이 높으면, 칼륨, 칼슘, 마그네슘 등의 흡수는 억제되고 인의 흡수는 촉진된다.

과다한 NO_3은 인체에 해롭기 때문에 가식부의 NO_3 농도는 가능한 한 낮은 것이 좋다. 과채류에서는 일반적으로 과실 중의 농도는 낮기 때문에 엽중 NO_3 농도가 다소 높더라도 문제가 되지 않지만, 엽채류에서는 배양액 중의 NO_3 농도와 엽중 NO_3 농도 사이에 상관관계가 있으므로 배양액 중의 NO_3 농도가 높으면 엽중 NO_3 농도도 높아진다 (표 3-10). 엽중 NO_3 농도를 낮추는 방법으로는 배양액 중의 NO_3 농도를 낮추는 방법 외에 NH_4를 겸용하는 방법이 있다. 표 3-9에서 보는 바와 같이, NO_3을 우선적으로 흡수하지 않는 상추 같은 작물이라면 NH_4를 겸용함으로써 엽중 NO_3 농도를 낮출 수 있다. 단, NH_4의 겸용에 의한 pH 변화에 주의해야 한다. NO_3 단용 또는 겸용을 할 때의 장단점은 다음과 같다.

(1) 질소를 NO_3^-으로만 주는 경우의 문제점

① NO_3^-은 $Ca(NO_3)_2$이나 KNO_3의 형태로 주기 때문에 질소 농도를 변화시키면 자연히 칼슘이나 칼륨의 농도도 변한다.

② 배양액의 pH는 안정되지 않고 일반적으로 상승하기 쉽다.

③ 엽채류 등에서는 잎에 NO_3^-이 축적될 가능성이 있다.

④ 엽색이 일반적으로 담녹색으로 된다.

⑤ 파 같은 작물에서는 잎이 꺾이기 쉽다.

표 3-10 배양액 중의 NO_3과 NH_4의 농도 및 비율이 채소의 엽중 NO_3-N 농도에 미치는 영향

(건물중 %)

처리(me/L)		상추	배추	시금치	순무
NO_3	NH_4				
3.0	0	1.62	1.77	0.96	1.03
2.5	0.5	1.42	1.88	0.77	1.07
2.0	1.0	1.01	1.95	0.68	0.69
1.5	1.5	0.72	1.37	0.37	0.79
1.0	2.0	0.59	1.02	0.21	0.56
0.5	2.5	0.26	0.51	0.10	0.20
0	3.0	tr[z)]	tr	tr	tr
12	0	1.66	2.10	1.39	2.27
10	2	0.93	2.64	1.08	2.16
8	4	0.99	2.70	1.22	1.98
6	6	0.90	2.25	1.24	1.95
4	8	0.72	2.12	0.99	1.84
2	10	0.64	1.62	0.58	0.92
0	12	tr	tr	tr	tr

[z)]tr : 극소량 (이케타 · 오사와, 1981)

(2) 질소를 NO_3과 NH_4를 겸용해서 주는 경우의 장점

① 배양액의 pH 변화가 작다.

② 엽중 NO_3 농도를 낮출 수 있다.

③ 엽색이 일반적으로 짙어진다.

④ 파 같은 작물의 잎이 꺾이지 않아 상품성이 증대된다.

3.3.2 인산

배양액 내에 존재하는 인산 이온의 형태는 pH에 따라 다른데(그림 3-2), pH 5.0에서는 용액 중에 거의 $H_2PO_4^-$만이 존재하고, pH 6.0에서는 인산의 10%가 HPO_4^{2-}, 90%가 $H_2PO_4^-$으로 존재한다. pH 6.5에서는 22%가 HPO_4^{2-}, pH 7.0에서는 40% 이상이 HPO_4^{2-}로 된다. 이러한 현상은 pH가 높아지면 OH^-이 많아지는데, 이에 따라 $H_2PO_4^-$이 OH^-과 반응하여 HPO_4^{2-}으로 되기 때문에 일어난다.

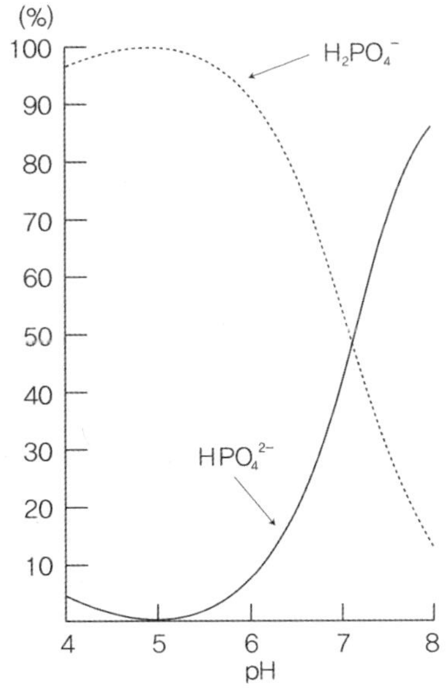

그림 3-2 18°C에서 인산의 해리 곡선

$$H_2PO_4^- + OH^- \rightarrow HPO_4^{2-} + H_2O$$

$Ca(H_2PO_4)_2$은 침전이 아니지만, $CaHPO_4$나 $Ca_3(PO_4)_2$은 침전이므로 pH가 낮을수록 배양액 중에 인산과 칼슘의 농도를 높게 하여도 침전이 생기지 않는다. Fe, Mg, Zn, Cu도 마찬가지이다.

배양액 내의 $OH^-/H_2PO_4^-$은 칼륨이나 칼슘 등의 영향을 받아서 K/Ca의 값이 작을수록 $OH^-/H_2PO_4^-$의 값이 커진다. 한편, 강한 산성 조건에서는 인산이 Fe^{3+}과 결합해서 침전되므로, 결국 pH가 약산성일 때 인산의 유효성이 가장 크다.

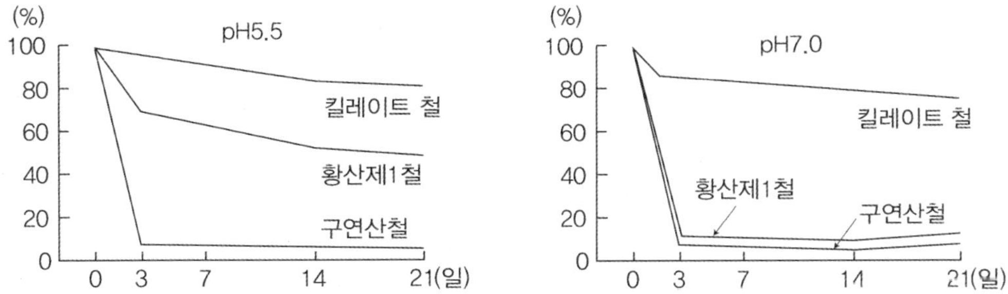

그림 3-3 철의 pH에 따른 용해도 차이

3.3.3 철

철은 산성에서 용해도가 높으며, 중성이나 알칼리성에서는 난용성이다. 철의 pH에 대한 용해도는 화합물에 따라 달라서 철을 $FeSO_4$나 $FeCl_2$ 등의 무기염 형태로 주면 pH가 높을 때 침전이 발생하므로 킬레이트 철을 이용한다. 각 화합물의 pH에 대한 용해도는 그림 3-3과 같다. 킬레이트 철에는 5가지 종류가 있는데, pH에 따라 특성이 다르다(표 3-11). 넓은 pH 범위에서 안정된 킬레이트를 사용할수록 침전의 위험성은 줄지만 가격이 비싸다. 표 3-12는 시판되고 있는 킬레이트 철 제품이다. 철을 킬레이트의 형태로 공급하여도 알칼리성에서는 칼슘, 망간, 아연, 구리 등이 킬레이트에서 철을 빼내므로 침전($Fe(OH)_3$)이 발생하게 된다. 단, EDTA는 뿌리에 양분흡수 촉진제로 역할을 한다.

표 3-11 킬레이트 철의 종류

종류	물질명	유효 pH	기타
NTA	니트릴로트리아세틱산(nitrilotriacetic acid)	1~3	
EDTA	에틸렌 디아민 테트라 아세틱산 (ethylenediaminetetraacetic acid)	1~6	빛이 조사되면 불활성
DTPA	디에틸렌 트리아민 펜타아세틱산 (diethylenetriaminepentaacetic acid)	2~7	빛이 조사되면 불활성
EDDHA	에틸렌 디아민 디하이드록시페닐 아세틱산 (ethylenediaminedihydroxyphenylacetic acid)	2~9	고가, 핑크색

표 3-12 시판되고 있는 킬레이트 철 제품(박 &, 김. 1998)

제품명	킬레이트명	% Fe	소요량*(mg/L)
Hydrochel - EDDHA	EDDHA	6	932
330 Fe	DTPA	9	611
Librel Fe - DP	DTPA	7	799
Nervanaid Fe 6 DP	DTPA	6	932
Luxan	DTPA	6	932
Hydrochel - DTPA (density : 1.33)	DTPA	4.5	1,243
Librel Fe - Lo	EDTA	13	430
Nervanaid Fe	EDTA	13	430
Masquolate Fe P 1300	EDTA	13	430
Targon 1155 X	EDTA	10	559

* 소요량 : Fe이 56ppm이 되기 위하여 소요되는 비료량.

3.4 배양액에 사용하는 비료

식물에 필요한 16가지의 필수 영양소 중 탄소, 수소, 산소는 공기나 물로부터 얻어지므로, 수경재배에서는 나머지 13가지의 영양소를 포함하는 비료를 물에 녹인 배양액 상태로 식물에 공급한다. 수경재배의 배양액에 사용할 수 있는 비료들은 **표 3-13**과 같다. 이때 어떤 비료 종류를 사용할 것인가는 비료의 용해도, 가격, 비료 순도, 국내 구입의 용이성, 배양액 조제의 편이성, 비료 내 성분의 상호작용, 식물 생육이나 품질에 미치는 영향 등 여러 가지 요인을 고려하여 결정한다.

표 3-13 비료의 종류

비료 기호	비료명	분자량(g)	용해도(g/L)	함유 원소	특징
■ 다량 원소					
KNO_3	질산칼륨	101.1	334	K^+, NO_3^-	
KH_2PO_4	인산칼륨	136.1	330	K^+, $H_2PO_4^-$	고가
$MgSO_4 \cdot 7H_2O$	황산마그네슘	246.5	720	Mg^{2+}, SO_4^{2-}	
$Ca(NO_3)_2 \cdot 4H_2O$	질산칼슘	236	극대	Ca^{2+}, NO_3^-	
$CaCl_2$	염화칼슘	111	가용		
K_2SO_4	황산칼륨	174.3	118	K^+, SO_4^{2-}	난용성, 조정용
$NH_4H_2PO_4$	인산2수소암모늄	115	330	NH_4^+, $H_2PO_4^-$	
NH_4NO_3	질산암모늄	80.1	902	NH_4^+, NO_3^-	질소 조정용
$(NH_4)_2SO_4$	황산암모늄	132.1	531	NH_4^+, SO_4^{2-}	조정용
NaH_2PO_4	인산2수소나트륨	120	극대	Na^+, $H_2PO_4^-$	인산 조정용
NH_4Cl	염화암모늄	53.5			조정용
KOH	수산화칼륨	56.1		K^+, OH^-	pH 조절용
H_2SO_4	황산	98		H^+, SO_4^{2-}	pH 조절용
■ 미량 원소					
FeEDTA	철이디티에이	382.1		Fe^{2+}	고가
H_3BO_3	붕산	61.8	51	BO_3^{3-}	고가
$MnSO_4 \cdot 4H_2O$	황산망간	223.1	720	Mn^{2+}, SO_4^{2-}	
$MnCl_2 \cdot 4H_2O$	염화망간	197.9	632	Mn^{2+}, Cl^-	염소 공급용
$ZnCl_2$	염화아연	136.3	1,280	Zn^{2+}, Cl^-	염소 공급용
$ZnSO_4 \cdot 7H_2O$	황산아연	287.6	546	Zn^{2+}, SO_4^{2-}	
$(NH_4)_2MoO_4$	몰리브덴산암모늄	196		NH_4^+, MoO_4^{2-}	
$CuSO_4 \cdot 5H_2O$	황산구리	250		Cu^{2+}, SO_4^{2-}	

3.4.1 비료의 용해도

배양액에 사용하는 비료는 각기 용해도가 다르다. 용해도란 물에 녹아 있는 비료의 최대 농도를 말한다. 어떤 비료의 용해도가 낮다는 것은 조금 밖에 녹지 않는다는 것을 뜻한다. 비료는 배양액 내에서 이온 상태로 되어 있지 않으면 식물이 흡수할 수 없으므로 용해도가 높은 비료를 써야만 한다. 예를 들어, 칼슘을 공급할 경우 질산칼슘이나 황산칼슘에는 모두 칼슘이 들어 있으므로 이들을 사용해도 상관없지만, 황산칼슘은 용해도가 너무 낮기 때문에 질산칼슘으로 칼슘을 공급해야 한다.

철, 망간, 아연의 킬레이트 화합물은 pH가 변해도 용해도가 높으며, 식물에 쉽게 흡수된다. 이는 킬레이트 화합물에서의 금속 원소는 뿌리에 흡수될 때까지 수용성의 유기화합물에 결합되어 있기 때문인데, 이 유기화합물 부분은 EDTA(ethylenediaminetetra acetic acid)이다. EDTA는 칼슘이온과 친화도가 높아서 고형배지경에서 배지가 석회질(석회암, 산호사)일 경우에는 킬레이트제로서의 능력이 떨어진다. 이 경우에는 EDDHA (ethylenediamine dihydroxyphenylacetic acid) 같은 것을 쓰면 좋다.

3.4.2 비료의 가격

가격이 낮으면 그만큼 비용이 적게 들어 좋지만, 가격이 다소 높더라도 순도와 용해도가 높은 것을 사용하는 것이 원칙이다. 또한, 작목반별로 필요한 비료를 대량 구입하여 각 농가가 각자의 상황에 맞게 처방하여 사용한다면 비용을 다소 줄일 수 있다.

미량 원소는 혼합되어 있는 상품을 구입해도 되는데, 조제하는 노력이 절감되는 대신에 가격이 비싼 것이 흠이다.

3.4.3 비료의 순도

대부분의 비료가 100% 순수하지는 않으며, 유효 성분과 유해 성분으로 구성되어 있다. 유효 성분은 주성분과 부성분으로 나뉘는데, 순도가 낮을수록 부성분과 유해 성분으로 인한 해가 나타나기 쉽다. 순도가 낮은 비료에는 점토와 같은 불활성 불순물이 섞여 있는 것이 보통이다. 이러한 것에 이온은 들어 있지 않지만 재배 도중 불순물이 재배 베드 등의 시설에 쌓임으로써 순환계통을 막거나, 다른 물질들과 상호작용하여 배양액에 나쁜 영향을 주기도 한다. 또한, 주성분 이외의 이온이 다른 비료와 침전을 일으키는 경우가 있으므로 주의해야 한다. 비료의 순도는 상품에 적혀 있으므로 배양액을 만들 때에는 순도를 계산에 포함시켜야 한다. 계산법은 부록 2를 참조한다.

예 질산칼륨이 100g 필요하고 순도가 90%라면, 넣어 주어야 할 양은 100 / 90 × 100 = 약 111g이다.

3.4.4 비료의 구입 가능성

구입이 용이한 것을 사용한다. 수경재배용 비료들이 수입 또는 국내에서 생산하여 판매되고 있지만, 아직까지는 가격이 다소 비싸고 각 식물에 알맞은 비료가 부족한 것이 문제이지만 주변 수경 농가에서 사용하는 비종을 공동 구입하는 것이 안전하다.

3.4.5 배양액 조제의 용이성

고형비료들은 용해시키는 데 불편한 점이 있지만, 최근 외국에서는 액체 비료의 형태로 농가에 직접 배달하여 탱크에 기름을 주유하는 것처럼 종류별로 채워준다(그림 3-4). 이 방식은 비료회사에서는 고형비료를 만드는 공정이 필요 없어지고, 농가에서는 고형비료를 녹이기 위한 노력을 하지 않아도 되므로 편리하다. 이는 수경재배 면석이 넓은 유럽에서는 활발한 반면에, 국내에서는 아직까지 재배 면적이 작고 집단화가 이루어지지 않아서 적용하기 어렵다.

혼합해서 판매하는 양액용 고형비료는 이용이 편리하지만, 작물별, 재배시기별로 필요한 혼합비를 만들 수 없는 결점을 가지고 있다.

3.4.6 원소 간의 비율

화합물 중에 존재하는 이온 비율과 배양액 중의 이온 비율을 고려해야 한다. 예를 들면, 한 분자의 KNO_3은 물에 녹아서 K^+과 NO_3^-을 한 개씩 생기게 한다. 한편, 한 분자의

그림 3-4 액체비료 탱크(네덜란드): 원액을 받아서 희석만 자동으로 하여 공급

$Ca(NO_3)_2$은 Ca^{2+}을 1개, NO_3^-을 2개 생기게 한다. 그러므로 질산은 충분히 넣으면서도, 양이온은 적게 넣고 싶을 때는 질산칼륨보다는 질산칼슘을 사용하는 것이 좋다.

3.4.7 식물 생육과의 관계

염화칼륨과 염화칼슘은 각각 칼륨이나 칼슘이 결핍되어 있어 급히 보급해 줘야 할 경우에만 사용한다. 하지만 염소 함량이 많아지면 식물에 해가 발생하므로 배양액 중에 소금(염화나트륨)이 극소량 있는 경우(30ppm 이하)에만 사용한다.

3.5 토양재배용 비료의 사용시 비료량 계산

토양재배용 비료는 전통적으로 유효태의 질소, 인, 칼륨의 양을 N, P, K의 비율이 아닌 질소(N), 무수인산(P_2O_5), 산화칼륨(K_2O)의 비율로 표시하고 있다. 예를 들면, 13－10－44의 복합 비료는 13%의 N, 10%의 P_2O_5, 44%의 K_2O을 포함하고 있다.

수경재배의 배양액 조성에서는 질소를 N, NH_4^+, NO_3^-으로, 인을 P, PO_4^{3-}으로 표시하며, P_2O_5로는 표시하지 않는다. 또, 칼륨은 K^+으로 표시한다. 그러므로 N은 NH_4^+ 또는 NO_3^-으로, P_2O_5는 P 또는 PO_4^{3-}로, K_2O은 K^+으로, 혹은 반대로 환산해서 사용해야 한다. 환산은 화합물 중에, 각각의 원소가 어느 정도 있는가를 계산하면 된다. 편의를 위해 **표 3-14**에 환산율을 수록했다.

$$\frac{P_2}{P_2O_5} = \frac{31\times 2}{(31\times 2)+(16\times 5)} = 0.437$$

$$P = 0.437\times 10\% = 4.37\%$$

표 3-14의 환산율은 원자량과 분자량을 사용하여 다음과 같은 방법으로 구한 것이다. NO_3^- 중의 N의 양을 구하기 위해서는 질소의 원자량 14를 질산의 분자량 62로 나누면 된다(표 3-16의 'B를 A로' : 14/62＝0.226). 이것은 1g의 NO_3^-에는 N이 0.226g 포함되어 있는 것을 의미한다. 반대의 경우에 62를 14로 나누어 1g의 N을 얻기 위해서는 4.43g의 NO_3^-이 필요한 것을 알 수 있다.

표 3-14 비료 간의 환산율

A	B	환산율	
		A를 B로	B를 A로
N	NH_3	1.216	0.822
	NO_3	4.426	0.226
	KNO_3	7.214	0.139
	$Ca(NO_3)_2$	5.862	0.171
P	PO_4	3.066	0.326
	KH_2PO_4	4.394	0.228
P_2O_5	P	0.437	2.289
K	K_2O	1.205	0.830
	KNO_3	2.559	0.386
	K_2SO_4	2.228	0.449
	KCl	1.907	0.524
	KH_2PO_4	3.481	0.287
K_2O	KNO_3	2.147	0.466
	K_2SO_4	1.851	0.540
	KCl	1.583	0.632
CaO	Ca	0.715	1.399
Ca	$Ca(NO_3)_2$	4.095	0.244
Mg	$MgSO_4 \cdot 7H_2O$	10.132	0.099
	MgO	1.646	0.607
S	H_2SO_4	3.059	0.327

*10%의 P_2O_5를 P의 함량으로 표시하는 방법

본서에 제시된 수경양액의 조성표(예, 표 3-18, 21, 22, 24)는 모두 원소로 표시되어 있으므로, 양액을 만들 때는 **표 3-14**의 비료간의 환산율표가 긴요하게 필요하므로 많은 참조를 바란다.

3.6 화합물의 용해와 석출

준비한 비료가 물에 용해되더라도 배양액에 여러 가지 비료를 같이 녹이기 때문에 서로 다른 비료 사이에서 화학 반응을 일으켜서 침전이 발생되는 경우가 있으므로 혼합 여부를 반드시 확인해야 한다(**표 3-15**). 특히, 농축 배양액을 만들어 놓고서 사용하는 경우에는 침전이 생기기 쉬우며, 이러한 경우에는 침전을 형성하는 이온들을 분리하여

표 3-15 농축 배양액 조제 시 서로 혼합해서는 안 되는 비료

원소 혹은 이온	혼합하면 안 되는 비료
칼슘(Ca)	황산 및 인산 비료
킬레이트 철(FeEDTA)	인산 비료
몰리브덴산소다(Na_2MoO_4)	농축 비료액
탄산수소칼륨($KHCO_3$)	산

만들어야 한다. 침전은 pH에 따라 생성되는 정도가 달라지지만, 일반적으로는 Ca^{2+}이 포함된 것과 SO_4^{2-}나 인산이 포함된 것은 서로 분리해서 녹이고 보관한다.

3.7 배양액 조성의 결정

수경재배에서 이용하는 배양액은 다음과 같은 조건을 갖추어야 한다.

① 필수 무기 양분을 함유할 것.
② 뿌리에서 흡수하기 쉬운 형태로 물에 용해된 이온 상태일 것.
③ 각각의 이온이 적당한 농도로 용해되어 총 이온 농도가 적절할 것.
④ 작물에 유해한 이온을 함유하지 않을 것.
⑤ 용액 pH 범위가 5.5~6.5 범위에 있을 것.
⑥ 가격이 저렴할 것.
⑦ 재배 기간이 계속되어도 농도, 무기원소 간의 비율 및 pH 변화가 적을 것.

이러한 조건을 만족하는 배양액 조성을 결정하는 방법에는 여러 가지가 있으며, 대표적인 방법은 아래와 같다.

정상적으로 생육하고 있는 식물체를 분석해서 그 식물이 흡수한 원소의 양을 조사하여 배양액 조성의 기초로 삼는다. 호글랜드(Hoagland) 액은 이 방법으로 만든 배양액이다. 이 방법으로는 식물이 흡수하는 이온의 총량 및 이온 간의 비율은 알 수 있지만 흡수한 물의 양을 모르기 때문에 배양액의 농도를 알 수가 없다. 예를 들어, 체내에 칼슘이 10만큼 들어있었다 하더라도 배양액의 농도를 얼마만큼 맞춰서 재배해야 되는지는 모른다. 하지만 수경재배를 실시하여 배양액으로부터 없어지는 물과 이온의 양을 경시적으로 관찰하면, 이온의 총량, 이온 간의 비율 및 농도를 알 수 있다. 이때 이온을 양이온과 음이온으로 나누어서 각 이온 간의 비율을 바꿔가면서 실험한다. 위와 같이 해서

표 3-16 야마자키의 작물별 배양액 조성(g/t)

비료	멜론	오이	토마토	딸기	피망	상추	쑥갓	가지	순무
$Ca(NO_3)_2 \cdot 4H_2O$	826	826	354	236	354	236	472	354	236
KNO_3	606	606	404	303	606	404	808	707	505
$NH_4H_2PO_4$	152	114	76	57	95	57	152	114	57
$MgSO_4 \cdot 7H_2O$	369	492	246	123	185	123	492	246	123
EC (mmho)	2.0	2.0	1.1	0.75	1.3	0.85	2.0	1.5	0.95
삼투압 (atm)	0.74	0.70	0.41	0.29	0.51	0.33	0.75	0.59	0.38
품종	파르	사엽	FTVR-3	보교 조생	하총	GREAT LAKE366	대엽	장교 2호	금정

*일반적으로 겨울에는 표준의 1.4~1.6배로 한다.

얻어진 자료를 기초로 하여 만든 여러 가지 조성의 배양액으로 재배한 후 최적의 조성을 결정한다. 이때 각 이온 및 전 이온의 적정 수준의 범위도 결정하여 참고한다.

야마자키(山崎, 1982)는 10가지 이상의 작물을 대상으로 한 몇 가지 배양액 조건에서 1~2주간씩 수경재배하여 실험기간 중 감소한 수분의 양(w)과 각각의 흡수된 양분(ni)을 측정하여 생육에 가장 좋은 흡수 농도(ni/w)를 me/L로 표시한 후, 이를 각각의 작물의 최적 배양액 조성이라고 제시하였다. 수분의 흡수량(w)은 일조, 온도, 습도, 수경재배 시스템, 생육 단계 및 재식 밀도 등에 따라 변화가 있는 반면에, 양분의 흡수량(ni)은 수분의 변화와 대응하지 않는 경우도 있지만 ni/w의 비는 거의 일정하므로, 이를 작물 고유의 배양액 조성으로 해서 각각의 배양액을 조제하였다(**표 3-16**). 또한 그는 다음과 같은 사실도 밝혔다.

① 양이온과 음이온은 비슷한 당량수로 흡수되며, 흡수 비율은 me 단위로 $NO_3-N ≒ K^+ + Ca^{2+}$, $PO_4^{3-}-P ≒ Mg^{2+}$, $NO_3-N : PO_4^{3-}-P = 3{\sim}4 : 1$이다.

② me 단위로 $NO_3-N ≒ K^+ + Ca^{2+}$인 사실로부터 K^+을 Ca^{2+}보다 더 흡수하면 칼륨 선호 식물로 볼 수 있고, 그 반대인 경우는 Ca 선호 식물로 볼 수 있다.

③ 각 작물마다 정해진 흡수 농도가 있다.

단, 이렇게 조성된 배양액도 조사 이전의 재배 상황(역사성), 조사 기간 중 환경 요인 등으로 인해 단기간의 동적인 배양액 흡수 양상을 설명하기에는 한계가 있으므로 범용 배양액으로 사용하는 것이 안전하다.

배양액의 적절한 처방이란 다음과 같은 것을 말한다.

표 3-17 배양액 중 다량 원소의 농도(ppm)

원소		부족	최적	과잉	보통 농도 범위
N	NO_3^- 태	0.14~10	3.0~70	20.0~200	49~210
	NH_4^+ 태	0.007~5	0.03~25	0.4~100	0~154
K	유 NH_4^+	0.4~6	10~39	-	59~390
	무 NH_4^+	0.04~4	1.1~5		
Ca		0.02~22	0.24~40	-	80~200
Mg		0.05~6	0.2~9	-	24~60
P		0.003~4	0.007~2.6	0.03~4	15~192
S		-	1.3	-	48~224

(Jones, 1983)

① 생산량이 많을 것.
② 수확물의 품질이 좋을 것.
③ 고수확, 고품질이면서도 비료의 소모량이 적을 것.
④ 재배 기간 중 조성이나 농도의 변화가 적을 것.

배양액 조성에 포함되는 다량 원소의 적정 농도의 폭은 넓다. **표 3-17**에 존스(Jones, 1983)가 정리한 적정 농도 폭을 나타내었다.

각 이온이나 전체 이온의 적정 농도는 식물의 종류, 생육 단계, 재배 시기, 광도, 온도, 습도, 수경재배 방식 등에 의해서 변한다. 배양액 조성이 적절하지 못하면 배양액 관리가 어렵고 품질도 나쁘다. 즉, 생리적 장해가 나타나고 배양액을 자주 갈아 주어야 하므로 배양액의 소모가 많아진다. 식물에 따라 수확 부위가 달라서, 엽채류는 영양생장만 하여 배양액 농도를 일정하게 유지해도 되지만, 과채류나 화훼식물에서는 영양 생장과 생식 생장에 따라 배양액 농도를 변경하여야 한다. 저온일 때에는 고온일 때보다 농도가 높아야 하며, 광도가 낮을 때에도 농도가 높아야 한다. 이렇게 하면 영양 생장이 왕성하게 진행되지 않으므로 강건하고 내병성이 있는 생장을 한다. 맑은 날에는 합성과 증산이 균등하게 일어나므로, 배양액의 흡수가 훨씬 많이 일어난다. 식물체당 배양액이 많을수록, 배양액의 유동과 교반의 빈도 및 속도가 빠를수록, 배양액을 자주 갱신할수록 농도를 낮게 할 수 있다. 고형배지경에 비해 순수수경에서 농도를 낮게 할 수 있다.

> 배양액을 정하는 세 가지 포인트를 제시하면 다음과 같다.
> ① 가능한 한 여러 식물에 대하여 생육단계에 관계없이 널리 사용될 수 있도록 만드는 방법으로서, 이런 배양액들은 이온 간의 비율을 중요시 한다.
> ② 식물별, 생육 시기별로 가장 좋은 조성을 만들어 주는 것으로서, 각 작물의 수분의 흡수량을 조사하여 흡수량에 따라 정한다.
> ③ 작물의 종류에 따라 적극적으로 많이 흡수시키고 싶은 이온의 비율을 높게 한다.

각각은 장단점을 갖고 있는데, 배양액 조성이 다소 달라도 생육에는 차이가 별로 없고, 생육에 따른 최적 조성을 알기 어려우므로, 광범위하게 적용될 수 있는 배양액 조성을 기본으로 하여 변형해서 사용하는 것이 일반적이다.

질소는 영양 생장을 촉진시키므로, 유묘기 같이 영양 생장을 촉진시킬 필요가 있을 때에는 질소를 많이 주고, 반대로 생식 생장을 촉진시킬 때에는 질소를 저농도로 주는 대신에 인, 칼륨, 칼슘 등을 고농도로 준다. 질소는 광합성 산물을 이용하므로 탄수화물을 축적할 필요가 있을 때에는 질소량을 줄여주는 것이 좋다. 특히, 과실의 성숙기에 칼륨을 많이 주면 과실의 품질이 좋아진다. 중요한 것은 K/N 율이며, 기후 조건에 따라 변화를 주어야 한다. 해가 길고 광도도 높은 여름철에는 해가 짧고 흐린 겨울철에 비해 질소 요구도가 높고, 칼륨 요구도는 낮다. 따라서 겨울철에는 K/N 율을 2배로 하는 것이 원칙으로 되어 있다.

3.8 배양액의 조제

배양액의 조성과 농도를 조사하여 배양액을 만드는데, 현재까지 만들어진 배양액 중 대표적인 것들을 보면 **표 3-18**과 같다. 재배가들이 배양액을 조제하는 방법으로는 크게 두 가지가 있는데, 첫 번째 방법은 수경재배용으로 판매되고 있는 비료를 구입하여 회사에서 권장하는 방법으로 조제하는 것으로서 회사의 설명대로 하면 간단하게 조재할 수 있다. 두 번째 방법은 표 3-18과 같은 유명한 배양액 중에서 재배가에게 알맞은 배양액 조성을 선택하여 조제하는 방법이다.

여기서는 야마자키 배양액을 예로 들어 조제하는 방법을 설명하기로 한다.

표 3-18 대표적인 배양액의 종류(ppm)(박 & 김. 1998)

참고 문헌	Ca	Mg	K	NH_4-N	NO_3-N	P	S
Knop(1865)	244	24	168		206	57	32
Shive(1915)	208	484	562		148	448	640
Hoagland(1919)	200	99	284		158	44	125
Jones & Shive(1921)	292	172	102	39	203	65	227
Rothamsted	116	48	593		139	117	157
Hoagland & Snyder(1933, 1938)	200	48	234		210	31	64
Hogland & Arnon(1938)	160	48	234	14	196	31	64
Long Ashton Soln.	134-300	36	13-295		140-284	41	48
Eaton(1931)	240	72	117		168	93	96
Shive & Robbins(1942)	60	53	117		56	46	70
Robbins(1946)	200	48	195		196	31	64
White(1943)	50	72	65		47	4	140
Duclos(1957)	136	72	234		210	27	32
Tumanov(1960)	300-500	50	150		100-150	80-100	64
야마자키(1978)	60	24	156	9.38	98	21	32
Cooper(1979)	170	50	300		200	60	64

* 각 농도는 이온의 양이 아니라 성분 원소의 양

3.8.1 비료량 결정 방법

1) 다량 원소의 조제

다량 원소는 원소 간의 비율과 식물이 선호하는 비료의 종류를 고려하여 선택한다. 조제 순서는 P, Ca, Mg, NO_3, SO_4, K의 순으로 하는 것이 편리하다. 1t의 야마자키 배양액(토마토용)을 만드는 데 필요한 비료의 종류 및 양을 구하는 방법은 다음과 같다.

표 3-18에 의하면, 야마자키 배양액에 포함된 원소들의 단위가 ppm인데, 원소들의 흡수 상태를 이해하는 데 편리한 단위는 me/L이므로, ppm을 표 3-1에 나타낸 각 원소의 당량값을 이용하여 당량수로 바꾼다.

원소명	PO_4-P	Ca	Mg	NO_3-N	NH_4-N	SO_4-S	K
ppm	21	60	24	98	9.38	32	156

*PO_4-P의 양은 20.67을 정수로 표시한 것임.

부록 1에 기술한 바와 같이, ppm을 me/L로 환산하는 방법은 다음과 같다.

$$규정\ 농도(me/L) = \frac{ppm \times 원자가}{원자량},\quad PO_4-P\ 예 = 21 \times 3/31 = 2$$

환산한 결과는 다음과 같으며, 이것을 1t으로 환산하면 당량수/t이 된다.

원소명	PO_4-P	Ca	Mg	NO_3-N	NH_4-N	SO_4-S	K
ppm	21	60	24	98	9.38	32	156
당량수	2	3	2	7	0.67	2	4

(1) 인

인은 2당량이 필요하다. 여기서 PO_4의 원자가는 −3이다. 야마자키 배양액에서는 인을 인산암모니아($NH_4H_2PO_4$)로 주며, 비료의 구성 물질의 당량수는 비료의 당량수와 동일하므로 비료도 2당량이 필요하다. 당량은 분자량/원자가이므로,

$$필요한\ 비료량 = 비료의\ 당량(분자량/원자가) \times 당량수(2) = 115 / 3 \times 2 = 76.7g/t$$

이때 양이온 전체도 2당량 있는데, NH_4는 그중에 1/3만 있으므로 2/3당량이 포함된다.

참고로 ppm으로부터 직접 필요한 비료량을 구할 경우에는 위의 표에서 P이 21g 필요하므로, 필요한 인산암모니아($NH_4H_2PO_4$)의 양은 $NH_4H_2PO_4 / P \times 21 = 115/31 \times 20.67 = 76.7$g이다. 이 방법은 다른 원소에 대해서도 동일하게 적용된다.

현재까지 계산된 원소 및 필요한 비료의 양

비료명	함유량 me/L	소요량 g/t	성분	
			성분명	함유량(me/L)
$NH_4H_2PO_4$	2	76.7	PO_4-P	2
			NH_4-N	0.67

(2) 칼슘

칼슘은 3당량이 필요하다. 원자가는 +2이고, 비료로 사용하는 질산칼슘[$Ca(NO_3)_2 \cdot 4H_2O$]의 분자량은 236g이므로,

$$필요한\ 비료량 = 비료의\ 당량(분자량 / 2) \times 당량수(3) = 236 / 2 \times 3 = 354g/t$$

이때 NO_3도 자연히 3당량이 포함된다.

현재까지 계산된 원소 및 필요한 비료의 양

비료명	함유량 me/L	소요량 g/t	성분	
			성분명	함유량(me/L)
$NH_4H_2PO_4$	2	76.7	PO_4-P	2
			NH_4-N	0.67
$Ca(NO_3)_2 \cdot 4H_2O$	3	354.0	Ca	3
			NO_3-N	3

(3) 마그네슘

Mg은 2당량이 필요하다. 원자가는 +2이고, 비료로 사용하는 황산마그네슘($MgSO_4 \cdot 7H_2O$)의 분자량은 246.5g이므로,

필요한 비료량 = 비료의 당량(분자량 / 2) × 당량수(2) = 246.5 / 2 × 2 = 246.5g

이때, SO_4에도 자연히 2당량이 포함된다.

현재까지 계산된 원소 및 필요한 비료의 양

비료명	함유량 me/L	소요량 g/t	성분	
			성분명	함유량(me/L)
$NH_4H_2PO_4$	2	76.7	PO_4-P	2
			NH_4-N	0.67
$Ca(NO_3)_2 \cdot 4H_2O$	3	354.0	Ca	3
			NO_3-N	3
$MgSO_4 \cdot 7H_2O$	2	246.5	Mg	2
			SO_4-S	2

(4) 황

황은 2당량이 필요하다. Mg을 줄 때 같이 들어갔으므로 따로 줄 필요가 없다.

(5) 질소

질소 중 NH_4-N(암모니아태 질소)가 0.67당량, NO_3-N(질산태 질소)가 7당량 필요한데, NH_4-N은 인산비료를 줄 때 다 들어갔고, NO_3-N은 칼슘비료를 줄 때 3당량이 들어갔으므로, 나머지 4당량만을 더 주면 된다. NO_3 비료로는 KNO_3을 사용하는데, 원자가

가 +1이므로,

$$필요한\ KNO_3의\ 양 = 101.1 / 1 \times 4 = 404.4g$$

이때, K에도 자연히 4당량이 포함된다.

현재까지 계산된 원소 및 필요한 비료의 양

비료명	함유량 me/L	소요량 g/t	성분	
			성분명	함유량(me/L)
$NH_4H_2PO_4$	2	76.7	PO_4-P	2
			NH_4-N	0.67
$Ca(NO_3)_2 \cdot 4H_2O$	3	354.0	Ca	3
			NO_3-N	7
$MgSO_4 \cdot 7H_2O$	2	246.5	Mg	2
			SO_4-S	2
KNO_3	4	404.4	K	4

(6) 칼륨

칼륨의 양은 4당량이 필요하지만, 필요한 칼륨의 양은 4당량인데, 질소비료를 만들 때 모두 들어갔다.

이상과 같은 과정을 통해 실제로 들어가는 양을 모두 산출했으며, 이를 표 3-19에 1t당 첨가할 소요량을 표시하였다. 여기서 소요비료량을 산출한 것이 야마자키 토마토 배양액이다. 이상과 같은 방법으로 다른 채소의 배양액 제조 시 필요한 비료량을 계산할 수 있다.

표 3-19 야마자키 배양액(토마토용)의 조성 및 필요한 비료의 양

비료명	함유량 me/L	소요량 g/t	성분	
			성분명	함유량(me/L)
KNO_3	4	404.4	NO_3-N	7
$Ca(NO_3)_2 \cdot 4H_2O$	3	354.0	NH_4-N	0.67
$NH_4H_2PO_4$	2	76.7	Ca	3
$MgSO_4 \cdot 7H_2O$	2	246.5	PO_4-P	2
			Mg	2
			SO_4-S	2
			K	4

2) 미량 원소

미량 원소는 소량만 필요하므로, 전이온의 농도나 다른 이온과의 비율을 고려하지 않고 각 요소의 필요한 양만큼 주면 된다.

용수로 수돗물이나 지하수를 이용할 경우에는 일반적으로 용수에 미량 원소가 포함되어 있으므로, 철, 망간, 붕소만 공급해 주면 된다.

3.8.2 배양액의 조제 순서

위와 같이 배양액 1t에 들어가는 비료량이 결정되면, 원하는 배양액량에 맞춰서 톤(t) 수를 곱한 다음 실제 조제에 들어간다. 재배가 마다 원하는 배양액의 조건이 다르기에 수경재배용 배합비료를 사용하지 않으며, 일반적으로 재배가 자신이 성분 비료를 배합하여 사용한다.

예 원하는 배양액량이 10t이라면 10을 곱한다.

배양액을 조제하는 방법에는 크게 두 가지가 있다. 한 가지 방법은 필요한 비료를 큰 배양액 통에 직접 녹이는 것이고, 다른 한 가지 방법은 100~1,000배의 짙은 농도의 원액을 만들어 놓았다가 필요할 때에 희석해서 탱크에 넣는 것이다. 직접 녹이는 방법은 배양액의 농도가 옅으므로 침전은 크게 염려하지 않아도 되지만, 실제로는 이 방법이 널리 사용되고 있지 않다. 그 이유는 첫째, 탱크보다 큰 배양액 통을 구하기가 어렵고, 둘째 배양액을 자주 조제해야 하기 때문에 일손이 많이 필요하며, 셋째 비료 성분이 완전히 녹았는지를 확인하기가 쉽지 않기 때문이다.

농축 배양액을 이용하는 경우는 아래와 같이 조제하면 된다.

① 비료들을 준비한 다음, 무게를 ±5%까지 따로따로 정확하게 측정한다. 이때 주의해야 할 것은 비료의 처방량은 순도가 100%일 경우의 값이므로 순도를 계산에 포함시켜야 하며, 조해성(공기와 접촉하면 수분을 흡수하는 특성, 나트륨, 칼륨, 칼슘을 포함하는 비료가 여기에 주로 해당)이 강한 질산칼슘[$Ca(NO_3)_2$]과 같은 것은 무게가 달라지므로 항상 밀봉하여 보관하여야 한다.
② 배양액 통은 최소한 반드시 A, B 2개를 준비하여야 한다.
③ 탱크에 소요량보다 50% 정도 적은 물을 넣는다.
④ 배양액 통에 적당량의 물을 넣고 비료를 한 종류씩 녹인다. 잘 안 녹을 경우에는 휘저어 주거나 온도를 올려 준다. 교반기를 설치하여 이용하면 편리하다.

⑤ 칼슘염을 황산염 혹은 인산염과 같이 녹이면 침전인 석고($CaSO_4$)나 인산2수소칼슘[$Ca(H_2PO_4)_2$]이 생기기 쉬우므로, 서로 다른 배양액 통에 넣는다. 즉, 배양액 통 A에는 질산칼리(KNO_3), 질산칼슘[$Ca(NO_3)_2 \cdot 4H_2O$]과 이디티에이철(Fe EDTA)를 넣고, 배양액 통 B에는 나머지 비료를 넣되 미량 원소를 녹인 후에 다량 원소를 녹인다. 질산칼륨은 두 가지 액에 나누어 녹이면 잘 녹는다. 이때 녹이는 순서는 붕산(H_3BO_3), 항산망간($MnSO_4 \cdot 4H_2O$), 질산칼리(KNO_3), 황산마그네슘($MgSO_4 \cdot 7H_2O$), 인산암묘늄($NH_4H_2PO_4$)이다. 순도가 낮은 비료를 사용할 경우에는 침전이 생길 수 있음을 유념해야 한다.

농축 배양액 통의 구분	비료명
A	KNO_3, $Ca(NO_3)_2 \cdot 4H_2O$, FeEDTA, NH_4NO_3
B	$MgSO_4 \cdot 7H_2O$, K_2SO_4, $NH_4H_2PO_4$, 미량 원소

⑥ 배양액 통에 각 각 비료를 다 녹인 후에 혼합하고, 나머지 물을 채운다. 필요할 때마다 희석해서 탱크에 넣는다.

⑦ 배양액의 pH를 측정하여, 적정 pH보다 높으면 황산(H_2SO_4)을 이용해 낮추고, 낮으면 수산화칼리(KOH)로 높인다. pH가 높으면, Fe^{2+}, Mn^{2+}, PO_4^{3-} 등이 불용화되어 식물이 흡수할 수 없게 된다.

⑧ 배양액을 베드에서 5~10분간 순환시킨 후에 pH를 다시 측정하여 원하는 값으로 조절한다. 보통 적정 pH는 5.5~6.5 사이이지만 작물마다 약간씩 다르므로 작물에 맞춰서 조절한다. EC도 측정하여 배양액 조제가 잘 되었는지 확인하는 것도 좋다.

흔히 양액조성표에 ppm으로 표시되어 있는데, 이럴 경우에 우리는 비료를 어떻게 녹일 것인가를 고민하게 된다. 간단히 부연해서 설명한다.

예를 들어서, 칼슘이 200ppm, 질소가 150ppm, 인이 100ppm 포함된 1L의 배양액을 만들어 보자. 비료로는 질산칼슘[$Ca(NO_3)_2$], 질산칼리(KNO_3), 인산칼리(KH_2PO_4)를 사용하며, 순도는 편의상 100%라고 가정하자.

① 인은 100mg이 필요하다. 인산 1 칼륨 KH_2PO_4의 분자량은 136이고, 이 중 P의 원자량은 31mg이므로, 필요한 KH_2PO_4는 $100 \times 136/31 = 439$mg

② $Ca(NO_3)_2$의 분자량은 164이며, 이 중 Ca^{2+}의 원자량은 40mg이다. Ca이 200mg 필요하므로, $Ca(NO_3)_2$은 $164/40 \times 200 = 820$mg을 필요로 한다. 그런데 N의 질량은 14mg이며, $Ca(NO_3)_2$ 820mg 안에 포함된 N은 $820 \times (14 \times 2)/164 = 140$mg이다.

③ 질소는 150mg이 필요한데, 140이 이미 들어가 있으므로 10mg만 더 넣으면 된다. 질산칼륨 KNO_3의 분자량은 101이며, 이 중 N의 원자량은 14g이다. 충당해야 할 KNO_3의 양은 $10 \times 101/14 = 72$mg이다. K^+의 질량은 39이므로 이때 들어간 칼륨의 양은 $72 \times 39/101 = 27.8$mg이다. 이렇게 해서 $Ca(NO_3)_2$은 820mg, KNO_3은 72mg, KH_2PO_4은 439mg을 넣으면 원하는 배양액을 만들 수 있다.

배양액에 희석할 양이 계산되면 비료를 녹인다. PVC 통에 비료를 넣고 필요한 양의 70% 정도 물을 첨가 후에 소량은 막대를 이용하고 양이 많으면 수중 펌프를 이용하여 녹인다. 다 녹으면 나머지 30% 물을 채워서 사용한다. 각각 만들어진 비료액은 표 3-20에 따라 농축비료를 만드는 데 반드시 제시한 순서를 잘 지켜야 한다.

표 3-20 배양액 농축비료 만드는 순서

A 탱크	B 탱크
탱크에 절반만 물을 채운다.	탱크에 절반만 물을 채운다.
1. 질산칼슘을 녹인다.	1. 황산마그네슘을 녹인다.
2. 질산암모늄을 녹인다.	2. 일인산칼리(일인삼암모늄)을 녹인다.
3. 질산칼륨을 녹인다.	3. 황산칼리를 녹인다.
4. 킬레이트 철을 녹인다.	4. 질산칼리를 녹인다.
5. 잘 혼합시킨다.	5. 미량원소를 녹인 비료를 첨가한다.
6. 탱크 용량을 채운다.	6. 잘 혼합 후에 탱크 용량을 채운다.

*미량원소 혼합순서: 붕산 → 황산아연 → 몰리브덴산나트리움 → 황산망간 → 황산구리

3.9 배양액의 종류

배양액의 종류는 개발한 국가나 작물, 생육단계에 따라 매우 다양하다. 유럽에서 작물에 따라 사용되는 배양액 조성은 표 3-21에 나타냈다. 대체적으로 작물 간에는 큰차이가 없지만, 그로단사는 토마토 양액 조성표의 경우에 K 11.5, Ca 6-10 me/L로 높게 제시한 반면, 네덜란드 온실작물연구소는 암면 표준 재배를 K 5.0, Ca 10me/L로서 K의 경우에 차이가 크게 나는데, 이는 시험 당시 토마토의 품종이나 계절적인 요인이 있었던 것으로서 제조할 때 고려하기 바란다.

일본에서는 원시 배양액과 야마자키 배양액이 유명하다. 일본 원시 배양액은 역경

표 3-21 현재 유럽에서 사용되고 있는 배양액의 조성(me/L)

식물	NO_3-N	NH_4-N	P	K	Ca	Mg	S	비고
토마토 I	10.5	0.5	4.5	7.0	7.5	2.0	5.0	I : 네덜란드 온실 작물 연구소
II	9.0	<0.5	3.0	5.0	10.0	4.0	6.0	(암면 재배 표준)
III	TN 10.7		3.51	5.9	6.0	2.46	S1.9	II : 네덜란드 온실 작물 연구소
IV	TN 17.9		3.51	9.7	6~9	3.30	S1.9	(암면 내의 배양액 분석 기준)
V	TN 20.0		3.51	11.5	6~10	3.30	S1.9	III~V : 덴마크의 그로단 사
VI	TN 12.1		5.01	6.65	5.0	2.46	S1.6	III : 보통
								IV : 고농도
오이 I	11.75	0.5	3.75	5.5	7.0	2.0	2.0	V : 최고 농도
II	10.0	<0.5	3.0	4.5	10.0	4.0	4.0	VI : 핀란드
III	TN 10.7		3.51	4.86	7.5	2.46		I~V : 암면 재배용
IV	TN 11.9		3.9	5.0	6.0	2.06	S1.2	VI : 피트모스재배용
피망 I	12.25		3.75	6.0	7.5	2.5	2.5	TN : 전질소
II	10.0	<0.5	3.0	5.0	10.0	5.0	4.0	S : 산화물이 아니고 원소로서의 양
가지 I	12.0	0.5	4.5	6.0	6.0	3.0	2.0	
II	9.5	<0.5	3.0	4.5	9.0	6.0	4.0	
결구상추 IV	TN 10.0		3.9	5.3	4.0	2.14	S1.2	
NFT 표준	TN 14.3		6.0	7.7	8.5	4.12		
거베라	8.94	0.75	4.5	5.24	4.4	1.24	1.2	네덜란드 암면 재배
	9.26		4.5	5.50	5.2	1.24	1.2	화훼연구소 피트 혼합
	9.0	0.75	4.5	5.75	4.5	1.50	2.0	손네벨트(Sonneveld) 암면 재배용
장미	10.28	0.25	4.5	4.87	6.66	1.50	1.5	네덜란드 화훼연구소
	10.5	0.25	4.5	5.75	6.0	1.50	1.5	손네벨트 암면 재배용
안스리움	6.5	0.5	3.0	4.5	3.5	2.0	3.0	네덜란드 암면 재배
	7.3		3.0	4.5	3.5	2.0	2.0	화훼연구소 피트모스
카네이션	11.5	0.25	4.5	5.75	7.5	1.5	2.0	손네벨트 암면 재배용
심비디움	3.8	1.0	3.0	3.2	3.4	1.8	4.6	보그트(Voohgt) 등 암면 재배용

재배용으로 개발된 범용 배양액이지만 다른 방식에서도 널리 사용되고 있으며, 야마자키 배양액은 작물별로 최적 농도를 정하고 있다. **표 3-22**에 야마자키(1982)가 제시하는 작물별 최적 배양액 조성을 나타냈다. 어느 것이든 각각의 식물에 알맞은 조성 및 농도를 맞추어 주는 것이므로, 기본적인 조성은 크게 다르지 않다. **표 3-23**에는 국내에서 개발해서 권장하는 원시 배양액 조성을 나타냈다. **표 3-24**에는 국내에서 사용하는 채소별 권장 배양액 조성을 한국 원시, 네덜란드, 벨기에, 서울시립대 배양액 가운데 좋은 것을 택하여 제시하고 있다.

국내에서는 1987년에 한국 원시 배양액(표 3-23)이 개발되었으며, 이후 대학이나 비료

표 3-22 야마자키의 각 식물마다 권장 배양액 조성(me/L)

식물	생육기	NO_3-N	P	K	Ca	Mg
멜론	봄~여름	13	4	6	7	3
오이	여름~가을	13	3	6	7	4
토마토	봄~여름	7	2	4	3	2
피망	봄~여름	9	2.5	6	3	1.5
딸기	가을~겨울	5	1.5	3	2	1
가지	봄~여름	10	3	7	3	2
상추	가을~겨울	6	1.5	4	2	1
순무	가을~겨울	14	2	10	4	2
삼엽채	겨울	9	5	7	2	2
반결구상추	겨울	8	3	6	2	1.5
쑥갓		12	4	8	4	4

(야마자키, 1982)

표 3-23 한국 원시액의 조성 및 필요한 비료의 양

비료명	함유량 me/L	소요량 g/t	성분	
			성분명	함유량(me/L)
KNO_3	5	505.5	NO_3-N	14
$Ca(NO_3)_2 \cdot 4H_2O$	8	944	NH_4-N	1
KH_2PO_4	1	136.1	Ca	8
NH_4NO_3	1	80.1	PO_4-P	3
$MgSO_4 \cdot 7H_2O$	4	493	Mg	4
			SO_4-S	4
			K	6

* EC : 2.3 mS/cm, pH : 6.5

공급회사들이 나름대로 국내외 자료를 바탕으로 하여 작물별로 좋은 결과를 보이는 배양액을 개발하여 보급하고 있다(표 3-24). 1990년대에는 수경비료를 외국에서 거의 전량 수입했지만, 최근에는 국내의 여러 회사에서 배양액용 비료가 시판되고 있다.

시판 혹은 수입용 비료는 판매회사의 수경재배 방식에 맞도록 조제되어 있어서 같은 회사 제품을 사용할 때에는 조제가 쉽고 여러 가지 서비스도 받을 수 있어서 편리한 점이 있지만, 다른 방식에는 맞지 않게 되어 있는 것이 보통이다. 따라서 재배가가 수경재배 장치만 채택하고 배양액은 독자적으로 조제할 경우에는 조제가 쉽지 않다. 그러므로 재배지역의 원수분석치를 갖고서 지역 기술센터나 기술원 또는 대학의 연구소와 상의하여 재배할 작물의 배양액을 만들고, 조제 기술은 주변의 경험 많은 독농가의 자문을 받아 사용하는 것이 편리하고 안전하다.

표 3-24 주요 채소의 양액 조성(이 등 2015, 발췌 정리)

원소/채소	오이[1]	토마토[1]	파프리카[2]	고추[1]	딸기[3]		가지[2]	멜론[2]	상추[3]	허브[4]
					초기 2개월	이후				
다량 원소 (me/L)										
NO_3-N	12.0	9.0	15.3	11.0	7.1	6.5	15.5	16.0	10.6	11.4
H_2PO_4-P	2.0	2.0	3.8	3.0	2.1	2.1	3.8	3.8	2.0	5.4
SO_4-S	2.0	2.0	3.5	2.0	2.5	1.5	3.0	2.8	2.0	0.8
NH_4-N	0.7	0.7	1.0	1.0	0.8	0.5	1.5	1.3	1.0	0.5
K	7.0	5.0	7.5	7.0	2.5	4.0	6.8	4.0	6.7	6.8
Ca	5.0	4.0	8.5	4.0	4.5	3.0	6.5	2.8	3.5	4.8
Mg	2.0	2.0	3.0	2.0	2.5	1.5	5.0	2.8	2.0	2.0
미량 원소 (ppm)										
Fe	3.0	3.0	0.84	3.0	1.5	1.5	0.84	0.84	2.0	0.35
Mn	0.5	0.5	0.55	0.5	0.55	0.55	0.55	0.55	0.3	0.83
Zn	0.05	0.05	0.33	0.05	0.35	0.35	0.33	0.33	0.3	0.20
B	0.5	0.5	0.32	0.5	0.35	0.35	0.38	0.27	0.45	0.16
Cu	0.02	0.02	0.05	0.02	0.04	0.04	0.05	0.05	0.05	0.04
Mo	0.01	0.01	0.05	0.01	0.05	0.05	0.05	0.05	0.05	0.05

[1] 한국원예특작원 [2] 네덜란드 [3] 서울시립대학교(딸기:coconut coir배지) [4] 벨기에

3.10 재배 중의 배양액 관리

3.10.1 pH

1) pH와 양분 흡수

양액 내의 pH는 토양 내의 pH처럼 양분의 흡수, 이용, 침전 등에 크게 영향을 미친다. 배양액의 pH는 5.5~6.5가 좋지만 5.0~7.0의 범위라면 생육에 큰 영향이 없다. 식물이 배양액 내의 양분 흡수 특성에 따라 pH가 변화하는데, 작물이 양이온(K^+, NH_4^+, Ca^{2+}, Mg^{2+})을 주로 흡수하면 식물 내외의 양이온 균형을 맞추기 위하여 많이 방출하므로 pH가 낮아진다. 반대로 식물이 음이온(NO_3^- , SO_4^{2-}, $H_2PO_4^-$)을 상대적으로 많이 흡수하면 식물 뿌리로부터 OH^-가 방출되어 근권의 pH가 상승하게 된다. 근권의 pH가 4.5 이하로 떨어지면, 칼슘, 마그네슘, 칼륨 등과 같은 알칼리성 염류가 불용화되지만, pH가 7 이상일 때에는 철이 수산화철[$Fe(OH)_3$]로 침전되어 식물이 이용할 수 없게 되며, pH가 8 이상일 때

에는 Mn과 P이 결핍된다. 이외에도 pH가 높을 경우, 아연과 구리 등의 중금속도 불용화될 염려가 있다. pH가 4 이하이거나 9 이상일 경우에는 뿌리 세포의 세포막이 파괴되거나 세포액 중의 K^+과 H^+이 침출되는 등 직접적인 해도 나타나게 된다. Fe－EDTA는 넓은 범위의 pH에서 안정된다고 인식되어 있지만, pH 5.0에서는 7~10일 사이에 10% 정도가 불용화되는 데 반해, pH 7.5에서는 같은 기간 동안 약 20%가 불용화된다. 일반적으로 배양액의 pH가 낮을 때에는 음이온의 흡수가 좋고, pH가 높을 때에는 양이온의 흡수가 좋다. 다량 원소의 흡수에는 pH 6이 가장 적합하고, 철, 구리, 망간, 아연과 같은 미량 원소에는 pH 5~6, 몰리브덴에는 pH 6.5~7이 가장 적합하다.

2) 재배 기간 중 pH의 변화

재배하는 동안에 pH 변화의 원인은 복잡한데, 그 주요 원인은 다음과 같다.

① 배양액의 조성 및 농도가 작물이 흡수하는 조성 및 농도와 다를 경우, 예를 들어 일본 원시 처방을 배양액으로 할 경우에 토마토, 가지, 피망, 상추 등은 박과 식물인 오이, 멜론, 호박, 수박 등에 비하여 pH가 높아지기 쉽다. 그 이유는 이 배양액이 박과 식물의 흡수 특성과는 일치가 잘 되는 반면에, 전자는 양이온인 칼슘이나 마그네슘보다도 음이온인 NO_3이나 인산을 칼륨과 함께 많이 흡수하기 때문에 pH가 높아지는 것이다.

② 용수의 pH가 높으면 칼슘이나 마그네슘이 많아진다. 그러나 박과 식물에서와 같이 배양액 조성이 식물과 조화를 이루면, 식물은 칼슘이나 마그네슘과 같은 양이온을 많이 흡수하고 음이온의 흡수를 억제하기 때문에 pH의 변화는 실제로 그리 크지 않다.

③ 각 영양소의 흡수는 적극적 흡수(나트륨, 인, 칼륨)와 소극적 흡수(칼슘, 마그네슘)로 나눌 수 있는데, 적극적으로 흡수되는 이온은 고온 고광도일수록 흡수가 많아서 pH가 높아지기 쉽고, 저온 저광도일수록 흡수가 적어져서 pH가 낮아진다. 소극적으로 흡수되는 이온은 차이가 크게 없다. 그러나 이 경우에서도 조성이 적당하면 pH의 변화는 크지 않다.

④ 뿌리에서 배출되는 유기산, 아미노산과 호흡에 의해 방출되는 $CO_2(H_2CO_3^-)$가 배양액의 pH를 저하시킨다. 실제로, 이 현상은 통기가 나쁜 경우가 아니면 잘 나타나지 않는다.

⑤ 질소원으로 질산염이나 인산암모니아($NH_4H_2PO_4$) 대신에 질산암모니아(NH_4NO_3) 황산암모늄[$(NH_4)_2SO_4$], 염화암모늄(NH_4Cl)과 같은 암모늄염을 다량 사용하면, 작물에 따라 다르기는 하지만, 암모늄을 다량 흡수하기 때문에 pH가 낮아진다.

pH가 상승하는 경우는 음이온의 흡수가 왕성할 때이고, pH가 하강하는 경우는 양이온의 흡수가 왕성할 때이다. 그 이유는 뿌리의 이온치환 용량 때문인데, 음이온이 흡수될 때는 뿌리에서 수산이온(OH^-)이 나오고, 양이온이 흡수될 때는 뿌리에서 수소이온이 나오기 때문이다.

3) pH 조절

pH를 높이는 데는 수산화칼륨(KOH)를, pH를 낮추는 데는 황산(H_2SO_4), 질산(HNO_3) 혹은 인산(H_3PO_4)을 사용한다. 일반적으로 수돗물에서는 pH를 1만큼 낮추는 데 배양액 1t당 3N 황산과 인산(물 1L에 인산 69ml, 황산 83ml)을 10mL 정도 넣으면 된다. 지하수를 사용할 경우에는 필요한 양이 크게 달라지므로 재배 전에 용수의 pH 교정에 필요한 황산량의 완충 곡선을 조사해 둘 필요가 있다. 극단적인 경우에는 용수를 수돗물로 바꾸는 것이 좋다. 황산은 흡수 속도가 느리기 때문에, pH 교정에 황산을 다량 사용하면 황산이온이 축적되어 EC가 높아지므로 과도한 사용은 피하도록 한다. 인산을 사용하는 경우, 인산 그 자체에 의한 장해는 일어나기 어렵지만, 칼슘과 반응하면 침전을 일으키므로 인산 역시 과용은 피하도록 한다. 질산은 황산보다도 더욱 위험하므로 취급에 주의해야 한다. 질산은 그 자체가 질소원이므로 배양액 내에 축적될 것을 염려할 필요는 없다. 따라서 배양액에 칼슘이 많고 pH가 높은 경우에는 질산칼슘 대신에 질산을 시용하는 것이 효과적이다.

작물에 따라 양분 흡수 특성이 다르므로 산 이외에 황산암모늄을 이용하여 pH를 조절할 수 있다. 즉, 암모니아를 우선적으로 흡수하는 작물(상추, 딸기, 오이, 멜론, 쑥갓, 가지) 등)에서는 적은 양으로도 pH를 저하시킬 수 있다. 이와 다르게, 토마토, 파프리카, 수박, 시금치, 순무, 배추와 같이 질산태 질소를 우선적으로 흡수하는 작물에서는 NO_3-N와 NH_4-N의 비율을 8:2~6:4 정도로 높여서 소기의 성과를 얻을 수 있다.

슬래브 내의 pH가 낮아질 때의 교정 방법을 설명하면 다음과 같다. 첫째 물 또는 양액으로 씻어내지 말아야 한다. 왜냐하면, 작물의 생육에 균형이 깨질 수가 있기 때문이다. 이 방법은 함수량이 증가하여 양분의 균형 저하로 작물에 해가 될 수가 있기 때문이다. 둘째로 양액 조성 시에 NH_4^+ 함량을 줄이거나 경우에 따라서는 공급을 전혀 하지 않아야 한다. 실제로, 슬래브 내의 pH가 저하될 때 사용하는 가장 적절한 방법이다. 양액제조 시에 질산암모늄, 제1 인산암모늄 등을 일부 또는 전체를 다른 비료로 교체하는 것이다. 질소원을 질산태 질소, 예를 들어 질산칼리나 질산칼슘을 사용하여 뿌리로부터 수소이온(H^+) 대신 수산이온(OH^+)을 방출시켜서 pH가 감소하는 것을 예방할 수가 있다. 셋째로 원수에 탄산이온(HCO_3^-)의 함량을 확인 후에 필요하면 적정한 양의 중탄산을 첨가한다. 원수에 중탄산 함량이 30ppm이하가 되면 원수 분석을 통해서 부족한 만큼 계산해서 첨가하는 것이 pH 관리에 좋은 방법이다.

슬래브 내의 pH가 높아지는 경우 대책은 다음과 같다. 첫째, 절대로 물 또는 양액으로 슬래브를 씻어내지 말아야 한다. 이 또한 효과보다 부작용이 크다. 둘째, 질소원을 암모니아(NH_4^+)태로 바꾸어 공급한다. 질산암모늄(NH_4NO_3)을 사용하는 것도 효율적이다. 이때 주의할 것은 NH_4의 농도를 전체 질소량의 10~20% 범위로 추가 공급하는데, 농도가 높으면 식물에 해로우므로 30ppm 이내로 조절한다. pH에 따라 비료의 종류를 변화시키는 방법은 근권 내의 pH가 7.0 이상인 경우에는 $(NH_4)_2SO_4$을 사용하고, pH 6.0~7.0에서는 NH_4NO_3을 사용한다. pH가 낮은 경우에는 NH_4-N의 사용을 줄인다. 셋째, 양액 사용 시에 산의 함량을 높여 준다. 배양액 pH를 5.0 이상으로 공급하는데, 이때 반드시 원수 내의 중탄산의 함량과 비례해서 적당량의 산을 사용한다. 원수 중에 사전에 중탄산을 희석함으로써 슬래브 내의 pH가 급격하게 증가하는 것을 방지할 수가 있다. 원수 중에 중탄산 함량을 지하수가 풍부한 여름과 갈수기인 겨울에 기술센터나 양액 관리회사에 의뢰해서 분석하고 처방을 받는 것이 산도 관리에 가장 좋은 대책이다.

pH를 1만큼 높이는 데는 배양액 1t당 KOH을 5mL 정도 넣으면 된다. 그러나 이 효과는 일시적이며 단시일 내에 다시 하강하는 경우가 많다. pH가 계속 낮아지는 경우, 빗물을 용수로 사용한 경우에는 수돗물이나 지하수를 사용하고 탄산칼륨($KHCO_3$) 혹은 KOH를 투여하여 교정한다. 반대로 근권 내의 pH가 낮으면, pH 6.5 이하의 배양액을 공급하면서 NH_4-N의 공급량을 줄이고 농축액과는 별도로 $KHCO_3$를 추가로 공급한다.

pH를 교정하면 황산이나 수산화칼리가 식물에 해를 입히는 경우가 있으므로 배양액을 조제할 때 조성을 알맞게 하여야 하며, 조제한 배양액이 원하는 것과 극단적으로 다르지 않을 때에는 교정하지 않는 것이 좋다. 또한 pH를 교정할 경우 베드 상에 필요한 양을 갑자기 섞으면 산도 조정액이 확산되어 가는 과정에서 산알칼리에 의한 피해가 나타나므로, H_2SO_4이나 KOH가 식물에 직접적으로 해를 입히지 않도록 탱크에 조금씩 섞는다.

4) 작물에 따른 변화

작물은 고유의 흡수 특성을 가지는데, 음이온보다 양이온을 많이 흡수하는 작물은 배양액의 pH를 낮춘다. 상추, 딸기, 멜론은 양이온인 암모니아를 선호한다.

5) 생육 단계에 따른 변화

영양 생장기에는 질산태 질소의 흡수가 왕성하여 pH가 올라가며, 과실 비대기에는 칼륨의 흡수가 왕성하여 pH가 내려간다.

6) 배지에 따른 변화

고형배지경에서는 배지의 성질에 의해 pH가 변화하는데, 암면과 유기배지는 알칼리성이고 폴리우레탄(PUR)은 약산성이므로, 배지에 따라 배양액의 pH를 달리하여 조제하는 것은 물론 매일매일 측정해야 한다. 또한 배지경에서는 pH의 기준을 배지에 맞추어야 한다. 순수수경의 경우에는 배양액의 pH만 측정하면 되지만, 배지경에서는 배지 내의 pH도 측정해야 한다. 이때 주사기로 배지 내의 배양액을 취하여 pH를 측정한다.

국내에서는 순환식이 아닌 비순환 방식이므로, 양액으로 pH를 조절하는 것보다 배지 내의 산도를 조절하는 것이 더 중요하다. 알카리성 배지(암면, 입상암면, 훈탄, 목탄)의 경우는 pH를 5.2~5.7로 다소 낮게 하고, 강산성 배지(피트모스, 바크)는 사전에 석회 등을 넣어서 산도를 높여 준다. 중성이나 약산성 배지(펄라이트, 버미큘라이드, 하이드로볼, 오아시스) 등은 공급 양액의 산도에 영향을 크게 받지 않으므로 적정 범위의 양액을 조절하여 공급한다. 실제 재배에서는 pH 측정기를 이용하여 항상 산도를 측정하며, 산도가 높을 때는 pH 5.0 이상의 배양액을 공급하고, 산도가 낮을 때는 pH 6.5 이하의 양액을 공급한다. 그 이외 고형베지의 근권 pH가 높으면 절대로 지하수나 양액으로 씻어내지 말아야 한다.

3.10.2 배양액의 전기전도도 관리

양액관리에서 산도 이상으로 중요한 것이 배양액의 EC(전기전도도)를 재배 도중에 관리하는 요령이다. 배지에서 나오는 양액을 토양으로 흘러내리게 하는 비순환식의 경우에는 공급하는 배양액의 양분 비율이 정확하지만, 배지 내에 집적되어 있거나 다량으로 흡수되고 배액되는 EC 농도만으로는 식물이 자라는 근권의 양분 조성이 자라는 식물에 적합한지 알 수 없다. 특히, 배액을 모아서 다시 사용하는 순환식에서는 처음 조성한 배양액의 비율이 식물의 흡수에 따라 변화할 수밖에 없다. 즉, 배양액은 조성 식물의 특성에 맞게 잘 흡수되도록 조제되어 공급되지만, pH, 온도, 습도, 광조건 등의 조건에 따라 달라지므로, 이를 제어하기는 실제적으로 어렵다. 따라서 배양액을 정기적으로 분석할 필요가 있는데, 이는 특정 무기 성분이 축적되거나 완전 소비가 이루어질 가능성이 있고, 재배 중에 작물의 뿌리로부터 유기산과 노폐물이 배출되어 EC에 영향을 줄 수 있기 때문이다.

재배 중에는 양액 내의 모든 이온을 수시로 분석해야 하지만 실제적으로는 불가능하므로, 간단한 EC 측정을 통해 양액 관리를 효과적으로 관리하여 작물의 생리장해를 사전에 예방하는 경우가 많다. 물론 가능하다면 수시로 전문 기관의 분석을 의뢰할 필요 있다.

일반적으로 작물의 종류에 따른 적정 EC는 배양액 조성표에서 제시한 수준에 의하지만, 과채류는 2.5~3.5dS·m^{-1}, 엽채류는 1.5~2.0dS·m^{-1}, 그리고 절화류는 2.0~2.5dS·m^{-1} 수준으로 가감하여 조절한다. 실제 재배에서 오랜 경험이 있는 농가들은 생육 단계에 따라 농도를 달리하고 있다. 계절에 따라 온도가 낮고 광조건이 약한 겨울에는 전체 농도를 1.2~1.4배로 높여서 양분 흡수가 촉진되게 관리한다. 반대로 여름에는 저농도로 관리하여 수분 흡수를 촉진시킨다. 순환식에서는 비순환식보다 낮게 관리하고, 코코넛 코이어와 피트모스 배지에서는 다소 낮게, 암면과 펄라이트 같은 무기배지에서는 다소 높게 관리한다.

3.10.3 배양액 조성의 수정

1) 배양액 조성을 변화시키는 요인

개개의 작물에 적합한 배양액 조성이 많이 발표되어 있음에도 불구하고 그들의 조성이 항상 적합하다고는 확언할 수 없는 것이 현실이다. 왜냐하면, 인위적으로 제어가 불가능한 요소들이 적합한 조성에 변화를 주기 때문이다. 그러므로 가능한 한 적절한 조성의 배양액을 만들되 배양액 변화에 대한 요인을 잘 이해하여 그때그때 대처하는 것이 중요하다. 조성을 변화시키는 요인으로는 다음과 같은 것들이 있다.

① 식물의 종류 및 품종
② 식물의 생육 단계
③ 뿌리, 줄기, 잎, 열매 등의 수확하는 식물 부위의 종류
④ 계절－일장
⑤ 기상－온도, 광도, 일조 시간

2) 배양액의 조성을 바꾸는 방법

재배가가 수경재배를 할 경우의 배양액 관리로는, EC 측정기로 전염류 농도를 측정하여 설정해 놓은 농도보다 부족하면 일정 수준이 되도록 처음에 설정해 놓은 이온 간 비율로 비료를 부족한 만큼 보충하는 방법이 있다. 다른 방법들로는 감소한 물의 양을 기초로 보급하는 방법, 그리고 배양액 중의 NO_3－N 농도를 분석하여 부족분만큼 보충하는 데 다른 원소들을 같은 비율로 주는 방법 등이 있다.

이 방법들은 모든 작물의 이온 흡수 비율이 재배 도중에 변하지 않는다는 전제 하에 행해진다. 그러므로 이온 간의 흡수 비율이 배양액 조성 비율과 다를 경우에는 시간이

경과함에 따라 이온 간의 균형이 달라진다. 따라서 어떤 식물이라도 재배 중에 배양액의 조성을 여러 번 바꾸는 것이 일반적이다.

3) 배양액 조성을 바꿀 경우의 비료 선택 방법

배양액의 조성을 바꿀 경우, 많은 비료 중에서 어떤 비료를 선택하여야 할 것인가는 그리 간단하지만은 않다. 왜냐하면, 비료는 염으로 구성되어 있어 한 가지 원소를 변화시키고자 하면 다른 원소도 자연히 변화하기 때문이다. 즉, 개개의 원소는 여러 비료에 포함되어 있어 특정 원소의 농도를 변화시키고자 할 경우에 고려해야 할 비료가 여러 가지 있다는 것이다. 칼륨을 예로 든다면, 질산칼륨(KNO_3)처럼 염의 상태로 존재한다. 따라서 칼륨을 변화시키면 자연히 NO_3의 농도도 변화된다. 또한 칼륨이 들어 있는 비료로는 질산칼륨(KNO_3), 황산칼륨(K_2SO_4), 인산칼륨(KH_2PO_4) 등이 있으므로, 어떤 비료를 사용해야 좋을지 결정하기 위해서는 칼륨과 같이 들어 있는 음이온의 농도 및 비율을 고려해야 한다. 그러나 비료는 항상 양이온과 음이온이 당량 대 당량으로 결합되어 있다는 기본적 지식만 있으면 어렵지 않다.

아래에 여러 가지 조성을 변화시키는 방법을 기술한다.

(1) 음이온과 다른 음이온의 농도만 변화시키는 방법(양이온의 경우도 마찬가지)

문) 현재의 배양액에 질소가 적고 황산이온이 많아 이를 교정하고자 한다. 배양액 내에서 황산이온을 함유하고 있는 비료는 K_2SO_4과 $MgSO_4 \cdot 7H_2O$이다. 어떻게 하면 될까?

답) 양이온은 그대로 두고 두 가지의 음이온만을 변화시키는 것이므로, 칼륨과 마그네슘을 포함하되 음이온으로는 질산이온을 함유한 비료를 찾으면 된다. 비료 종류를 보면, KNO_3과 $Mg(NO_3)_2 \cdot 6H_2O$이 있다. 따라서 K_2SO_4은 KNO_3으로, $MgSO_4 \cdot 7H_2O$는 $Mg(NO_3)_2 \cdot 6H_2O$으로 바꾸어 넣으면 된다. 비료는 당량 대 당량으로 결합하므로 1mol의 K_2SO_4 대신에 2mol의 KNO_3을 넣는다.

1mol의 $MgSO_4 \cdot 7H_2O$는 1mol의 $Mg(NO_3)_2 \cdot 6H_2O$와 같다.

(2) 양이온과 음이온 중 한 이온을 첨가하는 방법(감소하는 방법도 동일)(단, 상대 이온의 변화량을 적게 할 것)

문) 현재 배양액 내 음이온의 존재 비율은 12.25 NO_3 : 1.23 H_2PO_4 : 1SO_4이다. 이 배양액에 칼륨을 1.5mmol 넣으려고 한다. 어떤 비료를 어느 정도 넣어야 기존의 배양액에 큰 변화 없이 만들 수 있을까?

답) 칼륨이 들어 있는 비료에는 KNO_3, KH_2PO_4, K_2SO_4 등이 있다. 이 비료들을 필요로 하는 만큼 넣는다고 가정하면 아래와 같이 된다.

NO_3을 1.5mmol 넣으면, 전체 NO_3의 농도는 1.5/12.25＝12% 많아진다.

KH_2PO_4을 1.5mmol 넣으면, 전체 H_2PO_4의 농도는 1.5/1.23＝120% 많아진다.

K_2SO_4을 0.75mmol 넣으면, 전체 SO_4의 농도는 0.75/1＝75% 많아진다.
(K_2SO_4 1분자에 칼륨이 2개씩 생기므로, 비료는 0.75mmol만 넣는다)

세 가지 중에서 칼륨을 추가했을 때 기존의 배양액 조성을 가장 적게 변화시키는 비료는 KNO_3임을 알 수 있다.

(3) 음이온과 양이온을 같은 양씩 줄이는 방법(첨가하는 방법도 동일)

문) 현재의 배양액으로부터 Ca과 SO_4을 1mmol씩 줄이는 방법은? 단, Ca과 SO_4을 포함한 비료는 K_2SO_4, $Ca(NO_3)_2$, KNO_3이다.

답) 현재의 배양액에 $CaSO_4$을 사용하고 있다면, $CaSO_4$을 줄이면 된다. 그러나 $CaSO_4$은 불용성이어서 비료로 사용하지 않으므로 Ca을 포함하는 비료와 SO_4을 포함하는 비료를 줄여야 한다. 현재 배양액에 있는 비료가 녹으면 다음과 같아진다.

1mmol의 K_2SO_4 $\longrightarrow$ 2mmol K^+ + 1mmol SO_4^{2-}

1mmol의 $Ca(NO_3)_2$ $\longrightarrow$ 1mmol Ca^{2+} + 2mmol NO_3^-

1mmol의 KNO_3 $\longrightarrow$ 1mmol K^+ + 1mmol NO_3^-

Ca과 SO_4만 줄여야 하므로 K_2SO_4을 1mmol 줄이면 SO_4은 원하는 대로 감소하였지만, K이 2mmol 줄었기 때문에 이를 보충해 주어야 한다. 또한, $Ca(NO_3)_2$을 1mmol 줄이면 Ca은 1mmol 줄었지만, NO_3이 2mmol 줄었기 때문에 이를 보충해 주어야 한다. 보충해야 할 원소가 2mmol의 K과 2mmol의 NO_3이므로 KNO_3을 2mmol 보충하면 된다.

(4) EC를 증가시키는 경우

문) 배양액의 EC를 2.3에서 3.5로 높이는 방법은?

답) 단지 EC를 높인다는 것은 모든 이온이 같은 비율로 증가되어야 한다는 것이다. EC가 2.3에서 3.5로 높아지기 위해서는 모든 이온에 3.5/2.3을 곱하면 된다. 즉, K이 10mmol 들어있다면 15.2가 되게 하면 된다.

(5) 미량 원소의 농도를 변화시키는 방법

미량 원소는 배양액 전체에 미치는 영향이 거의 없기 때문에 변화시켜야 할 요소가 들어 있는 비료를 가감하는 것으로 충분하며, 상대 이온의 농도 변화는 고려하지 않아도 되므로 간단하다. 즉, Mn이 5μmol 더 필요하다면 SO_4의 농도 변화는 고려하지 않고 $MnSO_4 \cdot 4H_2O$를 5μmol 첨가하면 된다. 분자량이 223.1이므로, 비료량으로는 223.1 × 5μg/L(1.1155mg/L)을 첨가하면 된다.

3.10.4 배양액의 교환

순환식 수경재배일 경우에는 사용한 배양액이 배양액 탱크에 다시 돌아온다. 재배 시기나 식물의 생육 단계에 따라서 다르지만, 보통 2~3주 간격으로 배양액을 갈아 주어야 한다. 특히, 여름에는 어리고 생육이 왕성한 식물의 경우에는 1주일 간격으로 자주 갈아 주는 경우도 있다.

배양액을 교환해 주어야만 하는 이유는 원소에 따라서 흡수 정도가 달라서 원소 간에 불균형이 일어나기 때문이다. 즉, 일부 원소가 결핍되거나 축적되게 되는데, 어떤 시기에 어떤 원소가 부족한가 하는 것은 배양액을 분석해 보지 않으면 모른다. 원소에 따라 흡수하는 속도가 다르므로 pH도 달라진다. 분석하기 위해서는 원자흡광분광분석장치, 이온분석기 등과 같은 비싼 분석기기가 필요하므로 일반인에게는 무리이다. 따라서 양분 부족을 막는 유일한 방법은 정기적으로 배양액을 교환하는 것이다. 교환하지 않고 필요한 원소만을 자동으로 첨가시켜 주는 방법이 유럽의 순환식 수경에서는 채택되고 있지만, 센서의 가격이 비싸 국내에서는 실용화가 잘 안 되고 있다. 또한 흡수가 느려서 축적되는 원소도 있으므로 완전히 교환해 주는 것이 안전하다.

각 원소의 흡수 속도에 영향을 미치는 요인으로는 아래와 같다.

① 환경 조건: 온도, 습도, 광도
② 식물의 생육 특성: 품종, 작과 습성
③ 식물의 생육 단계: 유묘기, 영양 생장기, 생식 생장기

3.10.5 배양액 분석

배양액에 비료를 추가하기 전에 배양액을 분석하여 식물에 흡수된 양을 알아야 한다. 처음 배양액을 만들었을 때의 각 원소의 농도와 나중 농도의 차이로부터 추가해야 할 원소의 종류 및 양을 알 수 있다. 또한 과다하게 투여했을 때 해가 나타나기 쉬운

원소들, 즉 나트륨, 염소, 황, 구리, 아연 등에 대해서도 조사할 필요가 있다. 배양액의 분석은 이온분석기(ion analyzer)나 이온크로마토그래피(ion chromatography) 등을 이용해서 실시해야 하므로, 분석 시설을 갖추고 있는 중앙기관, 기술원, 기술센터, 대학연구소 등에 의뢰하여 처방을 받는 것이 좋다.

3.10.6 식물 조직 분석

식물 조직과 배양액의 분석이 모두 이루어지고 나면, 식물의 생리적 장해와 배양액 내의 각 원소의 불균형을 비교하고 검토할 수 있게 된다. 식물 조직과 배양액 중에 있는 무기양분의 변화를 정확히 관련시킬 수 있다면 배양액 내에서 일어나는 변화를 인위적으로 조절하는 것도 가능해진다. 또한, 식물 조직에 생리적 장해가 일어나기 전에 배양액을 조절할 수 있다. 이러한 과정을 통해 양분 부족을 예방할 수 있어 식물은 최적의 영양 상태를 유지할 수 있으며, 많은 양을 수확할 수 있게 된다. 시설 토마토, 오이, 상추 등 건전한 식물 속의 영양분 적정 수준을 보면 **표 3-25**와 같다. 토마토는 생장점 아래 5번째 잎(잎과 잎자루 포함, 잎은 미량원소 분석, 잎자루는 다량원소 분석), 오이는 생장점 아래 3번째 잎(엽병 제외)을 그리고 상추는 전체를 분석한 자료이다. 이와 같은 분석치는 품종과 계절에 따라 차이가 날수가 있으므로, 각 농가마다 최적 생육 상태의 식물을 분석한 참고 자료를 갖고서 수경액을 소절하여 새배하면 생리장해 발생이 없이 잘 재배할 수가 있다.

표 3-25 건전한 채소 식물체 내의 영양소 수준(Resh 2013)

영양소	토마토	오이	상추
N%	4.5(4.5~5.5)	5.25(5.0~6.0)	4.3(3.0~6.0)
P%	0.7(0.6~1.0)	0.75(0.7~1.0)	1.0(0.8~1.3)
K%	4.5(4.0~5.5)	4.75(4.5~5.5)	5.4(5.0~10.8)
Ca%	1.5(1.5~2.5)	3.0(2.0~4.0)	1.5(1.1~2.1)
Mg%	0.5(0.4~0.6)	0.75(0.5~1.0)	0.42(0.3~0.9)
Fe(ppm)	100(80~150)	125(100~150)	120(130~600)
B(ppm)	50(35~60)	40(35~60)	32(25~40)
Mn(ppm)	70(70~150)	70(60~150)	70(20~150)
Zn(ppm)	30(30~45)	50(40~80)	45(40~120)
Cu(ppm)	5(4~6)	8(5~10)	14(7~17)
Mo	2(1~3)	2(1~3)	2~3(1~4)
N:K 비율	1.0(0.9~1.2)	1.1(1.0~1.5)	0.8

최근에는 줄기에 센서를 주입한 후, 흐르는 즙액에 포함된 양이온이 칼리, 칼슘, 마그네슘, 철 등의 이온을 측정하여 양분을 실시간 분석하는 방법이 있다. 다른 방법으로는 잎에 초음파를 투사해서 반사되는 정도에 따라 양분의 분포를 파악하여 컴퓨터로 함량을 분석하는 방법 등이 연구되고 있다. 그러나 아직 농가에서 실용화하기는 비용이 많이 든다. 하지만, 양수분 결핍 증상에 대한 수많은 사진을 입력한 컴퓨터를 이용하여 영상으로 처리된 온실 내 식물의 영양 상태를 분석하는 방법도 있으므로 미래에는 이용이 보다 쉬워지리라고 본다. 지금까지는 식물체를 채취하여 건조시킨 후에 분석하는 원자흡광분광광도계 등이 주로 이용되고 있다. 단점은 분석에 시간이 많이 필요하다는 것이다. 따라서 재배자는 작물의 양수분 결핍과 생리장해에 대한 지식과 경험을 쌓아 포장에서 빠르게 파악하는 것이 빠르고 확실한 대처법이라 할 수 있겠다. 수경재배에서 나타나는 양분의 결핍증은 토양재배에 비해 매우 적다.

3.11 배양액의 수명

보통 배양액은 완전하게 교환하지 않고서 3개월 이상 사용해서는 안 된다. 교환할 때는 재배상을 포함하여 장치 전체를 물로 깨끗이 씻어야 한다. 매주 정기적으로 분석하여 조성을 조절한다고 해도 2개월 정도가 배양액의 실용적인 수명의 한계이다. 만약 이러한 분석을 하지 않는 경우 배양액의 수명은 2~3주 정도이다. 교체 시기는 양액통이 작으면 자주 교환하며, 담액의 조류 발생 여부나 계절에 따른 수온 등을 고려한다. 또한 양액의 농도를 조절함에도 불구하고 식물 생육에 이상이 발생하거나 정상적인 양액기 작동에도 시스템에서 영양소 수치의 변화가 감지될 때 교환하고 양액기도 체크한다. 작물에 따라 흡수하는 양분의 차이가 있어 남은 것은 축적되며, 이러한 이온에 따라 삼투압이 높아지므로 전기전도 측정계로 측정하여 높아지면 수명이 다한 것으로 간주하여 바꿔준다.

3.12 배양액의 액량 조절

식물의 생육을 좋게 하려면 배양액의 양을 비교적 일정하게 유지해야 한다. 식물은 양분보다도 물을 훨씬 많이 흡수한다. 배양액으로부터 물을 빨리 흡수하므로 배양액의 양은 감소하고, 양분의 농도는 증가한다.

수경재배 장치의 크기, 식물의 종류, 단위면적당 식물의 주수 등에 따라 다르지만, 물의 감소는 하루에 5~30% 정도이므로, 감소한 만큼의 물을 매일 추가해야 한다. 자동 급액장치를 이용하고 있는 경우에는 배양액의 부족을 염려할 필요가 없지만, 수동일 경우에는 배양액을 첨가해 주어야 하는데, 경험이 풍부한 사람은 일주일에 한 번 정도 물을 첨가하거나, 배양액 탱크에 자동전자변을 설치하여 물이 매일 추가 공급되게 한다. 주 1회 추가하는 방법에서는 물이 처음에는 과다하게 존재하다가 나중에는 부족하게 되므로, 배양액의 양은 적정량을 사이에 두고서 일정한 폭으로 변동되는 것이 좋다. 이 방법으로 배양액의 양을 조절하기 위해서는 3.10절의 '재배 중의 배양액 관리'에서 설명한 것처럼 배양액을 미리 분석해 두는 것이 바람직하다.

3.13 근권 온도

근권 온도는 뿌리의 생육뿐만 아니라 담액재배에서는 용존 산소의 양에도 영향을 주므로, 적정 근권 온도 유지는 수경재배에서 가장 중요한 환경조절 요소이다.

3.13.1 근권 온도 변화

식물의 양분 흡수는 근권의 온도에 큰 영향을 받는다. 일반적으로 근권의 온도는 실온의 범위(18~20℃)를 유지하는 것이 좋다. 그러나 NFT나 고형배지경인 암면, 코이어베드가 공중에 떠 있는 구조의 경우에는 온실 내의 온도에 영향을 많이 받으므로 겨울철에는 낮고 여름철에는 높다. 뿌리의 활력이 근권 온도에 큰 영향을 받음에 따라, 고온일 때에는 뿌리가 가늘고 짧아지며 분지가 많고 줄기와 잎이 길어지지만, 저온일 때에는 뿌리가 굵고 길어지며 분지가 적고 줄기가 짧다. 이는 저온에서는 인, 칼륨, 마그네슘의 흡수가 저해되고 암모니아태 질소의 흡수가 많아지지만, 고온에서는 칼슘 흡수가 저해되어 토마토에서는 배꼽썩음병이 발생하고 상추에서는 잎끝마름병이 발생한다.

최근 가장 많은 수경재배 면적을 차지하는 딸기는 호냉성 작물이어서 다른 과채류에 비해 근권 온도 관리가 어렵다. 이에 관리 예를 보충하여 설명한다. 딸기는 생육적온이 18~23°C로 더위에 견디는 내서성이 약해 25°C 이상에서는 생육이 쇠퇴되고, 30°C 이상에서는 생육이 정지되며, 35°C 이상에서는 고온장해를 받는 대표적인 호냉성 식물이다.

표 3-26 수경 채소의 적정 근권 온도와 한계온도(°C).

채소명	저온한계	적정온도	고온한계
토마토	15	18~24	28
파프리카	18	20~24	28
오이	15	18~24	28
딸기	13	18~23	25
삼엽채	13	18~24	25
상추	13	18~22	25
파	13	18~24	25
바질	15	18~24	28

근권 온도는 최적온도가 낮은 18~23℃, 야간에는 15~18℃이며 주간 최저 13℃, 야간 최저 온도가 11℃이다. 그래서 베드 내의 온도를 18℃를 목표로 관리하는 것이 좋다. 딸기 '여봉' 암면 재배에서 최고 및 최저온도 폭을 13~18°C로 유지해 주면 수량에 큰 문제가 발생하지 않는다. 농촌진흥청(2015)에 의하면, '다홍', '매향', '설향' 품종에서 야간 기온을 8°C, 지온을 13°C로 유지하였을 때, 8°C, 10°C로 각각 유지한 것보다 수량이 높았다고 한다. 이는 야간에 온도가 내려가 근권 온도가 10°C 되어도 견디지만, 온도가 낮으면 그만큼 뿌리의 활력이 저하되어 생장과 수량에 영향을 미치는 것이다. 주간의 고온은 지상부 생육을 촉진하지만 뿌리 생장은 저하시키며, 야간의 고온은 뿌리의 생육을 억제하지만 지상부의 생육 촉진에 미치는 효과가 적다.

다른 채소류도 딸기와 같이 적당한 근권 온도를 유지해 주어야 하는데, 일반적으로 배지온도를 야간에는 낮게, 주간에는 따뜻하게 해줌으로써 알맞은 일교차를 유지하면 뿌리와 지상부의 생육이 좋아진다.

주요 수경재배 채소류의 적정 근권 온도와 최고 및 최저 한계온도의 범위는 표 3-26과 같다.

3.13.2 근권 온도 조절

근권의 온도가 낮을 때에는 배양 탱크의 가온을 통해서 근권 온도를 적당하게 유지시켜야 한다. 가온을 위해서는 양액수조 내에 전열선이나 온수 보일러를 이용한다. 근권의 온도가 높을 때에는 차가운 지하수를 베드 내에 설치한 배관을 통해 공급한다. 그 이외에 스티로폼 같은 단열재를 베드로 사용하는 것도 좋다(표 3-27). 근래 재배 면적이 증가하는 코이어 재배에서는 엑셀파이프를 설치하여 저온기에는 온수를 통과시키고 고온기에는 지하수를 통과시켜서 근권 온도를 유지하는 경우가 많다. 베드에 엑셀파이프를 설치하면 배지 소독도 편리해진다.

표 3-27 배양액 온도 조절법

재배 양식	지하부의 가온 및 냉각
암면 재배	온탕 배관에 의해 직접 배지 온도 내의 온도를 조절함
코이어 재배	배지 내에 배관을 설치함, 최근에는 전열선을 이용하기도 함
NFT	배양액 탱크의 온도 조절, 온탕 배관에 의해 베드 온도를 조절함
담액수경	배양액 탱크의 온도를 조절하여 공급함

NFT나 암면 재배처럼 외기의 영향을 받기 쉬운 방식에서는 온도를 어떻게 조절해 주는가가 관건이 된다. 그 방법에는 탱크에 관을 설치하여 우물물을 흘려서 냉각하거나, 베드나 배지를 반사 필름 등으로 피복해서 온도 상승을 막는 것이 있다. 야간의 근권 온도를 25°C 이하로 낮추어 주면 주간의 고온으로부터의 스트레스를 보정할 수 있으므로, 주간에는 온도 상승을 방지하고 야간에는 냉각을 해줄 필요가 있다. 특히, 환기가 나쁘고 하우스의 온도가 극도로 높아지는 경우 또는 고베드인 경우에는 일몰 후 야밤 사이에 배양액을 냉각시켜서 배양액 온도를 25°C 이하로 유지해야 한다. 담액 방식에서는 배양액을 냉각해서 주간 온도도 적온으로 유지하는 것이 좋다.

3.14 용존 산소

식물은 뿌리로부터 양수분만을 흡수하는 것이 아니라 산소도 흡수하여 호흡한다. 뿌리에서의 호흡은 주로 뿌리의 생장과 양분 흡수에 사용되는데, 뿌리는 공기 중의 산소와 배양액에 녹아 있는 용존 산소를 흡수할 수 있다. 식물은 고온일수록 생육이 왕성하여 산소요구도가 높은 데 반해서 용존 산소량은 온도가 높을수록 감소하기 때문에 여름철 재배에서는 용존 산소량이 생육의 큰 제한 요인이 된다. 수온 10°C에서 포화 용존 산소량은 11.3ppm인데, 20°C에서는 9.2ppm, 30°C에서는 7.6ppm으로 감소한다. 식물이나 물고기는 대체로 5~8ppm이 되면 생육이 저하된다. 고온기에는 담액수경 농장에서는 산소공급기를 사용해서라도 7~8ppm 수준을 유지해야 한다.

용존 산소 요구량은 온도 이외의 요인에 의해서도 영향을 받는다. 식물의 종류에 따라 요구량이 다른데, 오이는 토마토의 2배가량 소비한다. 광도가 강할수록 잎으로부터의 증산량과 뿌리 호흡량이 증가하므로 근권 산소 관리에 주의해야 한다.

NFT에서는 필름의 두께가 두꺼울수록 산소가 부족해지기 쉽다. 베드가 길수록 배액구의 산소가 줄어든다. NFT 방식으로 토마토를 재배할 경우에 베드가 20m라면 급액구와 배액구 간 산소의 차이는 1ppm에 불과하지만, 오이의 경우에는 3ppm이나 차이가 생긴다. 그래서 NFT 베드의 길이는 3.5에서 11m 정도가 선호된다.

용존 산소량은 산소와 배양액 간의 접촉 면적이 클수록 많아진다. 따라서 공극률이 높은 매질을 사용하는 고형배지경에서는 용존 산소량이 부족해지는 경우가 적지만, 순수수경에서는 배양액 내 용존 산소량이 부족해지기 쉽다. 용존 산수량이 부족해지면, 붕산, 칼륨, 칼슘, 망간 등의 흡수가 저하되고, 에틸렌 생성이 많아져서 뿌리가 고사하는 원인이 되기도 한다(표 3-28). 그래서 담액 농가에서는 산소 첨가 기기를 사용한다.

양액 내의 용존 산소 함량을 증가시키는 방법은 매우 다양하다. 처리 방법의 근본은 양액 탱크로 순환되어 들어오는 양액의 공기 접촉을 최대한 증가시켜서 산소를 최대한 주입하는 방법을 택하는 것이다. 물이 네 갈래로 갈라져서 떨어지는 십자형, 원형 또는 사각형 샤워기를 이용하는 방법, 양액 내에 교반기를 설치하는 방법, 벤츄리관 이용법, 기포발생기를 설치하는 방법 그리고 낙차를 이용하는 방법이 있다(그림 3-5).

표 3-28 용존 산소 부족에 따른 생장 불량의 정도

용존 산소량	생장 불량의 정도
5.3ppm 이하	측근 발생이 억제
1.5ppm 이하	호흡 속도가 급격히 감소
0.5ppm 이하	생장 정지

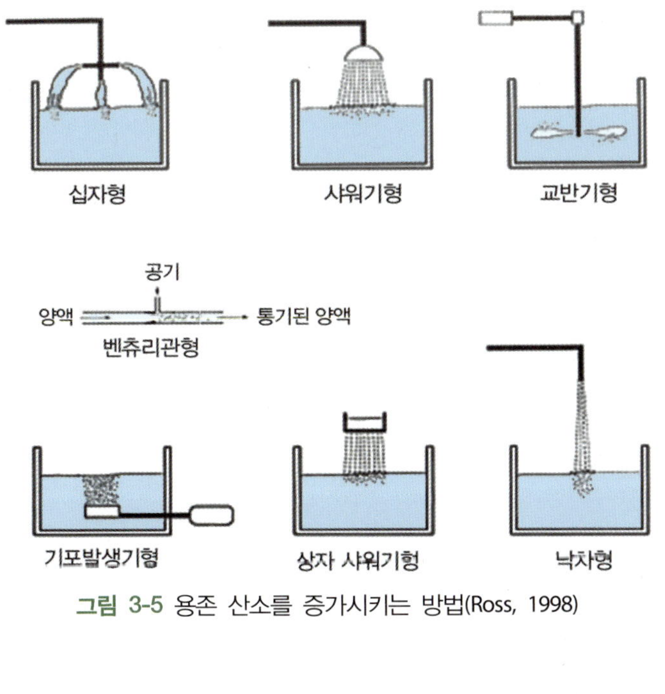

그림 3-5 용존 산소를 증가시키는 방법(Ross, 1998)

많은 작물은 뿌리에서 용존 산소보다는 대기 중의 산소를 2~3배 더 흡수한다. NFT에서는 용존 산소의 양을 배양액의 이동 속도와 배양액량으로 조절한다. 고형배지경과 분무수경에서는 급액 시기나 양을 조절하여 뿌리가 건조하거나 과습하지 않도록 주의를 기울이므로 용존 산소 문제가 자연스럽게 해결된다.

배양액의 용존 산소량은 작물의 호흡뿐만 아니라 배양액 내의 유용한 미생물의 증식에도 영향을 주는데, 용존 산소가 풍부할 때는 유해 미생물의 증식이 억제된다.

3.15 근권 미생물과 분비물

양액 중에는 재배 기간 중에 근권을 중심으로 해서 뿌리로부터의 분비물과 작물로부터 떨어져 나온 뿌리의 일부분이 증가하며, 이들을 영양원으로 하는 미생물과 이들의 분비물로 인해 배양액 내에는 뿌리와 미생물로 생태계가 이루어진다.

3.15.1 분비물

식물의 분비물로는 당류, 유기산, 아미노산, 비타민, 호르몬, 핵산 등의 유기물을 들 수 있으며, 이들은 미생물에 의해 탄산가스, 탄산, 암모니아, 질산 등의 무기성분으로 분해된다. 분비물로 인한 문제로는 분비물의 양이 많아 뿌리에 직접 영향을 미치는 것과, 분비물을 영양원으로 하는 미생물과 유해 미생물 간의 경합이 있다.

그러나 분비물 증가에 따른 미생물의 증식은 양액을 정기적으로 교환해주기 때문에 실제 재배에는 큰 문제가 되지 않는다.

3.15.2 미생물과의 관계

뿌리 주위에 녹조류가 많이 붙으면 철 결핍에 의해 황화(chlorosis)가 나타나는데, 특히 육묘 시에는 나트륨과 붕소도 결핍되어 왜화되는 일도 발생한다. 수경재배 시 매트상으로 되어 있는 근권의 세균이 토양과 마찬가지로 건조 뿌리 1mg당 1,300~2,200만 개에 달하며, 효모나 곰팡이류도 세균의 1/10~1/100에 달한다. 대체로 성분 분해가 유리한 유기물 배지일수록 근권 미생물수가 많다(조 등, 1997).

수경재배에서 근권미생물은 역병같은 병원 미생물이 문제이므로 재배자의 청결로 미생물의 오염을 차단하는 것이 중요하다.

3.16 양액 내의 유기물 흡수

식물의 뿌리는 주로 무기이온을 흡수하며, 아미노산과 당 같은 유기물도 흡수한다. 따라서 이들을 적극적으로 공급하여 생육을 촉진시키는 방법도 강구되고 있다.

3.16.1 고등식물에 의한 저분자 흡수

1) 아미노산의 흡수

각종 아미노산을 유일한 질소원으로 하여 식물을 키웠을 경우, 염기성 아미노산인 글루타민(glutamine), 아스파라긴(asparagine), 알기닌(arginine), 시트룰린(citrulline), 올니친(ornithine) 등이 화학비료 상태의 암모니아나 질산을 질소원으로 하였을 경우보다 생육이 좋은 경우가 있다. 특히, 저온이나 광 부족 등 광합성에 불리한 환경에서는 당이나 ATP의 생산이 부족하기 때문에 뿌리에 의한 무기물의 흡수 및 동화에 필요한 에너지가 부족해진다. 아미노산은 뿌리에 흡수된 후, 곧바로 아미노기 전이 반응에 의해 알기닌이나 글루타민산처럼 생체 내에서 질소대사의 중심적인 아미노산으로 변환되어 무기태 질소보다 양호한 생육을 나타낸다. 정상적인 경우에도 10ppm 정도의 아미노산을 처리함으로써 생육을 증진시키기도 한다. 미국에서는 유기 수경재배가 실시되는데, 질소원을 아미노산 형태로 공급하여 재배하고 있어서 앞으로 아미노산의 수경재배 응용은 증대되리라 본다.

2) 당의 흡수

광합성 산물인 설탕이 뿌리로 이행해서 세포의 에너지원이 되기 위해서는, 설탕이 엽육세포의 엽록체막을 경유하여 세포질로, 세포로부터 세포막을 경유하여 체관으로, 체관의 장거리 수송을 통해 뿌리의 세포로, 뿌리 세포의 세포막을 통해 다른 뿌리세포로 이동되어야만 한다. 이 설탕의 수송체 유전자는 사탕무, 시금치, 감자, 토마토, 사과, 아라비돕시스 등으로부터 클로닝되었다. 토마토 대상 연구에서 근권에서 수송체(MdHT1.22)를 통한 포도당 흡수가 뿌리 조직의 광합성 탄소 소비를 줄여 식물의 지상부에서 광합성 탄소 보유가 증가하고, 이에 따라 과일의 당 함량이 높아진다(Kazachkova, 2023). 미래에는 양액에 녹아 있는 당을 흡수하는 유전자 변형식물이 나타날 수도 있을 것이라고 예상되지만 어려운 연구이다.

제 4 장 스마트 하이드로포닉 설비 및 자동제어체계

4.1 설비 개요

스마트 하이드로포닉의 성공적 적용을 위해서 재배가가 수경재배 방식을 선택할 때는 작목 및 작형, 재배 장소, 경제적 조건, 판매 전략, 인건비 등을 고려해야 한다. 일반적으로 수경재배를 하는 데에 필요한 사항 중에서 설비로는 베드, 배양액 탱크, 급배액 장치, 부대 장치(여과 장치, 공기주입 장치), 용수 탱크 및 제어 장치 등을 들 수 있다. 어떤 방식을 선택하든지 아래와 같은 사항이 고려되어야 한다.

① 양액의 누출이 없을 것. 순환식 양액에서는 물론이고, 비순환식에서도 토양 오염을 방지하기 위해서는 누출이 없어야 한다.
② 설비가 안전하고, 수리 및 보수가 용이해야 한다.
③ 노동력을 최소한으로 필요로 한 것이 좋다.

본 장에서는 각 수경재배 방식에 공통되는 사항을 기술하며, 자세한 내용은 제2부에서 각각의 수경재배 방식을 참조하기로 한다.

4.2 수경재배 온실

스마트 수경 온실은 철저하게 무균 상태 관리를 목표로 해야 한다. 온실 내에는 병원균이 상존하므로 토양을 소독함과 동시에 배지를 토양으로부터 격리시키는 것이 안전하다. 토양 표면을 가볍게 경운한 후 전면에 포르말린 2% 용액을 살포하고, 수일 후에 지면을 고른다. 길이 방향으로는 수평을 이루어야 한다. 정지 작업의 생력화를 위해서 지면에 모래나 자갈을 깔아 두기도 한다. 비순환식으로 할 경우에는 베드 바닥면의 중앙에 1cm 정도 크기의 홈을 내고, 가로로 0.1%의 경사를 주어 배액이 잘 되도록 한다. 순환식으로 할 경우에는 세로로 20~30m마다 1~1.5%의 경사를 주어 배액관을 배치한다. 정지 후에는 0.07mm의 흑백 필름을 백색을 위쪽으로 해서 깐다. 토마토처럼 건조를 좋아하는 작물에서는 온실 전면에 깔고, 피망이나 오이처럼 습기를 좋아하는 작물에서는 온실 안의 습도 유지를 위해 암면판 주변에만 깐다.

최근에는 대단위 농장이 벤로형으로 지어지면서 온실 바닥을 시멘트로 포장하므로 토양오염은 걱정이 없다. 이 경우는 표토의 기울기보다는 재배 베드의 기울기로 배수 등을 처리해야 한다. 즉, 순환식에서는 베드를 일정하게 기울게 해서 배액을 모은 후에 소독 과정을 거쳐서 재순환시키므로, 바닥의 면은 집수와 상관이 없게 된다.

4.3 수경재배 설비

4.3.1 베드

베드(bed)는 식물이 자라는 곳으로서, 식물의 지지, 뿌리의 보호, 양분, 물, 산소의 공급 등을 담당하며, 수경재배에서 가장 중요한 부분이다. 또한 수경재배의 설비 중에서 가장 많은 부분을 차지하여, 자재, 비용, 노력이 많이 들기 때문에 양액 방식에 따라 차이가 크다.

1) 베드의 재료

(1) 콘크리트

내구성이 좋고 부식되지 않지만, 설치 시 노동력과 비용이 많이 들고, 일단 설치하면 이동과 변경이 불가능한 것이 결점이다. 콘크리트는 철근을 넣어 6cm 정도 두께로 하는 것이 일반적이다. 내면에는 양액의 누출과 콘크리트로부터 염류가 용출돼서 식물의 생육을 억제하는 현상을 방지하기 위해 아스팔트 도장을 한다.

제2차 세계대전 중의 대규모 역경 재배에서는 콘크리트가 사용되었으나, 현재는 특수 연구 시스템용을 제외하고는 거의 사용하고 있지 않다.

(2) 나무

구입이 용이하면서 가격이 저렴한 국가에서는 사용하고 있지만, 우리나라에서는 가격이 비싸 사용하고 있지 않다.

(3) 플라스틱 필름

가격이 저렴하고 설치가 간단하여 초기 NFT 방식에서 주로 이용되었지만 내구성이 약하다. PE 필름의 두께는 0.5mm가 좋지만 최소한 0.15mm 이상은 되어야 한다. 베드를 지면에서 올리지 않는 저베드의 경우에는 바닥을 고른 다음, 시멘트 블록이나 벽돌로 측면을 쌓은 후 플라스틱 필름으로 내부를 피막해서 만든다. 제작 비용이 낮아 많은 농가에서 주로 채택하고 있다. 슬레이트나 FRP(fiber reinforced plastic)도 사용되고 있다.

(4) 시판 제품

제품의 재료로는 발포 스티로폼, PVC, PE, 경질 플라스틱 등이 사용된다. 외국에서는 제품이 안전하고 재배 방법 등이 확보되어 있어 설치에서부터 재배에 대한 조언, 사후 관리 등을 회사에서 해주므로 시공 및 재배가 용이하지만, 우리나라에서는 일부 업체를 제외하고 아직까지 베드의 판매에 치우치고 있는 실정이다. 국내에서는 스티로폼이 보온 효과가 좋아서 가장 많이 사용되고 있다.

시판 제품의 경우는 가격이 비싸고, 베드뿐만 아니라 설비 전체를 구입해야 편리하다는 단점이 있다. 또한 공장에서 만든 후 운반함에 따라 베드의 구성 단위 크기가 작으므로 급배액에 소요되는 배관 설비가 설치할 때 많이 든다.

선진국에서는 시판 제품을 많이 사용하는데, 그 이유는 후진국보다 인건비가 매우 높아 전체 생산비에서 차지하는 설비 가격의 비중이 상대적으로 낮기 때문이다. 우리나라에서도 최근 발포 스티로폼 베드의 생산이 증가하고 있을 뿐만 아니라, 많은 업체들이 설비 전체를 구성해 주는 방향으로 나아가고 있다.

2) 베드의 구조

베드 내의 습도가 100%인 경우에는 뿌리에 광선이 닿아도 직접적인 해는 없다. 하지만 빛을 쪼이면 조류가 증식하는데, 이는 양분을 빼앗아 배양액의 pH를 높이고 악취를 발생시키며, 야간에는 산소를 빼앗아서 작물의 생육을 방해한다. 그러므로 베드 내는 암흑 상태를 유지해야 한다.

베드의 구조는 수경재배의 방식, 식물의 종류 및 재배가의 기호에 따라 달라지지만, 담액 베드의 길이는 30m 이내, 깊이는 20cm 이내, 폭은 120cm 이내로 한다. 외국에서는 베드 길이가 50m인 것도 있다. 배액구 쪽이 낮아지게 경사를 줘서 배액이 잘 되게 한다. 저베드인 경우에는 베드 밑에 단열재를 깔아 보온 효과를 높인다.

고형배지경에서는 순환 방식에 따라 베드의 구조가 달라지는데, 특히 배액과 관련돼서 다르다. 비순환식에서는 배양액이 균일하게 공급되게 하되, 베드 밑에 배양액이 남지 않도록 주의해야 한다. 순환식에서는 급액을 할 때마다 그 전에 급액한 배양액이 잘 배액되게 한다. 베드의 자세한 구조는 각 양액 방법에서 상세히 설명한다.

3) 베드의 높이

베드는 작업 효율 및 작업 환경을 좋게 하기 위해 주로 허리 위치의 높이에서 작업할 수 있게 설치한다. 베드는 높이에 따라 고베드(벤취식)와 저베드로 분류할 수 있다. 초장이 큰 과채류는 베드의 위치를 낮게 하지만, 키가 작은 딸기 재배에서는 베드를 지면에 깔지 않고 70~90cm 정도 높이로 올려서 설치하는 것이 좋다. 그러나 고온의 위험성이 있는 곳에서는 베드를 올릴 경우에 베드의 온도가 높아져서 해를 입을 수 있으므로 주의해야 한다. 설치하는 방법이 있는데, 시설비가 많이 드는 단점이 있다. 작물 종류별 특성과 작업의 용이성을 고려하여 베드의 높이를 정하여야 한다.

4.3.2 원수 탱크(Water tank)

원수 탱크는 10a당 9t 정도를 기본으로 하고 방수 모르타르 콘크리트 탱크나 유색 FRP 또는 PE 탱크를 사용한다. 원수로 지하수를 사용하는 경우에는 여과 장치를 거쳐서 양액 혼입 탱크로의 공급이 원활하게 한다. 이때 펌프는 최저 1마력 이상이 좋다.

4.3.3 배양액 탱크(Solution tank)

탱크는 베드에 공급되는 배양액을 저장하는 곳으로서, 순환식에서는 배양액이 모이는 곳이기도 하다. 식물의 배양액 흡수량은 많을 경우 10a당 5~8t 정도이므로, 충분한 양을 탱크에 비축해 놓는 것이 안전하다.

탱크의 용량은 수경재배 방식이나 배양액량에 따라 다르다. 역경이나 담액수경에서는 비교적 용량이 크지만, NFT에서는 작은 용량으로도 충분하다. 또한, 비순환식 고형배지경에서는 탱크를 사용하지 않거나 사용하더라도 작은 용량의 것을 사용한다. 탱크가 클수록 배양액 관리가 쉬워지는 대신 배양액의 소비가 많고 시설비가 많이 든다. 반면에, 탱크의 크기가 작을수록 탱크 시공비는 적게 들지만 탱크 작동에 필요한 제어 설비는 더 많이 들어간다. 그러므로 전체의 경비와 안정성을 고려하여야 한다. 기술이 발전함에 따라 제어기기의 가격은 저렴해지고 품질은 향상되는 데 비해 탱크의 설치비는 상승하는 경향이 있으므로 안정성을 고려하여 결정하는 것이 좋다.

용량이 10t 이상일 경우에는 철근 콘크리트로 지하에 설치한다. 표면은 모르타르로 마무리하고, 아스팔트, 페인트 같은 식물에 영향을 주지 않는 방수 도료를 칠한다. 이때 페인트나 탱크 안의 배관 도료 등의 용출에 대해 주의해야 한다. 소규모일 경우에는 콘크리트 블록을 쌓고서 내면에 PE 시트를 덧씌우는 것으로 충분하다. 용량이 10t 이하인 경우에는 FRP로 만든 제품을 사용하는 것이 편리하지만, 비용적인 측면에서는 콘크리트로 만드는 것이 저렴하다. **그림 4-1**은 FRP 탱크의 시공 예를 보여 주고 있다.

지하에 FRP 탱크를 설치할 경우에는 지하수면이 낮고 배수가 잘 되는 곳에 설치한다. 그렇지 않으면 탱크 밑에 지하수가 스며들어 탱크를 밀어 올리는 경우가 발생하므로 주의한다. 25t에 달하는 콘크리트 탱크가 갑작스러운 폭우에 의해 불어난 물의 부력으로 인해 기울어진 사례도 있으므로 절대로 간과해서는 안 된다.

FRP로 만든 탱크는 보통 지상에 놓는데, 지하에 놓을 경우보다 액온의 변화가 많아지므로 주의해야 한다. 적정 근권 온도가 저온일 경우에는 시설 밖에 설치하는 경우도 있다. 탱크 내에 교반 장치와 난방 장치를 설치하는 경우도 있는데, 탱크 내의 도료나 각종 배관의 도료에서 아연 등이 용출되어 식물에 피해를 입히는 경우가 있다. 따라서 배양액이 통과하는 곳의 도료에 대해 주의를 기울여야 한다. 또한 탱크는 부피가 크므로 추락 사고를 예방할 수 있는 안전장치를 설치해야 한다.

그림 4-1 FRP 탱크의 시공 예

4.3.4 비료희석기(Proportional injection system)

비료를 공급할 경우에는 배양액 탱크에 직접 비료를 녹이는 방법과 자동 비료희석기를 이용하는 방법을 사용한다. 비료희석기는 액비혼입기(liquid dispenser), 액비 펌프(liquid fertilizer pump, fertilizer injector) 등으로도 불리는데, 이는 관수 시스템에 부착하여 농축 배양액을 관수하는 물에 자동으로 혼입, 희석시켜서 원하는 농도의 배양액을 공급하는 기구를 지칭한다. 최근에는 수경재배 시 기본적으로 들어가는 장비 중 하나로 인식되고 있다. 배양액 탱크를 사용하지 않거나 사용하더라도 소형일 경우에는 비료희석기를 사용해서 비료를 공급하며, 급액 시 적당량의 농축 원액을 자동적으로 급액관에 주입하여 준다.

비료희석기를 쓰는 경우에는 두 종류 이상의 농축 원액을 준비한다. 하나는 질산칼륨, 질산칼슘과 철의 수용액이고, 또 하나는 황산마그네슘, 인산제일칼륨, 질산칼륨, 황산칼륨, 미량 원소의 수용액이다(질산칼륨은 어느 곳에 넣어도 무방하며, 나누어 넣어도 된다). 그러므로 비료희석기를 1대만 사용할 경우에는 주입구가 2개 이상이어야 하며, 만약 주입구가 1개만 설치되어 있을 때는 2대를 연결하여야 한다. 이때 양쪽에서 같은 양이 나오는지 측정한 후에 공급하여야 한다. 물이 급수관으로 200L 통과할 때 두 종류의 원액이 각각 1L씩 주입되면 200배의 액이 된다. 이때, 농축 정도가 심하면 침전이 생길 수 있으므로 농축 배양액의 농축 정도가 200배를 넘지 않아야 한다.

비료희석기는 주입 방식에 따라 크게 정량식과 비율식으로 나뉜다. 정량식 비료희석기는 공급할 비료의 양을 결정한 다음에 그 양을 정확히 공급하는 방식으로서, 가장 많이 이용되는 방식은 벤츄리 형(venturi type)인 진공 흡입 방식이다(그림 4-2). 이 방식은 물의 흐름을 빠르게 하여 생긴 압력의 차이를 이용해서 농축 배양액을 진공 흡입하는 것으로서 고장이 없는 것이 장점이지만, 정확도가 낮아 토양 관비재배에서 많이 사용되지만 수경재배에서는 거의 사용하지 않는다.

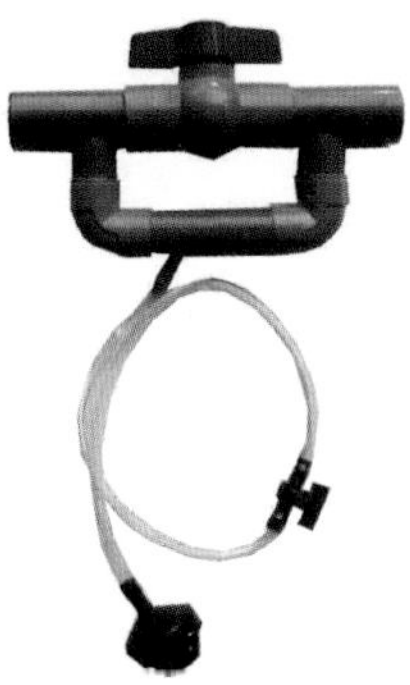

그림 4-2 정량식 비료희석기(벤츄리형)

그림 4-3 비율식 비료희석기(Dosatron)

그림 4-4 양액 온도를 낮추는 순환 냉수 냉각기

비율식 비료희석기는 농축 배양액을 물에 어떠한 비율로 희석하여 사용할 것인가를 미리 결정한 후 비율을 맞추어 놓고서 공급하는 방식으로, 가장 많이 이용되는 것은 주입기 방식(injector type)이다. 주입기 방식에서는 수압에 의해 피스톤과 밸브가 움직이며, 이것은 다시 주입기(injector)에 연결돼서 흡입과 주입이 연속적으로 이루어진다. 정량식보다 정밀하므로 수경재배에서 주로 사용되는 방식이다(그림 4-3). 비료희석기를 2대 사용하는 경우에는 직렬로 연결하여 설치하며, 배양액의 pH를 자동적으로 보정하는 경우에는 pH 센서는 배양액이 희석되어서 나오는 곳에 설치한다. 이어서 산, 알칼리 펌프를 그 다음에 설치해서 교정한다. 급액은 타이머나 수분 측정기로 제어하는데, 이들에 의해 밸브, 비료희석기, 펌프 등이 자동으로 작동하여 배양액을 공급한다.

4.3.5 배양액의 온도조절 장치

배양액의 온도를 높이려면 겨울에는 양액 탱크에 가열기를 담가서 올리고, 온도를 낮추려면 지하수 파이프를 양액 탱크에 설치하여 흐르게 한다. 근권의 온도를 올리는 방법으로는 온수 보일러가 가장 널리 쓰이는데, 베드에 2줄 설치한 후 알맞은 근권 온도를 유지시켜 준다. 온수 보일러를 사용하지 못하는 딸기 재배 농가에서는 4단 변온제어 발열선을 베드 좌우에 설치하면 좋다. 담액재배와 같이 액온의 조절만으로도 근권 온도를 제어할 수 있는 경우에는 양액 온도를 낮추는 순환 냉수냉각기(chiller)를 이용하면 편리하다. 보통 아쿠아포닉용은 5톤, 일반 양액 재배용은 10톤까지 양액의 온도를 20°C 이하로 낮출 수가 있다(그림 4-4)

냉방 장치는 설치비가 많이 필요하지만 지하수를 사용하는 히트 펌프(heat pump)를 이용하여 액온을 조절하는 곳도 있다. 배양액의 온도를 보통 18~22°C 정도로 유지한다. 하우스 재배에서는 배양액의 온도가 하우스 내의 기온보다 많이 낮아서는 안 된다. 겨울철의 하우스 재배에서는 토마토와 같은 작물은 뿌리 주위의 배지 온도가 야간의 평균 온도보다 약간 높은 것이 생육에 좋다. 수경 온실이 설치된 지역에 따라서는 용수의 온도가 낮은 경우가 있는데, 이러한 경우에는 오후 늦게 마지막 급액이 끝난 후 용수를 넣는다. 이렇게 하면, 다음날 아침에 급액을 시작할 때까지 액온이 충분한 시간 동안 원수 탱크 내에서 자연스레 알맞은 온도로 올라가게 된다.

4.3.6 급배액 장치

급배액 장치로는 펌프, 급액관, 배액관, 기타 부품 등을 들 수 있다.

1) 장치의 부식성

배양액에 사용되는 비료는 부식성이 있으므로, 배양액에 접촉하고 있는 펌프, 파이프, 밸브와 같은 금속이 부식되기 쉽다. 아연을 도금한 부품에서는 아연이 용출되어 나와 식물에 해를 주는데, 이는 구리로 된 제품도 마찬가지이다. 플라스틱 제품은 부식이 잘 안 되기에 많이 사용된다.

2) 급배액관 형상 및 배열

급배액관의 지름은 본관에서 세관으로 갈수록 가늘게 해야만 유량이나 유속에 무리가 가지 않으므로, 관의 길이나 지름에 주의한다. 특히, NFT나 점적식 고형배지경에서는 각 베드에 들어가는 액량에 차이가 생기기 쉬우므로 주의해야 하며, 액량 조절용 밸브를 단다. 본관의 지름은 50mm 정도, 지관의 지름은 13mm 정도로 하면 무난하다. 배관을 직렬식으로 하면 급액량에 차이가 발생하기 쉬우므로, 병렬식으로 나열하여 펌프로부터 베드까지의 거리가 동일하도록 하는 것이 좋다.

급액하는 방식에 따라 순수수경에서는 크게 도랑식, 분사식, 모세관식 등으로 구분할 수 있으며, 고형배지경에서는 이중 호스, 점적관 등으로 구분할 수 있다. 분화류에서는 저면급액식도 많이 사용한다. 점적관수의 경우에는 소량씩 여러 차례에 나누어 관수하지만, 이중 호스 혹은 분수 호스 등에서는 1회의 급액량이 많으므로 관수 횟수가 적다. 분화류나 과채류에서는 점적관수 방식을 주로 사용하는데, 이 방법을 이용하면 가는 점적관을 통해 공급되는 배양액의 유출 속도가 균일하여 보수 관리가 용이하기 때문이다. 점적식에서는 점적관이나 노즐 간에 점적량 차이가 20% 이상으로 큰 것이 문제점으로 제기되고 있지만, 현실적으로 균등하게 처리하는 것은 불가능하다. 점적관을 사용할 경우에는 관의 길이와 주관의 지름 등에 따라 유출량이 달라지므로 설치할 때 주의해야 한다(표 4-1).

표 4-1 급액 주관의 지름과 점적관의 길이의 관계

점적관의 길이(cm)	급액 주관의 지름(mm)
20	13
30	20
40 이상	25

3) 펌프

펌프의 종류는 다양하지만, 아래와 같은 사항을 고려하여 재배 방식 및 재배 면적 등에 따라 적정한 것을 설치하는 것이 좋다.

- 흡상고 및 압상고
- 급수량
- 정격 전압
- 절연 종류 : E종
- 용도 : 농업 (내화학성)
- 상 (相: 성능추정 단위)
- 흡입 토출관 지름

펌프는 1대만 사용하여 부하가 계속 걸리게 하는 것보다 보조 펌프를 연결해 두는 것이 안전하다. 특히, 베드 내에 배양액의 양이 적은 고형배지경과 같은 방식에서는 반드시 보조 펌프를 설치해야지만 만일의 사태에 대비할 수 있다.

4.3.7 여과 장치

배양액이 탱크에서 펌프로 들어가기 전에 여과 장치를 거치면 펌프의 이상이나 기타 막힘을 예방할 수 있다. 압력이 필요한 방식에서는 펌프 이후에 설치한다.

점적급액 장치에서는 배양액을 여과해서 사용해야만 점적 구멍이 막히는 것을 막을 수 있다. 여과 장치는 비료희석기 다음에 설치하는데, 적어도 100mesh의 필터를 가진 Y자형을 사용해야 하며, 필터와 배수 밸브는 아래쪽에 설치한다. 또한 여과 장치를 비료희석기 앞에 하나 더 설치해 주면 더욱 좋아진다.

점적식에서는 급액 구멍이 막히는 것에 특히 주의해야 하는데, 배양액 중의 이물질은 여과 장치에 의해 여과되지만, 배양액이 급액 후에도 급액 구멍에 남아 있다가 물이 증발되면 구멍을 막는 경우도 있다. 이러한 경우에는 급액할 때 처음 몇 초 동안은 좀 더 강하게 급액하고, 이후 점적되도록 조절하면 된다. 1회당 급액 시간이 너무 짧으면 급액 구멍이 막히기 쉬우므로 주의한다.

4.3.8 공기주입 장치

순수 수경재배를 할 때는 배양액 내의 용존 산소량이 중요하다. 이를 증가시키기 위해서 공기를 동시에 흡입하는 펌프 또는 산소공급기를 사용해 산소를 인위적으로 주입시킨다. 그 이외에 배양액이 급액관을 통해 베드에 공급되기 전에 배양액의 낙차 또는 벤츄리 현상을 이용해서 공기를 주입하여 용존 산소를 증대시킨다.

공기가 뿌리에 많이 공급되기 위해서는 용존 산소뿐만 아니라 뿌리와 새로운 배양액이 잘 접촉할 수 있도록 하는 것이 중요하다. 배양액의 순환량이 많고 베드 내의 유속이 클수록 뿌리로의 산소 공급 효과가 커지게 된다. 담액수경에서는 배양액이 탱크에 들어올 때에 공기층과 많이 접할 수 있게 다양한 방법을 강구한다(그림 3-5 참조). 점적식, NFT, 분무수경이나 고형배지경 같은 방식에서는 산소를 배양액 내에 주입할 필요가 없으며, 베드의 형태나 배지의 충전 정도에만 주의한다.

4.3.9 살균 장치

순환식 수경재배 시 토양 전염성 병균을 살균하기 위해서, 배양액을 급액 전에 자외선 살균등(그림 4-5), 열처리, 모래 여과, 오존, 요오드, 과산화수소로 처리하는 방법이 시도되고 있다.

1) 자외선 처리법

자외선(UV) 살균등은 중앙에 60W의 등이 있고, 주변이 석영으로 둘러싸여 있으며, 바깥이 철로 되어 있다. 양액이 석영과 철 사이로 흘러가는 동안에 멸균된다. 보통 자외선등으로는 120mJ/cm^{2}을 많이 사용한다. 그러나 바이러스를 포함해 물을 완전히 소독하려면 250mJ/cm^{2}의 자외선등을 권장한다. 자외선 살균 소독을 24시간 이상 처리하면 붕소와 망간이 20% 이상 감소하므로 보완을 자주 해 주어야 한다. 더 중요한 것은 양액을 보통 3주 정도 소독하면 양액 내의 철분은 100% 불활성화되므로, 자외선등을 이용할 때는 지속적으로 철분의 양액 내 보충이 반드시 이루어져야 한다. 또한 석영에 미세한 티끌이 붙기 때문에 제거 장치를 이용하여 정기적으로 청소하여야만 소독의 효과를 유지할 수 있다. 네덜란드에서 과거에는 가열 살균과 오존 살균이 이루어졌지만, 최근에는 주로 균과 바이러스를 동시에 죽이는 자외선 소독 장치가 대형 농장에서 주로 사용된다(그림 4-5). 국내 농가에 따라서는 자외선, 오존, 열, 여과 처리 등의 다양한 방법을 선택하여 사용한다.

모래여과법은 바이러스를 제거하지 못하고, 자외선과 오존은 킬레이트 철을 불활성화

그림 4-5 대형농장 자외선(UV) 살균장치

그림 4-6 오존 발생기

시키며, 망간의 결핍을 유발한다. 따라서 각 살균 장치의 장단점과 가격을 고려해서 채택하여 사용해야 한다.

2) 오존(O_3) 처리법

오존 처리법은 순환식에서 폐수 살균에 주로 쓰이는데, 오존 발생기(ozone generator)를 이용하여 생성되는 강력한 살균력이 있는 오존의 산화력을 이용하는 방법이다. 오존은 산화력이 강하여 공기 중의 병원 바이러스와 세균도 불활성화시키는 능력을 가지고 있다. 이에 따라 산업용으로는 병원 등에서 사용하며, 생활 하수 처리에도 사용한다. 오존은 병원균의 세포막계 파손을 통한 생물 기능의 저해, DNA 손상 및 세포질의 유출을 통해서 각종 유해 미생물의 불활성화를 유도한다.

산화와 환원 사이의 상호작용을 전극 단위(V)로 나타내는데, 이를 산화환원전위(oxidation reduction potential) 또는 리독스 값(redox potential)이라 한다. 보통 사용된 후 폐액으로 돌아오는 양액은 -mV 값을 갖는데, 이를 오존 발생기에서 발생하는 오존(최대 +754mV, 1시간당 오존 6g을 생산하는 경우 약 80분 소요)을 이용하여 리독스 값을 + 200~300mV로 만드는 과정에서 산화가 일어나 미생물 활성을 낮게 한다. 시중에서 많이 보급되는 오존 발생기는 배양액 1톤당 6g의 오존을 발생한다. 750mV에서 20분 이상 처리한다(그림 4-6).

일반적으로 0.8ppm 오존수에서 피티움균은 60분 동안, 푸사리움은 5분 동안 처리해야지만 사멸한다. 그러나 바이러스는 1ppm에서 1분 동안만 처리하면 불활성화된다. 이처럼 강력한 살균력을 갖지만, 킬레이트철이 산화철로 되기 때문에 활성탄으로 이를 제거해 줘야 하며, 낮은 pH 조건에서는 살균 효과를 높이기 위해서 배양액의 활성 조건을 조절할 수 있는 공급 장치가 필요하다. 또한 오존 처리 후에 철, 망간, 아연 등 미량 원소를 보정해 줄 필요가 있다. 하지만 처리 전후에도 EC와 pH에 변화가 없고, 오존의 잔류 기간이 짧으면서 일부 용존 산소를 보강해 주는 장점이 있다.

3) 열처리법

열처리법은 배양액의 유기물을 모래여과기 등을 통해 제거 후에 탱크에서 이루어지는데, 온도가 급격하게 올라가기 어려우므로 열교환기에서 두세 번에 걸쳐 외부 열공급원을 이용해서 살균되는 고온까지 가열한다. 보통 3개 가열기를 직렬로 연결하여 가열하며, 소독한 후에는 상승된 액을 저온으로 회복시키는 냉각기가 필요하다. 가열 온도는 95°C 이상 되어야 효과가 있는데, 바이러스를 포함한 모든 세균은 95℃에서 30초 동안 노출되면 사멸한다. 고온은 칼슘염, 특히 탄산칼슘이 침전되게 한다. 매번 처리 전에 설비를 pH 2~3 용액으로 몇 분간 세척하는 것이 유용할 수가 있다. 최근에는 UV나 모래여과기를 주로 사용하므로 거의 사용되지 않는다.

4) 모래여과법

모래여과기는 과거에 식수를 소독하는 데 사용했던 방법이지만, 최근에는 순환식 수경재배에서 많이 사용하는데 내부 구조와 제품은 그림 4-7과 같다..

재배 면적의 크기에 따라 유럽에서는 모래여과기를 여러 개 설치하는 농가가 늘어가고 있다. 특히, 자외선 소독기를 사용하기 전에 반드시 통과시키는 장치이다. 모래여과기는 모래를 채운 여과부와 침전조로 구성되는데, 시간당 약 100~300L/m^{3}의 유속으로 여과한다. 모래여과는 역병균(*Phytophthora* spp)에 효과가 있다. 위조병은 1일 동안 90cm 모래층을 약 3~7m 속도로 통과하면 살균효과가 있다. 단점은 모래여과층의 재료와 두께에 따라 살균효과에 차이가 있고, 처리 후에 용존 산소가 낮아질 수가 있다.

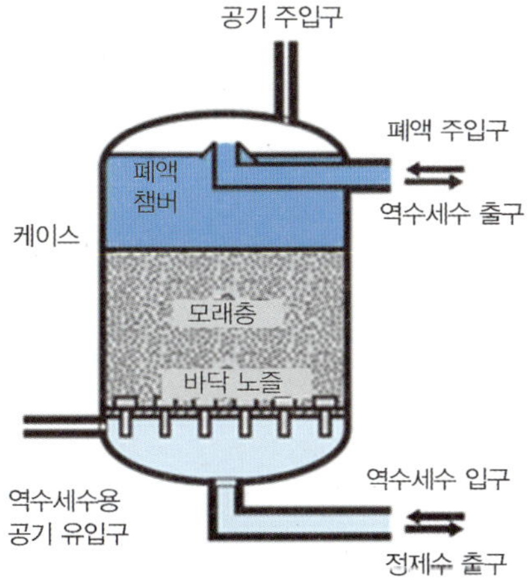

그림 4-7 모래여과기의 구조(좌)와 상업용 모래여과기(우)

5) 기타 처리법

다양한 여과법이 보급되고 있음에도 불구하고, 실용적인 측면에서 비순환 수경을 주로 하므로 유럽과 같이 큰 역할을 하지 못하고 있다.

박막(membrane) 여과법은 재염처리법으로 역삼투압의 원리를 이용한다. 거의 모든 병원균을 제거할 수가 있지만, 배양액을 여과하면 비료 성분도 제거되는 문제가 있다. 간척지 온실 등에서 사용하는데, 가격이 비싸 많이 이용되지 않는다.

초음파 처리법은 초음파를 이용하여 병균을 사멸하는 방법으로서, 살균효과에 대한 작용 시간과 대상 미생물 등 다양한 연구가 필요하다.

요오드 처리법은 음용수에 처리되는 방법이지만, 담배모자이크병은 요오드 저항성이 있어서 배양액 살균법으로는 적합성이 떨어진다. 0.7ppm 농도에서 시들음병균(*Fusarium*)의 분생포자가 사멸되는 효과가 있지만, 낮은 농도에서의 효과는 불분명하므로 연구를 더 한 후에 적용해야 한다.

그 밖에 과산화수소 처리법이 있는데, 높은 농도에서 장기간 처리가 필요하므로 문제점이 있는 방법이다.

앞에서 설명한 살균장치들은 순환되는 배양액을 살균하는 것이므로, 베드 내에 존재하는 병원균을 근본적으로 방제하지는 못한다. 따라서 고형배지경에서는 재배 중에 살균처리를 하기보다는 무균 상태의 배지를 사용함과 동시에 토양이나 외부에서 병원균이 도래하는 것을 철저히 방지하는 것이 바람직하다. 살균제는 식물체에 잔류하여 인체에 해를 줄 수 있으므로 사용해서는 안 된다. 최근 생물학적 방제에 의해 유용 미생물을 배양액에 첨가하는 방법이 시도되고 있으며, 이의 발전 동향이 주목된다.

4.4 수경재배 설비의 설치

수경재배 설비의 설치 방법은 수경재배 방식, 시설 규모, 재배가의 의지 등에 따라 다르지만, 기본적으로는 배양액 탱크의 사용 여부와 배양액의 순환 여부에 따라 구분된다.

1) 탱크 방식

탱크 방식은 순환식 및 비순환식 모두에서 사용한다. 순환식의 기본 흐름은 수원으로부터 들어온 용수를 배양액 탱크에 담고, 여기에 배양액을 녹인 후 펌프를 사용하여 양액을 베드에 공급하면, 일부는 베드에 남고 나머지는 배액관을 통해 탱크로 되돌아온다.

급액관에는 배양액을 공급하는 펌프, 물의 역류를 방지하는 역류방지기, 뿌리나 이물질이 빨려 들어오는 것을 막아주는 여과 장치 등을 기본적으로 설치한다. 급액하는 곳에는 급액량을 조절할 수 있도록 밸브를 달아야 하고, 펌프에 압력이 걸리지 않도록 바이패스를 연결해야 한다. 바이패스는 탱크로 연결되도록 하는 것이 좋지만 펌프 뒤로 연결하는 방법을 사용하기도 한다. 공기주입 장치와 살균 장치 등은 필요한 경우에 설치한다. 이와 같은 탱크 방식을 적용한 담액수경의 일종인 상추의 부유수경법은 그림 4-8과 같다.

탱크 방식이라 하더라도 양액 방식에 따라 형태가 다양하며, 상세한 내용은 각 수경재배 방식을 참조한다. 국내 수경재배의 거의 90% 이상 농가가 비순환식을 택하고 있어 배양액을 폐액 탱크에 모아서 폐기하고 있다. 베드에서 수로나 토양 속으로 바로 버리면 토양 오염을 일으키기 때문에 반드시 피해야 한다. 폐액을 밭에 뿌리거나 잔디밭, 초지 등에 뿌려주면 좋다고 본다.

2) 무탱크 방식

무탱크 방식은 주로 비순환식 고형배지경에 사용하는 방식으로, 탱크를 사용하는 대신 양액희석기를 이용하는 것이다. 이 방식은 탱크를 생략함으로써 공간 활용을 극대화할 수 있도록 한 간이 형태라 할 수 있다. 하지만, 비순환식은 환경오염의 염려로 인해 앞으로 사용이 금지될 것으로 예상되므로 스마트 하이드로포닉 적용을 위해서는 순환식으로의 전환을 고려하는 것이 바람직하다.

최근에는 무탱크 방식과 탱크 방식의 장점을 혼합한 장치가 도입되고 있는데, 이는 탱크 용량을 극소화(60~500L)하고 pH 센서와 EC 센서를 이용하여 공급하는 방식이다.

그림 4-8 탱크 방식의 담액수경(Hydronov, Inc., 일본 농원)

4.5 급배액 기본 원리

물, 양분, 산소를 뿌리에 공급하는 것이 배양액의 역할이다. 급액의 횟수는 배지의 성질, 식물의 생육 단계 및 상태, 기후 조건 등에 의하여 결정된다. 고형배지경의 경우, 급액량이 같으면 급액 횟수를 많게 하고 1회의 급액량은 적게 하는 것이 좋다. 배지의 종류에 따라 급액량이 달라지는데, 보수력이 작을수록 자주 급액한다. 반들반들하고 동그란 자갈은 보수력이 작기 때문에 다공질이고 모양이 불규칙한 작은 입자, 즉 표면적이 큰 입자보다 급액을 자주 해야 한다. 증산량이 많은 경우에는 급액 횟수를 늘린다. 급액할 때의 효율 증진과 동시에 식물의 요구를 만족시키기 위해서는 배양액이 베드를 골고루 적시고 빨리 배수시켜서 지하부에 산소를 충분히 공급해 줘야 한다.

급액이 끝난 후에는 배지 중에 자유수가 남아 있어서는 안 된다. 이는 배지의 입자와 입자 사이의 공극에 공기가 들어 있지 않으면 산소가 부족해지기 때문이다. 보통 급액은 낮에 하며 밤에는 하지 않는다. 그러나 야간에도 증발량만큼의 급액은 필요하며, 특히 해뜨기 1시간 전에 급액을 하여 배지 내를 적정 수준의 수분 상태로 유지하는 것이 해 뜬 후에 급속한 광합성 증가를 촉진시킬 수 있는 방안이 된다. 또한 주간에 비가 내리더라도 낮 동안에 3~4회는 급액을 해야 한다. 비순환식의 경우, 일반적으로 배액량은 급액량의 7~30% 정도가 좋다. 여름일수록 배액이 많게 한다. 이는 배액량이 적은 경우에는 베드 내에 염류가 집적되기 때문이다.

4.6 계측기와 배양액 제어

스마트 하이드로포닉에서 가장 중요한 제어체계는 수경재배 시 크게 수경재배장치 제어, 배양액 제어, 기상환경 제어 등으로 나눌 수 있다.

4.6.1 배양액 제어 계측기

1) 계측기의 종류

배양액의 제어 대상으로는 EC, pH, 온도, 용존 산소 농도 및 급배액량 등이 있으며, 이들을 제어하기 위한 적당한 계측기가 필요하다. 현재 사용 가능한 센서의 종류는 매우

표 4-2 일반적으로 배양액 관리에 사용되는 센서의 특징

항목	배양액 온도	전도도(EC)	pH	용존 산소
측정법	측온 저항계	백금전극	유리전극	격막전극
측정 범위	0~50℃	0~20mS	pH 2~12	0~15ppm
주의 사항		온도 보정 필요 전극 표면 세척	온도 보정 필요 전극 표면 세척	전해액 교환

다양하지만, 수경재배에서 일반적으로 이용되는 센서의 종류와 특징은 표 4-2와 같다.

(1) 온도 센서

온도 센서는 크게 접촉식과 비접촉식으로 구분할 수 있는데, 수경재배에서 사용되는 것은 접촉식이다. 접촉식 온도 센서로는 열팽창식 온도계(바이메탈식, 액주형), 열전열쌍(熱電熱雙, thermocouple), 저항식 온도 센서(측온 저항체, 써미스터), IC형 등이 있으며, 이 중에서도 측온 저항체나 온도조절기(반도체)가 많이 쓰인다. 측온 저항체 센서 중에서는 백금이 가장 널리 사용되며, 흔히 Pt100이란 이름으로 통용되고 있다. 온도 센서는 6개월에서 1년마다 보정이 필요하지만 재배 현장에서 하기에는 어려움이 따른다.

(2) EC 센서

EC 센서는 온도 센서와 달리 원리상 한 종류뿐이다. EC 값은 온도가 1°C 변함에 따라 2% 정도 변하므로 측정할 때의 온도를 명기해야 한다. 일반적으로 25°C를 기준으로 한다. EC 센서는 배양액에 충분히 담가서 양전극과 음전극이 완전히 배양액 안에 있어야 한다.

(3) pH 센서

pH의 측정 방법으로는 유리전극법, 수소전극법, 비색법, 안티몬전극법 등이 있으며, 이 중에서도 유리전극법이 가장 일반적으로 사용된다. 포타블 pH 센서의 유리전극은 손상되기 쉬우므로 사용하지 않을 경우에는 KCl 포화 용액에 보관하는 것이 좋다. 전극의 막은 더럽혀지거나 긁히면 사용할 수 없게 된다. 전극이 더럽혀졌을 때에는 염산(0.1N)에 1시간 정도 담갔다가 사용하면 된다. pH 전극은 대체로 6개월 이내에 갱신해 주어야 하며, 7~14일마다 보정해 주어야 한다. 최근에 보급되는 스마트 수경재배 pH 센

서는 가격은 고가이나 데이터 수집 및 제어 시스템에 직접통신하여 매우 편리해졌다.

(4) 용존 산소 센서

일반적으로 격막전극법을 사용한다. 측정 오차의 주된 원인으로는 온도, 유속, 기포가 있다. 온도의 영향은 박막(簿膜)의 산소 투과율이 큰 온도계수(약 ±3%/°C)를 갖고 있기 때문이다. 유속이 늦으면 측정치가 낮으므로 30cm/sec 이상의 유속이 필요하다. 기포가 있으면 격막의 산소 투과율에 영향을 주기 때문에 물속에 기포를 없앤 다음 측정한다. 전극은 1개월마다 세척하고, 전해질 및 격막은 수개월을 주기로 해서 교환해 주는 것이 좋다.

2) 계측기의 설치

pH 전극(electrode)이 pH 측정기에 연결돼서 신호를 보내면 pH 값에 따라 측정기(transmitter)에서 명령을 지시하여 릴레이를 구동시키고, 릴레이는 산알칼리 펌프를 작동시켜 산알칼리액이 배출되게 한다. 목적한 pH 값이 되면 같은 원리로 펌프를 멈추게 한다. 다른 제어도 pH와 같은 원리를 사용하여 제어한다.

센서는 2개씩 사용하여 센서가 잘못 작동하는 것을 방지한다. 이때 두 센서 간에 차이가 생기면 경보를 발생시켜 안전을 도모한다. 또한 센서는 오래 사용할 경우 열화되므로 수동으로 자주 측정하여 성능을 확인하는 것이 중요하다.

일반적으로 재배 중 pH는 알칼리성이든 산성이든 한 방향으로만 변하므로, 한 가지 액만 준비하여 연결해 주면 된다. pH를 자동조절 장치로 제어할 경우, 시기에 따라 작물의 비료 흡수 형태가 달라 무리하게 조절하면 오히려 생육을 저해할 위험성이 있으므로 주의해야 한다. 즉, pH가 자연적인 변화이거나 킬레이트화한 미량 원소를 사용하는 경우 pH가 5~7의 범위에 있다면 조절하지 않아도 된다.

이들의 조절은 관리 효율을 생각하여 개별적 혹은 종합적으로 할 수 있는데, 자동조절장치를 사용 시는 정기적으로 센서를 점검하여 문제가 발생하지 않도록 예방을 해야 한다.

4.6.2 급액 제어체계

급액 조절법으로는 타이머 제어, 일사량에 의한 컴퓨터 제어, 수분 센서(수위 센서, 중량 센서 등)에 의한 제어, 증발산량에 의한 제어 및 이들을 적절히 혼합한 혼합제어 등이 있다. 순환식에서의 급액 제어는 간단하지만 비순환식에서는 어렵다. 각각의 특징은 다음과 같다.

1) 타이머 제어법

타이머 제어법은 급액 조절법 중에서 가장 저렴하면서도 간단하여 농가에서 많이 이용하고 있다. 하지만, 작물, 품종, 생육 단계 및 계절에 따른 급액 조절이 곤란하고, 비순환식 배지경에서 급액량의 과부족 현상이 자주 나타나는 결점을 지닌다. 따라서 비순환식 배지경의 경우, 배지 내의 수분 함량이나 기상 자료 같은 피드백(feed back) 회로를 이용하여 언제나 최적 조건을 유지하여야 한다. 피드백 회로가 없는 경우에는 많은 경험을 필요로 하는 데, 일반적으로 일사량이 강하고 온도가 높으면 자주 급액하며, 반대일 때는 공급 횟수를 줄여준다. 관비재배에서는 수경재배와 달리 농가에서 많이 이용된다.

2) 적산일사량 제어법

고형배지경에서는 광도계를 이용하여 급액량과 횟수를 정하는 경우가 많은데, 이는 작물의 흡수량과 일사량의 밀접한 관계를 이용해서 하루 일사량의 시간적 변화에 따라 일정한 적산일사량에 도달하면 급액될 수 있게 하는 것이다. 1회 급액량은 작물 생육 상황에 따라 증산량을 추정하여 급액 시간으로 조절한다. 이 방식에서는 광센서, 온도 센서 및 컴퓨터를 필요로 한다. 이 방법은 광에 의존하므로 야간에는 작동을 안 하며, 이에 따라 타이머와 겸용하기도 한다. 일사량에 의존하는 경우에는 식물이 요구하는 급액량과 공급량 사이에 지연시간(time lag)이 발생하게 되므로 주의하여야 한다. 즉, 해가 뜬 후 일정한 적산일사량이 될 때까지 급액이 되지 않거나 적은 양이 공급될 수 있는데, 이때 식물이 왕성하게 활동하면 수분 부족증이 일시적으로 나타날 수 있다.

일사량은 J/cm^2로 표시한다. 파프리카의 경우 $1J/cm^2$에 1.4~2.5CC 양액을 공급한다. 따라서 하루 적산일사량이 $2,000J/cm^2$이면, 2,000 x 2.5 = $5,000CC/m^2/day$를 공급해야 한다. 습하거나 겨울철에는 누적 광량에 따른 관수량을 낮은 수치를 택한다.

3) 직접 제어법

앞서 적산일사량법은 어디까지나 간접적인 제어 방식이며, 정확히 제어하고자 할 때에는 배지 내의 수분 함량을 직접 검사하는 직접 제어법을 적용하는 것이 좋다. 배지 내의 수분 함량을 직접 검사하는 방법에는 중량법, 전극법, 수분 센서법 그리고 이들을 종합하여 이용하는 컴퓨터법 등이 사용된다.

중량법은 **그림 4-9**처럼 베드를 저울 위에 올려놓고서 재배하거나 베드로부터 흘러나

온 배액의 무게를 측정하여 급액을 조절하는 방법이다. 저울을 이용한 중량법은 오이, 멜론, 토마토처럼 지주를 세워서 재배하는 경우에, 베드 무게가 일정 이하로 낮아지면 저울에 설치된 조절 접촉 센서의 감지기와 연결된 솔레로이드 밸브를 작동시켜 수분을 공급하는 방식이다. 식물이 자라면 경시적으로 무게가 변하므로 생육에 따른 식물의 생장 모델을 이용하여 보정을 해 주어야 한다. 생장 모델 이용은 실제로 어려워서 식물의 무게가 저울에 최대로 영향을 주지 않도록 식물을 지지하는 구조 설치가 필요하다.

전극법은 **그림 4-10**처럼 배양액을 측정하는 것이 아니라 배액이 어느 정도 축적되었을 때에 가해지는 압력을 1개의 센서로 측정해서 급액량을 조절하는 방식이다. **그림 4-11**의 방법은 2개의 센서를 이용하는 방법으로서, 베드에 친수성 매트를 깔고 이것을

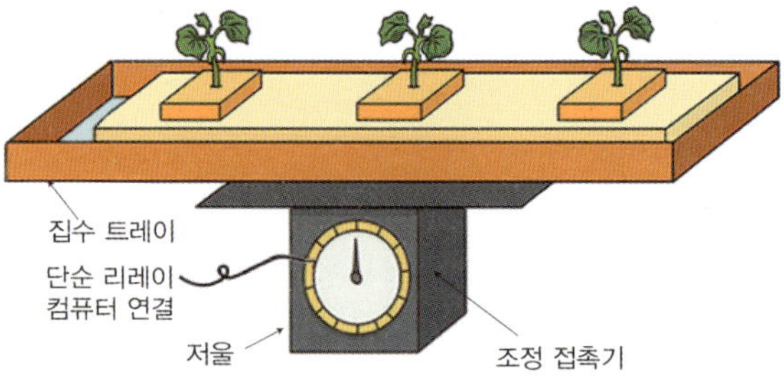

그림 4-9 중량법 : 저울에 베드를 올려놓는 방법

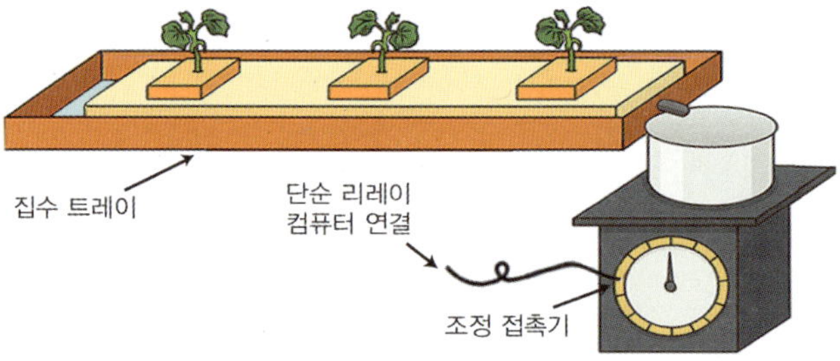

그림 4-10 전극법 : 배액의 압력을 측정하는 법

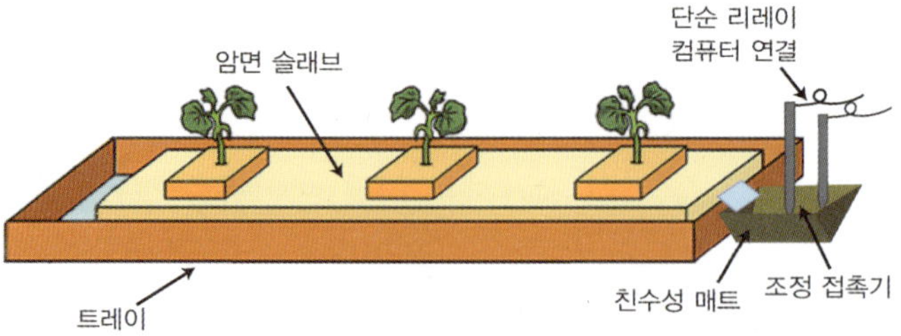

그림 4-11 전극법 : 2개 센서 이용

통해 배액이 집액통에 모이게 한다. 2개의 측정 센서를 집액통의 최대 배액 높이와 최저 배액 높이에 위치를 맞춰서, 배액량이 최대 높이에 달하면 공급을 멈추지만, 식물이 수분을 흡수하여 매트를 통한 수분이 점차 줄어들다가 최저 배액 센서의 위치에 수위가 도달하면 관수가 다시 이루어지게 하는 방식이다. 여기에서는 친수성 매트가 모세관 현상으로 수분의 이동이 잘 이루어져야 하며, 전극 사이의 간격을 잘 설정하는 것이 중요하다. 이 방법은 비교적 많이 이용된다. 배액량을 측정하는 방법은 실제로 배액되는 속도가 매우 느리기 때문에 적정점을 잡기 어려운 단점을 갖는다. 특히, 건조하게 재배하므로 배액량이 작은 멜론에서는 적합하지 않다.

수분 센서법은 배지에 직접 수분 센서를 꽂아 배지 내의 수분을 측정하여 재배하는 방식이다. 배지의 수분 센서로는 수분장력계(tensiometer), 석고 블록의 수분량에 따른 전기저항을 측정하는 전기저항법, 정전용량을 이용하는 TDR(time domain reflectometry)과 FDR(frequency domain reflectometry) 방식이 주로 이용된다. 이들 중에 TDR과 FDR이 자동화에 많이 사용되는 데, 정확성이 높고 리모트 컨트롤에 의한 모니터링을 할 수 있다는 장점이 있다. TDR은 염류, 유기물, 높은 점토 함량에 영향을 받기 쉬운 단점이 있지만, FDR은 그렇지 않다. TDR은 관수, 컨설팅할 때 사용되며, FDR은 관수와 연구에만 쓰인다. TDR 수분 측정기는 센서와 본체로 구분되고, 토양 온도, EC도 측정되며 50,000개 측정치가 저장된다(그림 4-12).

컴퓨터법은 온도와 일사량을 측정하여 식물의 증산량과 흡수량을 예측하고 급액량과 간격을 결정하는 방식으로서 가장 합리적이다. 컴퓨터법에서는 전극법과 중량법을 겸용하여 이들에 의한 정보도 참고하는 경우도 있다.

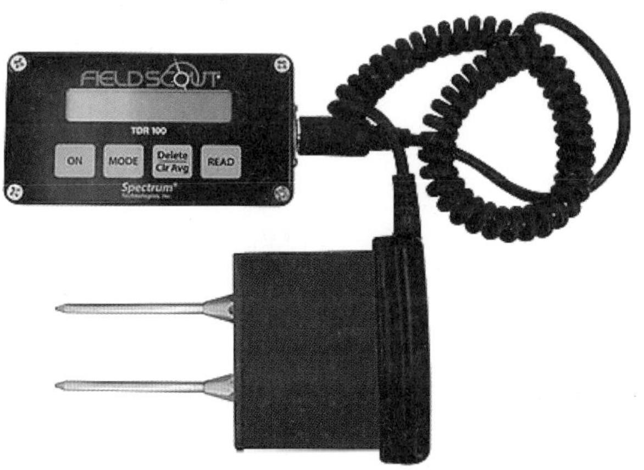

그림 4-12 TDR 토양 수분 측정기(신일. 고형배지 측정용)

4.6.3 급액관리 제어 방법

다양한 계측방법에 따라 급액을 하게 되지만, 당일의 광량과 생육단계를 고려하여 최종적으로 재배자가 다음 사항을 고려하여 결정하고 제어해야 한다.

첫째, 원수만 공급하면 안 된다. 과실 표면이 갈라지는 열과가 생기거나 *Fusarium* 균이 발병될 수가 있다. 둘째, 공급되는 양액 내의 비료 성분이 흡수되는 영양소보다 많아야 한다. 또한 공급되는 양액의 농도보다 근권의 양액 농도가 다소 높은 1.0~1.5dS/m로 유지되어야 한다. 셋째, 공급되는 양액의 EC를 작물의 생육단계와 당일 일사량에 따라 조절한다. 어린 식물과 맑은 날은 낮게 그리고 왕성한 생육기와 흐린 날은 높게 유지한다. 넷째, 암면 재배의 경우 1회 공급량은 배지의 부피를 기준으로 겨울에는 3~4%, 여름에는 2~3%를 작물의 상태나 배지 내의 함수량 등을 고려하여 결정해야 한다. 다섯째, 양액의 균일한 공급 확인을 위하여 구역별로 점검구를 설치한 후, 공급량, EC, pH 등을 매일 점검해야 한다. 여섯째, 하루 중에 배지 내의 수분 함량의 차이가 너무 심해서는 안 된다. 영양생장기는 4~6%, 생식생장기는 8~10%, 평소에는 6~8% 수준을 유지하게 한다. 마지막으로, 적산일사량에 따른 급액은 낮에는 공급이 잘 되지만 밤에는 적은 양의 양액이 공급되기도 하므로 타이머와 같이 사용한다. 토마토의 경우 밤에 급수가 잘 안 되면, 근권의 수분 결핍으로 근활력이 저하되고 EC가 상승하여 배꼽썩음병 발생이 증가하므로, 야간 양액공급도 원활하게 해야 한다. 최근에 보급되는 컴퓨터는 온실 내 제반 정보를 수집하여 자동으로 제어하기도 한다.

4.7 시설 및 자재의 세척과 소독

수경재배는 무농약 재배를 원칙으로 하고 있으며, 따라서 일단 병충해가 발생하면 만연되기 쉬우므로 위생을 철저히 해야 한다. 병충해는 불량 환경에 의해 발생하므로 작업 환경을 청결히 하고 온실 바닥에는 자갈이나 비닐을 깔아서 병해충이 온실 내에서 생존하지 않게 해야 한다. 바닥에 멀칭을 하지 않으면, 눈에 보이지는 않지만, 통행 혹은 작업할 때 흙먼지 중의 토양전염성 병균이 재배 베드로 혼입되므로 주의해야 한다. 또한 멀칭을 하지 않으면 잡초 발생의 위험이 있는데, 많은 병해충이 온실 내에서 자라는 잡초에서 월동하여 전파되므로 수경온실 내부에는 잡초가 자라지 않게 관리해야 한다.

순수수경에서는 베드에 깐 필름을 교환하거나 물을 흘려보내는 것만으로도 세척과 소독이 간단하게 끝나지만, 병원균의 염려가 있을 경우에는 소독제로 베드를 씻어 주기도 한다. 고형배지경에서는 배지의 종류에 따라 약간씩 방법이 달라지지만 소독제와 물 또는 증기를 사용하여 세척과 소독을 하고, 매 작기 또는 수년마다 배지를 교환해 준다.

소독할 때에는 탱크, 베드를 포함한 모든 곳에 소독액을 1~2일간 순환시키고, 소독 후에는 이 소독액을 이용하여 정식판 등을 세척한 후, 통로를 소독하는 데 사용한다. 배지의 소독은 제9장의 고형배지에 수록하였으므로 참고한다.

그러나 이와 같은 시설자재의 청결과 더불어서, 양액 제조, 적과, 적엽, 적심하는 수경농장 작업자는 손이 매우 청결해야 한다. 특히, 입는 옷이나 신발 등도 수경 온실용을 따로 준비하고, 작업자의 청결을 필수적으로 하여 외부로부터 병반이 혼합된 흙이나 진딧물 같은 해충이 작업자의 옷에 붙어서 들어오지 않도록 주의한다.

사용하는 용기나 작업자의 청결이 무병 수경재배의 기초가 됨을 명심한다.

4.8 파종, 정식, 베드 자동제어 시스템

최근 NFT 식물공장에서는 포트나 NFT 플라스틱 베드에 배지를 충전시키고 자동 파종한 후 발아실로 이동해서 발아를 시킨다. 발아 후에 정식할 정도로 식물이 자라면 정식 장소로 이동한 후 포트를 AI가 부착된 자동정식기로 베드에 꽂아서 재배 온실의 생산 라인으로 이동시킨다. 그리고 반대쪽의 다 자란 상추나 다른 엽채류가 수확실로 옮겨지면 그때마다 한 개 채널이 생산 라인으로 자동 진입한다. 생산 라인 온실에서는 광, 탄산가스, 온도, 습도, 양액 온도와 농도가 자동 제어됨으로써, 작물이 잘 자랄 수가 있는 환경을 제공한다. 최적 조건에서 작물이 빠르게 자람에 따라 식물체 간의 간격을 일정하게 벌어지게 하면서 맨 끝 수확 라인 컨베이어 벨트까지 이동시킨다.

마지막 수확 단계에서는 채널이 컨베이어 벨트를 통해 수확실로 이동되는데, 이 모든 과정이 자동으로 제어된다. 부피가 큰 상추 등은 사람이 수확해서 비닐 포장을 하거나 다듬어서 상자에 포장한다. 그러나 채널에서 자란 싹채소는 절단기로 절단된 다음 깨끗하게 수세된 후 자동 포장된다. 그리고 수확이 끝난 채널 내의 포트나 상토(NFT 베드에 가벼운 상토를 넣어서 베이비 채소 재배를 하는 방법도 있음)는 제거된 다음 증기소독기를 거쳐서 다시 재사용 장소로 이동된다.

이처럼 파종, 정식, 재배 시스템 이동, 수확이 자동으로 이루어짐에 따라 제어체계 조절에 대한 재배사의 기술 습득이 앞으로 스마트 수경 팜이나 식물공장 운영에서는 기본적으로 필요할 것이다.

4.9 스마트 하이드로포닉을 고려한 복합 환경 조절

스마트 하이드로포닉(smart hydroponic)의 기본은 온실 내외의 기상과 배양액의 상태, 작물의 생육 양상 등의 빅데이터를 확보하고, 이를 정보통신 기술을 도입하여 자동 및 원격 조절하는 최신 수경농법으로서 스마트 팜의 한 부분이라고 할 수 있다.

4.9.1 스마트 수경온실 기상 환경 제어

스마트 수경 온실의 복합 환경을 조절하기 위해서는 온실 내외의 환경에 대한 정보가 필요하다. 온실 내부 환경의 측정 장치로는 광도계, 습도계, 온도계, 풍속계 측정기가 있고, 외부의 기상 환경 측정 장치로는 광도계, 우량계, 감우계(感雨計), 풍향계, 풍속계가 있다. 감우계는 비가 오는 것을 감지하는 센서로서, 온실 창문의 자동개폐 장치와 연결되어 있어 비가 오는 경우 창문이 닫히게 된다. 온도계는 온도 조절을 위한 냉난방 시스템과 연결되어 있다. 이들 모든 장치는 작물의 최적 환경 조절을 위해 중앙컴퓨터에 연결돼서 제어 장치의 작동을 조절하고 기록한다.

4.9.2 스마트 수경온실 종합 환경 조절

스마트 수경온실 종합제어는 농장 환경 및 작물의 상태를 정밀 관리하기 위해 복합환경 제어 시스템(농진청)을 설치하여 작물을 재배한다. 장소의 제약 없이 원격제어 및 모니터링을 통해 온실을 관리하여 편이성을 추구하는 1세대 스마트 팜과는 다르게, 2세대 스마트 팜은 빅데이터를 수집하여 생산량을 증대시키거나 품질을 높이고 비용을 절감하는 등 목적에 맞는 정밀 관리를 통해 농가의 생산성을 높일 수 있다. 이처럼 정부의 적극적인 정책에 따라 수경온실의 환경제어 관련 산업이 급속도로 발전하면서 수경재배에 필요한 측정 센서 및 조절 컴퓨터가 개발되어 보급되고 있다.

스마트 하이드로포닉 팜 운영에 필요한 기기의 제어 특성은 다음과 같다.

1) 제어기

담액식과 NFT 수경제어기는 EC, pH, 온도 센서가 장착되어 있고, 계전기나 타이머 등의 전기회로를 이용하여 계측치와 조절 설정치 사이의 차이에 따라 조절한다. 조절 설정치는 상하한을 설정해 놓는다. 각종 조절장치에 이상이 발생하면 경보음을 울리도록 되어 있으며, 용수, 농축 배양액, 산도 조절액은 동시에 작동하지 않게 되어 있다.

표 4-3 담액식 혹은 NFT 수경에서의 제어기의 조절 방법의 개략

조절 요소	조절 방법
배양액의 공급	타이머에 의해 배양액 공급, 펌프가 타이머에 따라 작동함 작동 시간은 주야별로 설정 가능함, 채널이 길면 자주 공급해야 함
EC	배양액의 EC가 상한선을 넘으면 경보음을 울림 배양액 공급 펌프가 작동 중에 배양액의 EC가 하한선을 일정 시간 이상 넘어가면 농축 배양액의 공급 펌프가 자동으로 작동하게 조절
pH	배양액 공급 펌프가 작동하지만 농축액 공급 펌프는 작동하지 않을 경우에 pH가 설정치 이상이거나 이하인 경우, 산, 알칼리 용액을 자동 공급함
배양액의 온도	설정된 온도에 따라 배양액 온도를 자동 조절되게 조치함. 단, 냉각과 가열을 동시에 할 수 없음

담액식과 NFT 수경에서 제어기 조절 방법은 표 4-3과 같다.

배양액은 타이머에 따라 공급되고, pH는 자동 조절이 되며, 배양액의 온도는 가열 또는 쿨링이 컴퓨터에 의해서 자동 제어가 이루어진다. 쿨링과 가열은 동시에 이루어질 수가 없지만, 각각은 센서에 의해서 조절이 자동으로 이루어진다.

2) 수경용 컴퓨터

온실제어 수경용 컴퓨터의 양액 및 온실 내부의 환경제어 성능의 우수성 덕분에 컴퓨터를 이용한 온실 관리가 가능해졌다(그림 4-13). 이들의 특징은 아래와 같다.

① 배양액의 정밀한 조절을 비교적 간단하게 할 수 있다.
② 환경 계측치를 기억해 두었다가 추후에 재배 관리 점검에 사용할 수 있다.
③ 통신 기능을 사용하여 복수의 제어기를 스마트폰 등으로 원격으로 관리할 수 있다. 또한 여러 농가에서 모아진 빅데이터를 수시로 원격 이용할 수 있다.

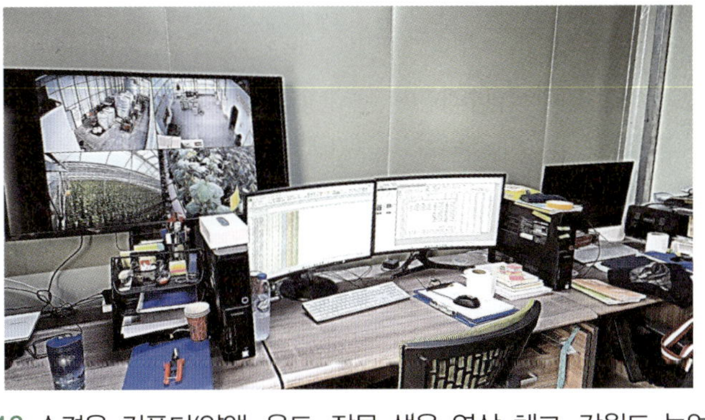

그림 4-13 수경용 컴퓨터(양액, 온도, 작물 생육 영상 체크, 강원도 농업기술원)

(1) 담액식 및 NFT 수경용 컴퓨터 제어기

담액식 및 NFT 수경에 사용되는 컴퓨터 제어기의 조절 방법의 개략을 **표 4-4**에 나타내었다. 컴퓨터는 배양액의 공급, EC가 상한선을 넘기면 경보음을 울리며 농축액에서 양액을 펌프로 공급하여 자동으로 조절해 준다. 또한 pH가 설정 값보다 0.3 이상 차이가 나면 0.2가 될 때까지 산이나 알칼리를 자동 공급하여 조절해 준다. 배양액의 온도가 설정 온도와 차이가 나면 주야간에 온도를 알맞게 조절한다. 왜냐하면, 동절기에는 근권 온도가 매우 중요하기 때문이다. 이 제어기의 특징은 온실의 복합환경도 조절이 가능하다는 점이다. 다른 장치들을 추가하면, 이 제어기 한 대로 온실의 난방기 조절뿐만 아니라, 창문, 커튼, 환기창, 가습기, 제습기, 탄산가스 시비기 등을 조절할 수 있다. 중요한 것은 아무리 자동화되더라도 폭설에는 설하중을 감지를 못하므로 온도를 높여서 눈을 녹여야 한다.

(2) 고형배지경용 제어기

고형배지경에 사용되는 컴퓨터 제어기의 조절 방법을 **표 4-5**에 나타냈다. **그림 4-14**에는 고형배지경에서의 컴퓨터 제어체계의 예를 나타냈다. 고형배지경에 사용되는 컴퓨터는 근권의 EC, pH, 수분과 지상부의 온습도, 일사량, 탄산가스 농도 등을 무선센서

표 4-4 컴퓨터에 의한 순수 수경용 제어기의 조절 방법의 개략(박과 김, 1998)

조절 요소	조절 방법
배양액의 공급	타이머에 의해 배양액 공급 펌프가 단속 작동함 작동 시간은 오전, 오후, 야간별로 설정 가능함 일사량이 많아지면 펌프의 정지 시간이 짧아짐 펌프 작동 중에 수분 센서가 물 부족을 감지하면 작동을 중단하고 경보음을 울림
EC	배양액의 EC가 상하한선을 넘으면 경보음을 울림 배양액 공급 펌프의 작동 개시 후 일정 시간이 흐른 다음, 배양액의 EC가 하한선을 넘으면 0.1mS당 1분의 비율로 농축액의 공급 펌프가 작동함
pH	배양액 공급 펌프가 작동하되 농축액 공급 펌프의 작동이 끝나고 일정 시간이 지난 후에 pH가 설정 값보다 0.3 이상 차이가 나면 0.2가 될 때까지 산이나 알칼리 용액을 자동 공급함 pH 0.1의 차이에 대하여 1분간 공급함 배양액의 pH가 상하한선을 넘으면 경보음을 울림
배양액의 온도	주야로 설정된 온도에 따라 조절함 일사량이 적은 때에는 상한온도를 낮춤 설정 값과 온도의 차이가 6℃ 이상이면 경보음을 울림 단, 냉각과 가열을 동시에 할 수 없음

표 4-5 컴퓨터에 의한 고형배지경용 제어기의 조절 방법의 개략

조절 요소	조절 방법
배양액의 급액	하루에 최대 10회까지 급액 시간을 정해 급액함 배지의 수분 함량이 설정치 이상으로 될 때까지 급액하지만, 급액 시간이 다 되면 수분량이 부족해도 정지됨 수분 설정 값을 오전, 오후 두 가지로 설정할 수 있음
배양액 만들기	배양액 탱크 내에 배양액이 부족할 경우에 물과 농축액으로부터 설정된 EC에 따라 만드는데, 컴퓨터에 의해 조절됨
배액의 처리	배액 탱크에 배액이 가득 차면 배액이 다 없어질 때까지 펌프를 작동함
근권 온도	주야로 설정된 온도에 따라 센서의 입력값을 감안하여 감안 조절

로 측정하여 클라우드에 저장하고 엣지 컴퓨터가 처방을 내려 작물의 생육을 최적화한다. 스마트팜 수경재배는 온실 내외의 환경(습도, 온도, 광강도, 누적광량), 급액량, 난방 온도, 창문 개도율, 식물 상황 등이 무선 센서에 의해 감지되어 엣지 컴퓨터에 전달되면, 판단에 의해 작물이 잘 자라도록 조절되면서 변화 상황을 컴퓨터 화면에 실시간으로 보이고 기록됨에 따라 관리가 매우 편리해졌다(**그림 4-15**). 이 모든 자료는 클라우드에 저장되어서 차후에 처방을 내릴 때에 도움이 되며, 다른 농가나 정부 기관과의 연결을 통해 정보를 상호교환하게 된다.

EC나 pH의 조절은 피드백을 이용한다. 그러나 비순환식에서는 EC나 pH를 어느 정도 알고 있으므로 없어도 된다. 현재 수경재배 면적의 5%만 순환식인데, 앞으로는 환경보호 차원에서 순환식으로의 전환이 불가피하다. 이 경우에는 폐액의 집수통에 센서를 부착해서 일정량에 달하면 여과와 소독 과정을 걸쳐 원액통으로 보내는 시스템이 컴퓨터에 의해 제어되어야 한다.

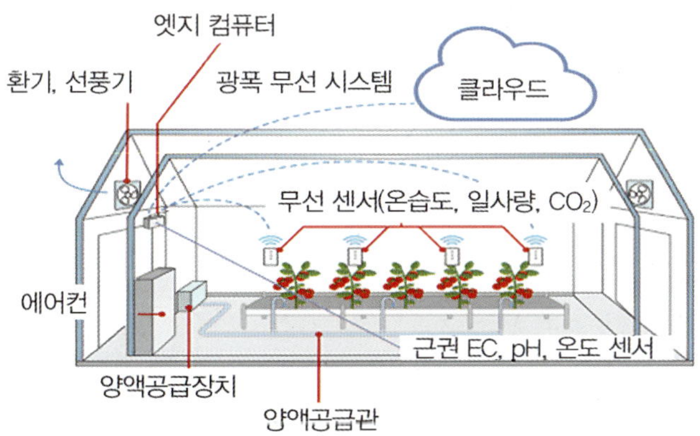

그림 4-14 고형배지경에서의 엣지 컴퓨터 제어체계(Dunsan IoT)

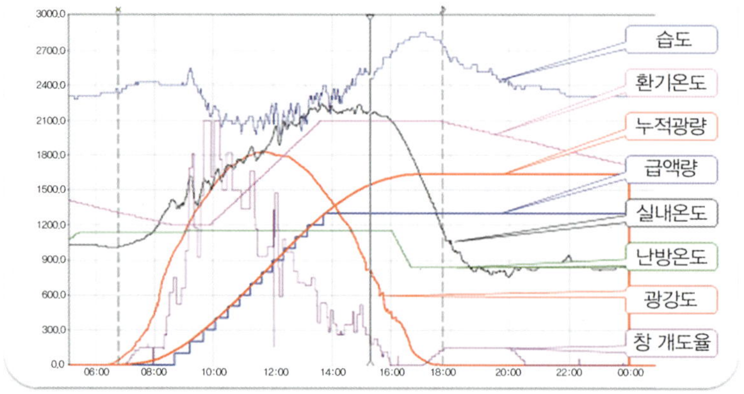

그림 4-15 컴퓨터 화면에 나타난 기상 자료 및 누적 광량과 급액량(PRIVA)

3) 배양액 제어 장치의 개선점

제어 장치가 여러 수준의 재배가의 요구에 부응하기 위해서는, ① 최소의 필요한 기능만 남기고 제어 장치를 간소화시키거나, ② 반대로 종합적인 조절 기능을 가진 고도의 제어 장치를 개발하는 다원적 발달을 필요로 한다. ①은 가능한 한 최소한의 조절로 설비 비용을 절감하는 것으로서, 비교적 조절 기능이 적게 요구되어도 되는 담액식에서 유용하다. ②는 설비 비용이 많이 들더라도 생육에 관련되는 모든 것을 조절하여 최적의 생육을 이룩하는 것으로서, 고소득 작물의 식물공장 형태에서 적합하다. 이들은 서로 다른 방향으로의 목적을 지닌 개선점으로 서로 간에 조화가 이루어져야 하며, 이를 위해서는 많은 데이터와 AI 기능이 필요하다.

현재 수경재배용 컴퓨터는 덴마크, 네덜란드, 영국, 일본, 스페인, 이스라엘 등에서 시판되고 있으며, 국내에서도 최근의 수경재배의 발전에 힘입어 수입품뿐만 아니라 국내 개발품이 시판되고 있다. 근래 근권의 pH, EC, 온도, 수분함량 이외에 센서가 온실 내의 온습도, 일사량, 탄산가스 농도와 식물 생육 데이터를 컴퓨터 화면에 전송하여 외부에서 조절하는 단계에 이르고 있다. 특히 국가에서 정책적으로 스마트 팜 구축을 통한 재택근무를 유도하는 정책을 펴고 있으며, 일부 지원사업도 수행되면서, 관련 업체들이 노력하여 수경재배 제어체계도 많이 출시되고 있으므로 실시간 스마트폰을 이용한 제어가 현재보다 더 실용화될 것이라고 본다.

앞으로는 IoT(internet of things, 사물 인터넷)－Edge 모듈을 이용하여 수경재배 식물별 환경 데이터를 최대한 수집하고, 수집된 환경 데이터와 작물의 생육 반응 사진을 나노 크기의 전용 AI－Cloud 기반 분석 스테이션 모듈에 전송하여 작물의 생리장해나 수확시기 등의 판단에 사용될 것이라고 본다. 통합 인터페이스로 시각화된 모니터링 및 분석 결과는 해당 작물의 수량 변화, 수확시기, 생리장해 포함한 병충해 진단 등 다양한 기초 데이터로 제공되어 수경재배 편의성이 증대될 것이라고 본다(Park & Kim, 2021).

4) 스마트 수경온실 지상부및 지하부 복합 환경 조절

지금까지 언급된 스마트 수경온실의 환경 요소의 주요 계측과 제어 수단을 정리하면 표 4-6과 같다. 지상부는 수경온실에 중요한 환경 요소인 광, 기온, 습도, 이산화탄소 농도, 풍속 요소 계측 센서와 제어 수단을 제시했다. 지하부는 관수량, 수온, pH, EC, 용존 산소량의 계측 센서와 제어 수단을 언급하였다. 이들 제어기는 PLC(programmable logic cotroller, 논리연산 제어장치), 조절기와 타이머, 전용제어기 등이 있으며, 자동제어판에 설치되어 자동 또는 수동으로 관리자가 조작한다(손, 2022).

최근에 이런 제어는 실시간으로 모니터닝하고 제어가 가능한 유비쿼터스 통합제어 시스템이 도입되고 있으며, 시설비가 많이 필요하지만 편리성이 획기적으로 발전되고 있다.

앞으로 중요한 것은 수경재배이므로, 토양재배에서 보다 관리의 어려움이 있는 지하부의 환경제어에만 너무 신경을 쓰지 말고 작물이 자라는 데 가장 중요한 광조건을 포함한 지상부의 기후환경, 그리고 병충해 방제를 위한 내병성 및 내환경성 품종 도입과 천적을 이용한 환경친화적인 생물적 환경 등 3가지 요인을 종합적으로 잘 조절해야지만 스마트 수경재배가 성공적으로 이루어질 수 있다고 본다.

표 4-6 환경 요소의 주요 계측 센서 및 제어 수단(손, 2022)

구분	환경 요소	계측 센서	제어 수단
지상부	광	광양자 센서	인공광
	기온	열전대, 측온저항체	공조, 난방, 냉방
	습도	전자식 습도 센서, 건습구 온도계	공조, 가습, 제습
	이산화탄소 농도	적외선 가스 센서	공조, 이산화탄소 공급
	풍속	열선풍속계, 회전형 풍속계	공기 순환
지하부	관수량	수위 센서	관수
	수온	열전대, 측온저항체	양액 가온, 냉각
	pH	pH 센서	알칼리 또는 산 공급
	EC	EC 센서	농후액 공급 또는 희석
	용존산소량	용존산소 센서	통기, 냉각

4.10 스마트 하이드로포닉 발전 방향

스마트 하이드로포닉을 구축하기 위해서는 수많은 정보를 수집하여 축적하는 것이 가장 중요하며, 그러기 위해서는 많은 센서를 동원해야 하므로 비용이 많이 소요된다. 따라서 개인보다는 정부의 적극적인 지원과 함께 관련 연구 단체와 개인 사업체의 실용화 연구가 필요할 것으로 생각된다.

유럽에서도 스마트 하이드로포닉의 단계를 넘어서 AI와 로봇을 이용한 생력화를 추진하기 위하여 많은 업체가 노력하고 있다. 그러나 스마트 하이드로포닉의 온실 구조가 로봇이 이동할 수가 있도록 시스템이 갖추어져 있어야 한다. 딸기 수확 로봇의 경우에 온실바닥에 두 줄 난방 라인이 설치돼서 그곳을 이용하여 수확 로봇이 이동한다. 하지만, 네덜란드나 한국의 농가가 전부 난방 라인이 바닥에 설치되어 있는 것은 아니다. 따라서 생력화를 위한 로봇의 적용은 시설 구조가 갖추어진 곳에서만 가능하다. 또한 로봇은 24시간 일을 하지만 수확한 딸기는 사람이 꺼내서 이동을 시켜야 하는 문제점이 있다. 스마트 팜에서 로봇의 적용은 비용면에서도 농장의 부담이 너무 큰 점도 문제이다. 기술 응용적인 측면에서 네덜란드의 경우에도 스마트 팜에 제공되는 기술의 응용이 농가에서 세내로 이루어지지 않고 있어 농가 교육에 신경 쓰고 있다. 한국의 스마트 팜 하이드로포닉도 여러 기기를 큰 비용을 들여서 설치하였음에도 전부 이용을 못하고 있다. 따라서 농가의 적극적인 노력과 관련 기관 및 업체에서 교육을 실시하여 고가의 스마트 온실에 설치된 기기의 이용과 적용을 증대시킬 필요가 있다.

작물 생육 모니터링, 자동 생육 조절, 로봇의 수확 등은 보다 실용적이면서 경영 압박이 없는 측면에서 보급되고 관련 기관이 주동이 되어서 철저한 수경재배가의 교육과 정부의 지원이 병행되어야 한국의 스마트 하이드로포닉은 발전할 수 있으며, 축적된 최신 재배기술을 바탕으로 한국의 스마트 수경법을 개발도상국에 기술 공여할 수 있다고 생각된다.

스마트 하이드로포닉의 미래는 자동화, AI 기반 정밀성 향상, 그리고 사물 인터넷(IoT) 기술의 광범위한 통합을 통해 식물 생장과 자원 활용을 최적화함으로서 고품질 작물의 수확량 증대, 자원투입 대비 수익 창출의 효율성 향상, 그리고 노동력 및 자원 낭비 감소를 달성하여 발전할 수 있을 것이다. 다만 스마트 식물공장에서는 수익성 높은 새로운 작물 발굴, 조명과 냉난방 등에 필요한 비용의 획기적인 절감 가능 시스템의 개발을 통한 경영의 합리화가 이루어져야 발전의 가능성이 높다고 보아 지속적인 도전이 미래에 필요하다고 본다.

제2부

스마트 수경재배의 종류

제 5 장 담액수경 (Deep Flow Culture)

담액수경(DFT : deep flow technique)법은 순수수경(water culture)법으로서 뿌리를 액체배지, 즉 배양액 속에서 자라게 하는 가장 처음 연구와 실용화가 된 수경법이다. 담액수경은 산소의 공급 방법에 따라 인위적으로 공기 주입기를 이용한 통기식, 물을 계속적으로 이동시켜 주는 유동식, 뿌리를 공기 중에 노출시켜 주고 일부만 양액에 젖게 하는 액면저하식(Kratky method, Kratky, 2009), 일정시간 담수 후에 배수하는 담배수법(ebb and flow) 등으로 나눠진다. Resh(2013)은 담배수법을 NFT 방식으로 분류하였지만, 매 5~10분마다 담수되고 배수시키는 것이 산소 공급 방법의 차이라 생각되며, 담배수 베드는 구배가 없으므로 담액수경에 포함시켜서 다루기로 한다. 담액수경은 탱크의 유무에 따라 탱크 방식과 무탱크 방식으로도 분류되며, 각각의 방법에 대한 장단점을 이해한 다음 선택하여 재배에 임해야 한다. 과거에는 담액수경 방식을 폭넓게 사용하였지만, 최근에는 엽경채류나 분화용에 국한해서 사용하고 있다.

5.1 수경 장치

수경 베드의 설치 위치에 따라서 지중형과 지상형으로 나눈다. 담액식에서 베드는 다량의 배양액을 담고 있어야 하므로 매우 견고해야 한다. 베드의 재료는 콘크리트, 합성수지, 스티로폼, 기타 견고한 나무 자재를 사용한다. 지하형은 과거에는 콘크리트로 튼튼하게 만들었지만, 최근에는 가볍고 일하기 편한 목재판을 지중에 세우고 내부에 비닐을 깔아 사용한다. 지중형은 땅속에 베드를 설치하기 때문에 수온이 쉽게 변하지 않으므로 관리가 편리하다. 지상형은 목재나 알루미늄 등을 이용해서 1m 높이로 설치하여 수온이 지중형보다 온실 내의 온도에 영향을 많이 받는 특징을 가진다.

재배 베드의 이동 여부에 따라 고정식 베드와 이동형 베드 방식이 있다. 고정식 베드는 공기를 산소공급기(에어펌프)를 이용하여 베드에 산소를 주입하는 방법으로서 주로 소규모 농가나 가정용 수경법에 적용된다(**그림 5-1, 좌**). 유동식 베드는 주로 부유 수경(raft 또는 floating system)이 대표적 방법이다. 사용하는 농가나 지역에 따라 다르지만, 일반적으로 베드는 폭 2.4~3.6m, 길이 12~36m, 깊이 10~25cm 정도이고, 배양액의 깊이는 5~15cm로 한다. 수경 베드 폭은 농가나 제조 회사에 따라 다르다. Hydronov 제품은 폭 7.2m, 길이 약 50~100m에 달한다. 수확기가 되면 스티로폼으로 제조된 부유 베드를 기계로 밀어서 반대쪽 수확 라인으로 보낸다(**그림 5-1, 우**).

베드 내 양액의 이동에 따라서, 담액식, 담배수식, 홍수 시스템식, 액면저하식으로 구분된다. 담액식(deep flow system)은 양액이 베드에 담겨져 있어서 이동이 비교적 많지 않은 재배법이다. 베드의 상부에 식물체를 지지하는 정식판이 놓이는데, 이러한 정식판이 액면과 떨어져 있는 경우와 액면 위에 떠 있는 경우로 나뉜다. 액면과 정식판 사이의 공간이 5~8cm로 떨어져 있으면 배양액에 산소가 쉽게 녹아서 식물 생육에는 좋지만 시설비가 많이 소요되므로, 경제성을 고려하여 정식판을 액면에 띄울지 또는 간격을 둘지 여부를 정하는 것이 좋다. 대부분의 농가에서는 정식판을 액면에 띄우는 방식을 사용하며, 주로 스티로폼 판을 사용한다. 지상에 설치한 베드는 받침대 높이 1m 정도가 되는 베드(**그림 5-2, 좌**)를 만들어서 담액수경을 하거나 부유수경법을 적용한다. 수온이 실온의 영향을 받고 시설비가 다소 상승하는 단점이 있다.

담배수(ebb and flow) 방법에는 테이블형과 바닥형이 있다. 테이블형은 1m 높이의 알루미늄 또는 플라스틱 사각 테이블로 구성되며, 폭 약 1.2~2.4m, 길이 10~30m, 높이 10~25cm 내외이다. 주로 분화용이나 암면육묘에 쓰인다. 테이블은 고정 테이블이 많지만(**그림 5-2, 좌**), 최근에는 온실 면적의 이용 효율성 증대를 위해서 좌우로 이동되는 롤링 벤치(rolling bench)를 많이 사용한다(**그림 5-2, 우**).

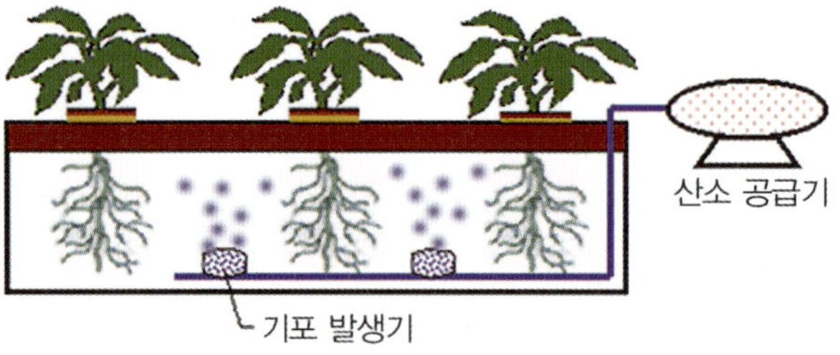

그림 5-1 통기식 담액재배 원리(좌)와 부유수경(우, Dry Hydroponics)

그림 5-2 담액 고정형 테이블(좌, Pure Hydroponic)과 이동형 테이블(Google)

홍수 시스템(flood system, flood floor)은 홍수처럼 온실 바닥 전체가 일시적으로 담액이 5분간 이뤄지게 한 후 7~10분간 배수되게 하는 관수 방법이다(그림 5-3, 좌). 담배수를 위해 바닥의 중앙에 일렬로 뚫린 구멍을 통해서 물이 일시에 들어오고 일정시간이 지나면 빠져나가는 시스템이다. 주로 오이나 토마토 암면 육묘, 화훼 포트 재배, 중·대형 포트에 심은 화목류의 관수법으로 많이 사용된다. 펌프의 기능에 따라 다르지만 보통 6×30.5m가 바닥의 기본이 된다. 바닥은 배수를 위해서 물이 모이는 중앙의 구멍 방향으로 약간의 기울기를 둔다. 물을 배수하는 과정에서 식물의 각종 찌꺼기가 나오는데, 이를 분리하는 시스템을 퇴수로 쪽에 설치하는 것이 중요하다. Resh(2013)은 NFT 시스템에서 flood floor를 언급하지만, 국내에서는 관수 방법의 종류로 다룬다.

액면저하식(Kratky method)은 양액 통에 식물을 정식한 다음 영양액을 가득 채운 다음 수확 시까지 추가로 공급하지 않고서 재배하는 법이다. 자라면서 액면은 저하되고 노출된 뿌리는 호흡을 하면서 자라므로, 공기 주입, 양액순환 장치가 필요가 없는 가장 간단한 수경법이며, 주로 생육기가 짧은 식물에 적용된다(그림 5-3, 우).

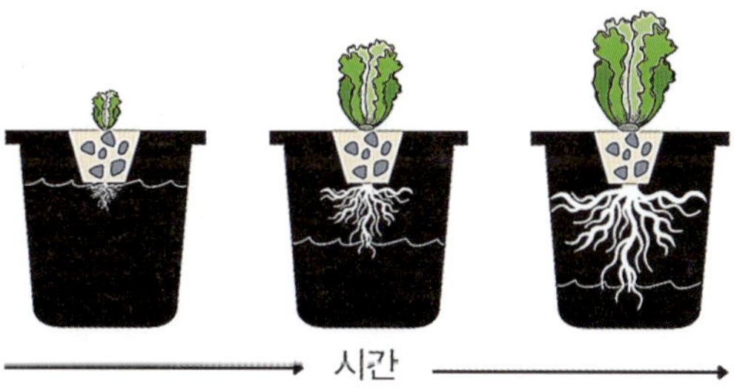

그림 5-3 담배수 바닥형(캐나다, 좌)과 액면저하식(Kratky method, 우)

5.2 재배 관리

5.2.1 파종

파종법은 두 가지로 나뉜다. 배지에 파종하여 육묘 후에 묘를 수경 베드에 직접 꽂아 주는 방법과 파종 후 어느 정도 자라면 포트나 트레이에 옮겨 심고서 일정기간 육묘하여 정식하는 방법이 있다(그림 5-4, 좌). 담액 육묘에 많이 사용하는 배지는 폴리우레탄, 오아시스, 암면 큐브가 있는데, 종자를 파종할 수 있게 홈이 나 있다. 오아시스에 세파 등을 파종해서 저면 담액 육묘하면 좋다(그림 5-4, 우). 담액 육묘 시 파종 직후 수온은 25℃ 내외를 유지하고, 싹이 난 후에는 20℃ 내외를 유지한다. 그 외 소형 포트에 배양토를 채운 후 파종하여 떡잎 때까지는 물로만 관수하다가, 본 잎이 전개되면 배양액 농도의 1/2~1/3 정도로 옅게 타서 육묘하기도 한다.

5.2.2 육묘

1) 과채류

과채류 육묘는 포트에 배지를 충전하고 파종해서 육묘한다. 배지는 뿌리의 성질, 재배 방식 등에 따라 달라지는데, 암면(4 x 4 x 4cm 큐브), 인조자갈. 피트모스, 코이어, 왕겨 등을 사용한다. 과채류 담액용은 암면 큐브와 인조 자갈 육묘를 많이 한다(그림 5-5, 좌, 우). 과채류는 파종 후 온도 관리를 25~26℃로 유지하고, 발아 후에 떡잎이 완전히 펴지면 주간 23℃, 야간 15℃로 관리한다. 야간 온도가 높으면 배축이 웃자란다. 옆구리에 구멍이 많은 담액용 포트가 다양한 크기로 판매되고 있다. 포트는 식물이 자람에 따라 간격을 넓히고, 육묘용 베드의 수면 높이를 조절해 준다. 육묘할 때는 배양액 농도는 EC 1.0~1.5로 공급한다.

그림 5-4 우레탄 육묘(좌)와 오아시스 세파 담수 육묘(우)

그림 5-5 토마토 암면 큐브 육묘(좌, Hydro−Indo.)와 인조자갈 육묘(출처: Google)

2) 엽채류

1990년대에 수경재배가 국내에서 처음 시작될 때는 상추나 참나물 종자를 모래나 마사토에 흩어 뿌린 후에 어느 정도 자라면 굴취해서 뿌리에 붙은 모래나 마사를 제거한 후, 폴리우레탄으로 식물을 감싼 다음 52나 72공 플러그 트레이(plug tray)에 꽂아 육묘했다. 그러나 최근에는 폴리우레탄에 파종한 후 본 잎이 나오기 시작하면 분리해서 플러그에 꽂아 잎이 3~4매가 될 때까지 육묘해서 담액수경 베드에서 정식한다. 이 시기에 육묘실 온도는 20℃ 내외, 수온은 18~22℃로 유지한다. 상추를 28~30℃ 이상에서 계속 육묘하면 치마상추의 경우에 조기 추대되므로 유의한다.

대단위 수경 농장에서는 가느다란 v자형 홈이 파인 스티로폼 베드에 상토를 채운 후 파종해서 저면관수법으로 육묘하기도 한다(그림 5-6, 좌). 시판 중인 폴리우레탄(스펀지) 육묘판에 파종하거나, 오아시스 육묘판에 종자를 뿌려서 본 잎이 나기 전에 어린 묘를 하나씩 분리하여 구멍이 뚫린 60 × 120cm 스티로폼 판에 꽂은 후 물 위에 띄우는 프로팅법(floating method)으로 육묘하기도 한다(그림 5-6, 우). 이들이 어느 정도 생장하여 정식할 때는 최종 재배하는 재배판(floats 또는 raft, 스티로폼에 일정 간격 재식공이 뚫린 판)의 구멍으로 뿌리가 상하지 않게 옮겨주면 되므로 작업 효율이 좋다. 농가에

그림 5-6 패널 이용 플로팅 육묘(Dry Hydroponics, 좌)와 프로팅법 육묘(Ina Plastics, 우)

따라서는 소형포트에 코이어를 채우고 파종해서 16공 또는 20공 스티로폼 틀에 꽂고 담배수 방법으로 육묘하기도 한다. 또한 물에 뜨는 플라스틱 연결 2줄 베드에서 정식하기 좋은 크기로 기르기도 한다(Viscon. 2025).

3) 화훼류와 허브

담배수법으로 육묘하는 화훼류나 허브류는 포트에 코이어, 입상암면, 펄라이트, 인조자갈 등을 충전하고 파종 또는 삽목하여 베드에 올려놓는다. 파종 후에는 저면관수가 가능한 베드에 올리고 포트 아래 부분이 2~3cm 깊이로 물에 잠기게 하여 상토가 수분을 완전히 흡수하도록 한 다음 수분 상태를 보아 가면서 담배수한다.

삽목이나 파종의 경우, 오아시스나 암면에서 너무 오랫동안 육묘하면 뿌리가 옆으로 뻗어서 정식할 때 뿌리가 절단될 수 있으므로 잘 관찰하여 정식을 실시해야 한다.

5.2.3 정식

일반 담액 수경에서는 모든 장치가 완비되고 묘가 충분히 자란 후에 정식을 하는데, 이때에는 포트 또는 우레탄에서 자란 식물을 스티로폼 1.2 x 1.2m 정식판에 상추묘를 15 x 15cm 간격으로 재배공에 꽂아주기 위해서는 64개 모종이 필요하다. 구멍에 묘를 꽂기만 하면 되므로 간단하다. 정식할 때 뿌리가 배양액과 완전히 접촉하게 하고, 뿌리가 우레탄의 중간에 끼지 않게 주의한다. 대단위 재배 농장에서는 묘를 꽂은 후 뿌리를 내리도록 하기 위해서 "ㄱ"자형의 소형 갈고리를 이용하여 모든 뿌리가 액면을 향할 수가 있게 조절해 준다. 특히, 상추 담액 수경에서 이러한 도구를 많이 사용한다.

담배수 재배에서는 잘 자란 화훼식물을 작은 분화로서 판매하거나, 좀 더 키워서 판매하기 위해 영양성분이 높은 배지를 충전한 대형 화분에 정식해서 기른다.

피트를 충전해 육묘한 허브 포트는 더 큰 포트에 정식하거나 포트 상태로 판매한다. 노지 담배수 수경 허브는 부드럽고 향기가 좋아 독일에서 인기가 많다.

액면저하식(Kratky method)을 적용하는 탱크 방식에 정식할 때는 반드시 10~12cm 정도 크기의 자갈 포트나 암면 큐브에서 육묘한 묘를 사용한다. 토마토 같은 과채류는 약 50~60L 플라스틱 통을 사용한다. 통에 양액을 덮게 바로 아래 1~2cm 높이까지 채우고, 중앙에 위치한 포트보다 직경이 약 1~2cm 작은 재식공에 육묘한 포트를 꽂아서 정식한다. 상추는 약 20L 육묘한 상추를 동일한 방법으로 양액을 채우고서 정식한다. 액면저하식(그림 5-3, 우)은 초기에 양액을 한 번 공급하고 수확 시까지 양액을 공급하지 않으므로, 뿌리가 건전한 묘를 골라서 정식해야 한다. 탱크 방식의 액면저하 방법은 주로 취미원예가가 이용하는 방법이며, 상업 농가에서는 거의 이용하지 않는다.

5.3 배양액 관리

5.3.1 급배액

액면저하식은 파종하여 육묘할 때나 이식한 직후에는 잠기게 하고, 정식 후에는 배양액면을 보통 때보다 높여 공기층의 폭이 1~2.5cm가 되게 한다. 이후 뿌리가 자라는 정도에 따라 배양액면을 낮춰 주는데, 보통 뿌리의 절반가량만 물에 잠기게 한다. 이때 액면은 배수구의 높이로 조절한다. 배액구에 틈(slit)이나 슬라이스 파이프 등을 달아서 베드 내의 수위를 일정하게 유지한다. 또한 베드에서 배액구로 배액될 때 액의 흐름이 빨라져서 뿌리가 빨려 나갈 수 있으므로, 상황에 따라 뿌리의 유입 방지 장치를 달기도 한다. 그 이외에 뿌리나 잡물이 탱크 내로 들어오는 것을 막는 여과 장치를 설치하기도 한다.

유동식은 식물의 뿌리가 물속에 잠겨 있는 상태에서 양액만 유동하게 한다. 배양액이 탱그로 순환되어 들어올 때는 공기를 많이 포함할 수 있게끔 공기층과 최대한 접하게 한다. 유동식의 담액수경에서는 다량의 액이 적어도 한 시간에 0.7~1회 정도 순환되므로 배양액의 농도가 작물의 위치와 상관없이 항상 일정한 상태로 존재한다.

담배수 방식은 양액이 5~10분에 한 번씩 들어오고 나가게 하는데, 이때 경험적으로 화분 내 배지의 수분 상태, 생육 단계, 그리고 날씨에 따라서 간격을 조절해 준다. 수분 보유력이 낮은 배지, 큰 식물, 고온기는 담배수 시간을 짧게 자주 담수해서 적정한 수분이 작물에 공급될 수 있게 한다.

탱크 방식에서 배양액량은 재배 방식에 따라 차이가 있지만 과채류의 경우에 한 그루당 10~40L를 준비한다. 이 양은 작물의 최대 흡수량으로 계산해 보아도 5~10일분에 해당할 만큼 대용량이다. 따라서 탱크 방식에서는 농도 변화가 적다는 것이 특징이다. 실제로 탱크를 이용하는 방식에서는 매일 혹은 격일마다 감소한 양을 보충한다. 탱크를 이용하지 않는 무탱크 방식에서도 액면조절기를 사용하여 양액을 보충해 주므로, 배양액이 많다는 것이 보충적인 측면으로 봤을 때는 장점으로 보이지 않지만, 급속한 기상 변화나 양액장치의 고장이 발생할 경우에는 안정성을 높여준다.

5.3.2 뿌리에 대한 산소 공급

뿌리에 산소를 원활히 공급하기 위해서는 인위적으로 배양액의 용존 산소량을 늘이거나, 산소와 배양액 사이의 접촉 면적이 많아지도록 유동 속도를 증가시켜야 한다. 배양액을 순환만 시켜서 재배할 경우에는 배양액으로 용해되는 산소의 양보다 식물이 소비하는 양이 많아 배양액의 용존 산소량이 줄어들게 되고, 결국에는 식물에서 산소 부족을 일으키게 된다. 이를 방지하기 위해 용존 산소량을 높이는 여러 가지 방법이 사용된다(그림 3-5 참조). 증가 방법은 재배 규모에 따라 차이가 있다.

1) 가정 및 실험용의 경우

소규모인 경우에는 공기 펌프에 의한 강제 통기 방식이 사용된다. 공기 펌프에 다공석(air stone)을 연결해서 어항에 공기를 넣는 것처럼, 베드 내에 공기를 주입하여 산소를 공급해 주는데, 공기가 나오는 기포 발생기는 바닥에 설치해야 한다(그림 4-1, 좌 참조). 공기 방울의 크기는 가급적 작게 하고, 뿌리에 직접 닿으면 안 좋으므로 주의해야 한다. 베드가 너무 크면 공기 펌프로는 감당할 수 없다.

2) 농가용의 경우

농가에서는 배양액을 펌프로 강제 순환시키는 방법을 채용하는데, 순환 과정에서 배양액 탱크로 순환되는 과정에서의 낙차를 이용하거나 양액 교환 주기를 반복한다. 길이가 30m이고, 베드 내의 배양액의 깊이가 10~15cm인 경우에는 한 시간에 1~2번 배양액을 교환하여 산소 농도를 증가시킨다. 고온기는 양액을 순환해도 용존 산소 농도가 낮으므로 산소 공급기를 설치해서 운영하는 것이 좋다. 농가에 따라서는 플로팅 스티로폼 베드에 포트를 꽂는 위치를 높게 만들어서 양액 표면과 포트 하부 뿌리 사이에 공간을 주어 공기 중 산소를 이용하는 방법을 이용한다. 이러한 특수 스티로폼 베드(그림 5-9, 우 참조)는 여러 나라에서 특허품으로 공급되고 있으며, 국내의 농가에서도 제작하여 이용하고 있다.

5.3.3 온도 관리

담액식은 베드 내의 액량이 많기 때문에 지하부 온도는 토양의 온도와 어느 정도 격리되어 있고, 온도의 변화가 작다. 그러므로 배양액의 온도만을 조절하여 근권 온도를 쉽게 조절할 수 있다. 특히, 우리나라처럼 기온 변화가 크고 양액재배 전문가를 농가마다 따로 둘 수 없는 생산 환경에서는 이러한 점이 커다란 장점으로 작용한다.

지하부를 가온할 때, 탱크 방식에서는 탱크 내를 가온하거나 베드 내의 배양액을 가온한다. 무탱크 방식에서는 베드 내의 배양액을 가온한다. 가온하는 데는 온수 보일러나 전열이 사용된다. 실제로는 탱크 내에 플라스틱 파이프를 설치하여 온수 보일러로 가온하는 것이 가장 효율성이 높지만, 이 방법에서 베드 내에 액이 순환되는 것은 주간이고 가온을 필요로 하는 시간은 야간이므로 모순이 생긴다. 따라서 가온을 위해 야간에 순환시키는데, 실제로는 순환 횟수를 줄여도 온도를 유지할 수 있다. 다만, 가온과 순환을 계속해야 하는 것이 단점이다.

베드 내를 가온시키는 방법은 이와 같은 불합리를 타파시키므로 온수 보일러 방법을 채택하는 것이 좋다. 베드 밑이나 베드 내에 플라스틱 파이프를 깔고서 온수 가온하는 것이 효율적이지만 설치비가 많이 든다. 베드 내에 배관하는 것이 열효율 면에서는 가장 좋지만, 베드를 청소하거나 소독할 때 방해가 되고 작은 베드를 많이 사용할 경우에 배관이 복잡해지는 결점을 지닌다. 저면 베드의 경우에는 베드 밑에 단열 시트를 깔고 배관한 후 베드를 설치하는 것이 좋다. 가온을 시작한 직후에는 베드 내에 설치한 것보다 온도가 올라가는 속도가 느리지만, 이는 가온 시간을 조금 앞당겨 주면 해결된다. 여름철에는 수온이 급속히 올라가므로 양액통 내에 냉각기를 설치해서 수온이 18~22°C를 유지하도록 한다. 최근에는 양액의 온도를 낮추는 순환 냉수 냉각기가 다양한 규격으로 판매되므로, 이를 구입하여 양액통에 연결하거나 큰 농장에서는 대형기기를 사용하도록 한다(그림 4-4 참조).

5.3.4 병충해 관리

담액수경뿐만 아니라 다양한 수경재배에 있어서 나비나 진딧물의 오염을 방지하기 위한 철저한 대책이 필요하다. 입구에 윈드 샤워기(wind shower)를 설치해서 출입자의 몸에 붙어서 들어 올 수 있는 진딧물이나 기타 해충을 제거한다. 환기창에는 망사를 설치하여 해충을 철저하게 막아야 함에도 일부 농가에서는 환기구에 망사를 설치하지 않은 경우가 많다. 이러한 경우에 케일이나 청경채와 같은 배추류에서는 나비유충이 흔히 나타난다. 수경관리자의 위생 관리 부족이나 육묘 시 이용 배지의 감염 또는 배양액의 관리 부족으로 인해 뿌리썩음병(*Pythium*)이 발생할 수가 있으므로 주의한다. 뿌리썩음병의 초기 증상은 뿌리의 색이 백색에서 갈색으로 변하면서 끝이 물러지고 썩는 것이다. 수시로 관찰하여 발견 즉시 해당 식물을 제거하고 양액도 바꿔야 한다.

5.4 가정용 담액재배

가정에서 취미로 폐품을 사용해서 수경재배를 하려면 0.5~1L 유리병 또는 플라스틱병과 약 3cm 두께의 스펀지를 준비한다. 병의 뚜껑 크기에 맞게 원형 또는 사각형 모양으로 스펀지를 자르고 중심부까지 한쪽에서 자른다. 여기에 구입한 상추나 바질묘를 깨끗이 씻은 다음 스펀지로 감싸서 병에 꽂는다. 뿌리가 충분히 잠길 정도로 수돗물을 채운 후 그늘에서 2~3일 둔다. 상추나 바질의 뿌리가 내리면 3~4일 후에 양액을 넣어 준다. 뿌리가 완전히 병의 밑바닥까지 자라면 수위를 병 높이의 절반이 되도록 조절하여 뿌리가 절반가량 노출돼서 공기 접촉을 많게 한다(그림 5-3, 우).

조금 더 큰 베드 재배가 필요한 경우에는 플라스틱 상자, 스티로폼 상자(각종 과일, 생선, 굴 상자 같은 폐품)를 이용한다. 준비한 상자는 내부에 검정비닐로 방수 및 암처리를 한다. 정식판으로는 스티로폼(두께 2~3cm)을 사용하며, 상추, 엔디브, 치커리, 겨자채 같은 엽채류 재배용은 15×15cm 간격으로 하여 직경 3~4cm 구멍을 뚫는다. 구입한 묘를 흐르는 수돗물에 상처가 나지 않게 깨끗하게 씻는다. 준비한 두께 3cm 이상 스펀지를 4~5cm 크기로 절단하여 중심부까지 자른 후 여기에 채소 묘를 감아 스티로폼 구멍에 꽂아 재배한다. 식물을 심은 후에는 어항에 사용하는 공기 주입기를 설치하여 산소를 공급해 주면 잘 자란다. 가정에서는 플라스틱 통에 구멍을 낸 후 포트를 꽂아 기를 수 있다. 구입한 식물을 씻어 상토를 제거 후에 인조 자갈이나 마사를 이용하여 포트에 다시 심고서 화분을 꽂아 준다. 화분 중간까지 물을 채우고서 공기 주입기를 설치한 다음 3~4일은 수돗물에서 기르고 뿌리가 내리면 시판용 수경액을 넣고서 기른다(그림 5-7). 시판용 담액 수경장치는 가정이나 소형 영업소용으로 보급되는데, 회사에서 작물, 양액 등을 관리해 준다(그림 5-8).

재식하는 판의 숫자에 따라 1단 또는 4단으로 구성되어 있다. 약 30~35cm 위에 LED 광이 설치되어 있다. 육묘를 따로 하여 어느 정도 자라면 재배 장치에 정식한다. 보통 가정에서 소모되는 양을 고려하여 1주일이나 10일 간격으로 재식할 상추나 기타

그림 5-7 담액수경 자가 제조(Google)

그림 5-8 담액수경 시판 제품(Farmbit)

청경채, 쑥갓 등을 육묘용 스펀지에 파종을 하고, 실내 창가에서 수돗물을 이용하여 육묘한다. 육묘기간이 긴 시기는 본 잎이 난 다음 양액을 묽게 타서 공급한다. 정식하고 나서 다 자라면 수확한다.

5.5 농가 보급형

농가 보급형은 양액 탱크의 설치 여부에 따른 탱크 방식과 무탱크 방식으로 나누어서 설명한다.

5.5.1 탱크 방식

탱크 방식은 대용량 양액 탱크(1,000m^{2}당 25~30t)를 만들어서 운영하는 방식으로, 기본 원리는 산소의 공급 장치에 따라 구분된다. 낙차 이용법은 양액수조를 크게 만들어 배액이 모래 여과나 자외선으로 소독한 후에 양액 탱크로 다시 들어올 때 많은 낙차를 줘서 산소가 녹아나게 하는 방식이다. 다른 방식은 공기 혼입기를 설치하여 양액이 베드로 들어갈 때 산소를 공급해 주는 것이다. 이 방식은 담배수법처럼 간단공급을 하는 것이 아닌 연속급액법을 사용한다. 탱크 방식은 기계를 수조에 설치하기 쉬우므로, 겨울철에는 양액의 온도를 올리고 여름철에는 냉각기를 사용하여 온도를 쉽게 내릴 수 있다.

근래에 들어서 엽채류 부유 수경재배의 면적 증대가 캐나다, 멕시코, 일본, 중국 등지에서 나타나고 있으며, 상추와 같은 엽채류에서 허브 생산으로 방향이 전환되고 있다.

근래 전 세계 여러 나라에서 가장 많은 약 30ha 이상 담액수경 면적이 증가한 곳은 Hydronov 사의 부유수경이다(Resh, 2013). 이 회사는 반결구 버터 헤드 타입(butter head type) 상추를 연간 1m^{2}에서 500포기(약 200g)를 생산하는데, 지역이나 계절에 따라 다르지만 약 45일의 생육기간이 걸리고 연간 17~20회 수확할 수가 있다고 한다. 이는 육묘 후에 정식을 하여 생산하는 기간만을 고려했을 때 가능한 방법이다. 간단히 설명하면, 파종은 오아시스 큐브에 실시한 다음 모판을 스티로폼 판 위에 올려서 부유식으로 관리하는데, 수분은 붐 시스템(boom system: 많은 노즐이 부착된 이동식 관수 장치로서 지상 관수 시스템)을 사용한다. 1차로 싹이 나서 본 잎이 자라나면(4~6일), 오아시스 큐브를 하나씩 떼서 육묘용 판에 이식한다. 이때 스티로폼 패널 크기는 60×120cm이며 288공을 갖는다. 여기서 10~12일간 자라게 한 후, 2차 이식은 동일한 크기의 72공

스티로폼 패널(60 × 120cm)에서 네 번째 본 잎이 날 때까지 18~21일간 기른다. 그 후 최종적으로 동일 크기의 패널에 18개 식물(3 × 6)을 정식한 다음, 여기서 24~30일 정도 물 위에서 재배한다(그림 5-9, 좌). 패널은 정식 후에 투입된 반대쪽으로 수확 기간을 고려하여 기계로 이동시킨다. 수확할 때는 패널을 담액수조에서 건져 이동 컨베이어에 올려주면 움직이는 도중에 수세가 1회 이루어지고 계속 이동하여 수확포장 센터로 옮겨간다(그림 5-9, 우). 여기에서는 10여 명의 사람들이 뿌리와 나쁜 겉잎을 제거한 후 비닐 백에 개별 포장한 후 박스에 넣어 저온고로 옮긴다. 박스에 담겨진 상추는 저온 감압저장(vacuum storage)을 해서 냉장 트럭을 이용하여 출하한다. 수확이 끝난 재배 패널은 세척실로 가져가서 수세와 소독을 동시에 진행한 후에 다시 재활용된다.

이 방식은 최근에 다양하게 공급되는 재배용 패널을 구입하여 재배조를 만들어 재배할 수가 있으므로 국내외 엽채수경 재배에 많이 적용되고 있다

5.5.2 무탱크 방식

무탱크 방식의 대표적인 것이 등량교환 방식이다. 이 방식은 좌우대칭이 되도록 베드를 2개로 나눠서 한쪽 베드에 양액이 차면 다른 쪽은 빠져서 뿌리가 노출되어 산소를 공급받게 하고, 일정 시간이 지나면 다시 반대쪽으로 양액을 보내 잠긴 베드의 물을 빼서 뿌리가 공기 중의 산소와 충분히 접촉하게 하는 양액의 등량교환 방식이다. 펌프 2대를 교대로 작동시키며, 배양액은 항상 유동하고 있어 뿌리를 자극하므로 생육이 좋아진다. 다만, 고온기에 수분 흡수가 많을 때는 베드 내의 액량이 지나치게 감소하여 조성이 변하기 쉬우므로 배양액 관리를 잘해야 한다. 일본에서 고안한 방식으로서 대형 탱크를 만들지 않기에 설비비가 다소 저렴하고 산소 공급이 잘되는 재배법이지만, 최근에는 일본에서 거의 이용하지 않는다.

그림 5-9 상추 부유재배(좌, Wikipedia)와 수확실로 베드 이동(우, Dry Hydroponics)

최근에는 물속의 산소를 이용하는 재배법이 아닌 재배용 스티로폼의 형태를 바꿔서 포트에 심은 식물 뿌리 상부가 공중에 노출되도록 만든 방식이 국내외에서 이용하고 있다. 여름 고온기의 용존 산소가 부족한 시기에 유용하다. 그림 5-9(우)처럼 포트가 볼록하게 솟은 구조에 걸쳐 있게 하여 뿌리가 공중에 약간 떠 있음으로써, 공기로부터 산소 공급을 잘 받고 아래 잎의 부패를 방지한다. 베드 가격이 다소 비싸지만 무탱크 방식에서 권장되는 방식이다(Dry Hydroponic, 2025).

5.5.3 담배수 방식

담배수 방식은 탱크 방식의 일종이지만, 모든 식물이 지속적으로 물에 잠겨 있는 것이 아니라 일정시간만 담액되어 있으므로 탱크 방식과는 달리 다루게 된다. 담배수 시간은 식물의 종류, 생육 단계, 계절적 환경요인 그리고 포트 내에 충전한 상토의 종류에 따라 조절해야 한다. 그러나 테이블 방식은 주로 묘 또는 관상용 딸기나 토마토 포트를 올려놓기 때문에 5~10분마다 한 번씩 담배수를 하는데, 야간에는 다소 기간을 늘려 담배수를 실시해도 된다. 바닥형에서 중대형 화훼 포트를 재배할 때는 담수의 깊이나 시간 등을 알맞게 제어한다. 특히, 식물체로부터 떨어지는 잎이나 썩은 줄기, 기타 물질 등에 의해서 배수구가 막히므로, 반드시 대형 망에 일차적으로 통과시키고 배수된 물을 탱크로 집수시켜야 한다.

5.5.4 수확 및 포장

담액수경법에서 가장 많이 사용하는 부유수경은 수확기가 되면 스티로폼 베드를 물길 따라서 수확실로 이동시킨다. 여기서 황화된 아래 잎을 제거하고 하얀 뿌리를 붙여서 비닐에 하나씩 포장하거나 뿌리를 절단한 후 정해진 규격의 상자에 담아서 출하한다. 수확실로 이동이 곤란한 소형 농가는 재배조에서 작물이 자라는 스티로폼 베드를 끌어내서 엽채류의 윗부분만 잘라낸 후 포장하여 판매한다.

최근에는 가벼운 플라스틱 베드에서 재배하는 상추의 경우에 정식해서 수확할 때까지 한쪽에서 기계로 베드를 밀어서 수확실로 자동으로 이동시킨다. 이 방법에서는 뿌리의 끝 부분만 자르며, 육묘할 때 사용한 폴리우레탄이나 암면 큐브 또는 작은 플라스틱 화분을 붙여서 포장함으로써, 소비자들이 무공해 안전 수경 상품임을 인지하게 하여 수경 상품의 소비를 촉진시키고 있다. 제한적이지만, 뿌리를 붙여서 비닐 포장되어 출하된 엽채류는 구입 후 샐러드로 바로 이용하지 못할 경우에 뿌리를 물에 담가 놓으면 신선도를 수일간 유지할 수 있으므로 선호한다.

5.6 담액수경의 장단점

베드 내에 배양액이 적은 방식은 근권 온도를 조절하는 것이 어려운 반면에, 담액식은 베드 내에 액량이 많기 때문에 근권 온도의 변화가 작고, 배양액의 온도만을 조절하여 근권 온도를 쉽게 조절할 수 있다는 장점이 있다. 아울러 베드 내 액량이 많으므로 배양액의 농도, 조성, pH 등이 안정하고 교정하기 쉽다. 배양액이 담수되어 있어서 배양액 순환 펌프가 정지해도 배양액이 베드에 남아 있으므로 식물이 급속하게 해를 입지 않는다.

하지만 담액양이 많아 재배 중에 생육을 조절하는 것이 어렵고, 액량이 많아 탱크나 베드의 면적이 넓고 시설비가 많이 든다. 액이 순환하므로 토양 전염균이 발생할 경우에는 만연되기 쉽고 펌프 작동비가 많이 든다. 담배수, 등량교환 방식을 제외하면 뿌리에 대한 산소 공급이 적다. 끝으로 담배수 방식에서는 시간 조절을 잘못하거나 펌프의 작동이 멈출 경우 건조해를 입을 수 있다.

5.7 발전 방향

담액식 장치로서는 거의 개량의 한계에 도달했다고 볼 수 있으므로, 앞으로는 설비 비용의 절감과 용존 산소를 많게 하는 데 노력한다. 담액수경은 베드의 깊이가 얕아지는 방향으로 발전하고 있어 박막수경과 혼동하고 있을 정도이며, 그래서 담배수 방식을 박막수경에서 취급하기도 한다. 앞으로 스티로폼 패널을 이용한 부유 수경(raft 또는 floating system)이 담액수경법에서 지속적으로 발전할 것으로 예상된다. 다만 스티로폼 재배 베드는 장기 사용이 어렵기 때문에 경량 플라스틱 베드로의 전환이 필요하다. 이미 일부 회사에서는 제품을 제공하고 있지만, 스티로폼보다 가격 경쟁력이 다소 떨어지는 것이 문제로 대두된다(Viscon, 2025).

현재 담액수경은 우주 농업에 가장 적합하다고 여겨지고 있으며, 필수 원소에 대한 이온 센서의 가격이 저렴해진다면, 미래에는 식물공장을 중심으로 많이 채택될 것으로 생각된다. 미래 담액수경 시스템은 향상된 환경 제어, 영양소 관리 및 운영 효율성을 위해 첨단 자동화 및 사물 인터넷(IoT) 기술을 통합한 스마트 하이드로포닉의 한 방법으로서 발전 가능성이 높다고 본다.

제6장 NFT
(Nutrient Film Technique)

NFT란 식물을 플라스틱 필름으로 만든 삼각형 구조의 베드 내에서 생육시키고, 그 안에 배양액을 계속 흘려보내서 작물을 재배하는 방법으로 박막(薄膜) 수경법이라고도 한다. NFT에 의한 재배 연구는 1973년 영국의 리틀햄프턴(Littlehampton)에 있는 온실재배연구소(Greenhouse Crop Research Institute)의 알렌 쿠퍼(Allen Cooper)에 의해 시작되었다(Cooper, 1988). 뿌리에 산소가 충분히 공급되기 위해서는 뿌리 사이를 흐르는 배양액이 필름처럼 얇아야 하는데, 온실재배연구소에서는 이 점을 강조하기 위해서 이 방식을 NFT라고 명명하였다. 배양액이 계속 순환하기에 배양액 유동법(nutrient flow technique)이라고 하는 학자도 있다. NFT의 기본 구조는 크게 베드, 탱크, 급배액 장치 등으로 나뉜다.

과거에는 모든 작물에 NFT 방식을 이용하였지만, 과채류는 흐르는 베드 내부에 뿌리가 차면 양액의 이동이 어렵고 식물의 지지 등에 문제가 있기 때문에 적용을 피하고 있다. 이러한 이유로 주로 엽경채류와 허브에 국한되어 이용되고 있다. 최근 들어, 엽채류는 알루미늄이나 PVC로 만들어진 재배조 또는 채널(channel, gutter)이라 불리는 시스템과 파이프 등을 주로 사용한다. Resh(2013)는 파이프를 이용한 NFT 수경법과 노지에서 다양한 재료를 이용해 베드를 만든 후 작물을 재배하는 노지 NFT 방식 등을 제시하였는데, 여기서도 이를 설명한다.

6.1 수경 장치

6.1.1 베드

지금은 사용하지 않지만 쿠퍼가 개발한 방법에 따라 설명하면, 기울기가 1/80 정도 있는

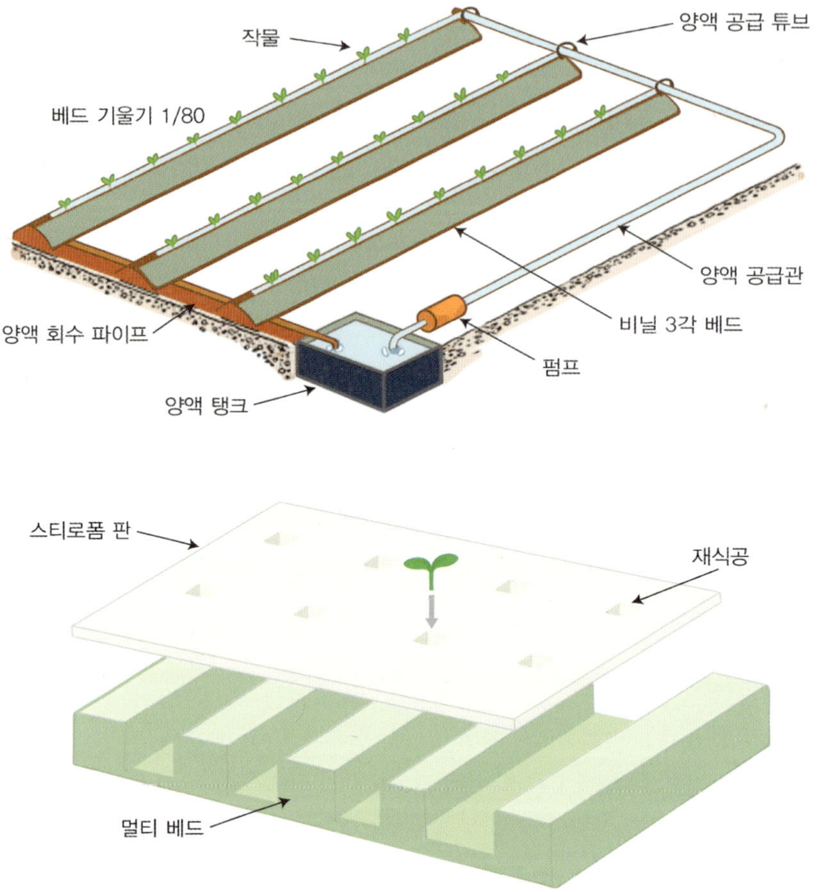

그림 6-1 NFT 모식도(상)와 엽채용 멀티 베드(하)

밭에 **그림 6-1(상)**처럼 0.1mm 두께 이상의 폴리에틸렌 필름을 이용해서 폭 30cm, 높이 약 20cm 삼각형 베드를 길게 일정 간격으로 만들고, 여기에 양액을 공급하여 흐르게 한다. 비닐 베드에 일정 간격으로 작물을 올려놓고서 중간 부분을 스템플러 심으로 고정해서 식물이 넘어지지 않게 한다. 베드 끝에는 양액 회수 파이프를 설치하여 미사용액을 회수한 후 양액 탱크에 모았다가 펌프를 이용하여 재공급하는 방식이다. 이제는 쿠퍼의 초기 비닐 베드 방식을 더 이상 이용하지 않는다. 최근에는 폭 1~1.2m, 5~8줄의 알루미늄이나 스티로폼으로 제조된 멀티 베드가 개발됨에 따라 이를 이용하여 엽채류를 재배한다. 식재할 구멍이 뚫린 덮개를 만들어 베드에 올린 다음 여기에 식재를 한다(**그림 6-1, 하**). 6줄 광폭 베드를 사용하지 않는 경우에는 외줄 베드를 사용하는데, 이를 채널(channel) 또는 재배조라고 한다. 재료는 알루미늄 또는 PVC(0.6~3mm)이다. 엽채용은 채널 폭 8~10cm, 높이 5cm, 길이 6~11m이고, 과채류용은 폭 x 높이가 15.5 x 7 또는 22.5 x 80cm이며 가운데가 약간 오목하다.

1) 베드의 경사도

NFT에서는 양액이 흘러야 하므로 베드가 경사져야 한다. 쿠퍼(Cooper) 등은 재배에 지장이 없는 경사도를 1/25~1/125이라고 했다. 경사도를 완만하게 하기 위해서는 공사가 정밀해야 한다. 일반적으로 1/60~1/80 정도가 적당하다. 그러나 Hanan(1998)은 최저 1/200에서 1/30까지 다양한 기울기가 있음을 보고하였다. 미국의 노지에서의 물미나리(watercress) NFT 재배는 1% 기울기를 준다(Resh, 2013). 토마토와 오이 같은 과채류는 기울기가 1/40 정도로서 엽채류의 1/80보다 경사가 심하다.

쿠퍼의 초기 재배상을 경사로 길이가 45m되는 온실에 베드를 설치할 경우 배수구를 중앙으로 하고, 한쪽의 길이를 21m로 하면 베드의 급액 부위와 배액 부위 사이의 높이 차가 25cm 정도되므로 공사하기 쉽다. 고베드의 경우에는 지지대의 높이 조절 나사만 조정하면 되므로 작업이 더욱 쉬워진다.

2) 베드의 길이

쿠퍼가 제안한 A자형 NFT 베드의 길이는 급액량에 따라 다르지만, 급액량이 2~4L/min인 범위에서는 25m 이내이면 베드 내의 위치에 따른 생육 및 수량의 차이는 거의 없다. 상업적으로 제조된 채널은 설치 회사마다 다르지만 채널 길이를 최대 15m 이상으로 하면 안 되며, 가급적 10m 이내로 하는 것이 좋다. 베드의 최대 길이는 용존 산소량의 한계에 의해 결정되므로, 온도, 작물 종류 등을 고려해야 한다.

3) 베드의 설치

(1) 저베드

쿠퍼의 초기 NFT는 모두 토양에 설치하는 저베드 방식이었다. 과채류는 뿌리가 많아 양액의 흐름이 저조하여 멀티 덕트(multiduct) 방법을 만들었는데, 위에 2줄 비닐 베드를 만들어 한쪽에만 식물을 심고서 양액을 양쪽으로 공급하였다. 식물을 심은 쪽 베드의 양액 흐름이 뿌리 때문에 늦어져도 다른 쪽을 통해 흐르게 했다. 그러나 최근에는 2단 또는 3단의 V자형 입체 베드가 개발돼서 맨 위에 정식한 식물의 뿌리가 차면 양액은 아래층으로 흐르게 되고, 뿌리도 일부가 아래로 자라면서 양액의 흐름을 보다 빠르고 원활하게 하는 시스템이 보급되었다. 2단은 엽채, 3단은 과채용이다(그림 6-2, 좌).

새로운 입체형이 개발되었음에도 불구하고, 겨울이 춥고 여름이 더운 나라에서는 어떤 방법을 사용하더라도 쿠퍼가 제시한 비닐로 만든 NFT 방법은 근권 온도 변화 문제가 생기고 설치가 불편하기 때문에 지금은 많이 이용되지 않는다. 그러나 1980년대

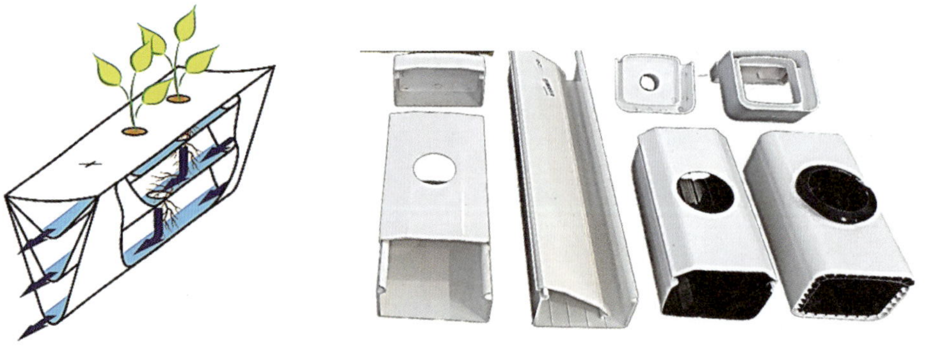

그림 6-2 NFT 입체 멀티 덕트(좌, NGS)와 다양한 NFT 베드(우, Lysine Co)

부터 플라스틱 NFT용 베드(채널)가 공급되고 있다(그림 6-2, 우).

(2) 고베드

고베드로는 평면형(horizontal bed)과 버티컬 A 프레임(vertical A frame) 형이 있다. 평면형 고베드 방법은 폭 1~1.2m 멀티 베드를 지면으로부터 70~100cm 정도의 높이로 올려 설치하거나, 외줄 베드 6~9줄을 기울기가 있게 만들어진 거치대에 설치하여 엽경채류를 재식할 수 있다(그림 6-3, 좌). 높이는 1m 내외로 설치한다. 성형화된 구조물을 주로 사용하지만, 농가에 따라서는 선호하는 거치대를 만들어 재배하기도 한다. 관수법은 양액을 점적호스로 공급하지만 배수구는 플라스틱 파이프를 이용한다. 점적호스를 이용하면 채널이 고정되지 않아 수확할 때 편하다. 최근에는 다양한 베드나 관을 이용한 버티컬 A 프레임 장치가 보급되어 농가에서 이용하기도 한다(그림 6-3, 우). 입체적이라 시설비가 비싸지만 재배 면적을 늘릴 수 있다.

과채류는 폭이 넓은 재배조를 20cm 간격으로 2줄로 설치하고, 중간에 통로를 85cm로 내준다. 재배조 길이가 엽채류는 6~11m, 과채류는 6~12m로서 비슷하다.

그림 6-3 평면형(Hydroponic)과 버티칼 A 프레임 NFT(G&N Fortune)

그림 6-4 오이 행깅 시스템(좌, 네덜란드)와 딸기 입체형 NFT(우, F. Yildiz)

지금까지 엽채류에는 다양한 형태의 입체 NFT가 적용되고 있는 반면에, 과채류는 입체형이 거의 없었다. 최근에 네덜란드에서 딸기에 이어 오이, 토마토 등에 NFT 재배 베드를 줄로 고정하여 상하로 움직이면서 입체식으로 재배하는 NFT 행깅 시스템(hanging system)을 개발하였다. 베드는 두 부분으로 나뉘어져 있는데, 아래 부분은 뿌리가 뻗는 공간이고 윗부분은 식물을 지지하는 뚜껑 부분이다. 암면묘를 사용하며 윗부분의 식재공에 심어서 재배한다. 양액은 재배조 내부에 설치된 파이프를 통해서 점적처럼 각 작물 뿌리 부근에 공급함으로써, 한쪽에서만 공급할 때 발생하는 베드 내의 양분 불균형을 완화시켰다. 오이의 줄기는 비닐 끈으로 유인하는데, 베드폭과 일치하여 상하로 움직일 때에 옆 베드와의 충돌을 최소화했다. 오이를 수확하면서 자라는 줄기는 하엽을 제거하고 옆으로 눕힐 수는 있지만, 낮은 베드에서 오이 재배처럼 장기간에 걸친 줄기 눕힘은 행깅 시스템에서는 다소 문제가 있다(**그림 6-4, 좌**).

딸기는 특성상 NFT 재배에 적응이 어렵지만, 입체적인 재배를 위하여 사각이나 원통 파이프를 이용한 재배가 시도되고 있다(**그림 6-4, 우**). 앞으로 코이어를 이용한 딸기 재배 등과의 품질과 수확량을 비교해 봐야 할 것이라고 본다.

4) 베드의 이동장치

현재 수경재배 방법 가운데 자동화가 가장 많이 된 수경법은 NFT이다. ① 포트에 파종 자동화, ② 육묘실에서 정식기까지 컨베이어 이동, ③ 정식 후 재배 레인(growing lancs)까지 컨베이어 이동, ④ 재배 레인에 자동 진입, ⑤ 재배 레인에서 주간 간격 변화와 이동, ⑥ 공기압축기로 재배 베드를 당겨서 수확실로 컨베이어 이동, ⑦ 수확이 완료된 베드의 수세 및 소독 후 파종실까지 컨베이어 이동 등이 자동화되어 있다. 주로 엽채류와 바질 같은 포트 허브에 적용되며, 과채류는 적용이 불가하다. 베드의 이동은 다음과 같은 방법이 있다.

(1) 베드 이동과 주간 간격을 변화시키는 시스템

NFT 채널에 포트를 꽂아 정식한 베드는 1개 또는 2개가 롤러나 컨베이어 시스템으로 이동하여 재배 레인에 도착하면 진공 흡착기가 베드 측면을 당겨서 재배 레인에 올려준다. 11m 정도의 베드는 3개 진공 흡착기가 당긴다(그림 6-5).

재배 레인에서 출발하는 식물은 어리기 때문에 초기에는 NFT 베드를 붙여놓는다. 그러나 반대쪽의 수확기가 된 베드는 매일 일정한 숫자만큼 빠지므로, 폭 10cm 베드를 20개 수확하면 2m를 전진하게 된다. 식물이 자라는 동안 주간 간격을 10, 20, 30cm로 조절하면 그만큼 전진하면서 주간거리를 넓혀 주어야 한다. 베드 간격을 넓히는 시스템을 MGS(mobile gully system)이라 하며, 회사마다 제공하는 방법이 다르다. 여기에는 웜기어를 사용하는 방법, 상하 전후로 움직이는 핀기어를 사용하는 방법(그림 6-6), 체인의 일정한 간격마다 핀을 설치하여 이동시키는 방법, 작은 핀이 원하는 간격만큼 붙어 채널을 하단에서 이동시키는 드로우바(drawbar) 방식을 사용하는 방법, 바닥에 틈이 있어서 인력을 사용하여 일정 간격으로 이동시키는 방법 등처럼 여러 가지 방법이 사용된다.

(2) 수확 시 베드의 이동

수확기가 되면 작물이 자란 베드(채널)는 이동되어 온실의 끝에 도착하면, 진공 흡착기로 베드를 끌어당겨 컨베이어 시스템 위로 옮겨준다. 수확자가 대기하는 온실 중앙이나 분리된 수확실로 이동되면 수확이 이루어진다. 온실 중앙에서 수확하면 수확물이

그림 6-5 롤러로 이동하는 바질(Vimose)

그림 6-6 주간 간격 조절 핀기어

그림 6-7 수확 후 베드는 자동 수세 후 이동(좌), 베이비 채소는 수확실로 이동(우, MGM)

컨베이어를 통해 다시 포장실로 이동한다. 수확이 끝난 베드는 세척된 후 재배실로 옮겨져서 재사용된다(그림 6-7, 좌). 베이비 채소는 베드가 수확실로 들어가면 아래로부터 약 5cm 높이에서 절단하여 상부 잎만 컨베이어를 이용하여 수세실로 옮긴다. 거기서 수세된 베이비 채소는 에어 샤워로 수분을 제거한 다음 포장한다. 베드는 수세하고 소독하여 재이용한다(그림 6-7, 우).

Agrisystem에서는 알루미늄 홈통(aluminium gutter, 폭 7.6, 높이 5cm)의 상부에 'ㄷ'자형 홈을 좌우로 만들고, 여기에 0.3~2mm되는 유연한 플라스틱으로 테이프 커버(moving tape cover)를 끼여 넣은 다음 육묘한 작은 포트를 20cm 간격으로 만들어진 재식공에 꽂아 재배한다. 수확할 때는 베드 위에 설치된 정식판(carrying strip)을 테이프 말듯이 감으면서 절단기(slice cutter)로 상추의 뿌리를 절단한 후 상추만 이동식 컨베이어에 올려서 수확실로 이동시킨다. 미국에서 과거에 사용했지만, 현재는 거의 이용 안 한다.

6.1.2 탱크

탱크의 용량은 배양액량에 의해 결정된다. 탱크가 클수록 배양액의 농도, pH, 액온 등은 안정되어 재배하기 쉽지만, 배양액을 바꿔 줄 때의 손실이 크고 건설비도 많이 든다. 토마토, 오이 등의 과채류에서는 주당 5L, 10a당 2,000주라면 10t을 기준으로 한다. 용수의 공급이 원활한 경우에는 주당 1.5L로도 충분하다. 딸기에서는 주당 0.6L, 10a당 10,000주라면 6t을 기준으로 한다. 엽채류는 10a당 6~7t을 표준으로 한다. 순환식으로 할 경우는 20~30%가 배액되므로, 폐액 탱크는 양액 탱크의 절반 크기로 설치하면 충분할 것이다.

6.2 급배액

베드가 짧거나 재식 주수가 적을 경우에는 1L/min의 급액량으로도 충분하지만, 베드가 길거나 재식 주수가 많은 경영 규모의 경우에는 베드의 배액구에 가까울수록 용존 산소량이 적어지므로 2~4L/min 정도의 급액량이 필요하다.

급액량의 조절만으로 산소 부족을 피할 수 없을 경우에서는 연속 급액이 아닌 단속 급액(hypertonic feeding)이 효과가 있다. 단속 급액은 일종의 충격요법으로서, 몇 분에서 수십 분간 고농도의 양액을 공급하면 작물의 흡수량과 흡비량이 증가되는데, 그 후에 원래 농도의 양액을 공급해도 작물의 흡액량은 증가된 상태로 몇 시간 동안 유지되므로 생육이 좋아진다. 단속 급액은 장기간 재배로 뿌리의 양이 많은 경우나 액온이 높고 용존 산소량이 적은 경우 등에서 효과가 크다. 여름에는 매 시간마다 15분간 급액하며, 겨울에는 2시간마다 15분간 급액하는 것이 좋다. 단속 급액 시간이 짧으면 산소 접촉 효과가 없다. 단속 급액할 때 주의할 점은 재배 도중에 양액을 일시적으로 중단하는 시간을 줄이면 산소 부족을 일으키기 쉽다는 것이다. 즉, 2시간당 15분 급액하던 것을 1시간당 15분 급액으로 바꾸면 안 된다. 따라서 재배 도중에 바꾸어야 할 것 같으면 처음부터 1시간당 15분 급액해야 한다. 야간에도 급액은 하되 단속 시간을 2~3배 늘리는 방법도 있다. 농도뿐만 아니라 조성을 변화시키는 것도 가능하다. 작물의 종류나 재배시기에 따라 연속공급이나 단속급액을 잘 선택해야 한다.

6.3 재배 관리

재배 관리는 담액과 비슷하지만, 육묘법에서 차이가 있다. 초기에 쿠퍼의 NFT는 과채류의 경우에 수경용 포트나 암면을 이용한 묘를 사용하였다. 그러나 고설 베드에서 육묘에는 크게 소형 포트형과 피트 블록(peat block) 방식이 있다. 예를 들어, 포트형의 경우에는 셀(cell) 육묘와 플라스틱 포트 육묘로 나뉜다. 미국의 Agri-System에서 셀 육묘는 154공의 크림 컵(cream cup)을 이용하는데, 컵(포트) 크기는 길이 약 3cm가량 되고 식물을 심기 위한 공간의 직경은 약 2cm정도 되며, 이것을 채널에 꽂았을 때 빠지지 않게 해주는 날개가 0.5cm 폭으로 포트 주변에 붙어 있다(**그림 6-8, 좌**). 여기에 버미큘라이트를 넣고 파종한 다음 육묘하는데, 보통 3주가 필요하다.

그림 6-8 육묘용 포트(좌, Google), 피트 블록 육묘(우)

Hortiplan의 경우는 피트 블록을 사용하여 3~4주 육묘를 한다(그림 6-8, 우). 크기는 계절에 따라 다른데, 겨울에는 5 × 5cm, 여름에는 6 × 6cm 크기로 블록을 만든다(Resh, 2013). 과채류는 암면 큐브를 이용하여 육묘한다.

육묘가 완성되면, 셀이나 포트를 하나씩 이동식 플라스틱 채널(재배조) 커버의 재식공에 꽂아준다. Swedponic에서는 로봇이 식물을 채널에 자동으로 정식한다. Hortiplan 방식은 사람이 채널의 사각형 구멍에 피트 블록을 꽂아 준다. 채널은 재배온실로 자동 이동되며, 초기에는 EC를 다소 낮게 하고 후기에는 높게 관리한다. 허브는 직경 10-12cm 원형 포트에 상토를 충전하고 육묘를 하여 이것을 약 20cm 간격으로 원형 구멍이 만들어진 재배 조에 정식을 한다. 초기에는 사람이 정식을 했지만, 최근에 유럽의 대단위 허브 포트 생산 공장에서는 로봇이 정식을 한다.

6.4 배양액 관리

베드 내의 유량 및 유속을 베드의 경사도와 급액량에 의존하므로, 과채류는 뿌리가 증가함에 따라 배양액이 위쪽에서 배수구 쪽으로 뿌리의 방해를 받아 효과적으로 지나가지 못할 위험이 있다. 또한 액온 변화가 크고, 고온 또는 저온 장해를 입을 위험이 높으므로 배양액 관리에 주의를 기울여야 한다. 이에 NFT는 이러한 위험성이 낮은 엽경채류에 주로 이용되고 있으며, 과채용 베드는 새로 개발하고 있다.

6.4.1 산소 공급법

NFT에서는 뿌리가 수면에 2mm 정도 낮게 깔려 있고, 일부분은 공기 중에 노출되어 있다. 순환되어 탱크에 들어오는 배양액은 떨어질 때의 낙차에 의해 용존 산소량이 포화점에 도달하므로, 배양액이 베드에 급액된 때에는 산소가 충분하지만 급액 측에서 멀어질수록 산소가 소모되어 부족하기 쉽다. Hurd(1978)은 기울기를 1/50으로 할 경우에는 산소 부족이나 에틸렌의 발생이 없었다고 한다. 따라서 과채류의 경우에는 1/40이 좋다. 산소 공급에 영향을 주는 것은 급액량, 배양액 온도 및 유속이다. 유속은 베드의 경사도로 조절한다. 급액량이 많을수록 공급되는 산소량은 많아지는 반면에 수심이 깊어져서 공기 중의 산소를 받아들이기가 어려워지므로 2~4L/min이 적당하다.

식물이 생장함에 따라 채널 내의 뿌리 뭉침인 근괴(根塊)가 발생한다. 근괴 속의 새 뿌리에 산소를 많이 공급하기 위한 방법으로는 급액량을 변화시키는 것을 들 수 있다. 토마토에서는 근군을 형성하는 제3화방 개화기부터 실시하는 것이 좋다. 한 시간에 15분간 급액한 후 45분간 급액하지 않는 것이 효과적이다. 오이에서는 효과가 없는데, 오이의 뿌리는 공기 중의 산소를 흡수할 능력이 적기 때문이다.

6.4.2 액온 관리

NFT에서는 배양액량이 적으므로, 주야간의 액온 차이가 5°C 정도로 담액수경보다 변화가 크다. 이 정도의 온도차는 공기 온도만 조절하면 근권 온도를 신경 쓰지 않아도 되지만, 여름철 고온기에 액온이 25°C 이상으로 급격하게 상승하면 파이프를 통해 양액통으로 지하수를 흐르게 하거나 전기식 쿨러를 양액통 내부에 설치하여 온도 조절을 해 주어야 한다.

6.4.3 배양액 관리

NFT의 배양액량은 담액식에 비해서 적게 드는 대신 농도를 일정 범위 내(정해진 농도의 3/4 이상)로 유지하기 위해서는 2~3일 간격으로 조절해 줘야 한다. 농축 배양액을 만들어 놓은 후에 EC 센서를 이용하여 자동 조절하면 편리하다. 처음에는 pH의 조절을 5.5~6.5로 하지만, 킬레이트화한 미량 원소를 사용할 경우에 5~8의 범위라면 조절할 필요가 없다.

농도 관리는 토마토의 경우에 제3화방 개화기까지는 전기전도도를 $1.2dS{\cdot}m^{-1}$로 하고, 적심기까지는 $1.7dS{\cdot}m^{-1}$로 하며, 수확기에는 $1.9dS{\cdot}m^{-1}$로 하고, 저온기에는 이 농도의 1.2배로 하지만, 착과 상태나 초세를 보아 가면서 관리해야 한다. 오이에서는 적심기까지 $2.0dS{\cdot}m^{-1}$로 하고, 수확기에는 $2.4dS{\cdot}m^{-1}$로 하며, 저온기에도 바꿀 필요 없다.

NFT 방식으로 재배했을 경우, 급액 부근과 배액 부근의 용존 산소량을 측정해 보면 토마토에 비해서 오이에서 더 많이 감소한다. 이는 오이의 뿌리, 실제로는 오이를 접목

할 때에 호박을 사용하므로 호박 뿌리의 용존 산소 흡수량이 많은 것을 나타낸다. 따라서 오이는 토마토보다 배양액의 용존 산소를 선호하고 공기 중의 산소는 영향이 적으므로, 배양액의 유동을 자주 하여 용존 산소량을 많게 하는 것이 중요하다.

국내에서는 NFT를 딸기재배에 잘 적용하지 않지만, 네덜란드, 일본에서는 NFT를 적용하는 농가가 있다. 이 경우 정식 직후에는 급액량을 많게 하다가, 점차 줄여서 1분당 1~2L가 되도록 해준다. NFT의 경우, 연속 급액이 표준이지만 기후에 따라 30분 정도 단속 급액하여도 생육에는 지장이 없다.

6.5 가정용 NFT

가정용 NFT는 주로 파이프를 이용한 수경법이 국내외에서 많이 사용된다. 미주에서는 A-프레임 시스템(높이 2.1m, 아래 폭 2m, 상부는 약 20cm 기본 공간을 둠)이 소개되고 있는데, 이 방법은 다음과 같다. 기둥을 A자형으로 2개 세우고, 여기에 7개의 직경 5cm(2inch) 파이프를 길이 3~6m로 부착시킨 후에, 지름 5cm의 구멍을 15cm 간격으로 뚫어 준다. 직경 6cm 포트에 코코넛 코이어나 왕겨를 채운 후 채소를 육묘하여 꽂은 후, 각각의 파이프마다 한쪽에서는 양액을 공급하고 반대쪽에서는 양액을 모아서 양액 통으로 순환하게 한다(Morgan and Tan, 1982). 이와 같은 방법이 상추에서 주로 사용되지만, 다양한 엽채류에도 이용되며 원통을 크게 하여 딸기재배 등에서도 사용한다. 시중에서 만들어 판매하는 장치(그림 6-9, 좌)를 구입하여 재배해도 좋다. 베드가 6개 있으며, 소형 펌프를 사용해서 양액을 공급하면 베드를 따라 아래로 흘러내려와 액비통에 모아지는데, 이를 재순환시키는 방식이다. 다양한 파이프형도 온라인 구매가 가능하다(그림 6-9, 우).

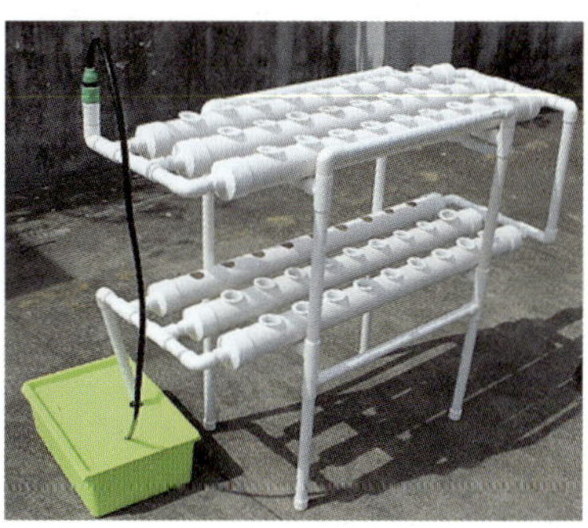

그림 6-9 가정용 베드형(좌, Farmsbazaar)과 파이프형 NFT 시스템(우, ebay)

6.6 농가용 NFT

대부분 농가는 엽채류를 재배하지만, 일부 농가는 토마토나 오이를 광폭 베드(15.5 x 7.0, 22.5 x 8cm, 길이 6~12m, 기울기 1/40)에 1분당 1L 양액을 공급하여 재배한다(그림 6-10, 좌). 최근에는 바닥에 요철을 둔 베드에 다양한 채소 종자를 파종한 다음 물만 공급해서 싹채소를 생산하기도 한다(그림 6-10, 우).

Resh(2013)는 노지 물냉이(watercress) 재배를 언급하였는데, 한국의 미나리 재배에도 응용 가능성이 있다. 밭을 평탄 작업을 한 후, 폭 6.7m에 길이 30.5m로 여러 개의 구를 만드는데, 이때 기울기는 1%로 한다. 경계 둑은 높이 15cm, 폭 60cm로 만들고, 둑과 바닥에 0.1mm 검정비닐을 깐 다음 그 위에 약 3mm 두께의 부직포를 설치한다. 부직포 위에 검정 방근 시트를 덮어서 뿌리가 부직포로 뻗지 못하게 한다. 양액은 상추 양액 조성에 따른다. 물냉이는 종자를 베드에 파종해서 약 1주일 후에 싹이 나면 이것을 육묘 베드로 옮겨 6주간 육묘한다. 묘의 상부를 5~7cm 정도 잘라서 미나리 재배처럼 방근 시트 위에 흩어 뿌리고서 배양액을 공급하면 약 6~7주 후 수확할 수 있다. 수확한 물냉이를 18~20cm 길이로 절단하여 묶어서 판매한다. 일본에서는 멀티 베드 위에 스티로폼 베드를 덮은 후, 여기에 오아시스 셀에서 육묘한 세파를 심고서 NFT 방식으로 재배한다. 정식 후에 가는 잎이 넘어지지 않게 국화 재배용 망을 지지대에 묶어서 설치한다. 키가 크면 지지대의 그물을 위로 올려준다(그림 6-11, 좌). 여름에 건조한 유럽과 미국 캘리포니아에서는 노지에서 NFT 방식으로 상추나 기타 청경채 등을 재배한다(그림 6-11, 우).

야외에서 재배하기에 조직감이 있고, 비타민 등 영양가가 높은 특징 가지고 있으며, 토지 재배보다 물 소비가 적어 물 값이 비싼 캘리포니아에서는 수익성이 있는 재배법이다. 이와 같은 노지 수경은 남아프리카나 스페인 알메리아 지역에서도 이루어진다.

그림 6-10 토마토 재배(Farm Tek, 좌) 및 싹채소 재배(우, Google)

그림 6-11 세파 멀티 베드 재배(좌)와 상추 노지 NFT(우, Google)

6.7 생산물의 품질

NFT와 다른 수경 방식으로 생산된 채소의 품질에는 큰 차이가 없다고 알려져 있다. 그러나 딸기의 경우 NFT에서 수량, 비타민 C가, 고형물이 배지경인 암면, 코이어, 펄라이트, 팽창점토 수경보다 높았다는 보고가 있다(Incementoglu 등, 2012).

수경재배와 토양재배한 작물에서는 품질에 차이가 있는데, 토마토, 멜론, 딸기와 같이 완숙시켜 수확하는 작물에서는 토양재배보다 수경재배한 것이 당도가 높다. 오이처럼 미숙한 상태에서 수확하는 작물은 토양에서 자란 것보다 연해서 식감이 다르고, 삼엽채(파드득나물), 파, 샐러리 등에서는 향기가 다소 줄어드는 경향이 있다. 수경재배에서는 기능성 염류조절이 가능하여 고품질 기능성화가 토양재배에 비해 유리하다.

6.8 NFT의 장단점

NFT의 장점은 다음과 같다. NFT는, 배양액을 계속적으로 순환시키므로 비료나 물의 손실이 적고 수분 부족이 없다. 배양액 조성을 바꾸기 쉬워 광조건의 변화에 따라 식물의 생육을 조절할 수 있으며, 관상식물에서는 침투성의 살균제, 살충제를 배양액에 첨가하여 간단히 병충해를 방제할 수 있다. 묘를 기를 때는 육묘 포드를 사용하고, 이식할 때 미리 배양액의 온도를 조절해 놓으면 이식해가 줄어드는 장점이 있다. 처음 시작하는 농가에서는 소자본으로 가능하고, 설비와 관리 작업이 편리하며, 배양액의 급액 간격이나 급액량을 쉽게 조절할 수 있다. 끝으로 배양액의 누수가 적은 NFT 방법은 20% 정도 양액을 흘러내리는 비순환식 암면 재배보다 환경오염의 문제가 적다.

NFT의 단점은 다음과 같다. 첫째, 베드의 배양액량이 적기 때문에 공급된 배양액의 온도가 햇빛이나 기온의 영향을 받기 쉽다. 즉, 뿌리가 외적 환경의 변화에 민감하기 때문에 근권 온도를 조절하려고 할 때 배양액 온도만을 조절해서는 효과가 없으며, 따라서 온실 전체의 온도를 조절해야만 한다. 둘째, 탱크가 작으므로 배양액 관리를 엄밀히 해야 하며, 특히 정전되었을 때 식물의 피해가 크다. 순환식이기 때문에 질병에 감염되면 빠르게 전파된다.

6.9 발전 방향

NFT 수경은 발상지인 영국에서 조차도 면적이 줄고 있으며, 북유럽의 상추 식물공장에서 주로 적용된다. 독일에서는 바질 등을 포함한 허브의 경우에서는 포트를 NFT 베드(채널)를 이용하여 생산이 인기가 있다(박과 김, 2025). 베드가 적은 면적을 차지하고, 순환식 수경이기에 국내외의 컨테이너 식물공장에서는 적용이 확대되리라 본다.

NFT 수경은 다른 수경 방법에 비해 대기 온도의 영향을 크게 받기 때문에, 여름이 고온인 국내에서는 일부 농가가 채택해서 재배하고 있지만, 엽채류의 경우에서는 어려움이 다소 있다. 최근 5년 동안 국내 NFT 수경재배 면적은 약 20ha 선에 머무르고 있다. 다만 베드의 온도 상승을 제어할 수 있도록 지하수나 에어컨을 이용한 쿨링 시스템을 갖추고, 친환경 무공해 이미지를 선전하고 기능성을 강화한다면, 엽채류의 수경 또한 수익을 증대시킬 수가 있어 재배 면적이 증가하리라 생각된다.

우리나라는 담액이나 NFT 수경 면적 증가가 답보 상태이지만, 세계 시장에서는 NFT를 포함한 비고형 액체 수경 시스템 부문이 2024년부터 2030년까지 14.2%의 가장 높은 CAGR을 기록할 것으로 예상되고 있다.

제 7 장 분무경 (Aeroponics)

Aeroponic은 그리스어 *aero*-air, *ponos*-labour를 합성한 용어로서, 토양이나 고형배지를 사용하지 않고 뿌리가 베드의 배양액면 위에 떠 있게 한 상태에서, 뿌리에 배양액을 분사하여 재배하는 방식이며, 분무경이라 한다. 흙 없이 식물을 재배하는 기술은 1920년대 식물 뿌리 구조를 연구하기 위해 에어로포닉을 사용했던 식물학자들에 의해 처음 개발되었다. 본격적인 연구는 Carter(1942)가 처음 시작하였으며, 1940년대 초에는 경제적으로 실현이 가능한 작물 생산 방법보다는 연구 도구로 주로 사용되었다. Carter(1942)와 Went(1957)가 연구한 지 15년이 지난 후, 분무 방법으로 작물을 재배하는 과정을 "에어로포닉"이라고 명명하였으며, 오늘날에 이르고 있다.

미국에서는 Stoner(1983)가 처음 실용화를 하였다. 국내에서는 Yang(1988)이 토마토 생산 연구체계를 최초로 완성하였다. Chang(2004)은 장기간 분무경을 이용한 씨감자 생산에 연구와 실용화, 특히 근권환경 제어 모델을 설정하여 국내 씨감자 생산 체계를 정립하였다. 분무경은 담액재배 시 발생하는 근권 산소의 부족을 타개하기 위해 고안된 방식으로서, 빛을 차단한 베드 내에 급액관과 급액 노즐을 설치하고, 간헐적으로 뿌리에 배양액을 분무하기에 뿌리에서의 산소 부족이 일어나지 않는다.

한편, 분무경과 담액수경 혹은 박막수경의 중간 형태로는 수기경이 있다. 수기경은 분무경에서와 같이 배양액을 공급하되, 뿌리의 일부분은 바닥에 닿게 함으로써 배양액과 항상 접하는 부분이 있도록 하는 방식으로서, 일시적으로 전기가 중단되어 수분 공급이 이루어지지 않아 폐농해야 하는 위험성을 줄인 형태이다. 따라서 수기경을 분무경이라고도 한다. 수기경 방식은 분무경과 담액수경을 응용하여 재배가의 취향에 맞게 설정하면 된다.

최근에는 ultrasonic aeroponics이라는 초음파 분무경 또는 fogponics가 소개되었는데, 물방울이 너무 작아서 양액 농도가 500ppm 이상일 때는 분사가 곤란하기에 영양성분을 적게 필요로 하는 싹채소나 엽채류에 국한되어 적용한다(Lettus Grow, 2024).

7.1 수경 장치

7.1.1 베드

재배 방식의 특성상 베드의 형태가 입체적이어서 모양이 다양하며, 다른 재배 방식에 비해 재배가의 의도에 따른 베드의 변형이 많은 방식이라 할 수 있다. 대표적인 베드의 형태에 따라서, 수평형, 삼각형, 수직 원통형, 다단 베드형 등이 있다

수평형은 담액수경에서 사용되는 베드의 깊이만 더 낮아진 형태라고 볼 수 있다. 베드의 깊이는 보통 30cm 이상으로 하되 베드의 폭이 넓어질수록 분사 각도로 인해 깊이도 더 낮아진다. 분무 노즐이 내부에 설치되어서 양액을 분무한다(그림 7-1). 수기경의 경우에는 바닥에 어느 정도 물은 고이지만 베드 바닥을 박막수경에서와 같이 경사지게 하여 배양액이 한쪽으로 흘러나가서 순환되게 한다. 분무경 베드를 육묘 베드와 겸용하는 경우에는 담액수경처럼 배액구를 설치하고서 배액구의 높이를 조절할 수 있게 하면 된다. 단, 육묘와 재배를 같은 베드에서 행하는 경우는 재배 회전수를 고려했을 때 시설비 효율이 높지 않다.

삼각형의 A자형 베드는 정식판을 30° 정도 기울여서 2개기 서로 미주 보게 설치하는 방식으로서, 이는 재식밀도를 높이고자 할 목적으로 사용한다(그림 7-2). 열대지방에서는 야외에 설치하기도 하며, 일본의 초창기 인공광형 식물공장에서 채택했던 방식이다. 현재도 일본의 버티컬 팜에서는 채택되고 있다.

분무수경은 국내 수경 농가에서도 1980년대 초에 시도했던 방식으로서, 여름철 고온, 정전과 같은 전기 공급 문제, 경제성 때문에 확산되지는 않았다. 그러다 최근에 국내외 무병 씨감자 생산이나 엽채류 생산에서 분무경이 적용되고 있다.

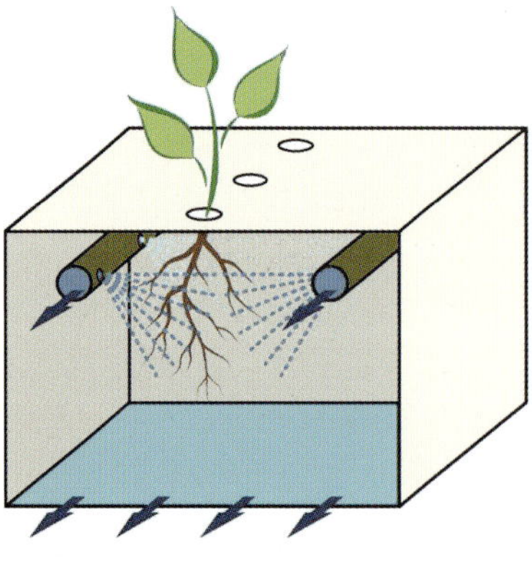

그림 7-1 수평식 분무경의 개념도

그림 7-2 A자형 분무경(Freya)

그림 7-3 원통형 상추(좌, Thump)와 버티컬 팜(우, Eden Green)

원통형 방식은 최근 여러 나라에서, 상추, 딸기 등 재배에서 이용되는 방법이다. 원통형 PVC에 식재공을 뚫은 다음 포트에서 자란 잎채소나 딸기나 기타 채소를 심는데, 내부에 분무장치를 설치하여 재배하는 방식이다(그림 7-3, 좌). 근권의 온도 상승을 방지하기 위하여 겉면을 알루미늄이 장착된 비닐 제품으로 감아준다. 공간 활용을 위해서 입체적으로 몇 개를 세우는 식립식과 수평으로 실시하는 수평식이 있는데, 수평식은 기울기를 주어서 순환하게 설계되어 있다.

다단 베드형은 버티컬 팜에서 분무경을 적용하는 방법으로서, 플라스틱 재배조를 만들어 수직으로 세우고 내부에서 분무를 해준다. 주로 엽채류나 베이비 채소를 생산한다(그림 7-3, 우).

어떤 방식이든 분무경에서의 베드는 분무된 배양액이 누수되지 않도록 베드 자체가 방수되어야 하며, 베드와 정식판 사이의 누수에 주의하면서 설치하여야 한다. 노즐의 분사 각도를 조절하여 틈새로 분무되지 않게 한다.

7.1.2 탱크

분무경에서는 배양액이 베드에 거의 존재하지 않고, 베드마다 분무 시간을 달리 배정하면, 배양액 탱크는 다른 순수수경 방식에 비해 작아도 된다. 탱크의 크기는 작물의 종류 및 생육 단계에 따라 달라진다. 예를 들어, 토마토의 배양액 흡수량이 가장 많을 때를 주당 4L/일로 하고서 10,000주를 식재하였다고 가정할 때에는 하루에 40t이 필요하지만, 분무 간격을 30분으로 조절하면 극단적으로는 1t 정도의 탱크만으로도 재배가 가능하다. 물론 이 경우는 농축 비료를 배양액 탱크에 자동으로 공급하는 양액희석기가 설치되어 있는 것을 가정한 것이다. 상추 같은 엽채류는 주당 2L/일로 계산하면 20t이 필요하다. 작은 양액통도 가능하지만 탱크가 작으면 그만큼 온도 변화가 심하므로 그러한 점을 고려해서 크기를 결정해야 한다.

7.2 급배액

분무경에서의 배양액 종류는 다른 순수수경과 동일하게 하면 된다. 분무경에서는 배양액 조성보다는 오히려 분무 간격과 분무 시간이 중요하다. 분무를 자주 그리고 많이 할수록 전력 소모가 많고, 반대로 분무 간격이 길면 수분이 부족해지기 쉬우므로 주의해야 한다. 또한 온도나 광도에 따라서도 분무 계획이 달라져야 하는데, 고온 강광이면 분무를 자주해 주어야 한다.

분무경의 최대 단점은 여름철 근권 온도를 저온으로 유지시키기 어렵다는 것이다. 저온일 경우에는 알맞은 온도 양액을 자주 분무해야 한다. 낮에는 15분 분무, 15분 정지를 기본으로 해서 2배 정도를 가감하여 조절하면 무난하다. 짧은 간격으로 분무를 반복하면 상대 습도가 높아서 좋지만, 펌프 등의 수명이 짧아지므로 바람직하지 않다. 그러나 양(1988)은 토마토의 경우 5분 간격 분무에서 생육이 가장 좋았다고 보고하였기에, 작물과 계절에 따라 알맞은 분무 간격에 대한 연구가 요구된다. 밤에는 베드가 밀폐되어 있기 때문에 거의 분무하지 않아도 되지만, 1~3시간당 1회 정도로 분무해 주는 것이 좋다.

분무경의 경우에 노즐의 막힘을 주의해야 하는데, 펌프와 노즐 사이에 여과기를 설치하는 것은 물론, 여과기의 여과 성능을 두 단계로 하여 완전히 여과되도록 하는 것이 안전하다. 또한 분무 후 배양액의 응고에 의해 노즐의 끝이 막히는 현상에 주의해야 한다. 분무 노즐이 너무 가늘면 막히기 쉽고, 굵으면 뿌리가 수압에 의해 스트레스를 받기 쉬우므로 적절한 것을 선택하여 사용한다.

뿌리가 생장함에 따라 배양액이 닿지 않는 부분이 생기지 않도록 양 측면에서 분사하고, 노즐이 막히는 것에 대비하여 하나가 막히더라도 다른 것에 의해 공급될 수 있게끔 항상 2개의 노즐이 뿌리를 담당하는 것이 안전하다. 또한 노즐이 정상적으로 작동하고 있는지 감시하여야 한다. 노즐의 간격을 100~150cm로 해도 되지만, 가급적이면 60cm 정도로 하는 것이 안전하다.

7.3 재배 관리

분무수경을 위해 육묘할 때는 측면과 바닥이 충분한 구멍이 난 포트를 사용한다. 감자는 어린줄기를 잘라서 스펀지에 삽입한 후 베드에 꽂아 준다. 가정에서는 플러그 묘를 구입하여 수세한 후에 스펀지로 고정하여 장치에 꽂아준다. 여름에는 근권의 온도 관리만 적절히 해주면 생육이 좋아진다. 많은 수분을 필요로 하는 여름철에 단전이 되면 폐농의 우려가 있다. 따라서 자가 발전기를 설치해서 단전에 대비해야 한다.

7.4 배양액 관리

NFT에 준하여 행하면 되며, 생육이 빠르므로 박막수경보다 다소 연하게 한다. 강 등(1996)에 의하면, 감자의 괴경 형성에는 정식 후 초기 30일간은 일본 원시표준액의 0.5배액을 제공하고, 그 후에는 표준액에 NO_3 농도를 4me 정도 조절하여 공급하는 것이 좋다고 하였다. 과채류는 칼리와 인산, 엽채류는 질소를 높여서 양액을 공급하고, pH는 5.5~6을 유지한다.

7.5 가정용 분무수경

국내에서는 가정용 분무경 소형 시스템이 판매되고 있지 않지만, 외국에서는 상자형, 재배조(cahnnel)형, 원통형, 피라미드형 등 매우 다양한 형태로 시판되고 있다. 국내외 온라인을 통해 직접 구입하는 것이 가능하므로 주문하여 가정 재배할 수가 있다(그림 7-4, 좌). 이들 기기는 소형 모터를 이용하여 상자 속에서 분무한다.

그림 7-4 가정용 분무수경(좌, MetaEfficien), 싹 인삼 재배 시스템(거제군)

국내에서 최초로 필자가 인삼의 수경재배를 고려대학교에서 연구를 수행하여 물에서도 자라랄 수가 있음을 증명하였고(매일신보, 1996), 다양한 배지경과 셀레니움을 이용한 기능성 증진 분무수경도 연구하였다(양, 2001). 그 결과 국내에서 싹인삼 재배가 정착되었다. 최근에는 가정이나 식당 등에서 분무경으로 재배할 수가 있는 캐비넷형 싹인삼 재배 시스템이 판매되고 있다(그림 7-4, 우).

7.6 농가용 분무수경

우리나라에서는 양(1988) 그리고 정 등(1992)이 초기에 연구했는데, 분무 노즐 대신에 유공 호스를 스티로폼 베드 내에 설치하여 근권에 양액을 공급하는 방식을 주로 채택하였고, 최근에는 토마토, 카네이션, 감자 괴경 생산 등에서 이용되고 있다. 특히, 고령지 시험장에서는 노즐을 이용한 씨감자 생산이 상용화되어 외국에 기술을 전수하고 있다(그림 7-5). 일부 농가에서 엽채류에 적용을 시도하였지만, 여름철 고온기의 근권 온도 상승 문제와 경제성 없어서 많이 보급이 안 되고 있다.

NASA에서는 지구와 MIR 우주 정거장 및 NASA의 항공기 공학 실험에서 분무경을 이용한 작물재배에 모두 성공했다(NASA, 2024). MIR에서 재배한 팥은 지구에서 재배한 팥보다 더 많은 성장을 보였다고 한다. 케네디 우주 센터에서는 허브, 곡물, 토마토, 양상추, 고추 및 여러 채소 재배를 위해서, 고성능, 중력 무관, 밀폐형 에어로포닉 시스템을 만들어 지속적인 성공을 거두고 있다(그림 7-6). 무중력에서 분무경에 잘 적응하는 작물의 육종도 병행할 필요가 있다고 본다.

그림 7-5 감자 분무수경(고령지 시험장)

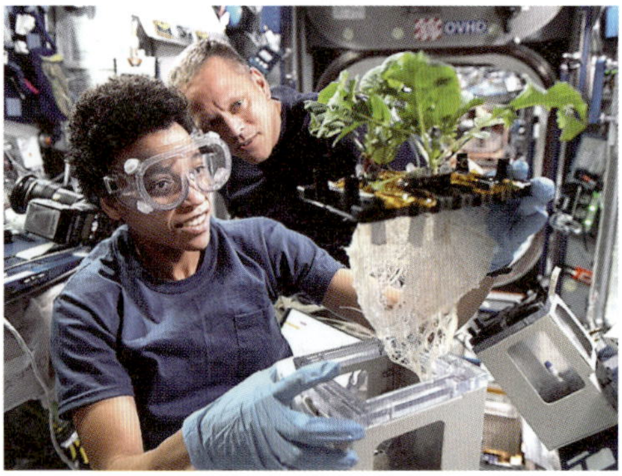

그림 7-6 NASA의 분무경을 이용한 채소 재배 시험

7.7 생산물의 품질

다른 순수수경 방식과 유사하다. 단전 등에 의한 양액 공급의 문제가 없으면, 계속적인 물리적 자극에 의해 뿌리의 흡수력이 촉진되어 무기성분 흡수가 많이 이루어짐에 따라 품질이 다소 향상되는 경우도 많다. 다만 다른 수경보다 급속한 생육이 이루어져서 부드럽지만 조직감이 다소 떨어지는 단점이 있다

분무수경에서 자란 채소류는 뿌리가 매우 잘 발달하는데, 뿌리를 전부 붙여서 출하하기보다는 소비자가 수경 상품임을 인지하도록 포장하는 데 지장이 없을 만큼만 절단한 후에 포장하여 출하하는 것이 바람직하다.

7.8 분무경의 장단점

분무수경의 장점은 다음과 같다. 첫째, 배양액 탱크가 다른 순수 수경에 비해 작아도 된다. 둘째, 배양액의 조성을 쉽게 변경할 수 있다. 셋째, 생장이 빠르고 수확량이 많다. 넷째, 입체적이기 때문에 재배 공간이 작다. 다섯째, 소독이 쉽고 생육이 좋으며 재식 밀도를 높일 수 있다. 또한 우주의 감압 상태와 같은 특수 환경에서는 일반 수경재배보다 98% 적은 물로도 재배할 수 있다.

분무수경의 단점은 다음과 같다. 첫째, 일반 수경보다 기술적인 수준이 높고, 초기 시설비가 많이 소요되며, 근권 온도의 변화가 크고, 여름철 온도가 높은 곳에서는 액온 조절이 어렵다. 둘째, 베드가 누수되기 쉽고 노즐이 막히는 등의 문제가 있다. 셋째, 토마토처럼 커다란 작물에서는 지지가 고형배지경보다 어렵기 때문에 재배 작물이 제한적이다. 넷째, 다른 수경재배와 달리 예비용 발전기가 필요하다. 다섯째, 다른 순환식 수경과 같이 병충해가 발생하면 빠르게 확산된다.

7.9 발전 방향

분무경을 이용한 재배 면적이 국내에서 증가하고 있는데, 이는 여러 단점에도 불구

하고 엽채류와 씨감자 생산 등에 적용하여 이용하기 때문이다. 그러나 이 방식은 우리나라와 같이 온도 변화가 큰 지역보다는 북유럽처럼 여름이 시원한 곳이나 완전 제어형 식물공장처럼 온도 변화가 적은 곳에서 유망하다. 특히, 인공광에 의존하는 완전 제어형 식물공장에서는 고밀도 재배가 요구되는데, 입체식으로 하려면 분무경이 바람직하다고 할 수 있다. 따라서 키가 작고 약광 하에서도 잘 자라는 엽경채류에 적합하다. 또한 수분 조절이 완벽하게 이루어지므로, 멜론과 같이 수분 공급량이 품질과 직결되는 작물에서는 수분 요구량에 대한 지식만 가지고서도 고품질의 수확물을 생산할 수 있는 방식이다.

NASA에서는 우주에서 극소량의 물로도 저압상태에서 재배할 수 있는 연구를 지속적으로 하고 있으며, 온도 유지가 비교적 잘 되는 북유럽 등지에서의 수직농장(vertical farm)과 같은 특수 재배에 대한 분무수경 적용 연구와 실용화가 기대된다. NASA(2024)는 eXposed Root On-Orbit Test System(XROOTS)에서, 상추, 토마토, 당근 등을 우주 조건에서 분무수경을 이용한 생산 연구가 진행되고 있으므로, 미래의 우주여행 시 식물 생산에 크게 기여하리라고 본다.

최근의 분석에 의하면, 분무경의 시장 규모는 2023년 약 11억 달러에서, 2032년에는 39억 달러로 연간 15% 성장률이 예상된다고 한다(GMI, 2024). 따라서 분무경이 식물공장이나 버티컬 팜에서 적용이 증대된다면 국내외의 분무 수경 시장은 더 커질 것이라고 본다.

제 8 장 모세관 수경 (Capillary hydroponics)

모세관 수경은 얇은 천, 부직포, 폴리에스테르 면을 포트 내부에 넣은 후 배지를 충전해서 모세관 현상을 통해 포트로 올라오는 수분을 이용하여 재배하는 방식으로서, wick system(심지 방식)이라고도 하며, 무동력으로 수분을 공급받는 특징이 있다.

8.1 장치

모세관 수경에는 물의 공급 방법에 따라 베드 방식과 심지 방식이 있다. 베드 방식은 불활성 매트 위에 포트를 놓고서 관수하면 포트의 바닥을 통해 모세관 현상에 의해서 수분이 포트 내 배지로 상승하는 방식이다. 심지 방식은 화분이나 모판에 심지를 넣은 다음 심지를 물이나 양액에 담가서 양수분을 흡수하게 하는 심지 방식이 있다. 베드 방식에서는 뿌리가 양수분을 공급하는 매트로 뻗는 것을 방지하기 위해 깔아 주는데, 이를 방근 시트라고 한다. 포트 아래 배수공을 통하여 심지를 꽂아 양수분을 흡수하게 하는 상품은 생산되지 않으므로 재배자가 포트나 큰 화분에 부직포나 면을 넣는 작업을 해야 하는 문제점이 있다.

8.2 수경 종류

국내에서 모세관 수경 시스템은 상품화된 것이 없으며, 농가에서 직접 만들어 사용하는 베드 방식이 대부분이다. 국내에서는 장미, 국화, 선인장 농가가 시스템을 직접 만들어 재배한다. 심지 방식은 주로 소규모 재배나 가정원예에서 사용한다.

8.2.1 농가 베드 방식

농가 베드 방식은 고정 또는 이동식 베드에 비닐을 깔고 그 위에 부직포를 덮은 다음 점적관을 설치한 후 방근 시트를 덮고서 그 위에 피트모스나 코이어가 들어 있는 화분을 올려놓고 저면관수를 한다. 저면관수를 하므로 포트 밑면이 망 형태이면 접촉면이 많아 물의 모세관 이동이 쉽다. 만약 방근 시트를 덮지 않으면 저면 공급하는 양액으로 인해 부직포에 녹조가 생긴다(그림 8-1). 베드 방식은 일종의 저면 관수방법인데, 유럽의 물에는 석회가 많이 포함되어 있어서 이를 살수하면 관엽식물의 잎에 하얀 얼룩이 생겨 상품성이 저하된다. 따라서 분화류에서는 저면 관수법을 많이 사용한다.

점적관을 설치하지 않은 경우에는 많은 심지를 바닥 매트에 부착시킨 다음 베드 아래 수면에 담가 준다. 매트 위에는 방근 시트를 깔아주고, 그 위에 그림 8-2와 같이 화분을 올려놓는다. 식물이 물을 흡수하면 자동으로 일정한 수위를 유지하게끔 하는 수위 조절장치를 수조에 설치해야 한다. 이 방식은 국화, 미니 장미, 그리고 수분이 많이 필요하지 않은 접목 선인장의 생산에 이용된다. 선인장 묘 생산의 경우에는 물에서 심지를 통해 올라온 수분이 베드에 깔아 놓은 부직포를 적시게 한 후 그 위에 선인장 접목묘가 심겨진 플러그 트레이를 올려놓는 방식이다. 검정 비닐 방근 시트를 부직포 위에 덮은 다음 그 위에 접목 선인장 플러그 트레이를 올려놓으면 된다. 모세관 수경의 배양액 농도는 담액재배에 준한다.

베이비 채소는 트레이에 부직포를 깔고 씨를 뿌린 후에 발아실로 옮겨서 발아시킨다. 발아가 되었을 때 베드에 설치된 저면관수 시스템 위에 수면과 접촉하도록 올려놓으면 부직포가 물을 흡수하여 작물을 자라게 하는 방식으로 재배한다. 베이비 채소를 쉽게 생산할 수가 있어서 좋다(그림 8-3).

그림 8-1 부직포 베드 방식(독일)

그림 8-2 방근 시트를 이용한 장미 재배(아침농장)

그림 8-3 부직포를 깐 트레이를 이용한 베이비 삼색비름 생산(이플농원)

8.2.2 심지 방식

심지 방식(wick system)은 화분이나 플라스틱 용기 바닥의 배수공에, 면, 부직포, 키친 타월처럼 수분 흡수력이 좋은 심지를 꽂고 피트모스나 코이어 등을 충전시킨 후에 양액 수조 위에 올려놓고서 심지를 통해 양수분이 공급되게 하는 방법이다. 정식 후에는 양액을 가득 채우고, 식물이 자라면서 뿌리 내리면 수위를 낮추어 용기의 절반만 채워 준다. 그러면 노출된 뿌리가 공중에서 산소를 흡수해서 호흡할 수 있다(그림 8-4). 햇빛이 들면 양액에 조류가 번식하여 녹색을 띠므로 알루미늄 호일 등으로 감싸서 빛을 차단해야 한다.

간이 심지 수경의 경우, 화분 중앙에 심지를 꽂고서 양액 통 위에 올려놓으면 모세관 현상에 의해 양수분이 상승하므로 가정에서도 쉽게 재배할 수 있다(그림 8-5).

심지 방식은 배수공에 꽂아주는 심지 재료에 따라 물의 이동이 다르므로, 가능하면 모세관 현상이 높은 재료를 사용해야 한다. 아울러서 배지의 밀도가 엉성하면 심지로부터 수분 이동이 잘 되지 않으므로, 식물을 심을 때 배지가 뿌리와 심지에 밀착되도록 다소 눌러서 심는 것이 좋다.

그림 8-4 파슬리 심지 재배(Google)

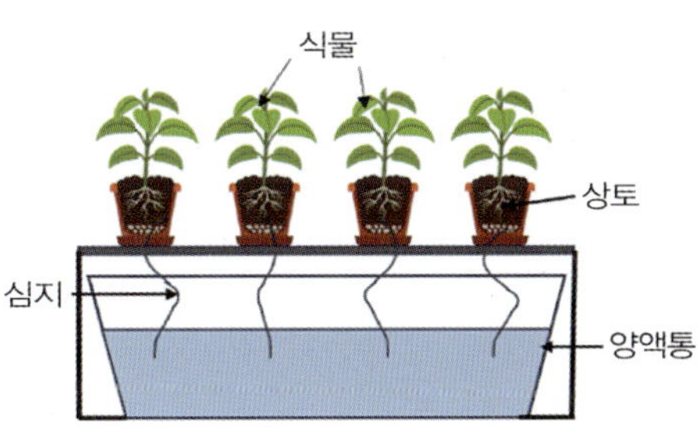

그림 8-5 간이 심지 재배(Springer Nature)

8.3 배양액 관리

베드 방식에서는 재배하는 작물이 알맞은 배양액을 준비하여 베드가 마르지 않게 점적관수를 한다. 급액은 타이머를 사용하고, 토양 수분 측정기를 포트에 꽂아 관수하기도 한다. 베드 방식에서 방근 시트를 깔지 않으면 그림 8-1과 같이 녹조류가 발생할 수가 있으므로, 화분의 간격을 좁혀 햇빛을 차단하고서 가꾸는 것이 좋다.

방근 시트를 이용하는 방법이나 트레이에 부직포를 깔고서 재배하는 방식에서는 재배 식물에 알맞은 EC를 공급하는 것이 좋다. 선인장은 일반적으로 품종에 따라 다르지만 EC를 1.0~2.0으로 공급한다. 부직포를 이용한 싹채소는 EC를 0.8~1.0으로 공급한다. 일반 수경재배에서와 같이, 심지 수경에서도 겨울에는 여름보다 다소 높은 EC 농도를 공급하는 것이 원칙이다.

8.4 모세관 수경의 장단점

모세관 수경재배는 다음과 같은 장점이 있다. 첫째, 모세관 현상에 의해 양수분이 식물에 필요한 만큼만 공급되므로, 일반 관수법에 비해 양수분을 70% 절약할 수 있다. 둘째, 영양소가 직접 뿌리에 전달돼서 최적의 흡수를 보장한다. 셋째, 식물이 필요로 하는 만큼만 공급되므로 양수분의 재순환에 필요한 전력이 필요하지 않으며, 폐양액이 발생하지 않으므로 친환경적 수경법이다. 넷째, 양수분 공급에 필요한 전력과 시스템, 수분 측정 센서, 타이머 등이 필요하지 않으므로 경제적이다. 다섯째, 식물 건강 증진이 가능하다. 즉, 일정하고 균일한 양수분의 공급은 건강한 뿌리 발달을 촉진하여 수확량 증가와 빠른 성장으로 이어질 수 있다. 여섯째, 생육에 많은 수분을 필요로 하지 않는 선인장, 허브류, 분화식물 재배 등에 널리 사용할 수 있다. 여섯째, 초보자도 아주 쉽게 수경재배를 할 수 있다.

모세관 수경의 가장 큰 단점은 모든 식물에 적용할 수가 없다는 것이다. 즉, 수분을 많이 필요로 하는 과채류는 모세관을 통한 수분의 공급이 제한적이므로 재배가 곤란하다. 둘째, 배지의 입자나 영양소 침전물이 심지나 기질을 막아 양수분의 이동을 저해할 수가 있다. 셋째, 양액 내의 영양소를 다른 수경 시스템보다 재배 시기마다 정밀하게 조절하기 어렵다. 넷째, 염류의 집적이 배지에 나타날 수 있다. 다섯째, 지속적으로 뿌리가 수분을 접촉하므로 뿌리 썩음병이 발생할 수 있다. 여섯째, 방근 시트를 이용하는 시스템은 작기마다 교환을 해야 하는 번거로움이 있으며, 부직포를 이용하여 싹채소를 생산하는 경우에서는 부직포의 재사용이 불가능하다.

8.5 발전 방향

자연 현상을 이용한 무동력 재배법으로서 탄소 배출이 없는 환경 친화적인 재배법이지만, 다량 양수분의 이동이 어려운 단점도 있다. 그러나 부직포 매트를 이용한 다육식물, 베이비 채소, 가정 취미 재배가들은 재배에 있어서 큰 효과를 볼 수가 있는 수경농법이다. 가정원예에서도 엽채류는 가능하지만, 많은 양수분이 필요한 과채류의 경우에는 큰 포트를 사용하면서 심지를 여러 개 꽂아주는 방식을 해야만 가능할 것이다. 또는 수위를 높여서 모세관 현상에 의한 수분 이동을 증가시키는 것도 좋다. 아울러 모세관 현상이 획기적으로 증가되어 수분 이동이 아주 잘되는 재질이 개발되어 모세관 수경에 적용이 된다면 이용량은 더욱 증가될 것이다.

이처럼 다양한 장단점이 있지만, 모세관 수경 재배는 모세관 작용을 이용하여 식물의 뿌리에 물과 영양분을 공급하는 시스템으로서, 미래 농업, 특히 지속 가능한 친환경 도시 농업에서 중요한 역할을 할 것으로 예상된다. 물을 절약하고, 기존 토양에 대한 의존도를 줄이며, 도시인들이 쉽게 재배에 임할 수 있는 이점이 있어 미래의 도시농업에 이바지하리라고 생각된다. 미래에는 물 부족이 예상되는데, 연구에 따르면 모세관 수경은 작물재배에 필요한 수분을 최소 42%, 최대 83%까지 절약할 수가 있는 큰 장점이 있으므로 보다 다양한 재배법의 창출 연구가 필요하다. 도시농업에 있어서 수직 및 제어된 환경 농업에 대한 잠재력 덕분에 공간과 자원이 제한된 도시 지역의 식량 안보 문제 해결에 적합한 농법이다. 미래 트렌드는 스마트 기술과의 통합인데, 모세관 수경 재배의 추가 개발에는 센서, 데이터 분석 및 자동화와의 통합을 통해 최적화된 시스템 관리가 포함될 수 있을 것이다.

결론적으로, 모세관 수경 재배는 미래 농업을 위한 유망한 기술로서, 물 절약, 지속 가능한 도시 농법으로의 정착, 그리고 수분요구도가 낮은 식물의 최적 재배 방법을 제공하리라 예상한다.

제 9 장 고형배지경 (Aggregate Culture)

고형배지경은 배지 종류에 따라 나뉜다. 사용되는 배지는 크게, 천연 무기물, 천연 유기물, 인공 무기물, 인공 유기물 배지로 구분할 수 있다(표 9-1).

이러한 배지들은 토양과 마찬가지로, 식물의 뿌리에, 물, 양분, 산소를 공급하고, 식물을 지탱하는 기능을 갖는다. 재배에 성공하려면 각각의 배지의 성질을 숙지한 다음, 그에 알맞은 재배 방법을 선택하여야 한다. 배지의 종류에 따라 배양액의 농도, 급액 방법, 재배장치 등을 다르게 해야 고품질의 식물을 생산할 수 있다.

9.1 고형배지경의 특징

고형배지경은 순수수경과 토양재배의 중간적 성격을 갖고 있으며, 다음과 같은 점에서 순수수경과 차이가 있다.

장점을 보면, 순수수경과 달리 배지 내 공극률이 높아 산소 공급이 매우 좋으며, 뿌리로의 수분 공급을 조절할 수 있다. 베드나 탱크를 생략할 수 있어 시설비를 저렴하게

표 9-1 고형배지경에서 사용되는 배지 종류

분류	소분류	종류
천연 배지	천연 무기물	자갈, 모래
	천연 유기물	피트, 훈탄, 왕겨, 톱밥, 수피, 코코넛 코이어, 목탄
인공 배지	인공 무기	펄라이트, 암면, 질석, 경석
	인공 유기	폴리우레탄, 폴리에스테르, 폴리페놀 섬유

할 수 있고, 비순환식으로 할 수 있어 토양전염균이 만연되기 어렵다. 배지에 수분이 풍부하여, 펌프가 정지하여도 피해를 상당 시간 줄일 수 있다.

단점을 보면, 재배 후 남아 있는 뿌리의 처리가 거의 불가능하고 세척과 소독이 힘들다. 베드 내의 배양액 조성 분포가 균일하지 않을 뿐만 아니라, 배지 내의 배양액 조성에 변화를 주려고 할 때 베드를 세척한 후에 배양액을 변화시켜야 되므로 번거롭다. 베드를 세척하지 않고서 배양액을 공급하는 경우에는 목적하는 배양액 조성이 되기까지 시간이 다소 소요된다. 또한 배지의 입수 및 폐기에 신경써야 한다.

9.2 배지의 특성

재배 배지는 작물의 고정, 공기와 물, 양분의 공급, 미생물의 조절 등의 역할을 한다. 따라서 배지를 선택하기 위해서는 배지의 물리적 특성, 화학적 특성, 생물학적 특성 등을 잘 알아둘 필요가 있다.

9.2.1 물리적 특성

배지의 물리적 특성으로는 공극률, 3상 비율, 유효 수분 등이 중요하다(표 9-2).

표 9-2 고형배지의 물리적 특성(이 등, 2015)

배지	고상(%)	공극량(%)	유효 수분 함량(%)	가비중(g/cm^3)
펄라이트	7.0	93.0	17.6	0.15
질석	13.0	87.0	24.5	0.34
피트모스	7.1	92.9	50.7	0.07
코코넛 코이어	5~11	95~89	27.3	0.07~0.08
수피	22.3	77.7	25.6	0.30
목탄	12.4	87.6	-	0.26
훈탄	5.0	95.0	27.6	0.19
모래	56.2	43.8	21.0	1.49
암면	3.0	97.0	54.2	0.17
입상면	8.9	91.1	60.6	0.26
오아시스	6.5	93.5	4.5	0.03
토양	52.6	47.0	32.3	1.46

1) 공극률(孔隙率)

총 공극률은 배지 전체의 부피 중에서 고체가 아닌 부분(기체 및 액체)이 차지하는 부피의 비율(%)이다. 토양의 총 공극률은 50% 정도인 데에 비해서 양액재배 배지의 총 공극률은 75~90%로 높다. 배지의 공극은 다음과 같은 요인들로 인해 재배 중 변화한다. 주로 배지 내의 충전의 정도, 유기물 자재가 생물적으로 분해되고, 관수를 통한 배지 내의 미소립자의 이동과 분리 등이 나타난다.

2) 보수성

배지는 공기와 토양 용액을 공극 안에 함유한다. 공극률이 일정할 경우에는 보수성이 기상의 비율을 지배한다. 보수성이 큰 배지란 유효 수분이 많은 것을 말하는데, 유효 수분은 수분 장력이 –1kPa(pF 1 : 포장용 수량과 비슷함)일 때의 함수량에서 –10kPa (pF 2 : 관수를 해야 할 시기를 나타냄)일 때의 함수량을 뺀 값이므로, 포장 용수량이 크고 영구 위조점이 작은 배지가 보수성이 크다. 배지의 보수력은 입자의 크기, 형태, 다공성에 의해서 정해진다. 물은 입자의 표면과 간극에 들어 있는데, 입자가 작을수록 잘 뭉쳐 있어서 표면적뿐만 아니라 물을 갖고 있는 간극의 양도 크기 때문에 보수력이 크다. 불규칙한 모양의 입자가 매끈히고 동그란 입자보다 표면적이 넓으므로 보수력이 크며, 다공성의 배지는 입자의 내부에 물을 함유할 수 있어서 보수력이 크다.

배지는 보수력이 큰 동시에 배수성도 좋아야 한다. 입자가 너무 작은 배지는 배지의 간극 크기가 너무 작아서 산소가 이동하기 어려우므로 피하도록 한다.

배지의 관수에 대한 반응은 물리적 특성에 따라 달라지는데, 기존의 배지를 4가지로 분류할 수 있다. 관수 방법도 이러한 특성에 의해 결정된다.

① 1군 : 유효 수분율과 유효 수분에 대한 완충 작용이 높고, 통기성이 높은 배지.

총 공극률이 높고(85% 이상), 수분 장력이 –1kPa(pF 1)일 때 기상의 비율은 20% 이상이며, 유효 수분율은 25% 이상인 배지이다. 일례로 피트모스와 그의 혼합물을 들 수 있다. 이러한 배지의 관수는 수월한데, 이는 통기성이 높고, 유효 수분이 많으며, 관수를 하지 않은 기간에도 완충 작용이 있기 때문이다.

② 2군 : 기상의 비율이 낮고, 유효 수분율이 중간 또는 높은 배지.

여기에는 두 종류의 배지가 있다. 첫 번째는 수분 장력이 –1kPa(pF 1)일 때의 공극률이 높지만(80~90%), 기상의 비율이 낮고(20% 이하), 중간 정도의 유효 수분율(20%)을 갖는 배지이다. 두 번째는 공극률이 낮고 유효 수분도 낮은 배지이다. 두 가지 모두 관수가 많으면 기상의 비율이 급속도로 낮아지므로 주의해야 한다. 유효 수분율이 낮으므로 관수를 자주 해야 한다.

③ 3군 : 기상의 비율은 높지만, 유효 수분율이 낮은 배지.

이 군에 속하는 거친 수피, 펄라이트, 자갈 같은 자재는 다른 배지와 함께 혼합물로 통기성을 향상시키기 위해 사용된다.

④ 4군 : 기상의 비율, 유효 수분율은 높지만, 유효 수분에 대한 완충 능력이 낮은 배지.

이 군에는 광물성 및 목질성의 섬유질 배지(암면, 유리섬유, 목질섬유)가 속한다.

두 종류의 배지로 이루어진 혼합 배지의 조성에 대한 조합 실험에서, 높은 공극률의 자재(피트)를 낮은 공극률의 자재(모래)와 혼합한 경우에는 배지 간의 상호작용이 낮다.

9.2.2 화학적 특성

배지의 화학적 특성에 있어서는 pH, 양이온 치환 용량(CEC), EC, 인산 흡수 계수, 양분 농도 등에 대해 주의할 필요가 있다(표 9-3). 재배 중 배지 내 염류 수준의 조절은 이러한 성질에 맞춰서 이루어져야 한다.

1) 양이온 치환 용량(CEC)

CEC는 시비에 의해 공급되는 식물 영양에 필요한 다량 원소 및 미량 원소를 유지할

표 9-3 고형배지의 화학적 특성(이 등, 2015)

배지	pH	CEC (mg/100g)	유기물 (%)	유효 인산	K	Ca	Mg
					(me/100g)		
펄라이트	6.9	0.5	0.1	16	0.40	5.88	1.31
질석	6.8	44.4	0.0	84	0.36	6.76	1.68
피트모스	3.9	102.5	53.4	18	0.19	1.52	1.41
수피	4.4	41.0	48.5	64	0.41	2.81	0.25
목탄	8.8	-	39.7	70	1.15	5.15	0.61
훈탄	7.4	-	38.0	75	1.76	5.44	0.70
모래	6.8	1.0	0.1	12	0.65	0.85	0.19
암면	7.5	0	0	0	1%	23%	7%
입상면	8.5	0	0	0	1%	26%	5%
오아시스	6.0	0	0	0	0.027%	0.027%	0.001%
코이어	6~7	43~60	90	2	0.8	0.04	0.02

표 9-4 각종 배지의 양이온 치환 용량(CEC)과 pH

배지	CEC (eq/m³)	pH
천연 유기질 배지		
프랑스산 갈색 피트	200~400	5.0
부숙경목 바크	184	7.5
폐기물	158	6.5
백색 피트(white peat)	115	4.5
만넨스기 바크(생)	95	5.1
코코넛 코이어	40~60	5.5~6.6
목질섬유	10	4.5
천연 광물질 배지		
거친 버미큘라이트	27	7.5
거친 펄라이트	6	6.9
가는 버미큘라이트	<2	8.7
암면	0	7.5
모래	0	6~7

* 이 등, 2015

수 있는 배지의 능력을 나타낸다. 이 특성은 광물과 유기물(부식) 콜로이드에 의해 나타나는데, 배지의 경우 CEC를 배지 1L당 me로 나타내는 경우가 많다. CEC에 따라 두 가지의 군으로 분류할 수 있는데, 높은 CEC에는 피트모스, 갈색 피트 등이 포함되고, 낮은 CEC에는 펄라이트, 목질 섬유 및 광물질 배지 등이 포함된다(표 9-4). CEC가 높은 배지에서는 양분의 손실이 적고, 고염류 농도 장해의 위험성이 낮다. CEC가 낮은 배지에서 염류 농도가 상승하는 현상을 막기 위해서는 소량씩 자주 시비해야 한다.

시비를 연속적으로 하는 경우에는 CEC가 높은 배지는 바람직하지 않으며, 관수를 부정기적으로 하는 경우에는 시비 간격이 넓으므로 CEC가 높은 배지가 적합하다.

2) pH

배지의 pH는 배지 안에 있는 용액의 pH이다. 이는 배지 용액 중의 H^+이 CEC에 의해 고정되어 있는 H^+과 평형 관계에 있기 때문이다. 대부분 배지의 pH는 3.5~9의 범위에 있다. 수피와 피트모스는 강산성을 나타내므로 산도 교정이 필수적이다. pH를 pH-H_2O, pH-KCl, pH-$CaCl_2$ 등으로 표기하는 경우가 있는데, 이는 pH의 측정을 물, KCl 용액, $CaCl_2$ 용액에서 했음을 의미한다. pH-KCl, pH-$CaCl_2$은 pH-H_2O에 비해 0.5에서 1 정도 낮은 값을 보인다. 일반적으로 pH라 함은 pH-H_2O를 의미한다.

3) 인산 흡수 계수

인산 흡수 계수란 배지에 인산을 시용할 때, 평형에 도달한 후 액상의 인산 농도가 30mg P/L이 되는 데에 필요한 인산의 시비량을 나타낸다. 예를 들어, pH 7의 피트모스의 경우에 배지 m^3당 50g을 시비해야만 액상에 30mg P/L가 존재하게 된다.

4) 비료 성분 농도, EC, 양분 농도

비료 성분 농도는 배지 안에 존재하는 비료 성분량, CEC의 수준, 식물의 종류(식물의 비료 요구량의 고저)에 의존한다. 재배 기간 중, 시기별로 염류 농도 혹은 EC를 조사하면 작물의 발육 단계에 알맞은 비료 성분 농도로 조절하는 것이 가능해지는데, 배지마다 특성에 차이가 있음을 유념해야 한다.

9.2.3 생물학적 특성

배지의 생물학적 특성에 대해 두 가지 관점에서 고려해야 할 필요가 있다. 한 가지는 배지 재료의 생물학적 안정도이고, 다른 한 가지는 식물 병원균 및 유용미생물(사상균, 세균)을 받아들여서 유지시키는 배지의 능력이다.

1) 유기물의 생물학적 안정도

유기물은 반드시 미생물이 관여하는 분해의 과정을 거친다. 분해 시에는 신속한 무기화의 과정과 부식화를 거쳐 느린 무기화의 과정이 동시에 진행된다. 유기물이 최초로 일부 분해되어 초생부후물질(初生腐朽物質)로 변화됨과 동시에 새로운 물질인 안정된 유기물(진정부식산)이 생성된다.

또한 아래와 같은 일련의 변화가 일어나며, 그 결과에 따라 유기물 배지의 물리, 화학적 성질이 결정된다.

① 부피의 감소를 동반한 압축과 공극률의 감소
② pF 1에서의 기상률 감소와 액상률의 상승
③ 입자 크기의 변화
④ 이산화탄소 생성에 따른 기상의 조성 변화
⑤ pH-H_2O 및 CEC의 상승
⑥ 분해에 의해 생긴 무기양분에 의한 염류 농도 상승
⑦ 식물 독성을 나타내는 유기물(지방족 유기산)과 자극적 효과를 나타내는 물질(부식산)의 생성

C/N비(carbon to nitrogen ratio, 탄질율)가 높으면 높을수록 분해는 느려지고, 생물적 안정도는 높아진다고 할 수 있다. 그러나 C/N비만으로는 생물적 안정도를 평가하는 데 충분하지 않다. 분해가 느린 리그닌, 셀룰로즈와 분해가 좀 더 빠른 헤미셀룰로즈에서의 함유율과 유기물의 화학적 조성에 대해서도 고려할 필요가 있다. 유기물의 종류에 따라 분해 기간이 다르므로, 분해 후의 안정된 유기물을 배지로 사용해야 한다.

2) 미생물에 대한 배지의 감수성

배지를 선택할 경우에는 배지 내의 병원균 밀도와 작물에 발생하는 병원균에 대한 배지의 감수성에 대해서도 고려해야 한다. 배지에 따른 병원균 감수성의 차이는 배지 구조, 혼합 조성, 내재 병원균에 의하는 경우가 많다.

9.3 배지의 선택

배지의 선택은 배지의 물리, 화학, 생물학적 특성, 입수 가능성, 가격, 품질, 취급의 용이성, 사용하는 양액재배 방식 등에 따라 정해진다. 배지의 재질은 균일하고 화학적으로 안정되어 있어야 하며, 저렴하고 구입이 용이해야 한다. 또한 물의 확산이 양호하여 수분 관리가 편리해야 하며, 사용 후 처리가 간단하고 환경오염을 유발시키지 않아야 한다. 시비 기술, 관수 기술 등도 충분히 고려해야 한다. 이는 어떤 배지가 주어졌을 경우, 관수, 시비에 대한 최적의 기술이 얻어지는데, 배지, 시비 기술, 관수 기술 중에서 어느 하나가 변경되면 나머지 두 가지도 고려되어야 하기 때문이다. 배지는 유독한 물질을 포함하면 안 된다. 예로서, 톱밥은 통나무 상태로, 코이어는 열매 상태로 오랫동안 바닷물에 잠겨 있으면 염분 함량이 높은 경우가 많다. 염분이 조금이라도 포함되어 있다면 물로 잘 씻어 내야 한다.

배지는 오랫동안 쓸 수 있게 견고해야 한다. 견고하지 못한 배지는 사용 도중에 부스러져 공극을 메우고 통기성을 나쁘게 한다. 각이 진 배지는 피하는 것이 좋은데, 이는 바람 등에 의해 식물의 줄기가 입자의 뾰족한 부분에 긁혀 상처를 입기 때문이다. 각진 것을 쓸 수밖에 없는 경우에는 표층에서 5cm 정도라도 각이 없는 것을 사용하는 등의 안전 조치를 취해야 한다.

모래, 경석, 피트, 훈탄, 암면 등은 보수력이 좋고, 모세관 수가 많아 베드를 간이화할 수 있으므로, 점적식(비순환식)으로 하는 것이 좋다. 이와 달리, 자갈, 인조자갈 등은 보

표 9-5 양란재배 관점에서 본 각종 고형배지의 장단점 비교

항목	바크	피트	암면	펄라이트
배지 산도	약산성	산성	약알칼리	중성
시비 관리	좋다	좋다	좋다	매우 좋다
용탈	쉽다	보통이다	보통이다	아주 쉽다
통기성	좋다	보통이다	보통이다	매우 좋다
폐기 처분	쉽다	쉽다	곤란하다	쉽다
소독	잘 안 된다	잘 안 된다	가능하다	가능하다
관리	다소 쉽다	다소 쉽다	다소 쉽다	아주 쉽다
이용성	좋다	매우 좋다	보통이다	매우 좋다
포트 담기	좋다	좋다	좋다	매우 좋다
포트 재충진	1~2년	1~2년	1~2년	2년 이상
양분 함유	약간	약간	없다	없다
과잉 관수	가능	가능	가능	없다
재가습	보통	보통	다소 어렵다	쉽다
양이온 치환능	있다	있다	없다	없다
완충능	약간	약간	있다	있다

수력이 작으므로 순수수경처럼 순환식으로 하는 것이 좋다. 훈탄은 사용하는 동안 물리성이 나빠지므로 장기간 사용에는 무리가 따른다.

고형배지를 선택하기 위해서는 기본적으로 각 고형배지의 장단점을 숙지하고 있어야 하며, 이를 토대로 해서 여러 배지를 혼합한다거나 배지의 특성을 고려하여 배양액을 관리해 주어야 한다(표 9-5).

9.4 배지의 조정

9.4.1 pH의 조정

배양액의 pH 조절은 배지 종류별 화학적 특성과 근권 내 배양액의 pH 수준을 적정 수준으로 할 수 있어야 한다. 암면, 입상면, 훈탄, 목탄, 코코넛 코이어 같은 알칼리성 배지를 사용하고, 공급되는 배양액의 pH에 의한 배지 내 pH 변화가 적은 경우에서는 급액할 때 적정 pH 범위를 5.2~5.7로 하고, 최적 범위는 pH 5.5로 하는 것이 배지 내의 pH를 5.5~6.0 수준으로 유지할 수 있어서 좋다.

표 9-6 과채류 배지경에서 배지 종류에 따른 배양액의 적정 pH 관리 기준

배지 종류	배양액	
	적정 pH 범위	최적 pH
알칼리성 배지: 암면. 훈탄, 목탄, 코코넛 코이어	5.2~5.7	5.5
중성 및 약산성 배지: 펄라이트, 질석, 하이드로볼	5.5~6.0	5.8
강산성 배지: 피트모스, 바크	5.8~6.5	6.0

피트모스 및 바크와 같은 강산성으로, 역시 급액되는 배양액의 pH에 의한 배지 내 pH 변화가 적은 경우에서는, 배지 자체를 석회 등을 이용하여 pH 6.0 수준으로 교정하거나 pH 6.0 수준의 배양액으로 포수시킨다. 그런 다음, 급액하는 배양액의 pH를 5.8~6.5로 하고, 최적 수준을 pH 6.0로 한다(표 9-6).

펄라이트, 질석, 하이드로볼(Hydroball), 폴리페놀 수지(polyphenolic resin)와 같은 중성 및 약산성 배지는 공급되는 배양액의 pH에 의해 영향을 받으며, 배지 자체가 적정 수준에 가까운 배지 산도를 이미 갖고 있다. 따라서 배양액의 적정 pH 범위는 5.5~6.0으로 하고, 최적 산도는 5.8 정도로 하여 급액하는 것이 바람직하다.

9.4.2 배지 내 양분의 변화

배양액을 시용한 후 2일 째에 배지 내 무기 이온의 변화를 조사한 실험에서 펄라이트가 가장 안정하였고, 암면이 뒤를 이었다. 암면에서는 시용된 인산 함량이 30% 이상 낮은 수치를 보였다. 질석에서는 공급된 배양액의 변화가 큰데, 인산과 칼리가 감소하므로, 이들의 농도를 초기에 높여서 공급해 주어야 한다. 이와 달리, 칼슘과 마그네슘은 증가하므로 낮춰서 공급해 주어야 한다. 유기물 함량이 높은 피트모스와 수피는 인산, 칼리, 칼슘을 초기에 높여서 공급할 필요가 있다.

9.5 배지의 소독

어떤 배지라도 1작이 끝날 때마다 소독해서 병원균을 예방하는 것이 좋다. 단, 소독을 하면 소독 방법과 무관하게 식물에 유용한 미생물도 사라지므로 조심하는 것이 좋다. 소독은 보통 증기나 약품을 사용한다. 소독할 경우에는 배양액이 흐르는 탱크, 급배액관, 베드는 물론이고, 시설 바닥과 시설 내 모든 곳을 동시에 소독하여야 한다. 또한

표 9-7 채소 수경재배에 발생하는 병해 종류와 오염 경로(이 등, 2015)

채소명	병해	병원균	오염 경로
토마토	근부병	*Pythium* spp	비래(飛來)
	근부위조병	*Fusarium oxyporum*	비래, 종자 감염
	청고병	*Pseudomonas solanacearum*	비래, 묘 감염
	흑점근부병	*Colletotrichum atramentarium*	물 잔유물
	역병	*Phytophthora infenstans*	비래, 묘 감염
	잿빛곰팡이병	*Botrytis solani*	비래
	모자이크병	TMV	싹 손상, 곤충
딸기	역병	*Phytophthora cactorum*	묘 감염
	탄저병	*Collectotricum fructicola*	묘 감염
	시들음병	*Fusarium oxysporum*	묘 감염
삼엽채	입고병	*Rhizoctonia solani*	전작 소독 미비, 비래
	근부병	*Pythium* spp	비래
상추	근부병	*Pythium* spp	비래
파	입고병	*Rhizoctonia solani*	전작 소독 미비, 비래
	근부병	*Pythium* spp	비래
시금치	노균병	*Pronospora chrysanthemi-coronari*	비래
쑥갓	흑반병	*Xanthomonas campestris*	전작 소독 부족, 비래

소독하기 전에 재배했던 식물체와 뿌리들을 제거하여야 소독 효과가 커진다. 채소 수경재배에서 나타나는 주요 병해는 표 9-7과 같다. 많은 질병이 재배자의 청결성 결여와 묘 또는 베드나 기타 기기의 소독 불충분으로부터 비롯되기 때문에 소독도 중요하지만 재배자나 온실 내의 청결성을 유지가 우선해야 한다.

9.5.1 증기소독법

증기소독법은 유럽에서 일반 토양재배에 광범위하게 사용하고 있는 방법으로서, 양액재배에서는 배지의 종류나 사용 환경 등에 따라 다양한 방식이 있다. 일반적으로 암면과 같이 자루 형태의 배지인 경우에는 피복재를 제거한 후 배지만을 따로 모아서 특수한 소독실에서 소독한다. 펄라이트경에서와 같이 긴 베드 상에 배지가 충진되어 있는 경우에는 그 자리에서 소독한다.

1) 배지가 자루 형태인 경우

암면판은 2작까지는 특별한 경우가 아니면 소독하지 않는다. 암면을 소독하기 위해서는 암면판의 피복을 제거한 후 건조시켜야 한다. 암면을 건조시키지 않고 취급하면

그림 9-1 고형배지 소독 모습(Wikipedia)

구조가 변형돼서 품질이 저하된다. 또한 과습한 암면판은 온도가 서서히 상승하기 때문에 소독 시간이 길어진다. 암면을 15~20단 정도 쌓아 올린 후 70°C 이상에서 1~3시간 정도 증기로 소독한 다음에 사용한다. 이러한 조건에서 대부분의 해충, 선충, 세균, 곰팡이류는 구제 가능하지만, 토양전염성 바이러스는 완전하게 구제되지 않는다. 바이러스까지 살균하려면 100°C에서 15분 이상 소독해야 한다.

보통 가압살균법이 증기소독법에 비해 효과가 큰데, 이는 증기가 증기압에 의해 암면 내로 쉽게 침투하기 때문이다. 농가에서는 온실 난방용 보일러를 이용하여 간이 소독장치를 제작할 수 있다. 온실이나 증기 처리 차에 스티로폼을 깔고 암면을 쌓아 올린 후 두꺼운 내열성의 피복재로 밀폐한 다음 보일러 관을 넣는다. 보일러 관은 난방용 닥트처럼 군데군데 구멍을 뚫어 증기가 새어 나오게 해서 소독한다(그림 9-1). 국내에서는 전문업체가 많지 않지만, 네덜란드와 같이 암면 재배를 많이 하는 곳에서는 증기소독기를 대여하여 사용한다.

2) 배지가 자루 형태가 아닌 경우

펄라이트경과 같은 경우에서 배지를 한군데로 모아서 소독하는 것은 현실적으로 어렵다. 이러한 경우에는 설치된 그대로 두고서 소독해야 하는데, 증기 소독이 가장 경제적이다. 각 베드에 증기 주입구를 설치한 후 베드 내의 중앙부에 증기 파이프를 길게 깔고서 베드 위를 내열성의 덮개로 덮은 다음, 베드 내에 82°C의 증기를 30분 이상 주입한다. 이와 같이 배지의 표면부터 소독하면 톱밥에서는 20cm 깊이까지 효과가 미친다. 표면 소독의 효과가 적을 경우에는 배지 속에 파이프를 묻은 후 증기 소독을 한다.

펄라이트경에서 베드 내에 온탕관을 매설한 경우는 더욱 간단한데, 온탕관에 70°C 정도의 열수를 통과시키면서 시설물의 천, 측창을 밀폐하면 배지 내 온도를 70~80°C로 유지시킬 수 있다. 이때 배지는 물로 포화된 상태이어야 열의 전도가 좋다. 공급하는 뜨거운 물의 온도가 너무 높으면 엑셀 파이프가 변형되므로 주의해야 한다.

그 외에 점적관 등을 통해서 베드에 70°C 이상인 물을 10분 이상 직접 공급하는 방법도 있다.

9.5.2 약제소독법

약제 살포는 식물과 인간 모두에게 위험하므로, 약제를 살포할 때에는 안전사고에 주의한다. 소독 후에는 소독지의 출입을 엄격히 제한하고, 일정 기간이 지나면 방독 마스크를 쓰고 밀폐시켰던 시설을 개방하여 약제가 완전히 휘산되도록 한 후에 작물을 시설 내로 들여와야 한다. 배지에 남아 있는 약제는 물을 충분히 관수하여 배지나 자재에 약제가 남아 있지 않게 한다. 소독에 사용하는 약품은 사람에게 해로우므로 호흡기와 피부 노출을 삼가고 작업 후 깨끗한 공기와 접촉하는 등의 주의를 철저히 해야 한다.

1) 포름알데히드(formaldehyde)

잡초 종자나 균에는 유효하지만 선충이나 곤충에는 부적합하다. 시판되는 포르말린(포름알데히드를 37.5% 포함)을 물에 50배로 희석시킨 후 1m^{2}당 20~40L의 비율로 배지에 사용한다. 처리한 장소는 처리 직후 공기가 안 통하는 비닐 덮개로 덮은 후 72시간 이상 방치한다. 처리 후 약 2주 동안 건조 후 통기를 시킨 다음에 식물을 심는다. 소독 후 물로 잘 씻어 내면 식물을 금방 심을 수 있다. 이 소독 방법은 간단하고 처리 효과가 높지만, 냄새가 독하고 처리 후 폐액을 방류하면 토양이 오염되므로 주의하여야 한다. 이를 방지하기 위해서는 분해 속도가 빠른 산화제를 사용하는 것이 좋다.

2) 클로로피크린(chloropicrin)

액체 약품으로서, 선충, 곤충, 위조병균, 잡초 종자의 일부와 병원균 등을 죽인다. 주입기를 사용하여 23~30cm 간격으로 8~15cm 깊이의 구멍에 2~4mL씩 주입하거나 배지 1m^{2}당 180mL의 비율로 처리한다. 클로로피크린은 기체화돼서 배지 중에 침투해 들어가므로 처리 후에는 배지 위에 물을 살포하고 덮개를 씌운 후 3일 이상 밀봉하며, 7~10일간 통기를 한 후에 재배에 들어간다. 이 약제의 증기는 식물과 인체에 미치는 독성이 크므로 방독 마스크를 착용하는 등의 안전 수칙을 지키면서 사용에 주의하여야 한다. 이 약품은 배지 온도가 18°C 이상일 때 사용하는 것이 좋다.

3) 바팜(Vapam)

수용성의 훈증제로서, 잡초 종자와 대부분의 병원균과 선충을 죽인다. 급액관을 통하여 배지를 소독하거나, 바팜 1L를 물 7.6~11.4L에 섞은 후에 주입기로 10m^2 균등하게 살포한다. 처리 후에 즉시 밀봉하거나 물을 주어 활성 성분이 너무 빨리 증발하지 않도록 2~3일 비닐을 덮는다. 처리 후 비닐을 벗기고서 충분하게 약제를 휘발시킨 다음 2~3주 후에 재식할 수 있다. 재식 전에 냄새가 나는지 반드시 확인한다. 잔유 독성유무를 확인하기 위하여 처리한 배지에 무씨를 뿌려서 발아가 잘 되고 뿌리털이 이상이 없으면 작물을 재식할 수 있다.

4) 바사미드(Basamid)

바사미드는 다조메(Dazomet: 주성분은 99%가 Tetrahydro－3,5,－dimethyl－2H－1,3,5－thiadiazine－2－thione)라고 판매되기도 하는데, 발아되는 잡초 종자를 죽이고, 토마토의 토양병해인 시들음병, 풋마름병 방제와 수박의 덩굴쪼김병, 뿌리혹선충 방제 및 마늘의 흑색썩음균핵병 방제 등에 사용된다.

배지에 입제 약제를 모아 논 배지의 20~30cm 깊이에 살포(3.25~5kg/100m^2)하고 잘 섞어준 후에 비닐로 피복하여 7~14일 방치한다. 비닐 피복을 제거한 후 2~3일 간격으로 2회 배지를 휘저어서 가스를 휘산시킨다. 가스가 완전히 제거된 것을 확인한 후에 작물을 재배한다. 본 약제는 토양 수분이 적거나 온도가 낮을 때(10°C 이하)는 약효가 저조할 수 있으므로 주의해야 한다. 또한 가스 휘산이 완전하게 된 이후에 작물을 재배해야지만 약해가 발생되지 않는다(Basamid, 2014).

5) 기타

역경 재배에서는 표백제(차아염소산칼슘 혹은 차아염소산나트륨)나 염산을 쓸 수도 있다. 염소 농도가 3,000~10,000ppm 정도되는 용액을 양액 탱크에서 만들어 베드에 부어서 배지를 완전히 적신 다음, 30분 후에 약제를 배수시키고 물로 잘 씻은 다음 재식한다. 이처럼 자갈의 소독 작업은 다른 배지에 비해 매우 간단하다.

병이 발생한 피트나 코이어 슬래브는 차아염소산 나트륨 1% 액에 24시간 침지하고 꺼내서 세척을 5번 실시한다. 화학약품을 사용하여 소독할 때는 슬래브 재식 위치에 무 종자를 20개 쯤 파종하여 발아에 전혀 이상이 없으면 다시 사용한다. 하지만, 발아한 무 뿌리가 갈색으로 변하거나 생육에 이상이 있으면 수세를 몇 번 더 하고 다시 무 발아 테스트를 실시한 후에 이상이 없으면 재배한다.

9.6 발전 방향

현재 세계적으로 많이 이용하는 고형배지경에는 암면 및 피트경, 그리고 최근에는 코코넛 코이어가 많이 사용되고 있다. 이스라엘 등에서는 펄라이트가 많이 사용된다. 최근 암면 재배 후 암면 처리가 환경오염 문제로 번지는 한편, 피트 채취에 대한 우려가 높아지면서 코코넛 코이어 재배가 많이 이루어지고 있다. 친환경적인 코코넛 코이어나 피트는 자연에서 생산되는 배지이므로 생산국에 따라 품질이나 성분이 고르지 않아서 암면과 같이 표준화가 어렵다. 그러나 가능하면 국제적인 표준화가 이루어진다면 미래에는 양액 관리 등이 편리해지리라 믿는다. 최근 노르웨이에서는 고품질 나무섬유(wood fiber)를 새로운 고형배지경 배지로 공급이 이루어지고 있다. 이것 역시 코이어처럼 친환경이라 앞으로 이용이 증가되리라 본다. 그 외에 지역에 따라 톱밥, 훈탄, 자갈, 모래, 왕겨, 송이(화산재) 등이 이용되는데, 이들의 원리는 암면이나 펄라이트와 유사하므로 각각의 지역 사정에 따라 발전의 여지가 있다. 그러나 이들이 발전하기 위해서는 배지의 구입이 용이하고, 가격이 저렴하며, 사용 후 배지의 소독 및 폐기 처리가 쉬워야 한다.

모든 작물에 적합한 배지는 아직 없으므로, 재배가가 기르고자 하는 작물에 가장 적합하면서 경제적인 배지를 잘 선택해야 한다. 앞으로 국내에서는 소규모 수경 농가가 주변에서 쉽게 구할 수 있는 폐버섯 배지나 왕겨 등의 배지 응용에 관심을 기울여야 할 필요가 있다.

제 10 장 암면 재배 (Rockwool Culture)

암면 재배란 암면(rockwool)을 배지로 사용하는 고형배지경으로서, 암면은 덴마크의 그로단(Grodan) 사가 1968년에 개발하였다. 암면 재배는 코이어 재배 면적이 급속히 증가한 2016년 전까지 세계적으로 가장 재배 면적이 넓은 수경재배 방식이었다. 암면 개발은 덴마크에서 하였지만, 재배에 관한 연구 및 발전은 네덜란드에서 이루어졌다. 특히, 생육 기간이 긴 과채류나 절화류 생산에 많이 이용되고 있다.

암면 재배에는 순환식과 비순환식이 있다. 과거에는 비순환식이 주류를 이루었지만 법적으로 금지되어 현재는 대부분 순환식이 이용된다. 급액은 점적급액 방식을 적용해서, 설비의 간이화, 운영비의 절감, 생력화 및 병해를 방지한다.

10.1 암면의 특징과 종류

10.1.1 암면의 특징

광물성 섬유의 일종인 암면은 현무암이나 안산암 같은 화성암을 1,500°C 이상에서 용해시킨 다음, 이것을 공기 또는 공기와 수증기를 함께 불어서 섬유상(1~8μm)으로 만든다. 접합제와 계면 활성제로 처리하여 섬유를 접합시킨 후에 압축 열처리하여 여러 가지 형태의 암면을 만드는데, 제품에 따라 사용 원료와 제조 방법이 약간씩 다르다(표 10-1). 암면의 물리성은 밀도가 80kg/m^{2}로 가볍고, 고상이 3%에 지나지 않으며, 공극량이 96%나 되는 다공질이다. 암면은 고온에서 만들어지는 제품이므로, 균이 없고, 화학적으로는 비활성 물질로서 재배 중 변하거나 배양액과 상호작용을 일으키는 일이 없다. 그러나 암면의 종류에 따라 재배 중에 철, 망간 등이 암면에서 용출되어 식물 생육에 좋은 영향을 주는 경우가 종종 있다. 그러나 약산성에서 용해되는 단점이 있다.

표 10-1 암면 종류별 주요 화학 성분(%).

종류	SiO_2	Al_2O_3	CaO	Fe_2O_3	MgO
금강(작물재배용)	49	13	21	5	7
일반 단열재(slag계)	40	17	31	2	7
그로단(덴마크 제품)	47	14	16	8	10
일본 동양방적(작물용)	40	15	37	17	8

(이, 2015)

암면의 섬유는 지름이 수 미크론인 원통형으로서, 길이는 수 cm에서 10cm 내외이다. 이처럼 암면은 다른 양액재배용 배지에 비해 입자의 지름이 작으므로 모세관이 많다. 또한 간극은 95% 정도이고, 간극의 크기나 분포가 균일하여 가볍고 물의 확산이 균일하며, 통기성과 보수성이 크다. 자기 부피의 90%까지 흡수할 수 있지만, 실용적(암면 전체의 평균)으로는 60% 정도의 수분을 포함한다. 보수성을 보면, 증류수로 포화시킨 후 하루가 지난 후에도 암면 내에 윗부분에 35%, 아랫부분에 90% 정도까지 수분을 유지할 수 있다.

섬유의 표면은 친수성이지만, 섬유의 내부는 소수성이므로 섬유에 물이 있을 때와 없을 때의 성질이 다르다. 만약 섬유의 표면이 젖어 있으면 모세관 작용으로 물이 암면 내를 자유롭게 이동하지만, 일단 섬유가 건조해지면 흡수성이 많이 없어진다. 건조한 암면에 관수하면 물이 흡수되지 않고 밑으로 빠져버리므로 암면을 사용할 때에는 건조해지지 않도록 주의해야 한다. 점적 간격을 20cm 이내로 하면 수분을 고르게 함유하게 된다. 암면의 간극은 미세하여 일시에 다량의 수분 흡수가 어려우므로 급액할 때 소량을 천천히 준다.

10.1.2 암면 제품의 종류

암면은 밀도와 경화제의 차이에 따라 1회 재배용과 2~3회 재배용으로 구별된다. 그러나 시판 회사에 따라 암면 성질이 조금씩 다르므로 주의해야 한다. 1개의 암면판(slab, 슬래브)은 길이 90 또는 100cm, 두께 7.5 또는 10cm인 것이 일반적이다. 폭은 12~45cm로 다양하며, 작물에 따라 그 폭을 조정하여 사용하고 있다(그림 10-1). 유럽에서 과채류에 사용하는 암면의 폭은 15cm이다. 암면판은 흑백 필름으로 포장된 것과 포장되지 않은 것이 판매되고 있으며, 포장되지 않은 것은 구입 후 포장하여 사용한다.

그 밖에 육묘용 큐브(cube, block, 또는 cell)의 크기를 표 10-2에 제시했다. 파종용 작은 큐브(블록)나 플러그에 파종하여 어느 정도 자라면 육묘용 큐브(블록)에 옮겨 심고서 정식 전까지 육묘한다.

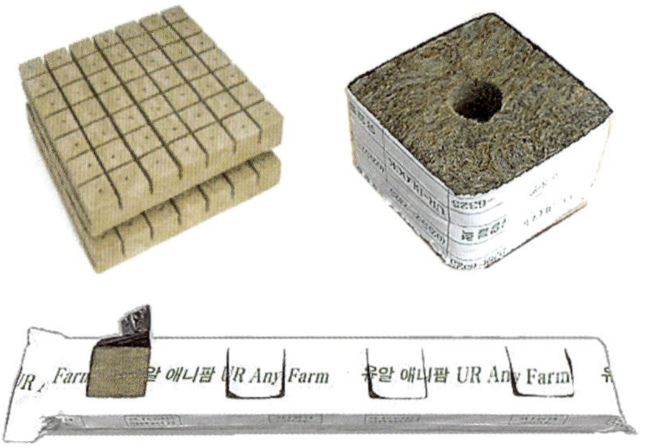

그림 10-1 암면 제품의 종류[파종용(좌), 큐브(우), 슬래브(아래), 한국유알암면]

표 10-2 암면 제품의 종류(단위 : mm) (한국유알암면, 그로단)

종류	용도	폭x길이	높이
암면 판(슬래브)	재배용	120 × 1200, 150 × 900~1000, 200 × 1000	75, 100
암면 큐브(블록)	육묘용	100 × 100, 75 × 75, 50 × 50	100, 75, 65, 50
암면 큐브(블록)	파종용	20 × 25, 35 ×4 0, 40 × 40, 50 × 50	20, 30, 40, 50

10.2 베드 작성

10.2.1 암면판(slab) 작성

1) 암면판의 용적 결정

정식 베드용 암면판의 필요량 및 형상에 대해 아직까지 정해진 것은 없지만, 다음과 같은 계산법을 참고할 수 있다. 여러 분석을 통해 산출한 암면판 내의 평균 함수량은 60% 정도가 된다. 암면판의 평균 함수량이 30%일 때 급액하는 경우에서는 암면판 부피의 30%만 급액해 주면 된다. 토마토나 오이 같은 과채류의 경우에는 1일 최대 증산량을 그루당 3L 정도로 보면 충분한데, 1회 급액량을 그루당 600mL로 하면 암면판은 3.3배인 2L가 필요하다. 암면판 내의 뿌리 용적을 1L라고 보면, 결국 그루당 필요한 암면판의 용적은 3L가 된다. 그러나 암면판 내의 배양액의 균일도 등을 고려해서 30~50% 정도 여유를 두는 것이 안전하므로, 그루당 암면판 용적은 4~4.5L 정도로 하는 것이 좋다. 즉, 암면판의 형상이 두께 7.5cm, 폭 20cm인 경우에는 암면판에 30cm 정도 간격으로 세 그루를 심으면 된다. 또한 재식 거리를 결정할 때에는 광투과율과 재배할 작물의 엽면적 등도 고려하여야 한다.

2) 암면판의 형상 결정

암면판의 두께는 대체로 7.5cm 정도가 알맞은 것으로 밝혀져 있다. 그러나 거베라처럼 암면판 표면이 말라 있어야만 역병과 같은 질병의 발생이 낮은 작물에서는 10cm 두께의 것을 사용하기도 한다. 폭은 15~30cm이지만 그루당 필요 용적과 정식 주수 간의 관계로부터 구한다. 암면판의 크기는 과채류의 종류, 재식 거리 및 재배 기간에 따라 정해지지만, 국제적으로 거의 동일한 암면이 생산되므로 선택의 폭은 좁다.

10.2.2 베드 지지물 만들기

베드의 설치는 온실의 바닥에 구축하는 방식, 거치대를 만들어 올리는 방식, 행잉 베드를 사용하는 방식으로 나뉜다. 대부분의 대형 온실은 콘크리트로 바닥을 마감하므로, 바닥에 구축하려면 비닐이나 스티로폼을 깔고 그 위에 암면 슬래브를 올린다(그림 10-2, 좌). 거치대는 작업의 편의와 줄기 유인을 위해서, 알루미늄, 철, 플라스틱을 이용하여 만들고, 2% 정도 기울기로 배수용 물받이를 설치 후 그 위에 슬래브를 올리고서 점적관을 설치한 다음 재배한다(그림 10-2, 우). 유럽에서는 물받이를 온실 공간에 매달아 놓고 그 위에 슬래브를 올리는 행잉 베드(hanging gutter system)를 이용하며, 베드의 높이를 상하로 조절하여 입체적으로 공간 활용을 극대화하면서 재배하는 농가도 있다. 절화 재배에서는 플라스틱 지지대 제품이 개발되어 이탈리아 등에서 거베라 등의 재배에 많이 사용하였다(그림 10-3). 오이나 토마토 암면 재배에서 장기간 재배할 때는 줄기를 눕혀 재배하는데, 이때 줄기가 바닥에 닿지 않게 지지대를 만들어 주어야 한다.

그림10-2 토마토 암면의 바닥 베드(좌)와 거치대 위에 놓인 베드(우, 세운농장 제공)

그림 10-3 거베라

10.2.3 베드 설치 및 배관

폭 3.2m 벤로형 온실에서는 2~4줄의 식물을 심는데, 이때는 암면이 14L/ m^2가 소요된다. 오이는 2줄로 심을 때 암면판 사이를 60~75cm로 한다. 토마토와 파프리카는 40~45cm로 하는데, 이 간격은 가지 유인 수에 따라 다르다. 화훼재배에서는 베드의 폭이 100cm인 것을 주로 사용하는데, 이때 30cm 폭의 암면판 2개 또는 15cm 폭의 암면판을 4개 사용한다. 거베라는 3개의 베드에 2줄의 식물을 각각 심는데, 이 경우에서는 채소 재배보다 다소 많은 암면판이 소요된다. 이는 재식 밀노가 높기 때문이다. 재배용 암면판 위에 육묘용 큐브(cube)를 올린 다음 점적관(dripper)을 배치한다. 이때 가장자리 큐브에는 2개 점적관을 꽂는데, 가장자리 식물은 중간의 식물과 다르게 3방향으로 노출되어 증발산량이 많기 때문이다. 점적관이 너무 길면 작업하는 데 지장을 주므로 적당한 길이로 설치한다.

베드의 구조는 순환 여부에 따라 달라진다. 비순환식의 경우에는 급액량이 과다하면 비용이 많이 들어가므로 배양액의 손실이 적고 베드 내에 배양액이 균일하게 퍼지도록 해야 한다. 순환식에서는 배양액이 회수되므로 급액 속도나 양 등에 크게 신경 쓰지 않아도 된다. 하지만, 베드 내의 습도가 불균일해지기 쉬우므로 배액에 주의해야 한다. 행깅베드는 초기에는 암면이 별로 무겁지 않지만, 포수하고 작물을 심어 가꾸는 동안 작물이 자라면 무게가 증가하므로 베드를 설치할 때 공중에 지지 철사의 강도와 위아래로 움직이는 구동 시스템을 튼튼하게 만들어야 한다.

10.2.4 배지의 온도 조절

배지를 단열하고서, 가온 및 냉각을 해주면 항상 배지의 적정 온도를 유지할 수 있다. 그러나 시설비 및 운영비가 많이 들어가므로 신중해야 한다.

1) 순환식에서의 온도 관리

순환식에서는 베드의 온도 관리가 용이하다. 순환식에서는 보통 탱크의 배양액 온도를 조절하여 순환시킴으로써 베드 온도를 관리한다. 야간에는 순환시키지 않는데, 야간의 베드 가온은 생육에 있어 효과가 적고 공기 중으로 방열되는 양이 많으므로 좋은 방법이 아니다. 따라서 주간에만 관리하는 것으로 충분하다. 가온 설비는 2시간 이내에 목표로 하는 온도까지 올릴 수 있는 용량이어야 한다. 냉각은 양액이나 지하수 탱크에 냉각 코일을 설치한 후 온도를 낮추어 공급하면 된다.

2) 비순환식에서의 온도 관리

비순환 점적급액식에서도 베드의 가온 및 냉각은 가능하지만, 암면판 베드의 설계를 잘하면 베드의 온도 조절이 따로 필요 없는 경우가 대부분이다.

저온기에는 비닐 멀칭을 해서 보온하는데, 이때 암면판과 지면 사이에 공간이 있으면 야간에 암면판의 온도가 내려가기 쉬우므로 주의해야 한다. 고온기에는 멀칭을 제거하고 암면판을 백색과 흑색 2장의 부직포로 감싸서 통기성을 주면서 암면판 위로 수분이 어느 정도 증발되게 한다. 억제 재배와 같이 여름철의 뿌리 온도가 높으면 안 되는 경우에는 반사 필름을 씌워 근권에 직사광선이 미치는 영향을 피한다. 겨울에는 난방을 잘 관리하면 문제없다. 여름철 근권 온도 상승을 막기 위해 백색 비닐 멀칭을 암면판에 하는 농가가 있었지만, 번거롭고 큰 효과가 없어서 최근에는 하지 않는다.

10.3 급배액

10.3.1 급액량 및 급액 간격

1) 급액량 결정 방법

급액량과 급액 간격은 전극법, 중량법, 컴퓨터법 등을 이용하여 결정하면 편리하다(제4장 참조). 배액은 급액량의 10~20%가 되도록 설정한다. 전급액량을 정할 때 암면판과 탱크 내의 EC 값의 차이가 0.5 정도되게 한다. 고온일 때는 암면판 내의 EC 값이 대단히 높아지는 일이 빌생하는데, 이때에는 저온처리된 낮은 농도의 배양액을 공급해준다.

2) 1회 급액량

1회 점적 관수 시간을 정하기 위해서는 점적관에 걸리는 압력과 유량을 알아야 하는데, 대부분의 경우에 1bar의 압력으로 시간당 2~4L 분출된다. 일반적으로 배양액은 자주 공급하는 것이 바람직하므로, 1회에 분출되는 양을 75mL로 제한하는 것이 좋다. 이 경우 점적관의 유량이 2L/hr라면 2~3분 정도 분출된다. 점적관이 정밀하지 못할 경우에는 보통 유량이 4L/hr 정도되는데, 이때는 3분 동안 작동하고 1회에 200mL를 분출하게끔 하는 것이 일반적이다.

3) 급액 시 주의사항

순환식에서는 급액된 배양액이 베드를 흘러갈 때 여러 곳을 골고루 거치지 않고 일정한 길을 따라 흘러가는 경우가 있다. 이 경우에는 배양액이 통과하지 않는 곳에서 양분의 불균형이 생기기 쉽다. 베드가 건조해진 다음 급액할 때에 이런 경우가 자주 생기므로, 일시적으로 정지하고서 베드 전체를 양액으로 충만시켜 전면을 통해 균일하게 배액이 되게 한 다음 순환시키면 좋다. 암면섬유 전체가 항상 수분을 간직하도록 각별한 관리가 필요하다.

비순환식(점적급액 방식)에서는 급액량이 아주 균일하지 않은 베드 전체가 습해지기 전에 한쪽에서 배액이 된다. 특히, 베드가 자루(bag)로 되어 있는 경우에는 암면판 상호 간의 배양액을 주고받는 것이 없으므로 더욱 심하다. 따라서 순환식보다 급액에 한층 더 주의가 필요하며, 보수력이 좋은 암면을 선택해야 한다. 배양액의 낙하지점에 보수성이 높은 부직포를 깔아 두면, 배양액이 부직포를 먼저 포화시킨 다음 암면판에 스며들므로 베드 전체에 고르게 퍼진다(**그림 10-4**).

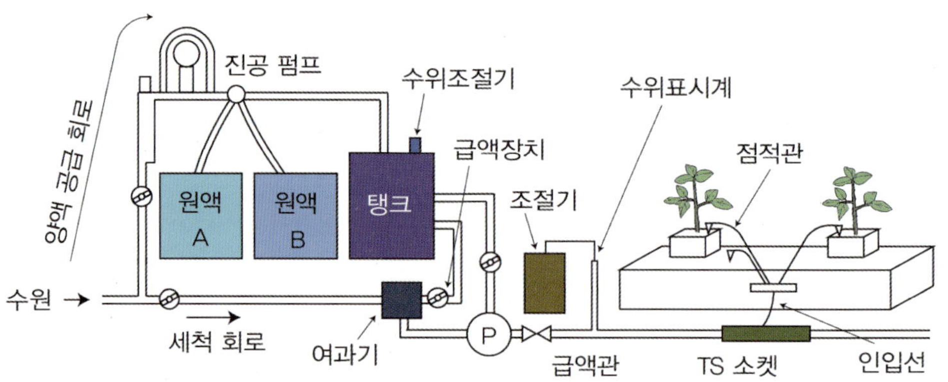

그림 10-4 점적관을 이용한 급액 방법

4) 급액 횟수를 결정하는 요인

① 광도 : 광도가 높을수록 급액량 및 급액 횟수가 증가한다.

② 배액량 : 저온기에는 배액되는 양이 20% 이내이지만, 여름철에는 급액량의 50%까지도 배액되므로 급액량 등이 증가된다.

③ 시간 : 급액은 낮에만 이루어지는 것이 아니라 밤에도 이루어진다. 낮에 급액 횟수가 많지만 밤에도 암면이 건조해지지 않도록 증발산량 등을 고려하여 급액한다. 주간의 급액은 일출 1시간 전부터 시작한다.

10.3.2 점적관 관리

급액 속도를 느리게 하되 베드 전면에 균일하게 하려면, 노즐을 통해 고압으로 분무시키거나 극도의 낮은 압력으로 점적시켜야 하는데, 점적식이 경제적이다. 점적식 중에서는 점적관을 사용한 급액 방식이 분출 속도가 균일하고, 구조가 단순하여 보수 관리가 쉽고 저압이어서 가장 좋다.

점적관수의 경우에 문제가 되는 것은 점적관마다 급액량에 오차가 있다는 것이다. 새로운 점적관이라 하더라도 25% 정도 편차가 있으며, 사용함에 따라 편차가 50%나 생긴다. 이러한 불균형을 해소하는 방법에는 두 가지가 있으며, 그중 한 가지는 배양액을 20~50% 더 공급해 주는 것이다. 이를 통해 제일 적게 나오는 점적관에서도 식물의 흡수량을 맞출 수 있다. 다른 한 가지는 암면판 2개를 한 장의 필름에 놓는 것이다. 그러면 필름당 점적관이 4개가 있게 되므로 서로 간에 보상해서 암면판 내의 편차가 적어진다.

점적 급액식에서는 급액 직후와 직전 사이에 배양액 농도의 차가 크므로 주의해야 한다. 즉, 급액 후 시간이 지남에 따라 증산이나 증발에 의해 베드 내의 배양액 농도가 높아진다. 배양액 농도와 암면 내의 농도 차이를 적게 하려면 배양액을 자주 많이 공급해야 하는데, 이는 비순환식에서는 현실적으로 어렵고 순환식에서나 가능하다. 점적관은 한 작기가 끝나면 세척해 줘야 한다. 세척할 때에는 pH 1의 질산용액을 펌프를 통해 점적관으로 보낸 다음 점적관으로부터 pH 2.5의 용액이 흘러나오게 한다. 그 후 펌프를 분리하고, 다음날 펌프를 다시 설치하여 물로 세척한 후 보관한다. 이때 세척에 사용하는 질산용액이 암면에 닿으면 바로 녹으므로 주의한다.

10.3.3 배액의 순환

배액된 배양액은 비순환식에서는 폐액되고, 순환식에서는 재순환된다. 순환식의 경우 배액되는 25% 정도의 배양액이 배양액 탱크에서 새로운 배양액과 합쳐지게 되고,

혼합된 배양액은 EC를 기준으로 조절된다. 실제 재배할 때에는 2주 간격으로 농도를 검사하여 조절한다. 배양액이 순환될수록 1가 이온(예: K^+)은 25%, 2가 이온(예: Ca^{++})은 50%까지 감소한다. 미량 원소 중에서는 아연과 붕소가 25% 정도까지 감소한다. 이와 같은 배액을 원액통에 혼합할 경우에는 양액을 재조절해야 한다.

배액된 양액을 배액통에 수집해서 일정량이 모이면, 모래여과기를 먼저 통과한 다음 UV 램프를 재차 통과시켜서 멸균시키고 양액을 원 배양액 통으로 보낸다.

10.4 제어

베드 이외의 환경 제어는 일반 시설재배 및 다른 양액재배 방식과 같으므로 앞부분의 총론을 참조하기 바란다. 지하부, 즉 베드의 양수분 제어를 증발량에 따라 실시하면 정확하지만 증발량을 측정하기가 곤란하므로 증발량과 상관관계가 크고 측정이 쉬운 일사량에 따라 급액량을 자동으로 조절하는 것이 일반적이다. 베드 내의 양수분의 양 및 농도를 정확히 조절하려면, 베드 내의 수분량과 EC 값을 센서로 자동으로 계측한 후 컴퓨터로 제어해야 한다.

현재 개인용 컴퓨터를 이용한 제어의 내용을 예로 들면 다음과 같다.

① 일사량을 측정해서 50~200cal/cm^2마다 급액 신호를 보낸다.
② 급액 시간은 1회당 0~60분의 범위로 조절할 수 있다.
③ 배양액의 농도는 50~1,000배의 범위에서 조절할 수 있다.
④ 배지 내의 EC 값에 따라 배양액을 공급하는 시간과 용수만을 공급하는 시간을 자동적으로 구분해서 배지 내의 배양액 농도를 조절할 수 있다.

10.5 재배 관리

10.5.1 파종

시판되고 있는 파종용 암면 큐브에 종자를 한 알씩 파종하거나, 성형 암면 플러그판에 파종하는 것이 일반적이다. 육묘용 암면 큐브는 이식할 때 하나씩 분리되도록 홈이나 있어 다른 배지를 이용하는 것 보다 작업이 수월하다. 암면의 특성상 육묘용 큐브는 사용 전 물에 충분히 담가 두어야 한다. 저면급액식으로 하면 생력화와 자재가 절감된다. 암면 육묘 시 배양액은 표준 농도의 1/2~1/3 정도를 관수하는데, 엽채류는 다소 낮은 1/3, 과채류는 약간 높은 1/2 수준으로 공급한다.

토마토나 오이는 큐브에 종자를 파종 후 싹이 나면, 배양액을 표준액의 EC 0.5 수준으로 주고, 씨앗이 발아하여 어린 묘목이 자리를 잡기 시작하는 처음 2주 동안 근권 온도는 25~26°C, 기온은 25°C를 유지하고, 이후에는 EC를 약간 올려준다.

10.5.2 이식 및 육묘

모종에서 떡잎이 완전히 전개되고 본 잎이 나오려고 할 때, 암면 육묘용 큐브(cube)에 이식한다. 육묘용 큐브는 7.5cm 크기의 정육면체(부피 420mL), 또는 10 × 10 × 5cm (부피 500mL)의 크기가 많이 사용되는데, 7.5cm의 큐브가 가장 일반적이다. 암면 큐브의 중앙부에 구멍이 뚫려 있어 파종용 큐브 블록 또는 플러그 셀을 꽂으면 고정되도록 만들어져 있다. 그림 10-5는 오이 파종용 큐브와 육묘용 사각 큐브를 보여준다. 파종용 큐브를 육묘용 사각 큐브에 꽂고 접촉이 잘되게 버미큘라이트를 약간 뿌려주는데, 육묘장에 따라서는 그냥 꽂아만 주기도 한다. 유묘가 크면서 본 잎이 전개되면 육묘용 큐브의 주간거리를 20 × 18cm 정도로 넓힌다. 그림 10-6은 2주용 큐브에서 자라는 토마토 묘가 넘어지지 않게 플라스틱 지주를 꽂아서 육묘하는 모습이다. 오이도 대나무나 철사로 만든 플라스틱이나 대나무 지주를 꽂아 고정하기도 한다. 급액은 타이머나 수분 센서로 자동화한다. 암면수분 함량의 100%를 기준으로 해서 50% 수분을 공급하는 것이 유묘 생장에 가장 좋다. 수분이 너무 높으면 웃자란다. 양액 농도는 표준액의 1/2 정도 공급한다.

그림 10-5 오이 파종 큐브와 육묘 큐브

그림 10-6 2주용 토마토 묘에 지주 세움(Agri SA)

급액 방법으로는 저면 급액식, 저면 담배수식, 살수식 등이 있는데, 저면 급액은 부직포를 깔고 그 위에 큐브를 올려놓는 방식이다. 대규모 육묘농장에서 과채류 암면 육묘는 시멘트 바닥에 담배수식을 사용하여 육묘한다. 살수식은 국내 농장에서는 이용하지만, 유럽에서는 석회가 많아 잎에 얼룩이 지므로 사용하지 않는다. 다 자라면 종이박스에 6~8개씩 넣어 출하한다.

10.5.3 정식

정식 전에 EC 3.0~3.5dS·m^{-1}, pH 5.5의 양액으로 암면판(슬래브)에 수일간 충분하게 포수를 시킨다. 물이 초기에 충분히 포수되어야지만 뿌리가 쉽게 내리고 이후 양액 관리가 용이해진다. 보통 배지 1개 암면판(90 × 15 × 7.5cm)의 포수량은 10.125L의 양액을 필요로 하므로, 10,000개 배지를 채우려면 101t의 포수액이 필요하다. 정식을 하고 암면판 측면에 배수구를 만들어야 한다. 물이 바닥에 약간 고여 있도록 암면판 바닥으로부터 약 1cm 위치에 세로로 3cm 정도 사선으로 양측을 잘라주면 된다. 포수가 끝나면 암면 슬래브에 묘를 일정한 간격으로 올려놓고, 큐브 위에 점적관을 고정하면 정식은 끝난다. 정식 후에는 유묘가 활착할 때까지는 큐브의 건습 상태를 보면서 조금씩 급액한다. 며칠이 지나 뿌리가 암면판 안으로 들어가면 식물이 활착된 것으로 볼 수 있다. 그 후 생육의 진전에 따라 관수량을 늘려간다. 동시에 유인줄을 이용하여 작물을 고정하고 곁순을 잘라줘서 원순이 잘 자라게 한다.

10.6 배양액 관리

10.6.1 배양액의 조제

순환식에서는 배양액이 계속 순환함에 따라 탱크의 배양액 조성이 변화하므로 탱크 내의 농도나 pH를 측정하여 보정할 필요가 있다. 점적급액식의 경우에는 급액을 하는 배양액의 조성을 쉽고 정확하게 자동으로 조절할 수 있으므로 관리가 쉽다. 단지 베드 내의 배양액 상태를 조사하여 배양액 농도를 보정해 주어야 한다. 암면판 내의 pH는 배양액의 pH보다 1.5 정도까지 높아지는 경우가 많은데, 이는 암면판이 알카리성인 경우이지만 뿌리의 이온 치환 용량 때문이기도 하다. 배양액을 자동제어하기 위해서는 pH 센서와 EC 센서, 나아가 수분 센서를 사용하여, 순환식은 양액 탱크 유입 전이나 탱크 내 양액을 조절하고, 비순환식은 액비혼합장치와 베드의 상태를 봐 가면서 조절한다. 비료의 급액은 펌프와 벤추리관과 같은 액비혼입장치를 이용한다(4.3.4 참조).

배양액 농도는 작물의 종류, 재배 시기 및 생육 단계에 따라 조절한다. 일반적으로 햇빛이 강할 때에는 농도를 연하게 하고, 약할 때에는 진하게 한다. pH에서와 마찬가지로, EC도 배양액보다는 암면판 내에서 더 높아지는데, 이는 이온이 암면에 집적되기 때문이다. 현재 시판 중인 순수수경재배용 비료를 표준적인 처방에 의해 시용하면 생육 중기 이후에 각 요소 간의 균형이 깨지는 경우가 있다. 예를 들면, 암면 재배에서는 뿌리로의 산소 공급이 양호하므로, NO_3, K, P 등의 흡수가 촉진되어 무기염이나 이온 형태로 식물체 내에 집적될 가능성이 높다. 이러한 경우에는 Ca, Mg, SO_4^{2-} 등의 2가 이온이 배지 내에 축적되게 된다. 따라서 배양액의 처방과 같은 대책 연구가 필요하다.

10.6.2 배양액 관리

암면의 배양액 관리는 작물이나 시기에 따라 다르다.

Smith(1987)는 암면 재배에서 암면판을 포수시키는 데에 $2.0dS \cdot m^{-1}$, 정식하는 데에 $2.0 \sim 2.2dS \cdot m^{-1}$로 관리하되, 5월 중순부터는 2.0, 6월 말부터는 더 낮게 관리할 것을 권장하였다. 다만, 암면판 내 EC를 2.0으로 유지하기 위해서는 배양액의 EC를 $3.5 \sim 4.0dS \cdot m^{-1}$ 수준으로 공급해야 한다고 하였다. 일본 시설원예협회에서는 암면 재배시 육묘 중 육묘 포트 내 양액의 EC를 $2dS \cdot m^{-1}$를 기준으로 하여, 상한 값을 여름에는 $3dS \cdot m^{-1}$, 겨울에는 $4dS \cdot m^{-1}$로 하고 있다. 정식 후 베드 내 적정 배양액 농도는 1.5~3.0을 기준으로 하되, 여름에는 $1.8dS \cdot m^{-1}$, 겨울에는 $2.4dS \cdot m^{-1}$ 정도로 관리한다. 이(2015)는 토마토의 생육 초기에는 $1.0 \sim 2.0dS \cdot m^{-1}$으로 공급하여 생육을 조절하고, 착과된 이후부터 $2.0 \sim 2.5dS \cdot m^{-1}$로 급액이 좋다고 했다. 유럽계는 $2.5 \sim 3.0dS \cdot m^{-1}$로 다소 높게 공급한다.

파프리카의 8월 재배 시는 정식 후 4일까지 EC 3.2.(맑은 날)~3.5(흐린날), pH 5~5.5, 1회 주당 공급량 120~150CC(3개 식물/슬래브)로 해가 뜨고 10시까지는 1시간, 10시~16시까지는 30분 간격, 16시부터 일몰까지는 1시간, 해가 지면 관수를 중지한다. 정식 5일부터 11일간(배지 내 함수량을 1주일에 약 5% 정도 점진적 감소시킴)은 EC는 3.2(맑은 날)~3.5(흐린 날), 슬래브 내는 4.0dS/m 목표, 공급은 pH 5~5.5, 슬래브 내는 5.5~6.0 목표, 주당 120~150cc로 10시, 12시, 16시 3회 관수하지만 흐리거나 비오면 1회만 관수한다. 정식 후 15일부터 착과기까지는 배지 내의 수분 함량을 60%를 유지하고, EC는 3(맑은 날)~3.5(흐린 날), 슬래브 내는 4.0dS/m, pH는 5.5~6.0 유지, 1회 주당 120cc를 3회 수지만 흐리거나 비가 오면 1회 정도 준다. 광량이 떨어지는 9월 말(착과 진행 이후)이 지나면, EC 2.5(맑은 날)~2.8(흐린 날), 슬래브 EC는 3.5 내외 유지, 주당 공급량은 슬래브

3주 기준 120~150cc를 공급한다. 배액양은 맑은 날은 25%, 흐린 날은 10%를 목표로 5~7회 관수한다. 그 후는 EC를 2.4~2.8, 근권은 EC는 3~4, 함수율은 60~65%로 유지, 관수는 100~120cc로 6~10회를 주고, 일출 후 1.5~2시간 후부터 일몰 2시간 전까지 준다. 계절과 생육에 따라 관수 회수를 조절한다(이 등, 2011).

그로단 사의 자료에는 과채류의 초기 영양생장을 촉진시키려면 점적관의 EC는2.0, 슬래브 내 EC는 2.6-3.0으로 낮추면서 슬래브 내의 수분 용량을 최대 80%까지 증가시키면서 수분 용량의 변화폭은 6% 정도 낮게 하고 관수는 짧게 여러 번 줄 것을 제시한다. 관수는 일출부터 시작하고 단수는 일몰 후 최대 6시간까지 주고 단수한다. 생식생장을 위해서는 반대로 양분이 많이 필요하므로 점적관의 EC는 3~4, 슬래브 내의 EC는 4~6이 되게 올려주어야 한다. 반대로 수분함량은 40~60% 정도 낮게 하면서 관수는 길고 적게 한다. 관수 시작은 일출 후에 2~3시간부터 천천히 하고 단수는 일몰 후에 바로 실시하라고 권장하지만, 온실의 형태나 품종에 따라 참고하여 재배해야 한다고 했다.

대체로 재배기간 중에 배지의 함수량은 낮에는 평균 함수량의 60% 정도의 높은 수분 상태로서, 밤이나 흐린 날에는 30% 정도로 관리하면 무난하다. 재배 후기에는 배양액의 농도를 점차적으로 낮게 하여, 재배 종료 시에는 암면판 내에 양분이 거의 남아 있지 않도록 관리한다. 작물에 따라 차이가 있지만, 이를 위해서는 후기에는 관수량을 충분히 할 필요가 있다. 이러한 방식으로 배양액을 관리하면, 슬래브 내에 양분이 거의 없어서 다음 작물을 재배할 때 관리가 쉽고 배지를 소독하기도 편리하다.

10.6.3 배양액 공급량

고형배지경에서는 점적 관수로 배양액을 공급하는데, 주간에는 많이 공급하고 야간에는 적게 공급한다. 아침에는 일출 후 2~2.5시간에 시작하고, 오후에는 일몰 전, 맑은 날은 2~3시간 전, 흐리거나 비가 오면 3~5시간 이전에 관수를 종료한다. 그래야지만 야간에 지나치게 과습하지 않고 공극이 늘어나서 뿌리의 발달이 좋아진다. 배지가 과습하면 1회 주는 양액을 150ml 이상 주고 급액 횟수를 줄이는 것이 좋다. 암면판 내의 수분 함량은 부피비로 50~80%가 적당하다. 파프리카는 암면의 수분 함량이 60%가 가장 적합하다. 급액이 과다해도 배수가 원활하면 과습에 의한 장해는 발생하지 않는다. 그러나 건조하여 암면판 내의 수분 함량이 40% 이하로 저하되면 암면판 내에서 모세관 연락이 끊겨 상층부가 건조해지므로 주의해야 한다. 암면은 일단 건조해지면 원래의 상태로 복귀하지 못하므로 건조해지지 않도록 주의한다.

노와 이(1996)는 오이 반촉성 배지경에서 생육 단계와 계절에 따른 표준 급액량과 배액량을 제시했다. 즉, 육묘기에 300mL/그루, 정식 후 약 2주간 500mL/그루, 수확 시작까지는 800~1,000mL/그루, 수확 개시부터 초장 1.3~1.5m일 때는 1,300~1,500mL/그루, 수확최성기에는 2,000~2,200mL/그루를 급액하고, 배액은 20% 정도가 되도록 하면 고품질 다수확이 가능하다고 하였다.

10.7 농가형 암면 재배

암면 재배는 전 세계적으로 가장 많이 사용되는 고형배지경이므로 그 종류도 다양하다. 그 가운데 양액의 순환 여부에 따른 방식을 설명한다.

10.7.1 비순환식

유리 온실에서는 베드의 수에 따라 4열식, 8열식으로 나뉜다. 1개 베드는 길이 90cm, 폭 30cm, 높이가 18cm인데, 상부 10cm는 암면판이고, 그 아래에는 지름 2.5cm의 엑셀 파이프 2개가 깔려 있어 근권 난방을 하게 되어 있다. 베드를 계속 연결해서 설치하고, 식물을 1줄 2식으로 하며, 식물 간격은 30cm로 한다. 양액공급 관련 장치를 온실 입구의 한쪽에 설치하거나 별도의 건물에서 관리한다.

국내에서는 양액을 순환시키지 않은 비순환 암면 재배가 많은데, 이는 온실 내의 공기를 습하게 하고 바닥이 지저분해지며, 지하수를 오염시키는 문제점이 있다(그림 10-7, 좌). 따라서 앞으로 환경오염과 비료 소모량을 줄이기 위해서는 비용이 들지만 국내에서 가장 많이 재배하는 딸기와 토마토 재배 등도 물받이를 이용한 순환식을 선택해야 한다(그림 10-7, 우).

그림 10-7 비순환식 토마토(좌), 딸기 순환식(우, 그로단)

10.7.2 순환식

비순환식과의 차이점은 배액을 모아서 집액 탱크로 보낸 다음, 일정량이 되면 1차로 모래여과기를 통과시킨 후 UV 램프를 이용하여 2차 처리하는 것이다. 이 과정을 거쳐 완전하게 소독된 배양액을 저장 탱크에 일시적으로 저장해 두었다가 일정한 양이 채워지면 다시 원 배양액 탱크로 자동으로 보내진다. 여기서 EC와 pH를 다시 조절하여 재사용하는 방법이 재순환 방식(recycling)이다.

대체로 순환할 경우에는 폐액저장 탱크나 소독장치 등의 설치에 필요한 경비가 더 많이 들지만, 비순환보다 약 40% 이상 많은 양의 비료를 절감하고 친환경적이므로 장기 재배에서는 반드시 적용해야 할 필요가 있다.

1) 네덜란드 방식

네덜란드에서는 수경재배에서 흘러나오는 배양액이 수로의 부영양화를 가져오고 지하수까지 오염시킴에 따라 2004년부터 순환 방식의 의무화가 시작되었다. 네덜란드의 암면 재배는 재배용 슬래브 아래에 배액 수집 물받이가 설치되어 NFT 방식처럼 기울기를 줘서 배액을 모아 탱크로 보낸다. 순환식을 적용하면 온실 바닥이 깨끗하고 습도가 높지 않아 잎에 나타나는 병해 발생이 낮아지는 장점이 있는데, 국내에서도 앞으로는 순환식으로 대체되어야 한다고 본다(그림 10-8). 재식된 암면판에 점적 시스템을 통해 공급된 양액은 잉여분이 암면판을 감싸고 있는 배액 수집 홈통의 아래로 흘러나온다. 이 홈통은 암면판보다 폭이 약 1~2cm 넓어 배출된 액이 흐르기 좋다. 암면판의 기울기는 보통 2.5~5cm/100cm 정도이다. 암면판의 배액은 지하의 배액 탱크에 모아지면 자동으로 펌핑되어 지상의 배액저장고로 간다. 여기서 일정량이 모아지면 모래여과기를 1차 통과한 후에 UV 램프를 2차로 통과한다. UV 램프 대신에 열처리, 오존처리, 과산화수소수 처리도 할 수 있다(4.3.9 살균장치 참조).

그림 10-8 순환형 송이 토마토 재배(A.S.A)

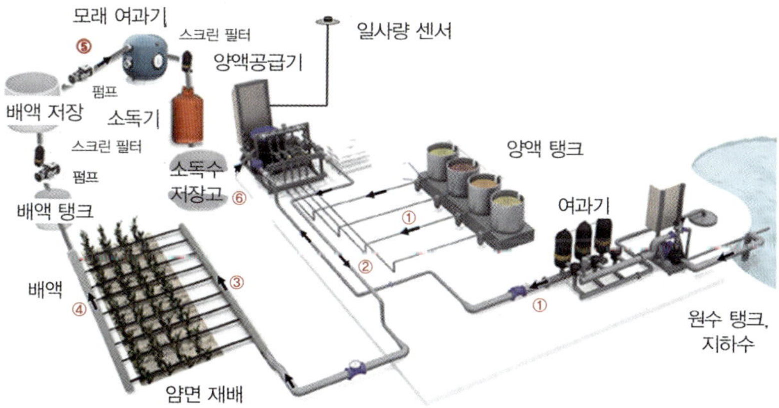

그림 10-9 순환식 양액재배 시스템 전개도(Yeo 등, 2023)

소독이 완료된 액은 소독수가 저장되는 보조 탱크로 간다. 보조 탱크에 액이 어느 정도 모아지면 양액공급기와 연결된 급액 탱크로 이동해서 pH와 EC를 조절한다(**그림 10-9**). 이때 신선한 물로 희석해서 조절하거나 급액 탱크로 들어온 새로운 양액과 혼합하여 조절한 후 다시 점적관을 통해 식물체에 공급한다. 신선한 양액을 제조할 때 A, B액이 혼합되어 들어오는 과정은 이미 앞에서 설명한 방법과 동일하다. 이러한 과정의 전반을 컴퓨터가 조절하는데, Priva와 Argus 회사의 제품이 많이 이용된다. 항상 주입하는 양액과 배액되는 양액을 1주일에 한 번 정도 분석한 후 변화 양상을 조사하여 대처하는 것이 필요하다. 특히, 겨울철에는 양액을 20% 정도 많이 공급해 주지만, 여름철에는 다소 많이 배액되도록 설계하기 때문에 최대 배양액을 감안하여 보조 탱크를 만들어 둘 필요가 있다.

순환식은 토마토 등의 과채류 수량을 감소시키지 않는다. 하지만, 장기간 폐액을 사용하면 양액 내의 황산기가 많이 증가하여 수량이 감소될 수 있으므로 주의한다.

10.8 폐액 및 암면의 처리

10.8.1 폐액 처리

비순환식에서 사용하고 남은 폐액을 처리할 때에는 토양 오염이나 하천 오염을 일으키지 않도록 주의해야 한다. 십액통에 모은 폐액을 토양재배하는 채소류, 사료 작물, 관상수. 잔디밭에 물비료를 시비하듯이 뿌리는 것도 좋은 방법이다.

10.8.2 암면의 재이용과 폐기

암면판은 2작기까지는 특별한 경우가 아니면 소독하지 않는다. 암면판은 소독하여 재사용할 때마다 25% 정도 손실되고, 3작부터는 친수성이 점차로 나빠지므로 일반 농가의 경우에서는 2~3작이 한계이다. 그러나 재배 방법에 따라 10년 이상 사용하기도 하므로, 재배 방법을 개선하면 배지 비용과 같은 생산비도 줄이고 폐기 등의 문제도 감소시킬 수 있다. 관수관을 통해서 70°C 물로 10분 이상 소독하면 박테리아나 푸사리움을 사멸시킬 수 있으므로, 소독을 잘하여 계속 사용하는 것이 좋다. 암면 재배 면적이 1ha일 경우, 약 60m^{3}의 암면판과 12m^{3}의 암면 포트, 약 2,000m^{3}의 폐양액(약 5톤 비료 해당)이 배출되어 나오는데, 암면 폐기물은 부식되지 않기 때문에 문제가 되고 있다. 네덜란드에서는 압축한 다음 간척지에 묻기도 하지만, 국내에서는 매립 외 마땅한 폐암면 처리 대책이 없는 실정이다.

10.9 암면 재배의 장단점

암면 재배의 장점은 다음과 같다. 첫째, 비순환식에서는 질병 오염의 위험성이 담액, NFT, 코이어보다 작고 증기 소독이 쉬워 3~4년 동안 이용할 수가 있다. 둘째, pH가 중성이고 불활성이므로 양액 관리가 쉽다. 셋째, 암면은 무게가 가벼워 작업하기 편리하고, 근권의 공극률이 높아 뿌리 발육이 좋으며, 저면 가온이 간편하다. 넷째, 식물 각각에 양분을 공급할 수가 있어 양액의 균일 적용이 가능하다. 다섯째, 공업 제품이므로 구조적으로 안전하고 이화적 특성을 쉽게 바꿀 수 있다. 여섯째, 급액량과 간격 조절이 편하고 적은 노동력으로 작물을 바꿀 수 있다.

암면 재배의 단점은 다음과 같다. 첫째, 함수율에 따른 색의 변화가 없어 육안으로 건습 정도를 판별하기 어렵다. 둘째, 근권 온도가 기온이나 햇빛에 많은 영향을 받으므로 배양액 온도만 조절해서는 근권 온도를 조절할 수 없다. 셋째, 비순환식에서는 베드 내 배양액량이 비교적 적으므로 증발산에 의해 배양액의 농도나 조성이 변하기 쉽다. 다섯째, 암면을 폐기하는 데 큰 어려움이 있어 문제시 된다. 끝으로 건조한 암면을 흡입하는 경우에 건강에 이상이 있을 수 있으므로, 건조한 암면을 취급할 때는 반드시 마스크를 착용해야 한다. 건조한 암면 슬라브나 큐브를 맨손으로 만지면 암면의 미세섬유가 피부에 박혀서 붉게 변하는데 피부가 연약한 여성들은 반드시 긴 고무 장갑을 끼고 작업하거나 운반을 하도록 해야 한다.

10.10 발전 방향

고형배지경 가운데에서도 암면 재배의 최고 장점은 초기 투자액이 다른 양액재배 방식보다 적다는 점이지만, 과잉 투자에는 신중해야 한다. 국내에서 2000년대 초반부터 생산하기 시작한 암면은 토마토와 파프리카의 암면 재배 면적이 증가하면서 인기가 높아져 입상암면뿐만 아니라 다른 배지와 혼합한 상품까지도 개발하고 있다. 그러나 친환경 배지인 코코넛 코이어의 재배 면적이 급속하게 증가하는 데 비해 암면은 다양한 폐암면 처리법이 개발되어 적용하지만 처리에 대한 문제점으로 인해 최근에는 재배 면적이 오히려 감소하는 경향이 있다. 국내에서는 대부분 비순환식으로 이루어지고 있는데, 외국의 경우와 같이 순환식으로 전환하는 방법이 모색되어야 할 것이다.

향후 암면 재배 시스템의 개발 목표는 특히 제한된 시설 환경에서 지속 가능하고 효율적인 원예작물 생산을 위해 암면의 고유한 특성을 보다 적극적으로 활용하는 것이다. 여기에는 작물 수확량 증대를 위한 재배 기술의 향상, 채소나 화훼 식물 이외에 다양한 특용 작물 재배가 가능한 새로운 암면 개발, 친환경적으로 재활용 가능한 암면 신제품을 개발하면서 혁신적인 폐암면 처리 방법 모색, 그리고 작물에 공급하는 물과 양분의 최소화를 통해 환경 영향을 줄이는 기술이 포함된다. 향후 개발은 특정 작물의 요구에 더 잘 부합하도록 암면의 물리적 및 화학적 특성을 최적화하고, 혁신적인 재배 기술을 탐색하며, 이러한 시스템을 다른 지속 가능한 스마트팜 재배 기술과 통합하는 데 중점을 두어야 한다.

제 11 장 펄라이트 재배 (Perlite Culture)

펄라이트를 이용한 양액재배는 주로 이스라엘과 주변 지중해 국가에서 이루어지고 있다. 국내에서도 초기에는 가장 많이 사용되었다가, 최근에는 코코넛 코이어 다음으로 많이 이용되고 있다.

11.1 펄라이트의 특징과 종류

11.1.1 펄라이트의 특징

펄라이트는 화산에서 흘러나온 규산질 계통의 용암이 급속히 냉각되면서 형성된 일종의 화산유리(volcanic glass)로서, 결정수의 함유량에 따라 2% 이하인 흑요석(obsidian), 2~5%인 진주암(perlite), 5% 이상인 송지암(pitch stone)으로 분류되며, 양액재배용으로 사용하는 것은 진주암이다. 실제 사용하는 펄라이트는 원석을 잘게 부순 후에 1,000°C로 구워서 팽창시킨 물질이다. 팽창된 펄라이트는 원석의 5~20배가량 되므로, 1m^{3}의 무게가 130~ 180kg으로 매우 가벼워 취급이 용이한 특성을 가진다. 높은 온도에서 구워내 무균, 무취, 무독성인 배지이며, 개방 셀(open cell) 구조로 이루어져 있다. 펄라이트는 무게의 3~4배 정도되는 물을 흡착할 만큼 수분 흡수력이 뛰어나다. 배지의 pH는 6.8~8.0이며, 양이온 치환 능력은 0.15me/100cc로서 완충 능력이 없고 무기 영양소를 함유하지 않는다. 대체로 입자가 2.5~5mm로 큰 것은 공극률이 77.3%이고, 1.2mm 이하는 92.9%이다(**표 11-1**).

공극률이 높아 통기성이 좋은 반면 유효 수분 함량이 낮으므로, 외국에서는 주로 입상암면, 피트모스와 같은 다른 배지와 혼합하여 통기 촉진용으로 사용된다. 예를 들어,

표 11-1 펄라이트의 입자 크기에 따른 물리성 차이

인자	입자 크기		
	2.5~5mm	1.2~2.5mm	1.2mm 이하
가비중(g/cm^3)	0.23	0.12	0.04
공극률(%)	77.3	81.6	92.9

원예용 펄라이트는 피트와 동량으로 혼합할 때에 좋은 배지가 된다. 펄라이트를 많이 혼합할 때는 pH를 5.0 이상 유지해야 하며, 그렇지 않으면 알루미늄 이온(6.9% 함유)이 용출되어 식물에 해를 입힌다. 펄라이트는 화산암으로 제조되었기에 베드에 담아 물로 충분히 씻어서 불순물을 제거한 후 작물을 재배하는 것이 바람직하다. 펄라이트는 배수성이 좋고 무균으므로, 카네이션, 국화 등의 삽목 번식에 많이 사용되고 있다.

11.1.2 펄라이트 제품의 종류

현재 국내에서는 자체 생산을 하는 것이 주를 이루지만 일부 수입되는 것도 있다. 입자는 대체로 큰 것(2.5~5mm), 작은 것(1~2.5mm)으로 구분되어 있는데, 입자 크기에 따라 물리성이 다르므로 급액 관리 등이 달라져야 한다. 일반적으로 펄라이트만을 100L 단위로 포장하여 판매되고 있으며, 암면과 같은 다른 배지와 혼합하여 시판되는 것도 있다.

심(2009)은 국내 생산되는 3개 회사제품의 입자를 분석한 결과, 1.0mm보다 큰 입자가 94~98%를 차지했다고 하였다(표 11-2). 국내에서 생산되는 과채류 재배용 자루(bag)는 회사마다 다소 차이가 있지만, 입도 1~5.6mm가 64%, 1mm 이내가 36%로 구성되고, 길이 1.2m, 직경 25cm, 부피 40L이다.

표 11-2 시판 펄라이트의 입도 분석(심, 2009)

입자 크기	시판 A형	시판 B형	시판 C형
> 4.0mm	16.3	10.0	0
4.0~2.0mm	66.0	83.6	67.4
2.0~1.0mm	15.2	4.3	26.1
1.0mm 이상 입자	97.5	97.9	93.5
1.0~335um	1.6	0.7	2.2
335~180um	0.4	1.0	1.0
180um <	0.5	0.4	3.3
1.0mm 이하 입자	2.5	2.1	6.5

11.2 장치

국내 농가에서는 주로 비순환식 방법을 취하고 있지만, 앞으로는 환경오염에 대비해서 순환식 재배도 고려해야 한다.

11.2.1 베드

1) 자루 재배 방식

자루 재배는 일정 형태의 자루에 배지를 충전하고서, 적당한 수의 작물을 식재하는 방식이다. 자루 재배에는 내면이 흑색이고 표면이 백색인 비닐을 이용하며, 과채류 경우에는 표 11-3의 토마토 실험에서와 같이 배지량이 크다고 해서 수량이 많은 것은 아니다. 1그루당 8~10L 정도에서 수량이 가장 많으므로 자루(bag)를 그 정도 크기로 만들어 이용한다. 또한 펄라이트 자루에 훈탄이나 피트 등을 20~30% 정도 혼합하면 수분 보유력이 늘어나 토마토 수량이 증가한다. 따라서 토마토의 경우에는 3그루 재배 시 30L가 알맞고, 6그루 재배 시에는 60L가 알맞다.

최근에는 국내에서도 자루 재배용으로 다양한 펄라이트 제품이 보급되어 이용된다(그림 11-1, 좌). 심(2009)은 토마토를 6그루 재배하는 경우에 35~40L(평균 5.8~6.7L/주)의 자루에서 생육과 수량이 좋았다고 한다. 즉, 작물에 따라 적정량은 다소 차이가 있다. 자루 내에는 일정 수위의 양액이 유지되도록 배수를 위한 틈을 자루 바닥에서 3~5cm 정도 위에 만들어 놓는다. 자루 바닥재배는 초기 설치비가 저렴하고 재배 형태의 전환이 용이한 장점이 있다. 이스라엘, 그리스 등에서는 베드 취급이 간단하여 비순환 바닥 재배를 많이 한다(그림 11-1, 우).

그림 11-1 토마토 펄라이트 자루 재배(좌, 경동)와 상추 바닥 재배(우, 그리스)

표 11-3 토마토 1그루당 적정 배지량(원예연, 1994)

배지 종류	배지량 (L/그루)	초장 (cm)	과수 (개/그루)	과중 (g/개)	수량 (kg/10a)
펄라이트 +훈탄	5.0	127	14.2	130	7,004
	7.5	140	14.4	129	7,037
	10.0	144	14.7	133	7,441
	15.0	146	13.7	131	6,815
펄라이트	5.0	124	12.0	124	5,641
	7.5	126	12.0	128	5,819
	10.0	136	11.8	129	5,789
	15.0	138	11.3	123	5,242

2) 베드 방식

다양한 베드 제품이 판매되고 있다. 일반적으로 베드 방식을 이용하며, 보급되고 있는 두께 3cm의 스티로폼 상자(내장 폭 30cm, 높이 20cm, 길이 1m)나 플라스틱 상자(그림 11-4, 우 참조)를 이용하여 재배하므로 자루 재배보다 편리하다. 판매되는 여러 가지 베드 중에서 내구성, 베드 내 물의 흐름, 배수 및 통기성 등을 고려하여 선택하면 된다. 병충해 오염과 관리를 고려하여 바닥 전체를 1년 이상의 내구성을 가진 피복재로 덮어준다. 그 위에 베드를 놓고 펄라이트를 채워준다.

순환식은 기울기를 1/80~1/200로 고정시키고 베드는 서로 연결시키는데, 그 길이는 20m 이상이 되지 않게 하는 것이 좋다. 온실의 길이가 길 경우에는 20~25m가 되도록 양쪽으로 설치하고 중앙에 집수되어 물이 순환 탱크로 모이게 하는 방식을 택하는 것이 편리하다. 국내 장미 농가에서는 베드의 길이를 50m 정도 길게 만드는 경우도 있는데, 베드가 길면 베드 내 수분 함량의 차이가 많이 생기므로 점적관의 설치 등을 잘 고려해서 긴 베드 내의 수분 차이를 작게 하는 것이 필요하다.

비순환식에서는 배액을 베드 밑으로 바로 배수시킬 경우에는 기울기를 고려하지 않아도 된다. 하지만 배액을 모으면 다른 작물에 이용이 가능하므로 순환식처럼 기울기를 조절하여 배액을 모으는 것이 비료의 낭비를 막고 지하수의 오염을 방지할 수 있어서 바람직하다.

베드에 방수 필름을 깔고, 배액관을 부설한 다음 그 위에 방근망을 깐 후 아래는 대립을, 위는 세립 펄라이트를 채운다. 배지는 1/4 정도 채우고 지름 13mm의 냉난방관(XL 파이프)을 2가닥 설치한 후에 나머지 부분을 채우는데, 이때 5cm 정도 여유가 있게 한다. 여기에 점적관을 설치하고서 반사필름이나 흑색 PE 필름을 덮어서 근권에 병균의 오염을 막고 습도와 일정 온도를 유지할 수 있게 한다(그림 11-2, 좌).

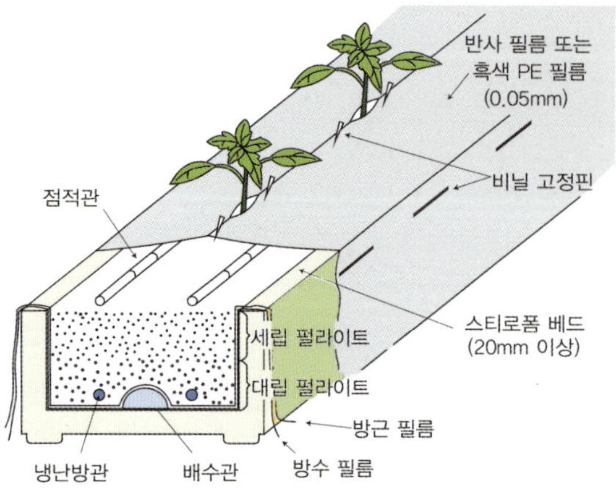

그림 11-2 펄라이트 베드 모식도(좌)와 토마토 베드 재배(우, 이스라엘)

이스라엘 농가에서는 펄라이트 베드 위에 비닐을 씌우지 않거나 백색필름으로 씌워서 흘림 방식으로 재배한다(그림 11-2, 우). 이스라엘 농가에서는 펄라이트에 5~10% 정도 보습력이 높은 탄화된 포도씨를 혼합하여 재배하는 경우가 많다.

국내에서는 토마토, 오이, 그 외에 들깨 등 엽채류의 수경에 펄라이트베드가 많이 사용된다. 들깨 재배는 폭 1~1.2m, 베드 깊이는 15~20cm, 베드 높이는 0.9~1m로 하고, 부직포나 비닐로 베드를 만든다(그림 11-3). 장미 화훼농가에서는 폭 40~50cm에 높이 1m의 고설베드를 만들어 점적 튜브로 관수한다. 베드가 높으면 근권의 용적이 커짐으로써 목본인 절화 장미의 줄기 생육에 최적이라고 한다. 외국에서 자루 재배를 주로 하며(그림 11-4, 좌), 일부 농가는 플라스틱 상자에 펄라이트를 채운 다음 암면 육묘한 파프리카를 올려서 재배하는 농가도 많다(그림 11-4, 우). 국내에서도 거치대에 비닐로 V자형 베드를 설치한 다음 펄라이트를 충전하여 재배하는 농가가 많다.

그림 11-3 비순환 들깨 펄라이트경(Google)

그림 11-4 가지 펄라이트 자루 재배(좌)와 파프리카 상자 재배(우, Google)

11.2.2 급액관 설치

주관은 40mm 이상의 고밀도 PE, PVC 관을 사용하고, 지관은 13mm 이상의 고밀도 PE, PVC 관을 사용한다. 양액 탱크에서 주관으로 나가는 곳은 점적관이나 유공 호스가 막히지 않게 여과기를 설치하고, 급액 펌프 그리고 역류되지 않게 전자변을 설치한다. 점적기는 점적 호스, 점적핀, 압력 보상용 버튼 또는 점적관 등을 사용하고, 수압은 0.8~1.2kg/cm^2, 시간당 급수량은 1.2~2.3L가 되도록 한다. 모든 관의 이음새는 완벽하게 설치하여 양액의 누수가 없어야 한다. 토마토 자루 재배 시에는 점적핀을 줄기 지제부 바로 아래가 아닌 약 15cm 떨어진 곳에 꽂아 주는 것이 근권이 넓어져서 좋다(심, 2009).

11.2.3 배액관 설치

순환식의 경우는 배액관을 지름이 주관 75mm, 지관 50mm인 PVC 하수관으로 한다. 각 배지에서 연결된 배액관은 배액 주관을 통해 배액 탱크에 연결한다. 배액관은 자연 배수가 가능하도록 1/100의 기울기를 두고, 작업 기구 등의 운반에 영향을 받지 않도록 지하 10cm 이하에 매설한다.

11.2.4 배액 탱크 설치

비순환식은 탱크를 10a당 1,500L 정도로 하고, 유색 FRP 형을 사용하되 지하에 9/10 이상이 들어가게끔 매설한다. 배액이 어느 정도 차면 배액 펌프를 이용해서 분당 20L 이상의 물을 배출시킨다. 순환식의 경우는 배액 탱크와 양액 조절 시스템을 연결하고 액비 혼입기로 배액을 공급하며, 그 중간에 모래여과기와 양액살균기를 설치한다. 소독된 양액은 원액통으로 혼합하여 산도와 EC를 조절해서 공급한다.

11.3 급배액

펄라이트를 이용한 과채류 배지재배 시 적정 양액 공급 횟수는 1시간당 10~15분 정도로 하고, 1일 8~10회 정도가 적당하다. 작물 1주당 1~2L 정도 급액하면 되는데, 생육 초기나 겨울철에 재배할 때는 1일 1L 이하로, 생육 최성기나 여름철에 재배 시에는 1일 2L 정도 급액하는 것이 표준이지만, 광도, 온도와 식물의 생육 정도에 따라 다르다. 급액이 과다하면 근권이 습해를 받아 양분 흡수가 어려워져서, 오이에서는 노균병이 발생하기 쉽고, 고추에서는 생육이 저하된다. 이와 달리, 너무 건조하면 각종 생리 장해나 염류 집적 피해가 발생한다. Wilson(1986)은 토마토 펄라이트 자루 재배 시에 바닥에서 4cm 높이의 양액이 담겨져 있을 때 토마토 생육에 좋았다고 보고한 바 있다.

11.4 제어

수분 제어에 수분 센서나 일사량에 의한 관수 방법 등을 도입하면 좋다. 토마토 펄라이트 자루 재배에서는 배액전극법이 적산일사량이나 타이머 제어법보다 좋은 결과를 가져온다(심, 2009). 펄라이트 배지의 영양분 치환 능력이나 보유력을 증진시키기 위해 피트를 일정량 혼합시켜 주면 펄라이트 단용보다 배지 관리가 편리하다. 기타 관수나 가온 제어는 중앙집중식 관리 모델에 의해 관리할 수 있다. 온도 제어는 배관되어 있는 XL 파이프에 온수 또는 냉수를 순환시켜 딸기는 15°C 내외, 오이는 18~20°C, 그리고 토마토, 고추, 수박, 멜론은 20~25°C로 관리한다.

11.5 재배 관리

11.5.1 파종, 정식

품종에 따라 펄라이트 재배에 대한 적용성에 차이가 있으므로, 적응성이 큰 품종을 선택한다. 파종은 플러그트레이나 소형 포트에 코이어나 피트 상토를 채우고 파종하거나

표 11-4 딸기 펄라이트 재배 시 품종 간 수량 차이(Linandakis와 Manios, 1997)

품종	수량/식물	kg/4,000m^2(에이커)
브라이톤(Brighton)	306	36.720
보글래스(Bouglas)	240	28.800
터프트(Tuft)	194	23.230
티오가(Tioga)	177	21.240

암면 블록 등에 실시한다. 육묘를 거쳐 다 자란 묘를 정식하는데, 정식 전에 펄라이트 자루나 베드에 충분히 관수해서 촉촉해진 배지에 정식하여야 한다.

딸기의 경우에 품종에 따라 식물당 수량에서 차이가 크게 난다. 예를 들어, '브라이톤'에서는 식물당 306g을 수확하는 데 비해 '티오가'에서는 177g을 수확하여 차이가 매우 컸다(표 11-4). 따라서 농가에서는 과채류의 경우에 펄라이트에 잘 적응하는 품종을 선택해서 재배하는 것이 매우 중요하다.

11.5.2 배양액 관리

배양액은 펄라이트 전용 원시 처방(Kim 등, 1996), 야마자키 액 등 작물별로 알맞은 농도를 사용한다. 관리상 중요한 것은 pH와 EC를 적당히 맞추고, 과채류의 경우 초기에 너무 과다하게 생장하지 않게 한다. 참고로, 딸기, 토마토, 양란, 오이의 배양액 농도를 제시하면 표 11-5와 같다. 김(2001)은 펄라이트 배지에 10a당 200kg과 400kg 수준의 원예용 입상 규산질 비료를 펄라이트와 혼합해서 재배하였을 때 토마토 과일의 가용성 당도와 경도가 증가되고 배꼽썩음과는 감소되었다고 하였다. 이는 규산질 비료 혼합이 토마토의 과실 품질을 증진한다는 결과이다.

작물의 종류에 따라 적정 농도를 공급하며, 월 2회 정도 급액과 배액의 농도를 조사하여 알맞은 농도로 조성을 맞추도록 한다. Wilson(1983)이 보고한 바에 따르면, 토마토 펄라이트 재배 시 3월부터 6월까지 3개월간 배액 변화의 경우, pH는 6.4에서 5.77로 떨어졌고, 칼륨은 278ppm에서 99ppm으로 떨어졌다고 한다. 반면에 마그네슘은 30에서 46ppm, Fe은 3.2ppm에서 11.8ppm으로, Mn은 2.4에서 3.9ppm으로 변화하였다. 이상에서 배액에 따른 양액의 관리가 매우 중요하다는 것을 알 수 있다.

펄라이트 재배 시 양액 조성을 보면, 토마토와 오이의 나트륨 수준이 126, 190ppm이고 멜론은 다소 높아야 한다(표 11-5). Rodriguez 등(2005)에 의하면 멜론 펄라이트 재배에서 양액 내의 나트륨 농도는 80~120ppm보다, 160, 200, 240ppm에서 과중과 수량이 증가했다고 한다. 멜론의 엽병즙액 속에 NO_3 농도도 2,500ppm에서는 수량이 적어서 최소한 3,000ppm 수준을 유지해야 한다고 보고하였다. 이와 같이, 작물에 따라서 적정

표 11-5 딸기, 토마토, 양란, 오이의 펄라이트용 양액 조성 농도

영양소	딸기[w] (ppm)	토마토[x]	양란[y] (ppm)	오이[z] (ppm)
N	80	126	49	190
P	45	20	18	42
K	100	195	76	260
Ca	200	80	4.2	145
Mg	50	12	14	35
SO_4	-	16	18	-
Fe	3	3	0.37	2
Cu	0.05	0.02	0.0035	0.1
Mo	0.05	0.01	0.05	0.05
Zn	0.5	0.05	0.11	0.5
Mn	0.5	0.5	0.33	0.75
B	0.5	0.5	0.10	0.4

w) Linarndakis와 Manio(1997)
x) Kim 등(1996)
y) Thomas와 Thomas(1997)
z) Papadopoulos(1994)

질소 농도에 차이가 있음을 알 수 있다.

배양액은 재배지의 원수, 품종, 재배 시기, 배지 혼합에 따라 다르므로, 생육 단계별로 알맞은 처방을 적용해서 재배해야 한다.

토마토 펄라이트 재배에서 배양액 공급 횟수는 1회당 10~15분 정도로, 하루에 8~10회 해주는 것이 알맞다. 공급량은 1일 1주당 1~2L를 주는데, 생육 초기와 겨울 동안에는 1L 이하로 공급하고 여름에는 소모량이 많으므로 2L를 공급해 주지만, 당일의 광도, 온도, 생육 상태에 따른 조절이 필요하다. 일반적으로 공급량이 많으면 뿌리가 습해를 받고, 너무 건조하면 근권부의 염류 집적으로 인한 생리장해가 나타난다. 공급량의 과부족을 막기 위해서는 일사량이나 증산량을 기준으로 관리하는 방법을 채택하는 것이 좋다.

비순환식의 경우에는 급액량과 급액 횟수의 설정이 특히 중요한데, 일사량에 따른 급액법의 경우에 국내 일사량의 월별 분포를 보면 11월에서 1월까지는 10mJ/m^2 이하를 나타내고, 12월이 가장 낮은 6.32mJ/m^{2}을 보인다. 2~10월까지는 10mJ/m^2 이상을 보이며, 장마철에는 봄보다도 낮은 일사량을 보인다. 이러한 수치를 기준으로 하여 오이의 펄라이트 재배 시 관수량을 계산한 결과, 가장 적은 일사량을 보이는 12월은 6.3mJ/m^2 관수량은 1,769.6L/10a로서, 그루당 급액량은 0.74L 그리고 관수 횟수는 7.4회였다. 7월의 장마기에는 13.37mJ/m^2 관수량은 3,743.6L/10a로서, 그루당 급액량은 1.56L

그리고 관수 횟수는 10.7회였다. 그리고 가장 일사량이 많은 5월에는 19.43mJ/m^2 관수량은 5,440.4L/10a로서, 그루당 급액량은 2.27L 그리고 관수 횟수는 15.5회였다(노와 이, 1996). 이와 같이 일사량의 차이에 따라서 오이의 요수량이 크게 차이가 나므로, 고형 배지경에서는 물 관리에 더욱 신경 써야 한다.

11.5.3 근권 온도 관리

일반적으로 지상 온도만을 제어하는 경우가 많지만, 소기의 성과를 얻기 위해서는 근권 온도 관리를 잘 해야 한다. 근권 온도를 관리하기 위해서는 전열선보다는 냉난방관을 매설하는 것이 좋다. 적정 근권 온도는 작물에 따라 다른데, 대략 오이는 18~20°C, 딸기는 15°C, 일반 과채류는 20~25°C 정도이다.

11.6 배지 소독

펄라이트 자체는 무균 상태이므로, 양액의 오염을 철저히 방지한다면 처음 재배할 때에는 질병의 발생이 거의 없다. 그러나 양액 탱크의 관리 부주의, 재배 베드에 오염된 흙이 들어가거나 또는 관리자의 오염된 손 등을 통해 병균이 유입될 수가 있다. 따라서 순환식의 경우에는 각종 열처리, 오존 발생기, 모래 여과장치, 또는 UV 살균기 등을 통해 누출액을 지속적으로 소독해야 한다. 재배 후 배지 소독으로는 물리적 방법인 열처리와, 화학적 방법인 약제 처리가 있다.

열처리를 위해서는 작기가 끝난 작물을 뽑아내고 남은 뿌리를 제거한다. 다음 재배를 위해 습기를 어느 정도 지닌 상태에서 베드 내에 설치된 엑셀 파이프에 70~80°C 정도의 온수를 통과시켜서 소독한다. 이때 한낮의 온도를 최대로 올리기 위해 모든 온실의 창을 닫고 베드 위에도 비닐을 덮어서 베드 내 펄라이트가 70~80°C의 온도를 유지하게 한다. 고온을 너무 유지하면 엑셀 파이프가 변형되므로 주의한다. 보통은 이러한 방법으로 최소 3~4시간 처리하면 좋다.

화학적 소독 방법으로는 9.5.2에서와 같이 여러 소독제를 사용할 수 있는데, 환경오염과 인체의 해로움 등을 고려해서 사용 방법을 숙지한 후 처리해야 한다. 화학적인 처리 후에는 여러 번 원수를 흘려보내서 약품이 완전하게 빠져나가서 작물의 생육에 장해를 주지 않게 해야 한다.

11.7 펄라이트 재배의 장단점

재배 조건에 따라 다르지만, 펄라이트 재배가 암면 재배 못지않게 수량을 올린다는 것은 잘 알려져 있다. 하지만, 재배자의 관심 있는 배양액 관리가 뒤따르지 않으면 곤란하며, 장단점을 보면 다음과 같다.

첫째, 배지가 중성이며 불활성이면서 통기가 좋고, 배수가 잘 되어 과잉 관수의 위험이 없다. 마른 배지를 가습하기가 암면보다 훨씬 쉽다. 둘째, 낮은 양이온 치환 능력(0.15me/100cc)을 가져서 시비 관리가 간편하다. 셋째, 배지의 소독이 용이하며 여러 번 소독할 수 있다. 넷째, 다른 배지보다 다소 장기 사용이 가능하며 암면보다 폐기가 용이하다.

단점은 다음과 같다. 첫째, 물을 잘 유지하지 못하여 건조가 쉽게 되며, 양이온 치환 능력이 전혀 없으므로 배지 내 수분 및 배양액 관리를 잘해야 한다. 둘째, 완충작용이 전혀 없으므로 부서지면 재생이 어렵다. 셋째, 재배를 개시할 때에 먼지가 발생하며 이것을 마시면 건강에 해로우므로 마스크를 반드시 착용해야 한다. 다섯째, 다른 생육 배지에 비해 영양분 보유력이 낮으므로, 최적의 성장을 위해서는 고품질 비료와 영양액 관리를 잘해야 한다. 이점은 피트, 코이어를 일정량 혼합하면 보완되어 수량이 증가하지만, 상업용 제품이 없어서 재배자가 혼합해서 자가 생산해야 하는 작업의 불편함이 따른다. 여섯째, 펄라이트는 물리적으로 중성이지만 재배에 따라 작물이 요구하는 비료의 양이 다르므로 2주에 1회 배액 분석을 통해 양액을 알맞게 조절해 주어야 하는 불편한 점이 있다.

11.8 발전 방향

앞으로 펄라이트 단용으로 사용하는 것보다 과채류 재배 시 피트모스나 수피 등을 2 : 1의 비율로 섞어 사용함으로써 배지의 완충성을 보완해야 작물의 생산성을 증대시킬 수가 있을 것이다. 이스라엘은 과거에 탄화된 포도씨를 넣어 재배하기도 하였다. 이처럼 해외에서는 펄라이트에 다른 것을 혼합하여 재배하면 물리성이 개선되지만, 작업의 번거로움 때문에 펄라이트만 사용하는 농가가 늘어나고 있다. 국내에서는 펄라이트 재배의 경우에 베드 재배를 하는 농가가 아직도 많지만, 앞으로는 다른 배지경과 마찬가지로 유럽처럼 자루 재배 방식을 위한 제품이 다양하게 출시되면 장기 사용이 가능해서 펄라이트의 수경재배 이용이 증가하고 관련 산업도 발전할 것이다.

국내에서는 토마토의 경우에 재배 표준 모델을 만들어 제시되고 있으므로(심, 2009), 농가에 따라 경영 규모에 맞게 자루 재배를 한다면 앞으로 더욱 발전할 것이다. 특히 국내 수경재배 면적 점유율은 코이어(42%)가 가장 높고, 펄라이트(약 26%)가 두 번째를 차지하고 있는 만큼 규격화된 자루가 저가로 대량 생산되어 보급된다면 재배 면적은 더욱 증대될 가능성이 높은 수경법이라 할 수 있다.

펄라이트 재배는 향후에 수경재배가 보편화됨에 따라 펄라이트와 같은 지속 가능하고 재활용 가능한 재료의 사용이 점점 더 중요해질 것이다. 또한 다른 기질과 결합할 수 있고, 센서 및 자동화 기술과 호환되므로, 정밀 수경재배에 중요한 역할을 할 것으로 기대된다. 펄라이트는 가벼워서 향후 인기가 높아질 것으로 예상되는 수직 농업 시스템의 배지로서 적합할 것으로 여겨진다. 그 이외에도 기반 시스템에서 영양소 전달 및 흡수를 최적화하기 위한 연구가 계속될 것이며, 이는 더욱 효율적이고 지속 가능한 농업 방식으로 이어져서 펄라이트의 수경재배 응용에 현재보다 더욱 크게 증대될 가능성이 있다고 본다.

제 12 장 피트 재배 (Peat Culture)

피트는 현재 세계적으로 가장 많이 이용되는 천연 유기 배지이다. 과학 영농이 일찍 발달한 유럽지역에는 천연적으로 많이 존재하고 있었기에 피트를 이용한 재배가 예로부터 발달하였으며, 재배 형태도 다양하다. 특히, 육묘나 화분 재배에는 빠짐없이 사용되고 있지만, 우리나라는 전량을 수입에 의존하고 있기 때문에 채소용 피트 배지경 면적이 많지 않다. 다만 블루베리 분경재배용 수입은 많이 되고 있다.

12.1 피트의 종류와 특징

12.1.1 피트의 특징

피트(토탄, peat)란 식물체가 소택지에서 퇴적되는 과정에서 산소가 부족하여 썩지 않고 집적된 것을 말한다. 피트는 주로 캐나다, 북유럽, 러시아 등에서 채취해서 사용하는데, 퇴적물의 종류, 유기질의 분해 정도, 채굴 방법, 채굴 기간의 수분 조건 등에 의해 품질에서 차이가 난다. 유럽 피트는 빙하시대 후에 형성됐는데, 시기는 기원전 90,000~8,000년경에 형성됐다고 한다. 피트는 분해되는 정도에 따라 밝은 색에서 어두운 색으로 변화되는데, 좀 더 부식된 흑색 피트(black peat, dark peat)는 기원전 8,000~5,500년 사이에 형성되었고, 부식이 덜된 백색 피트(white peat, light peat)는 기원전 700~500년에 사이에 형성되었다(Penningsfeld와 Kurzmann. 1966). 백색 피트는 물이끼(sphagnum)가 주를 이루는데, 알프스에서 채취된 것은 Pinus속 식물이 주를 이룬다. 백색 피트는 늪의 윗부분에서 채굴되며 거친 구조를 가지고 있다. 백색 피트보다 깊은 곳에서 채굴되는 흑색 피트는 암흑색으로 유기질 분해가 심하게 진전되어 있어서 통기성이 적고, 가용 영양분이

표 12-1 피트의 특성 비교(Röber and Schaller, 1985)

특징	백색 피트	흑색 피트
건조 상태 색깔	밝은 갈색 황갈색	흑갈색~흑색
무기염류 함량	균일하게 낮음	균일함
공극률	높음	보통
용수량	높음	중간 또는 다양
유기물 함량	아주 높음	높음
원예용 상토	아주 좋음	보통임

있으며, 양이온 교환 능력이 크다. 피트의 특성을 비교하면 **표 12-1**과 같다.

자연 상태에서 채취되는 흑색 피트는 50~60%의 수분 함량을 갖는다. 추운 겨울에 브로크 크기로 채취한 후 자연 상태에서 동결시켜 배수성을 개선하고, 봄철에 말려 기계로 잘게 부순다. 캐나다에서 피트 채취 기계로 수집한 것은 공기 중에 말려서 잘게 부순 후에 체로 걸러 원하는 크기로 나눈 후 비닐 포대에 담아 판매한다(그림 12-1, 좌 참조). 정상적인 피트는 수분 40~50%, 회분 1~2%, 그리고 40~50%가 유기질이다. 식물은 피트에 함유된 필요한 양분을 피트가 생물적으로 분해된 후에야 이용할 수 있다. 따라서 피트를 섞어서 사용할 때는 이 점에 유의해야 한다. 피트는 함수량이 특히 높은데, 이는 공극과 흡수력이 높다는 것을 의미한다. 피트를 조제할 경우에 피트의 수분 함량에 따라 다르지만 1L의 무게는 약 80~150g이다. 그러나 건조된 피트 100g에 물을 흡수시키면, 스파그넘(sphagnum) 피트는 1,000~1,500g, 코렉스(corex) 피트는 700~800g, 에리오포럼(eriophorum) 피트는 500~600g, 그리고 니더모어(nidermoor) 피트는 400~500g의 물을 흡수한다.

피트의 pH는 2.5~3.5이다. 대체로 1L 무게가 100g인 피트의 pH를 1만큼 올리려면 1,000L(1m^3)에 약 3,000g의 $CaCO_3$을 혼합하면 된다. 이와 같은 계산으로 pH를 2만큼 올리려면 6,000g, 그리고 3만큼 올리려면 9,000g의 $CaCO_3$을 사용한다. 마찬가지로, 1L 무게가 50g이면 필요량을 1/2로, 1L의 무게가 150g이면 필요량을 각각 1.5배 곱해 주면 된다. 수경재배를 위해 구입하는 피트는 대부분 pH가 조절되어 있지만, 조절되지 않은 것을 구입한 경우에는 pH 값을 변화시켜야 한다. pH 값이 대체로 5.5 정도이면 별 문제가 없다. 국내에서 인기 있는 블루베리는 산도 조정 없이 분화 재배한다.

재배 식물에 따라 알맞은 pH는 에리카(진달래과 식물) 3.5~4.0, 진달래와 철쭉 4.0~4.5, 고사리류, 난, 브로멜리아(Bromeliaceae), 안스리움은 4.5~5.0, 그 외 분화식물, 절화, 여름철 하훼류, 묘목, 잔디 씨 그리고 육묘용 채소는 5.8~6.8이 알맞으므로 작물별로 적절한 pH로 조절한 후 사용한다.

이와 같은 특성을 가졌지만, 수경재배할 때는 가비중이 적고, 용수량이 크며, 공극률과 보수력이 높고, 통기성이 좋을 뿐만 아니라, 양이온 치환 능력이 적절하며, pH 조절이 간편한 것을 고르는 것이 좋다.

12.1.2 피트 제품의 종류

화훼용은 작물의 종류, 판매 형태가 다양하므로, 적절한 용기에 담아서 사용한다. 수국이 푸른색을 띠도록 배지경을 하려면 pH가 5.5인 제품을 사용해야 한다. 반대로 붉은색을 띠도록 재배하하고자 한다면 pH가 5.5 이상인 피트모스를 사용해야 한다. 청색용과 적색용 피트모스 상토가 독일에서 생산되어 국내에도 보급되고 있으므로 색깔 발현에 맞는 제품을 구입하여 재배하면 좋다.

최근에는 피트 제품도 다양해져서 육묘용 포트, 재배용 슬래브, 기타 벌크형으로 공급되고 있다(그림 12-1). 농가에 따라서는 벌크 피트를 구입해 펄라이트 등과 혼용하여 온실에 설치된 재배용 베드에 넣고서 작물을 재배한다. 유럽에서는 10L 또는 20L 자루 제품을 이용해 과채류 재배를 한다. 캐나다에서는 35 × 105cm(42L)의 큰 슬래브를 재배에 이용한다. 국내 판매 육묘용은 피트 이외에, 펄라이트, 버미큘라이트 등이 함유되어 있는 경우가 많으므로, 육묘 목적에 따라 골라서 사용해야 한다.

블루베리용 수입 피트는 산도 조절이 안 되어 pH가 4정도로 낮은데, 이런 피트에 채소나 난 등을 심으면 죽는다. 따라서 채소나 화훼재배용은 반드시 산도가 조절된 것을 구입하거나 앞에서 설명한 방법을 응용하여 본인이 조절해야 한다. 구입한 피트로 자가용 자루를 만들 때는 미량 원소, 완효성 비료를 약간 첨가하면 좋다. Adams와 Winson(1984)에 의하면, pH 6인 피트에 1m^3당 인산(18%, P_2O_5)을 2kg 넣어주면 오이와 상추 수량을 최대로 할 수 있다.

그림 12-1 피트모스 채취(좌, 캐나다, Berger Co.) 및 지피 포트 딸기 묘(우, Google)

12.2 장치

12.2.1 베드 설치

베드 설치는 배지에서 누출된 양액을 토양 속이나 온실 밑바닥으로 흘려 내보내는 개방형과 재순환시켜서 이용하는 폐쇄형에 따라서 달라진다.

개방형, 비순환 방식은 온실 바닥에 피트가 담긴 자루(슬래브)를 간격에 맞추어 배치하고 점적 시스템을 설치한 후에 멜론 등 과채류 묘를 심어 가꾼다(그림 12-2). 지온의 영향을 차단하기 위해서 자루 폭의 1.5배 정도되는 스티로폼 판을 깐 다음 그 위에 자루를 올려놓고서 재배하는 농가도 있다.

폐쇄식 순환방식은 거치대를 설치한 후 배액을 받을 수 있는 플라스틱 또는 알루미늄으로 만든 다양한 모양의 배액 물받이를 설치하고 그 위에 재배용 자루(슬래브)를 배치한다. 또는 U자형 비닐 베드를 만들고 거기에 피트를 충전한다(그림 12-3). 이때 반드시 한쪽 방향으로 약간의 경사(구배)를 주어 반대쪽 베드 끝에서 배액된 폐양액이 배출되어 폐액 탱크로 흘러 들어가도록 설계한다. 폐액 탱크에 일정한 양이 모아지면 암면 재배에서와 같이 모래여과기와 UV 램프를 통과시켜 소독 후에 재사용한다. 자루 대신 스티로폼 상자에 피트를 충전하여 재배하는 상자 재배에서도 바닥에 배수를 할 수 있는 장치를 설치한다. 스티로폼이나 플라스틱 필름으로 만든 긴 베드를 이용하는 경우에는 점적 핀 대신 점적 트윈 호스를 사용해서 양액을 공급해도 된다.

유럽이나 캐나다 등지에서, 피트 배지를 이용하여 재배하는 왜성분화용 관상 고추나 토마토를 포함하여 관엽과 1~2년생 화훼 분화류는 대부분 저면 담배수 시스템(ebb and flow system)을 이용하여 재배한다.

그림 12-2 비순환 피트 자루 재배(멜론)

그림 12-3 순환형 파프리카 베드 재배(Google)

12.2.2 베드 형태 및 배지의 양

피트는 수분 보유력이 높으므로, 원통형 비닐자루, 큰 바스켓, U자형 큰 스티로폼 베드를 사용할 때에는 과습을 막기 위해 바닥에 굵은 펄라이트를 약간 깔고 피트를 충전하여 재배한다. 피트 베드의 높이는 식물의 종류에 따라 다른데, 8~10cm 높이에는 키가 작은 화훼류, 채소나 모종 기르기에 이용되며, 15~20cm는 철쭉(2년 재배), 안스리움, 국화, 프리지어, 카네이션(2년), 난류, 절화류가 좋다. 25~35cm는 장미, 거어베라와 채소류는 과채류를 재배할 때 이용한다.

자루 재배의 경우에는 배수공을 바닥에서 2.5cm 높이의 측면에 구멍을 뚫어 물이 자루 내에 어느 정도 저장되게 한다.

12.2.3 배지 혼합

피트는 구입하는 비용이 비싸지만, 수분 보유력이 뛰어나며, 양이온 치환 용량이 높으므로, 다른 배지와 혼합하여 사용하는 경우가 많다. 작물에 따라 혼합비가 다르며, 배지의 입수 여건 등에 따라서도 혼합하는 배지의 종류에 차이가 있지만, 표 12-2와 같은 방법들이 널리 이용되고 있다. 번식에서는 혼합배지를 많이 사용하고 과채류 자루 재배에서는 포상된 제품을 대부분 사용한다.

표 12-2 재배작물 및 방법별 적정 배지 혼합비

배지 종류	혼합비(부피비)	적용 작물
피트 : 질석 : 펄라이트	57 : 25 : 18	오이, 토마토
피트 : 펄라이트 : 모래	2 : 2 : 1	분식물
피트 : 펄라이트	1 : 1	삽수 번식
피트 : 질석	1 : 1	삽수 번식
피트 : 질석 혹은 펄라이트	2 : 1	분식물 및 채소

12.3 급배액

피트는 1m^{3}에 400~500L의 물을 흡수한다. 어린 묘를 심을 때는 1m^{3}당 300L 정도 물이 흡수된 상태에서 묘를 심고 관수하는 것이 좋다. 따라서 건조된 피트를 구입한 경우에는 물을 어느 정도 뿌려서 흡수시킨 후 자루에 담거나 점적 관개를 해서 물을 흡수시킨 후에, 정식을 해야 한다. 정식 후에는 점적 관개법을 이용하여 급액한다. 일반적으로, 피트 용적에 대해 75~85% 정도의 수분이 유지되게끔 하는 것이 바람직하다.

식물을 정식한 후나 염류에 민감한 식물은 충분히 관수시키는 것이 좋다. 급배액을 할 때 다른 배지와 달리 수분 함유량이 많기 때문에 자주 관수할 필요는 없다. 또한 수회 다량 급액하는 것보다는 자주 소량 관수하는 것이 통기성 및 수분의 분포에 좋다. 오히려 양액을 너무 많이 관수하면 질병에 걸릴 위험이 있다. 따라서 일반 토양재배보다 관수량을 감소시켜야 한다. Penningsfeld와 Kurzmann(1966)은 피트가 주성분인 TKS (상품명)에서 자라는 식물의 경우에 100g의 건물을 생산하는 데 필요한 물의 양이 일반 토양보다 페추니아에서는 13%, 토마토에서는 56% 적게 필요하다고 하였다. 이는 물의 이용 효율이 피트에서 높은 것을 의미하는데, 피트의 물리, 화학적 특성에 기인한다고 볼 수 있다. 그러나 무더운 여름날 식물은 하루에 약 2L 이상의 수분이 필요한 것을 감안하여 급액을 조절한다. 온실이나 노지재배에서 일사량에 따라 관수량을 조절하면 최적의 생장을 도모할 수 있다.

다른 경우와 마찬가지로, 피트 재배에서도 자루 내 수분량을 잘 체크해서 가꿔야 한다. 화훼류 분화를 담배액 재배하더라도 적정 수분 유지를 위해 관수를 정확히 하면 식물의 생육을 최적화할 수 있다. 관행적 재배에서는 관수의 시간과 횟수를 식물의 종류, 크기 및 날씨에 따라 조절한다.

12.4 재배 관리

12.4.1 파종 및 정식

파종은 피트를 채운 플러그 묘판이나 육묘용 소형 포트에 실시한다. 육묘할 때, 피트는 물을 잘 보유하므로 알맞게 관수한다. 그러나 육묘장에서 가장자리에 위치한 화분에서는 물이 쉽게 마르고, 마른 후에 관수하면 피트가 수분을 빨리 재흡수하지 못해서 식물의 생육이 나빠지는 경우가 있다. 따라서 피트가 너무 과도하게 마르지 않도록 포트를 잘 관찰해서 관수하면서 육묘하는 것이 매우 중요하다.

정식 전에는 슬래브에 충분히 관수를 해서 준비한다. 플러그에서 자란 오이나 토마토 묘는 재배용 슬래브나 피트 자루(폭 30 × 길이 100cm)에 정식을 한다. 육묘 전용 지피 포트(그림 12-1, 우 참조)를 이용하여 육묘한 것은 포트를 자루(슬래브) 위 표시된 재식 위치에 올려놓거나 긴 베드 재배에서는 포트와 같이 심어주면 정식된다.

12.4.2 관리

1) 배양액 농도

피트에서 식물을 재배할 때 물 관리 프로그램을 잘못하면 너무 과습하거나 건조해지기 쉽고, 자루와 자루 사이의 수분 함량에 큰 차이가 난다. 수분 과다는 생장이 느리고 생장점 부근의 줄기가 가늘어지므로 쉽게 알아 볼 수 있다. 수분이 과다해지면 상부는 철 부족으로 인해 황화가 된다. 슬래브 바닥으로부터 2.5cm까지 양액이 차게 했는데, 그 아래 바닥을 뚫어서 물이 빠져 나가게 해 준 후 쉽게 마르지 않도록 조치해 준다. 베드가 건조해지면 뿌리의 발달이 나빠져서 생육이 더디고 수량이 떨어진다. 대체로 오이는 정식 후 초기 1~3주 동안은 하루에 식물 1주당 0.4~0.8L를 관수하고, 4주부터 1.0L를 주기 시작해서 매주 0.2L씩 증가시키며, 10주째는 2.0L를 공급한다. 그 후 10~17주까지는 같은 양을 유지하다가 18~22주 사이에는 3.0L, 23주 후에는 2.6L 공급해 주는 것을 표준으로 한다. EC는 초기에는 1.3, 중기에는 2.0~2.1, 후기에는 다시 1.9로 내린다.

피트 재배에 적합한 양액 조성에 대해서는 연구가 많지 않지만, 암면과 같은 무기질 배지보다는 농도를 0.5~1.0 dS·m^{-1}정도 높여 공급하는 것이 일반적이다(표 12-3). 피트는 양이온 치환 용량이 높으므로 염류가 집적되기 쉽다. 또한, 급액되는 배양액 조성과 배지 내 가용 양분 조성에 차이가 있을 수 있으므로 주의해야 한다. 시비량은 대체로 10~14일에 한 번씩 실시하는데, 양분의 요구도가 낮은 화훼류는 0.1~0.2% 양액을, 그리고 내염성이 있고 양분 요구도가 높은 식물은 0.3~0.5%의 액을 공급해 준다. 장미처럼 재배 기간이 긴 절화식물은 철분이나 미량 원소 공급에 신경 써야 한다.

2) 배양액 및 식물체 분석

재배하는 동안에 배액을 계속적으로 분석해서 배양액이 적정한지 조사해야 한다. 모든 분석을 통해 피트 재배할 때에 나타날 수 있는 생리 장해를 사전에 방지하는 것이 좋다. Papadopoulos(1994)는 피트 자루 재배 시에 피트 자루 내의 알맞은 양분 수준을 제시하였다(표 12-4).

배양액 분석 결과는 시료 채취 방법과 분석 방법에 따라 달라지므로 분석에 주의해야 한다. 시료는 여러 곳에서 하는데, 피트의 상중하로 나누어서 채취하며 가능하면 식물 가까이에서 현재의 흡수 상태를 알 수가 있어야 한다. 아울러 급액 직후보다는 보통의 수분 상태일 때, 상토를 주먹으로 쥐면 손가락 사이에서 양액이 흘러나올 정도가 좋다. 보통 0.5L 이상의 시료를 채취해서 피트와 증류수의 비율을 1 : 1.5(용적비)로 혼합한 다음 잘 저어서 분석해야 한다.

표 12-3 피트 양액재배 시 몇 가지 작물의 양액 조성 예

항목	단위	토마토	피망	오이	멜론	장미
EC	dS	3.0	2.5	2.5	3.0	2.0
NO_3	mmol/L	15.3	16.4	16.6	17.6	11.0
H_2PO_4		2.1	1.6	1.6	1.6	1.3
K		9.2	8.2	8.7	7.8	4.5
Ca		5.2	4.9	4.6	5.9	3.3
Mg		1.7	1.6	1.5	1.3	1.1
SO_4		1.7	1.6	1.4	1.5	1.3
Cl		2.2	-	-	-	-
Fe	μmol/L	15	15	15	10	25
B		20	30	25	20	20
Mn		15	10	10	10	5
Zn		4	5	5	4	3.5
Cu		0.5	0.8	0.8	0.5	0.8
Mo		0.5	0.5	0.5	0.5	0.5

표 12-4 오이의 피트 자루 재배 시 자루 내 피트의 알맞은 영양 수준(피트 : 물 = 1 : 1.5로 추출) (Papadopoulos, 1994)

영 양 소	농 도(ppm)
질소(질산염)	30~80
P	20~50
K	140~400
Ca	140~200
Mg	25~35
pH	5.5~6.6
EC (μscm^{-1})	1,000~2,500

식물체 분석은 오이 잎의 생장점으로부터 6~7번째 아래 새잎의 영양분 농도를 분석해서 오이의 양분 상태를 알아야 한다. 또는 개화 초기 단계의 잎자루가 있는 가장 어린 완전히 성숙한 잎의 샘플을 채취한다. 오이의 정상적인 잎에는 질소 3.5~5.5%, 인산 0.3~0.7%, 칼리 3.0~4.0%. 칼슘 2~3%, 마그네슘 0.6~1.5%, 아연 30~70ppm, 철 50~200ppm이 함유되어 있다. 대체로 질소, 칼리, 칼슘이 이보다 1% 정도 낮거나, 인산이 0.1% 정도 낮으면 생육이 저해된다. 오이를 동일한 양액으로 피트와 암면 자루 재배를 한 경우에는 영양분 흡수율 사이에 통계적으로 유의차가 없었다고 한다.

3) 배지 재사용 및 소독

피트 자루 재사용 시에는 염류 농도가 적당한 상태로 질병이 나타나지 않은 경우로 한정한다. 재사용 방법은 첫 번째 작물을 끝내기 4주 전부터 제공하는 양액의 농도를 반으로 줄여 주고, 끝나기 1~2주 전부터는 물만 관수하여 배지 내에 양분이 남아 있지 않게 한다. 이렇게 하면 피트 내의 질산태는 매우 낮아지고, 인과 칼륨도 낮아지지만, 칼슘과 마그네슘은 높게 남아 있게 된다. 전처리한 베드에 차아염소산 나트륨 200ppm 액을 주입시켜 1주일 간 처리한다. 처리기간 동안 온실을 닫고서 온도를 올려준다. 처리 후에 소독약이 잔류하지 않도록 점적관이나 호스로 베드를 씻어낸 후 작물을 재배한다.

12.5 농가 재배

농가의 피트 자루 재배는 자가 제조 자루 재배법과 시판 자루(bag)를 이용하는 방법으로 나뉜다. 자가 제조법에는 댐(dame) 형식과 긴 자루 형식이 있으며, 시판 슬래브 재배에는 온실바닥 재배와 거치대 위에서 재배하는 방식이 있다.

댐형 재배법은 1m 폭의 비닐을 깐 다음에 피트를 고구마 두둑처럼 높이 20~25cm, 폭 40~45cm 댐을 만든 후, 식물을 심고서 점적 호스를 설치하여 양액을 공급하는 방식이다. 긴 자루법은 온실 길이만큼 폭 1m 흑색 비닐 중앙에 오이 한 그루당 10~15L 비율로 피트를 놓은 다음 비닐의 양 끝을 중앙으로 겹치도록 원통형 긴 자루를 만드는 것이다. 여기에 재식 구멍을 낸 다음 오이를 심고 점적 호스를 설치하여 관비를 제공하는 형태이다(그림 12-4).

그림 12-4 농가 제조 자루 재배(독일)

그림 12-5 슬래브 이용 오이 재배(Area Peat)

연작장해 온실에서 농가가 간편하게 적용할 수 있는 수경법으로서, 1980년대 독일의 농가에서 비용 절감법으로 많이 사용했다. 비순환 방식으로 온실 바닥에 폐액 물받이 없이 피트 자루를 설치한 후 재배한다.

순환식 슬래브 재배는 거치대 위에 물받이를 설치한 후, 여기에 슬래브를 올려놓는다. 슬래브에 사각으로 표시된 재식 공 위에 암면 큐브에서 육묘한 모종을 올려놓은 다음 점적 튜브를 꽂아 재배하는 방식이나. 이때 시주 수실을 하는 줄기 유인줄을 바닥 가까이 내려줘서 모든 줄기를 한 방향으로 눕혀가며 재배하면 장기 재배가 가능하다. 이때 줄기는 10m 이상 누워서 자라게 된다(그림 12-5).

12.6 피트 재배의 장단점

장점은 다음과 같다. 첫째, 완충력, 보습력, 통기성이 뛰어나 다른 배지보다 양수분 관리가 용이하다. 둘째, 비교적 가벼워 관리가 편리하며, 특히 자루 재배는 설치가 용이하다. 셋째, 재배 후 토양에 혼합시킬 수 있어 환경 친화적이다.

단점은 다음과 같다. 첫째, 전량 수입하므로 수급이 불안정하고 가격이 비싸다. 둘째, 산도 조절이 되지 않은 피트가 판매되어 석회로 중화하는 번거로움이 있으며, 소독이 다소 어렵다. 셋째, 피트에 미량 원소를 초기에 충분히 공급하지 않으면 결핍증이 나타나기 쉽다. 넷째, 재배에 따라 용적이 줄어듦으로 이를 보충해 주어야 하며, 펄라이트 같은 재료와 혼합해서 사용해야 한다.

12.7 발전 방향

유럽과 같이 피트가 생산되는 지역에서는 배지로 사용하는 것이 유리한 면이 많지만, 우리나라의 경우에는 피트를 전량 수입에 의존하고 있으며, 코이어보다 가격이 다소 비싸서 농가의 이용 측면에서는 사용이 감소할 것으로 예상된다.

하지만, 토양에 가까운 성질 덕분에 펄라이트 같은 다른 배지와 혼합하여 자루 재배(bag culture)로 사용한다면, 미래에는 수경재배 초보자가 다루기에 아주 쉬운 좋은 재배 방법이 될 것이라 여겨진다. 특히, 모든 구색을 갖추어 수경재배를 시작하면 초기 자본이 많이 필요하지만, 독일 농가에서 응용하는 비닐만 깔고 피트를 올려놓은 후 재배하는 과채류의 댐재배로 출발한다면, 소자본으로 피트모스 수경을 시작할 수 있으므로, 미래에는 가능성이 있는 재배법으로 자리잡을 수 있을 것이다.

이와 같은 재배 매체로 이용 증대의 기대치도 있지만, 피트모스는 환경 문제로 인해 현장에서의 미래는 불확실하다. 피트모스는 우수한 보수력과 통기성 등의 이점으로 육묘나 수경 배지로 사용되지만, 피트의 채취 과정에서 환경에 상당한 영향을 끼친다. 따라서 보다 지속 가능한 대안적인 수경재배 매체가 개발 및 연구가 되고 있다. 피트모스 채취는 습지가 훼손될 때 저장된 탄소를 대기 중으로 방출하기 때문에 온실가스 배출의 주요 원인이 되고 있다. 또한 이탄지 생태계는 중요한 탄소 흡수원인데, 피트 채취로 인한 이탄지 생태계의 파괴는 심각한 생태학적 결과를 초래할 수가 있다. 이에, 독일은 자국의 피트 생산을 금지하고 있는데, 생태 복원을 위해서는 수십 년이 필요하기 때문이다. 한편에서는 지속 가능한 해결책을 개발하고 있으며, 그 대안이 코코넛 코이어, 펄라이트 및 기타 지속 가능한 재료와 같은 대체 수경재배 매체의 개발 및 활용이다. 개발된 새로운 배지의 양분 공급 및 통기 방법 개선과 같은 수경재배 시스템의 혁신은 향후 피트모스 의존도를 줄일 수 있을 것으로 예상된다.

제 13 장 역경 재배 (Gravel Culture)

역경 재배는 미국의 게리크(Gericke)가 수경재배를 농업에 도입했을 당시부터 이용되었다. 미국은 제2차 세계대전 중에 농경이 불가능한 섬의 노지에서 역경 재배로 군인들에게 신선한 채소를 공급한 것과 같이, 초기의 수경재배에서는 역경 재배가 주류를 이루었다. 현재는 자갈의 입수가 어렵고 취급이 불편하다는 이유로 인해 재배 면적이 줄고 있으며, 우리나라에서도 1980년대에 수경재배를 시작한 농가에서, 상추, 케일 등의 재배에 이용하여 왔지만, 최근에는 거의 이용하지 않는다. 외국에서는 인조자갈(baked clay pallets)을 이용한 재배가 자연 채취 대용으로서 역경 재배에 이용되고 있다.

13.1 자갈 배지의 특징

자갈 배지는 보수력과 통기성이 좋은 것을 선택해야 한다. 크기는 4~20mm의 것을 사용하는 것이 좋다. 불규칙한 모양의 입자는 매끈한 입자보다 표면적이 넓으므로 보수력이 크다. 사용 중 부스러지지 않는 화강암 중에서도 석영, 방해석, 장석을 많이 포함하고 있는 불규칙한 형태의 재질이 좋다. 화성암 계통은 배양액의 pH에 거의 영향을 미치지 않는다. 석회암 계통의 자갈은 피하는 것이 좋다. 이러한 재료는 $CaCO_3$의 함량이 대단히 높아 배지에서 배양액으로 녹아 나오므로, 배양액의 pH가 약 7.5 정도로 높아지고 철 같은 영양소가 불용성이 되기 쉬워진다.

저면 급액에 의한 역경에서는 지름이 약 13mm 정도의 큰 자갈을 사용하고, 점적식에서는 3~10mm(pea gravel size)의 작은 자갈을 사용한다. 이때 사용량의 절반 이상은 지름이 5~6.5mm이어야 하지만, 모세관 현상에 의해 배양액이 수평 방향으로 이동해서 근계의 주위에 잘 퍼진다. 그러나 뿌리가 수평 방향으로 너무 많이 뻗으면 배수가 잘 안 되므로 작은 자갈을 너무 사용해서도 안 된다.

자갈은 보수력이 작아 순환식으로 급액하는데, 급액 방법에 따라 저면 급액식과 점적식으로 나뉜다.

13.2 저면 급액식

저면 급액식은 펌프로 배양액을 베드로 보낼 때 베드의 아래로부터 급액하여, 자갈층의 표면으로부터 수 cm되는 위치까지 배양액을 채운 후 액을 배액하여 탱크로 다시 보내는 방법이다. 배양액은 보통 2~6주 사용하면 새로운 액으로 바꾼다.

13.2.1 장치

1) 베드

베드는 단시간에 급액과 완전한 배액이 이루어지게 설계되어야 한다. 베드는 그림 13-1과 같이 배액이 잘 되도록 바닥을 V자형으로 하고, 베드 폭은 60cm 이상, 깊이는 30~35cm, 길이는 35~40m 이내로 한다. 베드를 하나씩 각각 설치하는 것보다 2개를 한 쌍으로 또는 더 많은 베드를 붙여서 만드는 것이 양액 공급에 편리하다(그림 13-2). 베드의 경사도는 물의 원활한 집수를 위해 집수구 방향을 향해서 0.9~1.7/1000으로 한다. 베드의 형태와 경사도가 완성되면 0.5mm 두께의 비닐 시트로 베드를 덮는다.

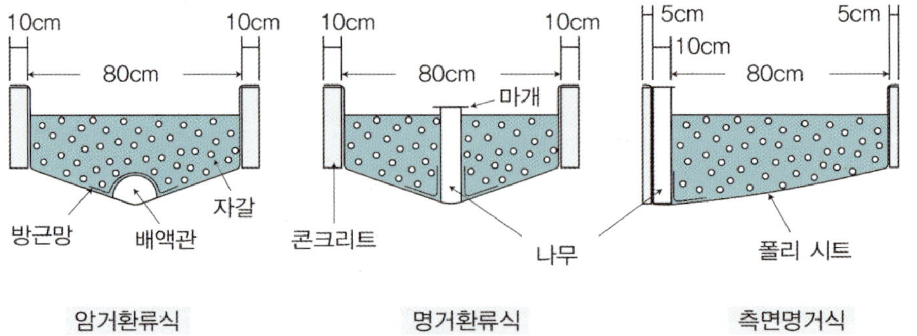

그림 13-1 역경 재배의 다양한 베드 모양

그림 13-2 시멘트 베드 이용 상추 역경

그림 13-3 담배수 백경채 역경 재배(뮌헨 대학교)

그런 다음, 급배액용의 75mm PVC 관을 베드의 중앙에 놓는다. 뿌리가 관으로 들어오지 못하도록 관의 아래쪽을 3mm 두께의 톱으로 1/3 정도까지 절단하거나, 지름 6~12mm의 구멍을 30~60mm 간격으로 뚫은 후 그 위에 방근망을 씌워준다. 측벽의 윗부분에 시트를 접어서 대고 그 위에 나무를 덧 댄 다음 못으로 고정시킨다. 배양액은 관을 통해서 베드의 전면에 짧은 시간 동안 같은 속도로 급배액된다. 이처럼 단시간에 급배액이 이루어짐으로써 양분 및 산소의 공급이 원활해진다. 측면에 배액구를 설치하기도 한다.

배액구 쪽에는 베드 위로부터 2.5cm 이내까지, 급액구 쪽에는 5cm 이내까지 자갈을 넣는다. 베드는 경사져 있지만 물은 베드 내에서 수평을 이루고 있으므로, 위와 같이 자갈을 넣어야 자갈의 건습 정도가 베드 전체에 걸쳐서 같게 된다. 만약, 베드의 어느 쪽에나 똑같은 깊이로 자갈을 넣는다면 자갈면은 2.5cm의 경사도를 갖게 된다. 그러므로 급액할 때 탱크 쪽에 있는 자갈 면에 맞춰서 배양액을 채우게 되면, 반대쪽은 탱크 쪽보다 2.5cm 만큼 밑에까지 밖에 차지 않게 된다. 식물은 자갈 면에 심게 되므로 자갈 면이 수평이 되어야지만 양액이 균일하게 공급된다. 급배액용 75mm의 관은 45°의 엘보를 붙여 마개를 씌워 급액구 쪽의 자갈 면에 나오게 해 두면 관을 청소할 때 편리하다. 이 관의 반대쪽은 탱크에 연결한다.

담배수(ebb and flow) 베드도 역경 재배를 할 수가 있는 좋은 베드가 되는데, 이 경우는 자갈을 채운 화분을 올려놓는 방법을 사용한다. 그러나 기존의 담배수 베드에 가벼운 인조자갈을 채울 경우에도 좋은 재배 시스템이 될 수 있을 것이다(그림 13-3).

2) 집액구

탱크에서 베드로 배양액을 직접 공급하는 것보다 집액구를 통하면 급배액의 시간이 짧아진다. 이것은 베드의 한쪽 끝에 접해서 베드와 직각으로 놓여 있는 수조로서, 탱크에서 이곳으로 배양액을 보낸다. 베드의 바닥에 설치한 관은 이 집액구에 연결되어 있다.

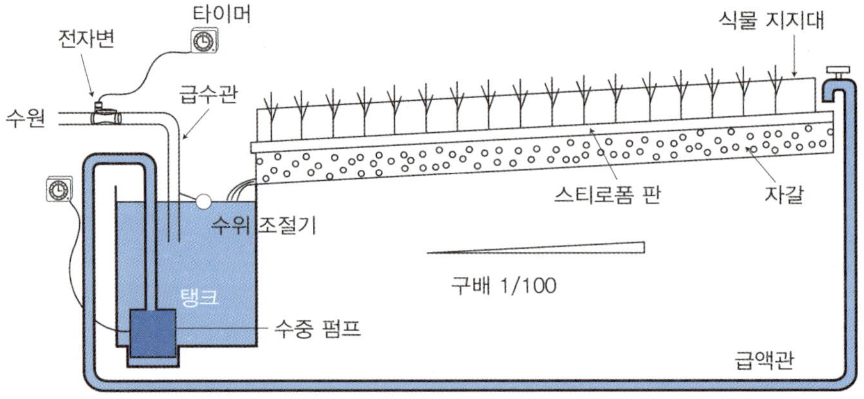

그림 13-4 간이 역경시설의 개요도

펌프의 작동은 타이머로 조절하거나 베드 내에 수분 검출기를 설치한 후에 이것과 접속해서 조절한다. 베드 내의 수면 조절은 집액구의 수위 조절관으로 조절한다. 펌프가 작동 중일 때는 집액구의 배수구가 닫히도록 설계한다.

3) 배양액 탱크

10cm 두께의 철근 콘크리트에 아스팔트 도료를 바르면 내구성이 좋아진다. 탱크는 자갈의 간극 용적을 계산해서 전체 베드를 완전히 채울 수 있는 크기이어야 한다. 이 용적은 자갈 10L 정도를 채취해서 용기에 넣고 물을 채우는 데 들어가는 물의 양으로 알 수 있다. 베드 전체에 필요한 양을 계산한 후, 이 양보다 30~40% 크게 탱크를 만든다. 예를 들어, 폭 60cm, 깊이 30cm, 길이 36m인 베드 5개에 급액하려면, 9t 크기의 탱크가 필요하다. 급수관에 수위 조절기를 달아 놓으면 탱크 내 물의 양을 일정하게 유지시킬 수 있다. 이 경우 식물의 증산에 의해 소비되는 물이 즉시 보충된다. 탱크의 바닥에는 펌프의 흡수관이 들어가는 작은 웅덩이를 만들어서 배양액을 교환할 때 배양액을 완전히 뺄 수 있게 한다. 또한 펌프에 배수관을 연결해 두고서 하우스 밖으로 배출할 수 있게 하면 배양액을 버릴 때 편리하다.

간이 역경 시설은 약간의 기울기를 줘서 만드는데, 그림 13-4와 같은 예가 있다.

13.2.2 급배액

1) 급배액의 순서

① 타이머가 설정해 놓은 시간이 되면, 펌프가 작동하고, 집액구의 배수구 밸브는 닫힌다. 그 후 배양액이 집액구 및 베드에 배양액이 들어온다.

② 배양액이 수위 조절관 위치보다 더 공급되면 수위 조절관을 통해 여분의 배양액이 탱크로 돌아온다.

③ 설정해 놓은 시간이 되면 펌프가 멈추고 급액이 끝난다. 이때 베드 표면의 10cm 아래까지 배양액으로 차면, 배수 밸브가 열리고 베드의 배양액은 집액구를 통해 탱크에 모인다. 이 과정에서 근권의 통기가 이루어진다.

④ 이 급배액의 주기는 20분 이내에 끝나도록 설정한다.

2) 급액의 횟수

급액의 횟수와 길이는 중요한 문제다. 매회의 급액으로 최적량의 물, 양분, 산소를 뿌리에 공급해야 한다.

급액의 횟수는 자갈의 크기 및 표면, 작물의 성질 및 생육 단계, 기후 조건, 재배 시기 등에 의해 정해진다. 보통, 흐린 겨울에는 최저 1일에 3~4회, 여름에는 낮 동안에만 매시간 급액하며, 온대지방에서는 여름에는 6~19시까지, 겨울에는 8~16시까지 급액한다. 기본적으로 흐린 날은 급액 횟수를 줄인다.

자갈이 아주 작은 경우가 아니면, 역경에서는 급액을 자주 해도 통기성은 뛰어나며, 자주하면 할수록 베드의 배양액 조성이 탱크의 조성과 가까워지므로 좋다.

3) 급배액의 속도

베드로 급액 및 배액하는 속도는 근계에서의 통기에 큰 영향을 미친다. 뿌리는 호흡하는 데 산소를 필요로 하고, 물이나 양분의 흡수에 필요한 에너지는 호흡에 의해 만들어진다. 뿌리 주위에 산소가 부족하면 뿌리의 생육이 나쁘고, 부패하게 되어, 식물체는 정상적으로 생육하지 못한다. 배양액의 이동 속도가 빠르면 빠를수록 근권의 환기는 빠르게 이루어진다. 또 물속에서의 산소 용해도는 낮으므로 급배액을 빠르게 해줌으로써, 산소 함량이 적은 배양액이 머무는 시간을 짧게 해야 한다.

급액, 배액의 각각에 10~15분씩 합계 20~30분 정도가 걸리는 것이 바람직하다. 베드에서 자유수를 없애는 데는 배액을 완전히 하는 수밖에 없는데, 자갈의 표면이 젖어 있을 만큼이 좋다. 베드의 바닥에 물이 괴어 있으면 생육이 나쁘게 된다. 베드 밑의 관을 크게 해서 급배액을 빠르게 해주는 것도 가능하다. 가장 좋은 급배액법은 급액과 배액은 빠르게, 배양액은 남김없이 빼는 것이다.

4) 급액 시 액면의 높이

배양액은 자갈층의 표면으로부터 5~10cm 이내까지 오도록 급액한다. 정식 직후에는 약간 높게, 자라면서는 조금 낮게 한다. 이렇게 하면 상층은 건조하여 조류의 번식을 막아주고 물의 손실을 적게 해서 뿌리 근처에서 다습해지는 것을 막는다. 또 상층으로 뿌리가 자라는 것을 막아 고온이나 저온일 때 뿌리에 피해가 가는 것을 막는다. 베드 내에 수위 조절관을 설치하여 액면의 높이를 조절하면 편리하다.

13.2.3 노지의 저면 급액 역경장치

1) 베드 방식

다단 베드 방식에서는 한 조의 베드를 경사면 혹은 계단 모양의 지면에 설치한다. 처음 베드보다 아래 설치하는 베드는 낮은 높이에 두되, 높은 쪽은 베드의 바닥 높이가 다음 베드의 위 높이와 동일하게 한다. 아래 베드 면적은 처음 베드보다 20% 정도 작게 만든다. 아래로 갈수록 면적이 줄어듦으로 대체로 3단 정도까지 만든다. 최상단의 베드 옆에 그보다 1m 정도 높게 배양액 탱크를 설치한다. 탱크에서 밸브를 통해 나온 배양액은 높은 베드부터 차례로 흘러서 집액구에 모이게 되는데, 집액구의 용량은 최상단에 있는 베드의 전체 용량에 20%를 추가한 양이 안전하다. 집액구 배양액은 펌프를 통해 탱크로 올려진다. 베드 사이에는 밸브를 설치하여 액의 이동 속도를 조절한다. 유럽에서 1960년대에 적용했지만, 지금은 거의 사용하지 않는다.

최근에 베드 방식은 NFT 시스템에 자갈을 채우고 재배하는 방식이며, 주로 따뜻한 아프리카에서 응용되고 있다. 양액은 높은 쪽에서 공급하고 반대쪽에서 배수된 양액을 모아서 재순환하는데, 이때 근권부의 온도를 낮게 하는 것이 중요하다(그림 13-5, 좌)

평면 방식은 오늘날 남아프리카 등에서 많이 사용한다. 베드를 땅에 설치하며, 약간의 기울기를 인위적으로 만들어 급액구 쪽에서 집액구 탱크 쪽으로 양액이 흐르게 한다. 급액 탱크는 지표보다 높을수록 양액이 쉽게 흘러내려가므로, 이를 통해 급액에 필요한

그림 13-5 NFT식 역경(좌, RGV Power) 및 저면 베드 역경(우, Flow Grow, 남아프리카)

에너지를 절약한다. 남아프리카에서는 폭 1m, 길이 30m 베드를 유연한 플라스틱 시트가 포함된 강철 및 와이어 프레임을 사용해서 준비된 플랫폼을 만들어 자갈을 채운 후에 베드를 완성해 작물을 재배한다(그림 13-5, 우). 모든 공급 및 배수관은 지열을 피해고자 지하에 매설한다. 강우가 많지 않으므로 역경 베드 위에 간단한 차광 시설을 설치하며, 1980년대부터 지금까지 다양한 채소를 상업적으로 재배하고 있다(Flow Grow. 2024).

13.2.4 소규모의 저면 급액 역경장치

소규모 구조에는 식물을 지지하는 재배 베드, 배양액 탱크, 펌프, 제어회로, 적당한 연결관이 필요하다. 배양액은 펌프에 의해 재배 베드 위에 공급된 다음 배액관을 통해서 배양액 탱크로 돌아온다. 타이머로 펌프를 작동시키면 자동화가 가능하다. 배양액 탱크와 급배액관은 모두 불투명한 것을 사용함으로써 이끼의 증식을 막아준다.

가정 역경에서는 천연자갈을 이용해서 토마토 등을 재배할 수가 있다(그림 13-6, 좌). 또는 인조자갈을 구입하여 엽채류를 재배한다(그림 13-6, 우). 가정에서는 육묘가 어려우므로, 플러그에서 자란 묘를 구입하여 뿌리가 상하시 않게 물로 조심스럽게 씻어서 용기에 담은 후 자갈을 채워주면 된다. 암면에서 자란 묘는 분리하지 말고 베드에 심은 후 자갈을 채워준다. 정식 후에는 뿌리 부분이 닿게 물을 채워주고 1주일 지나 새 뿌리가 내리면 양액을 공급한다. 양액은 점적관으로 관수하거나 용기 밑바닥으로부터 1/2 ~1/3 정도만 채워주면서 재배한다. 가정에서 기를 때 수위계가 없어 육안으로 양액의 높이를 보려면, 그림 13-6(우)에서와 같이 파이프를 잘라 가장자리에 꽂고서 들여다보면 된다. 그러지 않고 수위가 높아지면 녹조류가 번성하게 된다. 수위계를 구입해 꽂아서 관리하는 것이 가장 편리하다.

유럽에서 인기가 있는 가정용 역경 재배는 주로 관엽식물용이며, 수위계가 부착되어 있어서 화분 내의 양액 높이를 쉽게 알 수가 있다.

그림 13-6 천연자갈 이용 토마토 재배(좌)와 인조자갈이용 상추 재배(우)(Google)

13.3 점적식

베드의 형태, 구조는 저면 급액 방식과 비슷하지만, 그보다는 다소 간단하다. 이 방식에서는 베드 표면에 점적관이나 다공 호스로 급액한다.

급액장치는 외경 13mm의 검은 플라스틱 관으로 배관한다. 이것에 지름 1.1~1.5mm의 점적관을 접속한다. 점적관의 끝에는 외경 13mm의 경질관을 25mm 길이로 자른 것을 붙여서 튜브에서 나오는 배양액이 흩어져서 넓게 공급되게끔 한다. 점적관은 급액할 곳에 급액이 원활하게 될 만큼 충분히 길어야 한다. 급액관에 여과장치(100~200mesh)를 하면 점적관이 막히는 것을 대부분 막을 수 있다.

점적관 대신에 다공 호스를 사용해도 된다. 호스를 따라 15~20cm 간격 혹은 원하는 간격으로 뚫린 구멍에서 배양액이 천천히 방울방울 떨어지도록 해준다. 다만, 호스가 막히기 쉽고 이끼가 잘 끼는 결점이 있다. 또한 재배할 때마다 호스를 갈아야 하는데, 다행히 비싸지 않다.

점적 방식을 사용한다 할지라도 배지가 자갈이므로 뿌리에 흡수되지 않고서 배액되는 액은 회수하여야 한다. 베드 바닥에 75mm의 PVC 관을 깔고 각 베드의 배액관을 배액구를 통해 탱크로 연결한다. 탱크는 베드에 가깝도록, 가능하면 하우스의 낮은 쪽 끝에 설치한다. 배액구가 전부 탱크 쪽을 향하여 기울어져 있으면 좋다

점적급액법이 저면급액보다 좋은 점은 배액관이 뿌리에 의해 막히는 경우가 적고, 뿌리가 완전히 물에 잠기는 경우가 없어 통기가 원활하다는 것이다. 배양액 탱크가 작고, 밸브나 집액구가 필요 없어 설치비가 저렴하며 관리가 편하다. 그리고 식물을 한 그루씩 급액할 수 있다.

점적관개법이 저면급액보다 나쁜 점은 자갈이라서 배양액이 옆으로 이동하지 않고 점적 위치에서 하부로 이동한다는 것이다. 이렇게 되면 수분 부족이 일어나 뿌리는 수분이 많은 베드 바닥에서 왕성하게 자라게 되고, 결국 배액관을 막게 된다. 이와 달리, 저면 급액법은 균일하게 양액을 공급할 수 있어 뿌리가 베드 바닥으로 자라지 않는다. 또한 점적 급액관은 막히거나 관수하는 다양한 주관, 지관 등이 사람의 발에 걸리는 경우가 있다. 이처럼 관이 막히는 것은 여과기를 달아서 방지하고, 관에 노즐을 달아 주면 작업에 방해되지 않는다.

자갈의 표면에 점적으로 양수분을 공급하면 그 부근의 자갈은 온도가 오르지 않지만 다른 곳은 낮 동안에 온도가 올라서 그 영향으로 점적관 끝이 빨리 말라 염류가 점적관의 끝을 막을 수도 있다. 따라서 점적관의 끝에 백색의 염의 결정체가 생기는지 수시로 관찰해야 한다.

13.4 재배 관리

육묘는 측면과 바닥에 구멍이 많이 난 플라스틱 포트를 사용하여, 잔 자갈, 입상암면, 코이어를 채우고 육묘해서 자갈 배지에 정식해야 한다. 그래야지만, 뿌리가 포트 간극 사이로 쉽게 내려서 잘 자란다. 파종과 육묘 방법은 담액수경에 준한다.

양액 관리는 발아 후 초기에는 물로 육묘하다가 뿌리가 내리면 엽채류는 상추용액의 절반 정도 농도로 제공하면서 담배수 육묘하는 것이 좋다. 과채류도 육묘는 토마토액의 절반 수준으로 육묘한다.

묘를 정식할 때는 육묘한 포트 직경보다 약간 넓은 크기의 플라스틱 파이프를 준비해서 한쪽 끝을 약간 뾰쪽하게 만들어 정식 모종삽으로 사용한다. 심을 때는 파이프 모종삽을 자갈에 비벼서 꽂은 후 거기에 포트나 암면 큐브를 쑤셔 넣고 슬쩍 올리면서 주변 자갈로 덮어준다. 또는 입구가 넓은 플라스틱 깔때기를 구입하여 자갈에 꽂은 후 모종을 넣어주면서 깔때기를 올리면 된다. 이런 도구가 없으면 모종삽으로 자갈을 헤치고 심어준다. 수경재배 가운데 가장 정식이 어려운 것이 자갈배지를 이용한 역경 재배이다. 다소 큰 포트에 육묘한 과채류는 손으로 자갈을 헤치고서 정식하는 수밖에 없다. 정식 후 처음 며칠은 물만 주며, 담액식은 급액, 배액의 각각에 10~15분씩 합계 20~30분 정도로 해준다. NFT식 같이 기울기를 준 노지재배에서는 순환식이 되므로 양액을 지속적으로 흘러내려 보내 준다. 점적관을 설치하거나 점적 호스를 사용하는 경우에는 정식 후에 바로 설치한다. 과채류는 점적관수를 하지만 엽채류는 저면담액 또는 점적 호스 이용이 가장 바람직하다.

13.5 자갈의 소독

가정용의 표백제(차아염소산칼슘이나 차아염소산나트륨)나 염산으로 소독한다. 탱크에 표백제 3,000~10,000ppm 용액을 만들고, 베드에 20분씩 몇 번 채운 다음, 염소산 용액을 버리고, 물을 흘려보내 씻는다. 1~2일간 환기한 후 재식한다.

점적 급액에서는 베드의 배액관 끝을 막고, 급액관을 통해 소독액을 베드에 채운다. 이 방법은 시간이 걸리므로, 예비 펌프와 호스를 사용하여 베드 위에 붓는 것이 좋다. 세척 방법은 위와 같다. 재배를 거듭할수록 뿌리가 자갈 배지에 남는데, 이 뿌리를 제거하지 않으면 소독 효과가 없어진다. 뿌리를 제거하는 데 노력이 많이 필요하므로 보다 강력한 소독제를 사용하여 소독한다.

13.6 역경의 장단점

역경 재배(자갈재배)는 상업적 수경재배를 시작한 최초의 방법이다. 자연에서 쉽게 구할 수가 있는 재료를 사용하여, 뿌리의 통기가 좋고, 양수분의 공급이 균일하며, 장치가 간단하고 완전 자동화가 가능하므로, 많은 실내외 작물에 적용할 수 있다. 구조적으로 단단하여 장기간 이용이 가능한 재료로서, 자갈 밖에 구할 수 없는 불모지에서도 소독을 하면 적용이 가능하다. 순환 방식이라 양액에 의한 지하수 오염이 없어 친환경적이다.

하지만, 재료가 무거워서 베드 설치가 어렵고, 세척 등 관리, 수리에 비용이 많이 든다. 또한 물을 보유하고 옆으로 이동이 잘되지 않아 뿌리가 빨리 말라서 건조되는 문제점이 있다. 가장 큰 문제는 자갈 중에 뿌리가 집적되어 배액관을 막는 경우이다. 재배할 때마다 뿌리가 조금씩 남아서 배지의 보수력이 증가한다. 이에 따라, 매년 급액 횟수를 줄이는 경우가 있는데, 그러면 통기성이 나빠진다. 수년간 재배한 다음에는 뿌리가 많이 집적된 자갈을 바꾸거나 뿌리를 제거해야 한다. 담배수를 하는 경우 몇 가지 질병이 양액 순환에 따라 만연할 수 있다.

13.7 발전 방향

역경 재배 방식은 2차 대전 후에 유럽에서 인기가 있었던 수경재배법으로서, 우리나라에서는 1980년대 초기에 많은 채소 수경재배 농가가 택하여 채소를 재배했지만, 근래에는 거의 이루어지고 있지 않다. 그 이유로는 자갈이 무겁기 때문에 베드가 견고해야 하고, 구하기 힘들며, 깨끗하게 세척해야 하는 번거로움을 들 수 있다. 따라서 이 방법은 자갈의 구입이 다른 배지보다 용이한 곳에서 적합하다. 즉, 화산에서 분출된 자갈이 많은 제주도, 자갈이 풍부한 북아프리카 사막지역, 중동의 자갈이 많아서 다른 식물을 재배하기 어려운 지역, 기타 태평양의 불모 섬지역 등에서는 적용이 가능하리라 본다. 근래에는 유럽과 우리나라에서 가벼운 인조자갈을 만들어 주로 화훼류의 실내 관엽식물을 기르는 데 사용하고 있다. 이들의 채소적 이용은 많이 연구되고 있지만 가정재배 이외에 대면적 재배는 아직 없다.

자갈의 범위를 확대해서, 부서진 벽돌, 경석 및 화강암 조각, 분쇄된 자갈, 기타 돌과 관련된 배지까지 역경 재배에 포함해서 재배법을 발전시킨다면 단점에도 불구하고 배지경으로서 저개발 국가에 도움이 될 것이다.

역경 재배는 담액 수경재배나 NFT와 같은 다른 시스템만큼 널리 보급되지는 않았지만, 자갈을 이용한 수경재배는 간편성, 비용 효율성, 식물 뿌리에 대한 양호한 통기 등의 장점을 제공한다. 향후 역경 재배의 추세는 영양소 공급 최적화, 지속 가능한 대체 기질 탐색, 그리고 효율성 향상을 위한 자동화 통합에 집중될 것으로 예상된다. 특히, 가정 채소 수경재배나 관엽식물의 재배 등 소규모 운영이나 취미 재배가에게는 매력적인 수경재배 방법으로 자리매김할 것이 생각된다. 최근에 전 세계적으로 인기가 있어서 재배 면적이 증가하는 아쿠아포닉(aquaponic)의 바이오필터(biofilter: 암모니아태를 질산태로 바꾸는 역할)로서 중요함은 물론 작물도 동시에 재배하는 2중의 효과를 가져올 수가 있으므로, 역경 재배의 중요성은 앞으로도 증대가 되리라고 본다.

제 14 장 사경 재배 (Sand culture)

국내에서는 고려대학교 연구팀이 1970년부터 사경 재배 연구를 한강 미사리 모래밭에서 시작하였고, 일본에서는 우리나라 동해안에 접해 있는 돗토리현 사구지에서 1950년대 중반부터 재배연구를 했다(김. 1970). 이스라엘은 사질계 경작지가 전국토의 대부분을 차지하며, 약 80%를 관비농법으로 재배하여 사경 역사가 길다(Imas, 2003). 캐나다는 1970년대 초에 채소 생산량을 늘리기 위해 톱밥, 모래 수경 연구를 시작했다(Adamson & Maas, 1971). 미국에서는 여러 회사들이 10여 ha 이상 사경 재배하고 있으며, 아랍 에미리트에서도 수 ha가 재배되고 있다(Resh, 2013).

앞으로 중동 등지에서 사경 재배가 기대되며, 따라서 기초 지식을 알아둬야 한다.

14.1 모래 배지의 특징

배지로 쓰는 모래는 지름이 0.6~2mm이면서, 염분이나 병원균 등 식물에 해가 되는 물질을 포함하지 않는 강모래이어야 한다. 모르타르용 모래처럼 입자가 너무 잔 것이나 부드럽고 부스러지기 쉬운 것은 배지의 통기성을 나쁘게 하므로 사용하지 않는다. 멕시코나 중동에서는 사경 재배 하우스가 해안 지대에 집중하여 분포되어서 바다 모래를 배지로 사용하는데, 이와 같이 바다 모래를 사용하는 경우에는 모래를 물로 씻어서 소금기를 없앤 다음 사용해야 한다. 석회암질의 모래는 알칼리성이므로 사용해서는 안 되지만, 석회암질의 부드러운 모래밖에 구할 수 없을 경우에는 배양액을 사용하여 pH를 매일매일 조절해야 하고, 또한 시용하는 킬레이트 철의 양을 많이 포함해야 한다. 모래는 보수력이 크기 때문에 저면 급액하면 배양액의 배출에 시간이 오래 소요되어 식물이 산소 부족을 일으키기 쉽다. 따라서 사경 재배에서는 점적법으로 배양액을 모래 위에서 급액하며, 여분의 배양액은 버리는 비순환식을 일반적으로 채택하고 있다.

14.2 장치

베드를 이용하는 방법과 하우스 전체에 모래를 까는 방법이 있다.

14.2.1 베드를 이용하는 저면 공급 방법

재배 베드는 역경의 경우처럼 2.5/1000의 경사를 줘서 배수나 베드 세척이 잘 되게 한다. 지면 위의 양측에 나무판이나 벽돌을 된 후 0.5mm의 검정 비닐을 깐다. 베드 폭은 60~90cm, 깊이는 30~40cm로 한다. 베드의 모양은 바닥이 평평한 것, 동그란 것, V자형 중 어느 것이리도 괜찮다. 그림 14-1에 사경 재배의 모식도를 나타내었다.

베드 바닥에는 배액관을 설치한다. 역경 재배에서처럼 40~50cm 간격으로 배액관의 아래쪽에 틈이나 구멍을 내고서 밑바닥과 접하게 해서 뿌리가 들어가지 않게 한다. 집액구의 반대쪽 관은 베드 위로 나오게 해서 관을 청소하기 편리하게 한다. 사경 재배에서는 배액관을 통해 여분의 배양액을 버리므로 역경 재배에서와 같은 커다란 관은 필요 없다. 배액관은 배액 주관에 연결되며, 배양액이 집액구에 모인 후 버려지게 한다.

몇 개의 베드를 하나의 구획으로 하고, 하우스의 전체 재배 면적을 크기가 같은 몇 개의 구획으로 나눈 다음, 급액장치를 구획에 각각 설치하여 구획별로 관수한다.

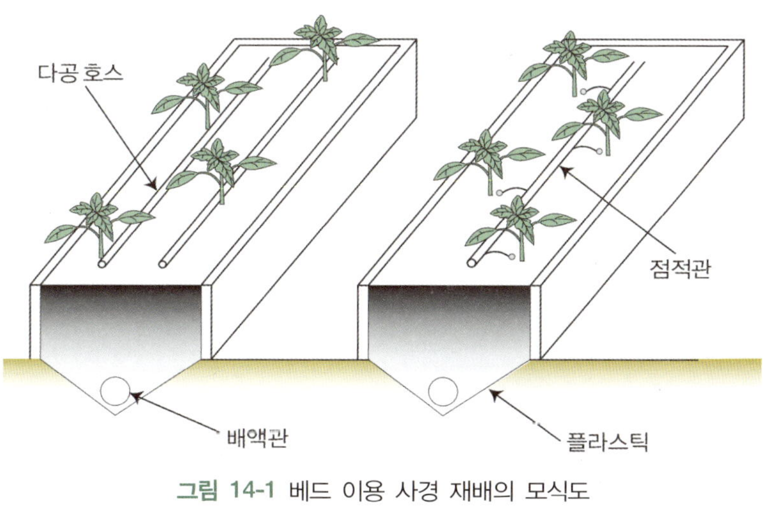

그림 14-1 베드 이용 사경 재배의 모식도

각 구획에 연결되는 급액 본관은 32~50mm의 PVC 관을 사용한다. 모든 구획을 동시에 급액하는 것이 아니므로, 급액 용량은 가장 큰 한 구획에 필요한 양을 계산하여 관수하면 된다. 보통 한 구획에 급액하는 관은 100m²에 1분당 7~10L를 공급할 능력을 갖추면 된다. 구획이 500m²이면 19~25mm의 PVC 관을 사용한다. 각 구획에 들어오는 액량은 탱크와 자동 밸브 사이에 유량조절계를 설치하여 조절한다. 유량조절계는 배양액의 유량을 일정하게 하고 급액관 내의 압력을 낮게 한다. 유량조절계의 용량은 요구하는 유량에 맞추어 결정한다. 급액량을 균등하게 하기 위해 급액 주관의 중앙에서 T자관을 이용하여 분지관에 연결하고, 여기에 베드 내의 급액 세관(13mm 검정 폴리에틸렌 호스)을 연결한다. 이 급액 세관에 점적관을 연결해서 식물에 급액한다. 저압 점적관에는 140~280g/cm의 관내 압력이 걸리게끔 하는 것이 적절하다.

모래 표면이 경사져 있지 않은 경우에 급액관의 길이는 15m를 넘을 수 없다. 5/1000의 경사라면 30m까지 가능하다. 수평 베드의 경우에서는 30m 베드의 중앙에 급액 본관을 놓고서 양쪽으로 15m씩 급액 세관을 설치할 수도 있다. 분지관의 압력에도 좌우되지만, 점적관은 보통 시간당 4~6L의 물을 내보내는 것이 좋다. 점적 튜브는 시판되는 점적관보다는 저렴하지만 설치나 보수에 노력이 들며, 다공 호스는 설치가 간편하지만 작물을 재배할 때마다 교환해야 하는 단점이 있다. 급액에는 Ooze 다공 호스나 드립퍼를 사용한다. 모든 주관이나 세관 등의 관은 불투명해야 한다.

14.2.2 하우스의 바닥 전체에 PE 필름으로 덮어서 재배

베드의 재료가 비싸거나 구하기 어려울 경우에 비용을 절약할 수 있는 방법으로서, 하우스 바닥에 0.15mm 검정 비닐을 이중으로 덮고, 바닥 전면에 30~40cm 높이로 모래를 넣는 방식을 선택할 수도 있다. 모래층이 30cm 이하이면 수분의 분포가 불균일해짐에 따라 뿌리가 급배액관으로 들어올 수 있다. 바닥은 비닐을 깔기 전에 5/1000 정도의 경사를 줘서 배수 및 청소가 원활하게 이뤄지게 한다. 폴리에틸렌 필름이 한 장으로 부족할 때

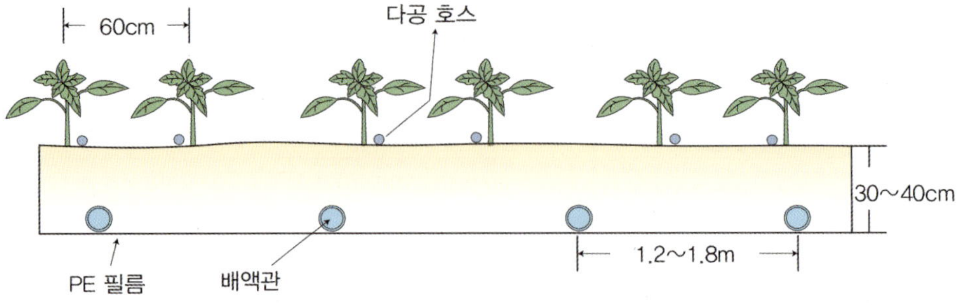

그림 14-2 하우스 전면을 베드로 사용한 경우

그림 14-3 온실 내 상추의 사경 재배(네덜란드)

에는 옆의 것과 1m 정도 겹쳐서 깐다. 지름 32~50mm의 배액관을 놓는데, 모래의 성질에 따라 1.2~1.8m 간격으로 놓는다. 모래 입자가 작을수록 관의 간격을 좁게 한다. 배액관과 경사는 평행하여야 하며, 하우스의 가장 낮은 곳에 본관을 설치하여 배액관과 연결한다. 배액은 집액구에 모아서 버리거나, 밭에 시비한다. 모래 표면은 바닥과 같은 경사를 준다. 다른 사항들은 앞에서와 같으며, 그림 14-2에 모식도를 나타냈다.

급액은 Ooze 호스나 점적관을 사용한다. 대체로 과채류는 점적관을 설치하고 엽채류는 Ooze 호스를 사용한다. 네덜란드에서는 1990년대까지 일부 온실에서 주변에 구하기 쉬운 모래를 염분 제거한 후 온실 바닥에 깔고서 사경 재배를 하였다. 적용 작물로는 네덜란드에서 인기가 있는 버터헤드(butter head) 반결구 상추를 선택하여 재배했는데, 주로 Twin tube를 그림 14-3처럼 상추 사이에 배치한 후 양액을 공급하였다.

14.3 급배액

급액하는 양과 시간은 작물의 종류, 생육 단계, 기후, 재배 시기 등에 따라 다르다. 어떤 경우라도 토양습도계를 이용하여 급액량의 8~10% 이상이 배액되게 한다. 급액관과 배액관을 통과하는 배양액량을 조사하면 쉽게 조절할 수 있다. 급액은 가능한 한 조금씩 장시간 실시하여 배지 내의 수분이 급격히 변하는 것을 막고 모래가 굳는 것을 피한다. 타이머를 사용할 경우에는 하루에 2~5회 급액을 한다. 배액은 주 2회 전이온 농도를 분석하며, 만약 전이온 농도가 2,000ppm 이상일 경우에는 베드를 물로 씻어 내어 집적된 염류를 없애준다. 나트륨 등 해로운 염류가 없을 경우에는 씻지 않고 며칠

동안 물만 관수하면 식물이 흡수하여 전이온 농도가 낮아진다.

탱크를 사용하지 않고 비료희석기를 사용하는 경우에는 주 2회 배양액의 전염류 농도를 조사해서 장치 전체가 정상적으로 작동하고 있는지 확인한다. 또한 비료희석기의 주입 펌프가 각각 정확한 양의 원액을 급액관에 주입하고 있는지 수시로 점검한다. 배양액 탱크에 배양액을 만들어 놓고 급액하는 경우에는 탱크의 크기가 하우스의 식물에 최저 일주일 이상 급액할 수 있을 정도는 되어야 한다. 따라서 탱크의 크기는 하우스의 총면적에 의해 정해진다.

사경 재배는 보통 비순환식이므로 탱크 내의 배양액 조성은 거의 변하지 않지만, pH는 매일 조사하는 것이 좋다. 특히, 물이 알칼리성인 경우에는 조사를 철저히 해야 한다. 탱크 내의 배양액은 역경에서처럼 정기적으로 교환할 필요는 없지만, 비료에 함유된 불활성 불순물에 의해 생기는 찌꺼기나 침전을 정기적으로 제거할 필요가 있다. 그리고 탱크 내의 배양액이 거의 없어지면 새로운 배양액을 만들어 탱크에 가득 채운다.

비료희석기보다는 배양액 탱크를 선호하는 농가가 많은데, 이는 농가 스스로 배양액을 만들면 농도나 조성을 정확하게 알 수 있기 때문이다. 그럼에도 불구하고, 비료희석기에는 배양액 탱크에는 없는 장점이 있다. 즉, 장소를 차지하지 않고, 비용이 적게 들며, 배양액의 농도나 조성을 신속하게 조정할 수 있다. 예로서, 흐린 날에는 질소의 양을 간단히 줄일 수 있다. 배양액 탱크를 사용할 경우에는 배양액 전체를 바꿔야 하지만, 현실적으로 배양액 조성을 자주 변화시킬 수 없다.

14.4 소규모의 사경 재배

가정용 사경 재배는 동일한 크기의 스티로폼 상자(440 x 326 x 270mm)를 2개 구입하여 하나는 송곳으로 바닥에 6~8개 배수공을 뚫고서 키친타월을 2겹으로 깐 후에 모래를 15~20cm 깊이로 넣어준다. 그리고 다른 한 상자는 양액을 채우고 수중 모터를 타이머와 연결하여 양액을 품어서 관수할 수 있도록 작은 호스에 구멍을 뚫어서 모래 위에 설치한다. 그런 후, 모래를 담은 상자를 양액통 위에 올리고서 구입한 상추묘를 심는다. 양액을 공급하면 모래를 통해 배수돼서 아래의 아래 양액 탱크로 흘러 들어오게 하여 재순환되도록 하는 방식이다. 제8장(그림 8-4, 그림 8-5 참조)에서 피트나 코이어 이용한 심지 수경법을 설명했는데, 이 방법을 사경 재배에도 응용할 수 있다. 화분 배수공에 면이나 흡수가 잘되는 키친타월로 심지를 만들어 꽂은 후, 여기에 모래를 채운 다음 화분을 양액이

그림 14-4 바질 포트 사경(좌)와 온실에서 소규모 재배(우, WaTom Farm)

들어 있는 저수조에 올려서 심지가 잠기게 한다. 그러면 모세관 현상에 의해 양액이 상승하여 뿌리에 도달하는 시스템으로서, 바질, 상추, 아루굴라 같은 허브나 엽채류의 재배가 가능하다(그림 14-4, 좌). 일본에서는 체험 학습자를 위하여 모래 사구지에 온실을 만들고 비닐 멀칭을 한 후에 엽채류를 심고서 점적법으로 재배하기도 한다(그림 14-4, 우). 엽채류의 경우, 사경 재배에서 비닐 멀칭을 하지 않으면 모래가 식물체에 부착하여 외적 품질을 떨어뜨릴 수 있다.

14.5 농가형 사경 재배

14.5.1 사구지 사경 재배

일본의 돗토리현에서는 해안 사구지를 이용하여 1960년대부터 포도와 락교 등을 생산해 왔다. 이 아이디어를 도입하여 국내에서도 1970~1976년까지 고려대학교 김용철 교수와 필자가 경기도 광주군 미사리 한강에서 사경 재배 연구를 수행하였다(김, 1970: 김 등, 1976). 한강 모래밭이라 전기 사용이 불가능하였기에 양수기를 사용하여 지하수를 올려 관비를 희석해서 공급하였다. 당시는 점적 시스템이 없었으므로 파이프에 세공을 뚫어서 살수 관수하였다. 관비는 요소 43.4mg, 중과린산 석회 21.7mg, 염화칼리 16.7mg, 황산마그네슘 12.3mg, 염화칼리 5.0mg을 1L에 희석하는 비율로 시비했다. 이때 질소 : 인 : 칼륨 : 칼슘 : 마그네슘의 비율은 2 : 1 : 1 : 0.44 : 0.2였다. 이 농도는 역경 재배보다 낮은 농도인데, 이는 점적관수가 아니라 살수관수였기 때문이다.

그림 14-5 한강 모래땅 결구상추(좌)와 일본 사구지 토마토(우, WaTom Farm)

재식 후 초기에는 1일 1m^{2}에 4,000mL, 말기에는 2,000mL를 관비 형태로 주었다. 초기에는 뿌리가 뻗지 않아 많이 주지만, 말기에는 뿌리가 모래 속에 마치 국수처럼 근괴를 형성하여 수분을 잘 보유하는 특성을 가지기 때문에 관비를 오히려 적게 주었다. 관비 살수 후에는 반드시 물을 뿌려 잎 위의 비료기를 씻어 주었으며, 더운 날은 수세를 포함하여 물을 2,000~4,000ml/m^{2}를 추가 공급했다. 작물에 따라 요소 수준을 조절해 주었다. 결구상추, 수박, 참외, 멜론 등은 포트에 육묘하여 정식했고, 20일 무는 직파하여 재배했다(그림 14-5, 좌). 일본의 서북쪽 Sharihama 사구지에서는 과거에 락교를 생산했지만, 최근에는 온실을 구축한 후 채소를 재배하여 체험학습을 하고 있다(그림 14-5, 우). 사구지에서는 모래바람이 세서 작물을 덮어버리므로, 온실을 구축해 채소류를 재배해야 한다.

14.5.2 시설 이용 사경 재배

온실이나 열대 지역에서 비가림 시스템 내에 베드를 설치하거나 바닥에 모래를 깔고 재배하는 방식이다. 배양액은 나트륨, 인, 칼륨을 주체로 하여 미량 원소는 모래에 함유된 것을 이용한다. 바닥에 틀은 나무나 플라스틱 구조물로 만들고, 흑색 비닐로 마감한 다음 모래를 채운다. 모래 깊이는 10~20cm로 하고, 모래는 가능한 한 빈 공간이 없게 충전하여 공극을 30~40% 정도로 한다. 시금치, 20일 무, 상추 등을 재배할 수가 있다(그림 14-6, 좌). 배액관이 없으므로, 바닥을 통해 자연스럽게 배액된다. 기본적으로는 증발산량에 맞추어 급액하고, 배양액 농도는 생육에 맞춰서 조절한다. 급액의 제어 및 급액법에 주의를 기울여야 한다. 먼저 급액의 균일화를 도모하기 위해 급액관을 베드 밑에 배치하고, 그곳으로부터 점적관을 베드 위로 올려 고정한다. 점적관의 간격은 액의 확산 속도에 맞추어 정한다. 배양액 농도는 비료희석기로 자동으로 조절한다. 즉, 피스톤 식의 정량 펌프로 유량에 맞추어 액비를 혼입시킨다. 관수 횟수와 관수량은 24시간 타이머와 보조 타이머를 이용하여 전자변을 작동시켜서 조절한다. 베드마다 정유량변을 설치하여 베드당 유량을 조절한다. 고설 베드에서는 점적관 대신 점적 호스를 이용하기도 한다(그림 14-6, 우).

그림 14-6 평면 베드(좌, iAVS)와 베드 재배(우, Google)

온실에서 사경 재배는 스페인에서 가장 먼저 사용했고, 최근에는 사우디아라비아, 아랍에미리트 등에서 시도하고 있다. 스페인에서는 온실 토양에 모래를 15cm 깊이로 온실 전체에 깐 후에 과채류를 심고서 점적관개로 액비를 제공한다. 스페인 알메리아 지역은 세계에서 가장 큰 시설재배단지로서 약 30,000ha가 한 지역에 집중되어 있는데, 비가 겨울철에만 약간 내리므로, 온실 지붕을 철사로만 연결하여 거의 수평으로 비닐을 피복한 것이 특징이다(그림 14-7). 이곳은 지중해 지역이어서 강우가 많지 않아 용수가 부족하므로 바닷물을 정수하여 재배하고 있다

이 지역은 겨울철 온도도 낮지 않으므로, 토마토나 기타 엽채류를 무가온으로 재배해서, 프랑스, 독일 등으로 수출한다. 온실이 늘어나면서 천연 모래가 부족해짐에 따라 산악지대 암석을 분쇄하여 작은 입자로 만들어 사용하는 농가도 늘어나고 있다.

Fontes(1973)는 아부다비 사막에 2중 비닐 구조에 공기를 채워 만든 air-infrated house를 건축하고서, fan and pad 방식으로 쿨링하여 다양한 채소 품종의 열대 사경 재배 적응 및 생산시험을 실시하였다(그림 14-8). 품종 비교 시험은 양배추, 오이, 가지, 싱추, 토마토를 대상으로 했는데, 품종 간의 적응에 있어서 차이가 크게 났다. 수확량은 미국 상위의 노지 채소 농가 평균과 비교하였을 때, 사경 재배한 토마토 2.4, 오이 8.5, 가지 12.6, 오크라 4.7, 양배추 2.6, 상추 2.3, 순무 7.1배 더 많이 생산됐다고 한다. 엽채류인 상추,

그림 14-7 토마토 사경 재배(스페인)

그림 14-8 아부다비 사막 온실(Fontes, 1973)

양배추의 여름 재배는 최고 낮 온도가 34℃에 이르러서 팁번(tip burn, 잎마름병)으로 인해 재배가 어려웠지만, 순무는 고온에 잘 견뎠다고 했다. 양액은 A통에 KH_2PO_4, $MgS0_4 \cdot 7H_20$, $CuCl_2 \cdot 2H_20$, H_3BO_3, $MnCl_2 \cdot 4H_20$, MoO_3, $ZuS0_4 \cdot 7H_20$, B통에 $CaN0_3$와 킬레이트 철을 혼합하여 공급했으며, 양액의 원소별 ppm은 N (144), P (62), K (156), Mg (48), Ca (165), S (64), Fe (5), B (1), Mn (0.4), Cu (0.02), Zn (0.09), Mo (0.3)이었다고 한다.

이스라엘은 오렌지나 귤 등 과일을 모래땅에서 관비농법으로 생산한다. 관비를 이용하여 과수 이외에도 노지 멜론 등의 재배가 많이 행하여졌는데, 요르단 강물을 많이 사용하였으므로 사해로 들어가는 물이 줄어들었고, 이는 접경 국가 간에 큰 문제로 대두되고 있다. 앞으로 이스라엘 사경 재배의 지속적인 확대에는 수원 확보가 가장 중요하다고 본다. 다만 지하수가 모이는 해안이 가까운 곳을 선택하여 주간에는 지중 열교환 방식으로 온도를 내려주면서 내부 스크린과 포그 시스템 등을 이용하여 온도를 어느 정도 하강시킨다면 생산이 가능하리라 본다.

최근에 아랍에미리트 등에서 집중적으로 개발하는 대형 고층온실에서 바닷물을 정수해서 일부는 온실 내의 관상식물에 공급하고 나머지는 채소 사경재배에 이용하는 사막 농법이 성공을 거둔다면, 이를 참고로 한 재배법이 확립될 것이라 여겨진다.

14.6 소독

외부로부터 사경 베드에 들어온 토양 전염성의 병원균 및 선충은 바팜과 바사미드를 이용하여 소독할 수가 있으며, 이에 대해서는 제9장을 참고하기 바란다. 이들은 담배 모자이크 바이러스(TMV)와 오이 모자이크 바이러스(CMV)에는 효과가 없다. TMV나 CMV를 방제하려면 모래를 증기 소독해야 한다. 하우스에 온탕 난방을 하는 경우에는 적당한 용량의 증기 보일러를 설치해 두면 좋다. 배액관이 고온에서 견딜 수 있다면 배액관을 통해서 증기를 불어넣어도 좋다. 또는 모래 속 10cm 정도에 파이프를 묻고서 무거운 덮개로 베드를 덮은 후 증기를 주입한다. 폴리에틸렌은 열에 약하므로 덮개로는 열에 강한 폴리프로필렌(PP) 필름을 사용한다. 한 곳의 소독이 끝나면 다른 곳으로 파이프를 옮겨 소독을 계속한다. 유럽에서는 토양 증기 소독 회사에 의뢰하면 모래 위에 피복 시스템을 설치하고 증기를 넣어서 소독을 해주므로 편리하다. 한강 모래땅, 해안 사구지 그리고 사막에서는 휴작 시기에 여름철 모래가 고온이 되어 자연 소독되므로 토양 소독을 따로 할 필요가 없다.

14.7 사경의 장단점

사경 재배의 장점은 통기성이 좋고 비순환식이므로, 배양액 조성의 변화가 거의 없으며, 병원균이 만연될 가능성이 순환식보다 낮다. 모래는 자갈보다 입자가 작아 배양액의 수평 이동이 좋으므로, 근권에 배양액이 골고루 퍼진다. 그 결과 뿌리가 수평 방향으로 잘 뻗어서 배액관이 막히는 경우가 적다. 역경 재배의 저면 급액보다 건설비가 적게 든다. 역경 재배의 저면 급액보다 간단해서 유지, 보수가 쉽고, 고장이 적다. 모래는 보습성이 좋으므로 하루에 몇 차례만 급액해도 된다. 만일 급액장치가 고장이 나더라도 수분 부족이 발생하기까지 많은 시간이 소요되므로 순수수경이나 역경 재배보다 안전하다. 사막지대에서 적용할 수 있는 가장 좋은 재배법이 될 수 있는 큰 장점이 있다.

사경 재배 단점은 강모래를 쉽게 구하기가 어렵고 무거워 작업이 불편한 점이다. 작물을 재배할 때마다 소독해야 하고, 점적 급액장치가 세사의 침전으로 가끔 막히는 경우가 있다. 물론 배관에 100~200mesh의 여과기를 설치하여 방지할 수 있다. 사구지 온실 등의 비순환식은 순환식보다 물이나 비료의 소비가 많다. 베드식에서는 배액이 급액량의 7~8% 정도가 되게 하면 손실은 거의 없다고 볼 수 있다. 순환식에서도 배양액의 교환 등으로 인해 그 정도의 손실은 있다. 재배 중에 염류 집적이 일어날 수 있지만, 이것은 배지를 정기적으로 물로 씻으면 방지할 수 있다. 이 경우 배액의 염류 농도를 검사하는 것이 중요하다.

14.8 발전 방향

수경재배는 본래 토양재배의 단점을 없애기 위해 생겨난 방식이지만, 사경 재배는 수경재배 중에서 토양재배에 가장 가까운 성질을 갖고 있다. 모래가 무거워서 취급이 불편하며, 순수한 강모래의 채취와 소독이 어렵기 때문에 국내에서는 거의 사용하고 있지 않다. 다만, 다른 수경재배 방식을 적용하기 어렵고, 모래 조달이 용이한 중동이나 아프리카 등의 사막지대에서는 적합하다. 사막지대에서는 관비농법과 같은 간단한 시스템을 적용하면 스페인의 알메리아 지역처럼 쉽게 재배할 수가 있다. 따라서 사막지대에 수원지가 발견되는 경우, 고온성 과채류 재배는 특수 온실을 구축하면 간단한 관비재배로 생산할 수 있어서 채소 및 다양한 작물재배가 가능하므로 인류의 식량란 해결에도 큰 도움이 되리라 본다. 일본은 1960년대부터 해안 사구지에서의 과수류 생산을 연구하여 개도국에 기술 전수를 해 왔다. 우리나라도 발전된 관비농법 기술을 사경재배에 적용하도록 아프리카나 중동에 기술지원을 계획적으로 수행한다면 농업생산성 재고에 큰 영향을 줄 수 있으므로 미래에 기대되는 농법이다.

근래에는 여기서 다루는 사경 재배와 같은 의미를 갖지만, 아쿠아포닉과 연계시킨 샌드포닉스(sandponics)가 새로운 농법으로 제시되고 있다. 샌드포닉스는 아쿠아포닉에서 모래 베드를 만들어 바이오필터로 사용하는 수경법으로서, 어류 양식(양식)과 식물 재배(수경)를 결합한 농업 방식이다. 이는 아쿠아포닉에서 바이오필터 역할을 하는 모래에서 작물을 재배하므로, 물을 90% 재활용할 수가 있어 새로운 지속 가능한 농업으로 인정을 받아 발전의 가능성이 매우 크다. 특히 샌드포닉스 시스템의 물 사용량은 기존 농업보다 훨씬 적어 건조 및 반건조 지역에 큰 이점을 제공한다. 샌드포닉스는 이처럼 작물 관개에 사용되는 물의 비율을 줄이는 동시에 단일 순환에서 재배되는 작물과 어류의 수를 증가시켜서 이러한 요구를 충족한다. 유엔식량농업기구(FAO)의 연구에 따르면, 샌드포닉스와 같은 지속 가능한 농업 기술을 통해 생산량 부족을 해소할 가능성이 있다고 했다. 그러나 높은 초기 설치 비용이 문제가 된다. 샌드포닉스 시스템은 구조물, 모래 배지, 그리고 양식 시스템에 상당한 초기 투자가 필요하다. 이는 특히 개발도상국의 소규모 농가에게는 여전히 어려운 과제이다. 샌드포닉스 시스템은 양식 및 수경재배에 대한 충분한 지식을 바탕으로 관리되어야 한다. 농부들은 이러한 시스템을 도입할 수 없고, 교육 수준이 낮은 지역에서는 이것이 큰 문제가 된다. 그러나 현재 아시아 태평양 지역은 광대한 농업 기반, 인구 증가, 그리고 절수형 농업 기술에 대한 관심으로 샌드포닉스 시장에서 가장 큰 점유율을 차지하고 있다. 중국, 인도, 호주는 정책 지원 및 식량 안보를 이유로 샌드포닉스 시스템을 도입하는 주요 국가들이다.

샌드포닉스 수경–채소 재배 시스템 시장은 2023년에 1억 5천만 달러에 도달했으며, 2024년부터 2030년까지 연평균 12.1%의 성장률을 기록할 것이고, 2030년에는 4억 달러에 이를 것으로 예상된다.

샌드포닉스는 아쿠아포닉을 응용한 사경 재배로 이해하고서 재배에 임하면 될 것이다. 다만 차이를 이해해야 상호 발전의 가능성이 있으므로 여기에서 다루었다.

제 15 장 코코 코이어경 (Coco Coir Culture)

코코넛 코이어(coconut coir)는 열대에서 자라는 코코넛 야자(coconut palm: *Cocos nucifera*)의 열매 가운데 종자 부위를 제거한 부분 중 5~8cm의 질긴 섬유소를 골라낸 후 남은 작은 섬유소의 부산물을 일컬으며, 이를 가공하여 1980년대부터 원예용 배지나 수경용으로 사용하고 있다. 이것을 이용하여 수경재배하는 것을 코코 코이어경(耕) 또는 코이어 재배라고 한다. 필리핀, 인도네시아, 인도, 브라질, 스리랑카, 태국에서 주로 생산된다. 현재 국내에서 가장 많이 이용되는 배지경 상토이다.

15.1 코이어 배지의 특징

코코 코이어(이하 코이어)는 피트모스가 친환경론자들에 의해 채취가 금지되는 국가가 늘어가면서 1980년대부터 개발되어 온 새로운 유기 배지로서 피트모스와 버미큘라이트 대체물질로 사용되었는데, 현재는 피트모스보다 많은 면적에서 수경재배 배지로 이용된다. 야자껍질 중에서, 허스크(husk)라 불리는 조악한 섬유소는 분리되어 로프와 매트 산업에 이용된다. 껍질의 나머지 부산물을 coir dust, coir pith라고 하며, 목수부(pith) 60%와 단섬유 40%로 구성되어 있다. 성분별로 보면, 야자껍질은 건물 기준으로 세룰로스 34%, 리그닌 36.5%, 펜토산(pentosan, 5탄당) 29%, 회분 0.6%로 구성되어 있다(Woodroof, 1979). 우리가 사용하는 코코 피트(coco peat)는 코코넛 분말과 섬유소를 부숙, 선별, 정제, 건조, 압착하여 만든 배지를 가수처리한 것이다. 지금까지 알려진 바로는 coir pith는 생물분해가 되는 데 약 20년이 소요된다고 한다. 사용 시 취급과 폐기가 용이하고, 뿌리는 배지 전체에 골고루 잘 퍼지지만 과습될 수 있으므로 주의한다. 또한 제염 처리가 충분하게 되었는지 살펴보는 것이 매우 중요하다. 왜냐하면, 파도에 밀려

해안에 표류하는 야자들을 수집해서 판매하기도 하기 때문이다. 제염 처리가 안 된 것은 농가에서 충분히 제염을 한 다음에 사용해야 한다. 벌크로 구입할 때는 코이어 색깔과 섬유소 함량 등을 면밀하게 살펴야 한다. 암흑색에 가까운 어두운 것이 아닌 암갈색의 밝은 벌크는 비교적 신선한 코이어이므로 여러 번 재사용할 수 있다.

15.2 제품의 종류

국내외의 여러 업체에서 다양한 제품을 제시하고 있는데, 생산지에서 압착시킨 제품을 가져와서 농가에 설치한 후 수분을 공급하여 정상적인 부피로 환원한 다음 재배하는 제품과 수입한 코이어를 국내에서 제품으로 만들어서 판매하는 것이 있다. 외국에는 이동과 간편성을 위해 압착 코이어를 일정한 크기의 비닐에 포장하여 판매한다(그림 15-1). 국내에서 판매되는 자루 재배용 제품의 크기를 제시하면 다음과 같다(표 15-1).

그림 15-1 번식용 코이어 큐브(좌: van der Knaap), 슬래브(우: BVB))

표 15-1 국내 시판 코코넛 코이어의 제품 규격(이 등, 2015)

제품	규격(H x W x L, cm)	업체	비고
코코믹스(Cocomix)	4 × 15 × 90	㈜ 서원양행	
바이오그로(Bio-Gro)	8 × 5 × 90 13 × 17 × 98	대영 GS	Air 1508 Air 1613
프로핏(Profit)	7.5 × 15 × 90 7.5 × 15 × 100 7.5 × 20 × 100	㈜ 그로존	Chip형
멀티피트(Multipit)	20 × 10 × 100(흡수 시) 15 × 8 × 90(흡수 시)	명성프라곤	MSC2010 MSC1508

15.3 장치

베드 설치법으로는 비순환식과 순환식이 다르다. 비순환식 장치에는 노지와 온실설치법이 있다. 고추를 노지에서 코이어경을 재배하는 경우에서는 두둑을 만들고 검정 비닐을 깐 다음에 슬래브를 올리고서 고추 등을 점적관개법으로 재배한다(이, 2023). 여름 장마기에도 노지 수경 고추는 잘 자란다(**그림 15-2, 좌**). 온실에 설치하는 경우에는 바닥에 스티로폼 바닥재를 깐 후에 코이어 슬래브를 1열 또는 2열 한 조로 배열하거나 바닥으로부터 20cm 높이에 거치대를 만든 후 스티로폼 홈통을 올린 다음, 그 속에 가온 파이프 2줄을 설치하고 파이프 위에 슬래브를 올린다.

순환식은 농가에서 한쪽으로 2% 기울기가 있도록 U자형 재배용 홈통을 거치대 위에 설치한 다음, 여기에 코이어를 채워서 파프리카나 토마토 등을 재배한다. 상업용 코이어 슬래브를 이용할 때는 배수용 플라스틱 또는 알루미늄 물받이 거터(gutter) 위에 슬래브를 올려놓고서 행깅 베드로 재배한다(**그림 15-2, 우**). 이때 90cm 또는 100cm 슬래브 하단에 10cm 정도 길이로 바닥에서 2~3cm 위를 3곳 정도를 절개한다. 이렇게 하면 절개구가 커져서 배수가 배액 물받이 홈통으로 잘 이루어지고 근권의 통기성이 개선되며 뿌리의 활력이 증가된다. 순환식에서는 유출된 배양액을 모은 후에 순환식 암면 재배에서처럼 여과와 소독 단계를 거쳐야 한다. 최근에는 딸기, 오이, 토마토의 코이어 배지 재배에서 온실 면적의 입체적인 이용과 수확 관리의 편의성을 위해 행깅 시스템(hanging system)을 이용하는데, 상하로 움직이는 장치가 있어서 편리하지만 초기 설치비가 많이 소요되는 단점이 있다. 일본에서는 딸기 행깅 재배를 하면서 10a에 2,500주

그림 15-2 비순환형 노지 고추 재배(좌. 임상철 제공)과 토마토 행깅 베드(강원도 농업기술원)

를 심었을 때 주당 약 1kg을 수확하였고, 멕시코에서는 주당 1.5kg을 수확하였다고 보고했다(그림 15-3, 좌).

행깅 재배는 초기 시설비가 많이 소요되지만, 재순환 재배로 비료비를 절감하고 다수확할 수 있다. 벨지움에서는 피트 자루가 아닌 플라스틱 베드를 이용해서 코이어를 충전하고 딸기를 재배하는데, 이는 자루에서 나오는 비닐 등의 오염을 막기 위해서이다. 최근에 원예특작과학원에서 행깅 시스템을 이용한 무배액(無排液) 딸기 수경재배를 연구하고 있다. 가장 큰 단점은 일반 재배에서는 20% 정도 많은 양액을 제공하기에 점적관이 막히는 문제가 적게 발생하지만, 무배액을 하기 위해 식물의 소모량만을 기준으로 하여 제공하면 점적관으로부터 불균일한 양액이 공급되거나 막히는 것이다. 따라서 점적관을 수시로 잘 체크해야 한다. 이 방법은 순환식에서 필수적인 양액을 수집하는 물받이나 소독하는 장치가 필요 없으므로, 경제적을 매우 기대되고 있다.

국내에서는 인삼 싹채소가 인기가 있는데, 폭 120cm, 높이 30cm인 2단 베드에 비료성분이 들어있지 않은 코이어를 충전한 후 양액을 주지 않고서 점적 호스로 물만 관수하여 재배한다(그림 15-3, 우). 종삼은 인삼 종자를 파종하여 1년간 재배한 뇌를 가진 인삼묘를 말하는데, 싹인삼 생산을 위해서는 종삼을 가을에 캐서 −1~2℃의 저장고에 연중 저장했다. 필요시마다 꺼내서 정식한다. 종삼을 정식하고서 30일 정도 지난 후에 어린 인삼 뿌리가 끊어지지 않도록 주의하여 수확한다. 뿌리가 깊게 뻗을 수 있게 하기 위해서는 30cm 정도 깊이의 베드가 필요하다. 상토는 여러 번 이용할 수 있는데, 반드시 위아래로 잘 혼합하고 소독한 다음 재사용해야 한다.

장미는 코이어 배지에 심기 3일 전부터 물로 포수를 시켜서 제염 작업을 실시한 다음, 정식 하루 전에 양액으로 포수를 한 후에 정식하는 것이 물 및 양액 절약과 식물 생육에 좋다. 딸기, 인삼, 장미 모두 정식 전에 충분한 포수 작업을 하면서 배수하면, 코이어에 남아 있을 수 있는 염이 제거되고 초기 생육을 좋게 한다.

그림 15-3 멕시코 딸기 행깅 재배(좌, Hort Daily)과 인삼 싹채소(우, 박정순 제공)

15.4 재배 관리(오이, 토마토, 딸기, 파프리카)

일반적으로 작물에 따라 다르지만, 재배 전의 코이어는 EC가 0.26~0.75mS, pH는 5.4~6.2 정도 수준으로 보고되고 있다(Horiba. 2016). 여기에서는 주요 작물에 있어서 코이어 재배법의 중요한 점을 설명하기로 한다.

15.4.1 오이

오이(백봉다다기)를 코이어 큐브에 파종하여 육묘 후 본 잎이 4~5매 자라나오는 시기에 코이어 자루에 정식한 다음, 전체 재배 기간 중에서 착과 전에는 EC 농도를 3.0dS·m^{-1} 정도로 높게 관리하고, 착과 후에는 2.0~2.3dS·m^{-1} 정도로 낮춰서 관리한다. 과실이 비대해지면서 수분요구도가 증가하므로 1일 급액량을 늘려 주는 급액 관리가 적절하다. 원소별로는 질소, 인, 칼슘은 착과 전에는 N 700mg·L^{-1}, P 60mg·L^{-1}, Ca 110mg·L^{-1} 수준으로 소절하고, 착과 후에는 N 660mg·L^{-1}, P 50mg·L^{-1}, Ca 100mg·L^{-1} 수준으로 조절한다. 칼륨과 마그네슘은 착과 전기에는 각각 400mg·L^{-1}과 80mg·L^{-1}으로 조절하고, 후기에는 공급을 조금 줄여주는 것이 비료의 이용 효율을 높일 수 있는 방법이다(김 등. 2014). Rijk Zwaan회사의 "Deltastar" 오이를 암면과 코이어경(EC는 2.8~3.2, pH는 5.5~6.5)에 따른 품질을 비교 시험을 했는데, 코이어에서 자란 오이가 암면에서 보다 생장이 좋고 기능성 성분(총 페놀, 쿠쿠르비타신, 리놀렌산)과 모든 아미노산이 함량이 높았다고 한다. 코이어의 유기질이 양수분 완충과 품질에 영향을 준 것으로 여겨진다.

15.4.2 토마토

토마토는 코이어 큐브(coir cube)에 파종한 후 24~25°C를 유지하고서 7일 정도 지나면 발아가 거의 이루어진다. 육묘 기간은 4~7주 걸리는데, 발아 후는 온도를 16°C 정도로 낮춰 준다. 10×10×6cm 큐브의 용적은 0.4~0.5L에 해당되는데, 하루에 약 150~200ml를 관수하는 것을 목표로 한다. 4~7주일 정도 육묘 후에 정식을 한다.

정식 후에는 한 줄기에서 2줄기를 유인할 경우에 줄기가 갈라질 수 있으므로, 고정시켜 주고 유인줄을 설치한다. 유인줄은 롤러 유인줄이나 토마토 후쿠줄기 고정틀(그림 15-4, 좌)을 이용하면 좋다. 토마토가 자라면 유인줄로 줄기를 감아주는데, 노동력이 많이 필요하다. 최근에는 줄기 고정 후크(그림 15-4, 중)나 토마토 줄기 클립(그림 15-4, 우)을 대부분 사용한다. 이들 집게나 클립은 오이, 파프리카 등에서도 사용하면 좋다.

그림 15-4 롤러와 후크 유인줄(좌), 후크 설치(중), 줄기 고정 집게(우) (Google)

표 15-2 코이어 관수 스케줄(Performa Globalys)

단계	관수 개시(일출 후)	관수 종료(일몰 전)	관수 간격	야간 관수 간격
이식	1hr	1hr	20분	매 3시간
슬라브 상부 착근	1hr	2hr	40분	매 4시간
1cm 깊이 착근	2hr	2hr	1hr	1회
3cm 깊이 착근	2hr	2hr	1hr	0
슬라브 중간까지	3hr	3hr	2hr	0

정식을 할 때는 줄기 유인을 위해 다 자란 묘를 슬래브에 정식하며, 이후의 수분 관리는 표 15-2와 같다.

비순환식이나 순환식에서 코이어 슬래브 내의 수분을 잘 유지하기 위해서, 햇볕이 좋은 날에는 식물당 큰 용적(> 6.1 L/식물)은 배수량을 20% 정도 유지한다. 작은 용적(< 4.1L/식물)에서는 배수량을 40%까지 올려준다. 코이어 슬래브 내의 EC를 토마토는 1.2~3mS, 오이는 1~2mS, 딸기는 0.8~1.8mS를 목표로 관리한다. 그러나 어떤 경우에도 슬래브 내의 EC를 목표치보다 1~1.5mS 이상 높게 관리해서는 안 된다(Performa Globalys, 2010). 품종이나 지역 상황을 고려하여 조절해야 한다.

토마토는 길이 100cm 코이어 자루에 3그루를 심고 가꾸는데, 체리 토마토의 경우는 4주까지 심을 수가 있다. 토마토는 하루에 약 200j/cm^2/day가 필요하며, 이중 절반은 식물체가 유지하는 데 소요하고 절반은 과방의 발달에 소요된다. 온실 내의 습도 유지가 중요한데, 재식 후 첫 화방 개화기까지는 65%를 유지하고 개화기에는 약간 낮추어서 60%를 유지한다. 수분이 이루어질 때는 약간 건조하게 한다. 유묘재식 후에는 배지 내의 수분을 80~85%를 유지하다가 착근된 후 첫 번째 개화기까지는 60%를 유지하고, 첫 번째 과일이 착과되면 70%를 유지한다. 그러나 한 여름에 수분이 많이 필요할 때는 75~85%를 유지하는데, 이때 밤낮의 차이가 6~8%대를 벗어나지 않아야 한다. 생식 생장기에는 1일

배지 내의 수분 변화 폭을 크게 하여 8~12%를 목표로 한다. 그러나 영양 생장기에는 6~8% 변화만을 준다. 일사량 관계를 보면, 성숙된 토마토 식물에서는 증산량이 1j/cm²당 1.8ml/m²가 필요하다. 이것을 양액으로 환산했을 때, 공급량은 1j당 2~3.5ml/m² 수준으로 공급해야 한다. 배수와 EC 관계에 따른 관수량 조절은 다음과 같이 한다.

- 배수 %가 높고, EC 정상 ⟶ 관수량 감소
- 배수 %가 높고, EC 높음 ⟶ EC 감소
- 배수 정상, EC 낮음 ⟶ EC 증가
- 배수 작고, EC 높음 ⟶ 관수량 증가

코이어 재배에서 영양소 관리는 코이어가 pH가 높고, 칼륨, 나트륨, 염소 등의 이온이 높으므로, 초기에는 칼륨을 30~50mg, 칼슘은 40mg/l를 권장한다. 다른 유기배지처럼 영양생장을 억제하려면, 코이어 재배에서도 높은 EC를 유지하는 것이 바람직하다.

코이어 재배 시에 베드 내 수분함량과 EC 변화 그리고 배액 내 EC와 생육상 변화를 모식화하면 다음 표 15-3과 같다.

소형 파프리카를 세 가지 품종을 가지고서 코이어 재배 실험하였을 때, 오전 7시에서 오후 4시까지 TDR 센서를 이용한 수분 관리를 통해 배지의 적정 함수량의 제어에 대한 연구를 하였는데, 정식 후 첫 번째 착과까지는 55%를 유지하는 것이 좋았다고 한다. 제 2그룹이 착과될 때는 다소 높은 65% 수준에서, 그리고 마지막 3그룹이 착과될 때는 60% 수준에서 최고의 수량을 올렸다고 한다(이 등, 2013).

표 15-3 코이어 재배 베드의 관수량에 따른 EC와 토마토 생육상 변화

관수 상황	베드 수분, EC 변화	배액 EC 변화, 생육상
첫 관수 빠름	배지 수분 증가	EC 감소, 영양생장 방향
첫 관수 늦음	배지 수분 감소	EC 다소 증가
최종 관수 빠름	배지 수분 감소	EC 다소 증가
최종 관수 늦음	배지 수분 증가	EC 감소, 겨울철 중요
관수 시간 길어짐	배지 수분 증가	EC 다소 감소, 양액 넘침
관수 시간 짧아짐	배지 수분 증가	약간 넘침, 동계 철 부족
자주 관수	흘러서 넘침	
드물게 관수	넘치지 않음	
배수량 큼	배지 EC 증가	영양생장
배수량 작음	배지 EC 감소	생식생장
양액 EC 높음	배지 EC 증가	생식생장
양액 EC 낮음	배지 EC 감소	영양생장

이(2012)는 토마토 무배액 수경재배 기술의 최적화를 위해서는 FDR(frequency domain reflectometry) 수분 센서를 이용할 때, 코코넛 코이어 배지의 수분함량 조절을 가장 합리적으로 할 수 있다고 했다. 파프리카(유, 2014)와 장미(박, 2015)에서도 FDR 센서가 배액량을 줄이고 생육을 최적화할 수 있다고 보고되었다. 특히, 파프리카의 경우에 타이머를 이용한 관수에서는 18.3% 배액이 되지만, FDR 센서를 이용할 때는 배액이 겨우 0.6%이어서 완전 무배액 관리가 가능함을 구명하였다(유, 2014).

15.4.3 딸기

배양액의 조성 이상으로 딸기의 생육이나 수량에 큰 영향을 미치는 것이 배양액의 농도이다. 일반적으로, 배양액 농도가 높으면(EC 2.0 이상) 뿌리의 신장이 나빠져서 칼슘 결핍에 의한 잎끝마름병(tip burn)이나 이상화(異狀花)가 발생하기 쉽다. 반대로 너무 낮으면 엽색이 옅어지는데, 특히 엽맥 간의 색이 없어진다. 품종에 따라서도 최적 농도가 다르다. 또 배양액을 가온해서 야간의 근권 온도를 높이면 최적 농도는 대부분 낮아진다. 꽃눈 분화의 정도에 따라서도 배양액 관리를 시작하는 최초의 농도가 달라서, 꽃눈 분화가 진행되었을 경우에는 높아진다. 생장 시기를 크게 정식~개화기~과실비대기~수확기의 4단계로 나눠서 비료 농도를 점차적으로 짙게 한다. 일본에서는 딸기의 꽃눈 분화 후에 EC를 0.6~0.8, 개화기 후 1.2~1.3, 수확기는 1.6, 후기에는 1.0 정도를 유지한다. 그러나 우다가와(1996)는 딸기 생육기를 6개 단계로 구분한 후 단계별 관리 기준을 각각 제시하였다. 특이한 것은 수확 개시기~휴면 종료기를 구분해서 농도를 약간 높게 관리하는 것이다. 다른 연구에서는 폐쇄형 딸기 재배에서 EC 관리를 정식부터 정화방 개화기까지는 1.0, 정화방 개화기부터 1월 말까지는 1.2, 2월 이후에는 1.0dS·m^{-1}로 유지할 때 수량이 높았다고 하였다. 이는 품종에 따라 생육기 단계별로 양액의 농도를 변화시켜야 함을 강력하게 요구하는 결과라고 사료된다. 중요한 것은 품종마다 적정 양분요구도가 다르므로 **표 15-4**를 참고하도록 한다.

딸기는 많은 수분을 요구하면서 동시에 충분한 산소도 필요로 한다. 배수가 불량하면 뿌리가 썩게 된다. 근권의 수분은 배지의 특성에 따라 다르므로 일정한 규칙은 없다. 대체로 보수성이 낮은 배지는 높은 코이어, 피트 같은 배지보다 자주 급액해야 한다.

표 15-4 딸기 생육단계별 배양액 관리 표준치(dS·m^{-1})(宇田川, 1996)

정식~ 1주간	1주간 후~ 보온 피복기	보온피복-~ 개화 개시기	개화 개시기~ 수확 개시기	수화 개시기~ 휴면 종료기	휴면 종료기~ 수확 종료
0.4~0.6	0.6~1.0	0.8~1.2	1.2~1.6	1.4~1.8	1.0~1.2

표 15-5 생육단계별 딸기 1일 관수량(ml/1 주)

생육 단계	정식 준비	정식~개화	수확 개시	수확~1월	2~3월	3월 하	5월 상
관수량	120	200	200	160~200	200~250	250	300

정식 직후에 활착을 촉진하는 시기는 1일 급액량에 대한 배액량을 80% 이상으로 해서 급액한 배양액이 대부분 배출되게 한다. 약 1~2주간 활착이 이루어지므로, 그 후는 배액량을 서서히 감소시켜서 개화 개시기까지는 배액률이 20%가 되게 한다. 3월 하순부터 4월경에는 휴면이 타파되므로 그 후에는 30% 정도로 증가시키지만, 대부분의 재배기간 중에는 배액률을 20% 수준에서 관리한다.

착과가 되면서 뿌리의 활력이 떨어지면 초세를 유지하기 위해 고농도를 제공하면 약해진 뿌리 활력을 오히려 감퇴시킨다. 이 경우에는 낮은 농도로 자주 관수시켜 뿌리가 양분을 접촉할 수 있는 시간을 증대시켜서 흡수를 촉진시켜야 한다. 이때는 배액 비율을 30~50%로 하면 된다.

생육단계별 급액량을 1일 식물체당 급액량으로 세산해서 제시하면 표 15-5와 같다. 급액 횟수는 4회 정도를 표준으로 하지만, 배지 종류에 따라 조절해 준다.

딸기의 뿌리는 수염뿌리 형태로서 산소요구도가 높으므로 배지 내에 산소 공급이 잘 이루어지게 해야 한다. 식물이 지쳤다고 양액을 자주 많이 공급하면 반대로 산소 농도가 낮아질 수 있으므로, 배액이 향상되도록 베드 받침대 부분, 급액관의 공급 부분, 베드가 다소 쳐지거나 낮은 부분 등에서 정체되지 않게 조처한다. 특히, 정과방의 수확기부터 성숙된 잎의 엽맥 간에 녹색이 엷어지고, 황백색이 되는 것은 배출 불량에 따른 뿌리의 생리장해이므로 매일 관찰을 통한 대책이 필요하다.

고설 겨울딸기 재배에서 4단 변온 제어 발열선을 베드라인 좌우 측변에 붙여서 설치하면 최고 습도가 5~10% 낮아지고, 잿빛곰팡이병 및 기형과 발생이 줄어들어서, 노동력이 적게 들고 수량이 증가가 되며 난방 효과도 있다.

15.4.4 파프리카

파프리카를 정식하기 24시간 전에 암면 슬래브를 EC 3.0~3.2, pH 5.5 양액으로 포습한다. 압착된 코코 코이어 슬래브도 수일 전에 포습해서 부풀려 놓았다가 동일한 양액으로 하루 전에 포습해야 한다. 암면이나 코코 코이어 모두 양액을 충분하게 줘서 배출액이 50~80% 이상 나올 정도로 양액에 젖어야 활착이 잘된다. 정식 후에 1주일간은 EC 3.0~3.2, pH 5.2를 공급하며, 배지 내의 EC는 3.5를 목표로 한다. 정식하고 일출 후 10시까지는 1시간 간격, 10시부터 오후 4시까지는 30분 간격, 오후 4시부터 일몰까지는 1시간 간격, 해가 지면 중지하는데, 총 관수 횟수는 8~10회로 한다. 1회에 주는 양은 100~120ml, 슬래브 함수율은 80~85%를 유지한다. 활착 후 4주까지 EC 3.5, pH 5.2로 다소 올리고 배지 내의 EC는 4.5, pH는 5.5~6.0이 되도록 한다. 이 기간은 이렇게 양액의 농도를 올려야만 양분의 흡수가 촉진되고 엽생장이 증진된다. 이 시기에는 급액을 3~5회로 하면서 함수율을 60~65%로 낮춘다. 주당 관수량은 200ml로 한다. 이 시기 이후 엽면적 지수(LAI : 잎 면적을 일정 면적으로 나눈 값)가 3~4 정도를 유지해야 수량이 많아진다. 착과를 시작하면 관수 회수를 5~8회로 다시 늘이고, 표 15-6를 참고하여 주당 관수량을 조절하는데, 함수율은 60~95%대를 계속 유지한다. 겨울에는 약간 낮추어서 EC는 3.2, pH는 5.2가 되도록 관리해 주며, 날이 풀리는 2~3월에는 EC 3.0~3.2로 해서, 3~4월까지 동일한 농도로 관리한다. 온도가 오르는 5~6월은 EC를 2.0~3.2로 낮춰서 끝까지 재배한다.

고형배지경에서 근권의 산도가 높으면 절대로 물로 씻지 말아야 하고, 양액의 pH를 낮추어 공급하되, 5.0 이하로 내리지 말고, HN_4-N을 전체 질소량의 10~20% 범위 내에서 추가 공급한다. 이때 암모니아 함량은 30ppm 이하로 한다. 반대로 pH가 낮을 때는 pH를 6.5 이하 양액을 공급하고, NH_4-N의 공급량을 줄인다. 원수의 중탄산(HCO_3^-)이 30ppm 이하면 탄산수소칼륨($KHCO_3$)을 30~50ppm 첨가해서 pH를 안정시켜 준다.

슬래브나 코이어 뿌리가 뻗는 근권 내의 수분은 광량이 많은 여름에는 함수량을 70%, 광량이 작은 시기는 60% 정도를 목표로 관리한다. 일일 슬래브 내의 함수량 변화는 약 6~8%가 적당하지만, 생식생장을 유도하려면 8~10%, 영양생장을 유도하려면 4~6%를 목표로 관리한다. 그러나 이와 같은 수분 변화를 주는 것은 간단하지 않다. 따라서 배지 내의 함수량을 측정하는 기구를 이용해서 작물의 생육단계별로 배지 내의 함수량을 조절한다. 이 등(2013)은 FDR 센서를 이용한 급액량 조절을 통해 파프리카를 재배하여 양액의 소모를 줄였을 뿐만 아니라 수량도 증가하는 효과도 보았다. 누적일사량 100J/cm^2당 100ml를 관수하였을 때는 배액율이 26.3%였지만, 50J/cm^2당 45ml를 관수하였을 때는 배액율이 8.8%로서, 배액율에서 차이가 크게 났지만 수량은 같았다고 한다.

표 15-6 파프리카 계절별 급액 EC와 배액 EC(이 등, 2013)

계절	EC(dS・m^{-1})			급액량(L/m^2)
	급액	배액	배지 내	
겨울	3.0~3.5	3.5~4.0	3.5~4.0	< 5
봄	2.7~3.0	3.2~3.5	3.0~4.5	> 5
여름	2.3~2.8	3.0~3.5	3.0~3.5	> 5
가을	2.7~3.0	3.2~3.5	3.2~3.7	< 5

즉, 소량을 자주 관수하는 것이 배액율을 낮춰줘서 비순환 방식에서 나타나는 배액 배출에 따른 환경오염을 줄일 수 있다고 보고한 바가 있다. 하지만, 제시한 것보다 적은 관수량은 수량 감소를 가져와 효과가 없었다고 하였다.

15.4.5. 가지

가지 수경재배는 국내에서는 주로 코이어경을 사용한다. 슬래브에 토마토를 대목으로 한 가지 품종을 구입하여 기른다. 양액은 가지 전용 양액을 EC 2.0으로 하고 겨울에는 2.5를 제공한다. pH는 5.5~6.5가 적합하다. 온도 관리는 묘목 단계에서는 21~32℃, 영양생장 및 개화기에는 24~29℃가 이상적이다. 일몰 후에 온도를 천천히 내려 야간 최저 온도는 18℃, 근권 온도는 23℃를 유지한다. 코이어 베드는 2~3년 소독하여 사용한다.

15.5 배지의 소독법

베드재배에서는 농가에 따라 보온을 위하여 가온 파이프를 코이어 베드 아래에 설치하는 곳이 있는데, 이런 농가는 수확 후 베드에 비닐을 덮고서 가열 소독하면 된다. 그러나 그런 장치가 안 되어 있는 곳에서는 약제 소독이 불가피하다. 보통 100L 물에 차아염소산나트륨(성분량 3.4%) 600g을 녹여서 양액공급과 관련된 모든 장치, 예를 들어, 양액통, 배관, 베드, 점적 호스를 소독한다. 소독 후에는 깨끗한 물로 살균제를 잘 씻어낸다. 코이어 배지는 차아염소산 나트륨 200ppm 액을 만든 후에 주입시켜 소독한다. 처리 기간은 1주일로 하며, 끝난 후에는 다시 50~80℃의 물을 부어서 하루 동안 둔다. 두 가지 과정이 끝나면 소독약이 잔류하지 않도록 점적 호스나 관을 이용해서 깨끗하게 씻어낸 후 재사용한다. 작업할 때는 환기를 철저하게 하고 마스크를 반드시 착용한다.

15.6 코코 코이어경 장단점

코이어의 장점은 다음과 같다. 첫째, 친환경 배지이며 사용 후에 유기물로 사용할 수가 있다. 둘째, 공극률이 높고 섬유소로 이루어져서 모세관 현상이 높기에 수분의 이동이 좋다. 셋째, 배지가 말라도 재흡수를 잘하며 암면에서보다 빨리 건조한다. 넷째, 코이어는 구조상 최소한 네 가지의 서로 다른 크기로 구분할 수가 있으므로 목적에 따라 다양한 제품을 골라서 배지를 알맞게 구성하여 작물을 생산할 수 있다. 다섯째, 물과 수분의 분포가 좋고 단단하지 않으므로 뿌리가 쉽게 잘 뻗고 활력이 높다. 코이어 슬래브는 매우 안정적이어서 여러 번 재사용이 가능하며, 4~5년 동안 이용할 수 있다. 여섯째, 미생물을 접종하여 병균의 활동을 억제할 수 있다.

코이어의 단점은 다음과 같다. 첫째, 순환식에서는 폐액은 소독이 가능하지만, 유기배지에서 미생물이 증식할 수 있어서 완벽한 소독이 어렵다. 둘째, 생산지에 따라 염분을 함유한 배지가 있을 수가 있으므로 제염을 충분히 하지 않으면 생리장해를 가져올 수 있다. 셋째, 코이어는 칼륨을 많이 함유하고 있어서 초기 공급 양액에서는 칼륨을 줄여야 하는 어려움이 있다. 특히, 많은 칼리는 칼슘과 길항관계가 있어서 석회 결핍도 초래할 수가 있으므로 적당량의 석회를 공급해야 한다.

15.7 발전 방향

많은 수경 방법 중에 코이어를 이용한 수경재배는 친환경적일 뿐만 아니라, 피트모스처럼 자연을 훼손하고 채취하는 것이 아니므로 자연 파괴가 없으며, 암면처럼 사용한 배지의 폐기 등의 문제점이 전혀 없는 배지이다. 날로 발전하는 코코아 산업의 부산물을 이용한다는 점에서 환경론자의 반대에 부딪히지 않고 조달할 수가 있다. 따라서 앞으로 피트모스나 암면 재배를 대체할 소재로서 미래가 밝은 수경법이다. 우리나라는 코이어경이 전체 수경재배 면적의 42%를 차지하고 있으며, 일정한 품질 규격의 코이어 슬래브 제공이 이루어지면 면적이 더욱 확대되리라 예상된다. 장기 사용을 위해서는 편리한 친환경 베드 소독법의 개발이 필요하다. 미래에는 여러 배지경 중에서 전 세계적으로 가장 많이 이용될 친환경 수경 배지로 발전할 것이라고 생각된다.

수경재배에서 코코넛 코이어의 미래는 밝다고 할 수 있다. 21세기에 들어서서 환경문제가 커짐에 따라, 코코넛 코이어는 암면이나 펄라이트에 비해 생분해성의 특성을 가지며, 뛰어난 보수력과 통기성, 그리고 다양한 수경재배 시스템에 적용 가능한 특성은 미래 도시 농업과 지속가능한 농업의 핵심 요소로 자리매김할 것이다.

제 16 장 유기 배지경 (Organic Substrate Culture)

최근들어서, 환경 친화적인 배지에 대한 각국의 관심이 높아지면서 자연 상태에서 얻어지는 각종 식물성 부산물을 고형배지로 사용하는 경우가 늘어가고 있다. 이는 이들 물질이 식물성이어서 토양으로 환원하면 쉽게 부식되어 자연환원이 이루어지기 때문이다. 유기질 배지에는 왕겨, 훈탄, 바크(bark), 톱밥, 폴리우레탄 등이 있다.

16.1 배지의 특징

1) 왕겨

왕겨는 벼를 탈곡하는 과정에서 나오는 부산물이다. 왕겨는 그 자체를 수경배지로 사용하는데, 신선한 상태 또는 수개월간 방치해 두었다가 사용하기도 한다. 이는 탈곡되지 않은 채 혼입된 볍씨에서 싹이나 잡초가 같이 자라나므로, 이를 사전에 제거하기 위함이다. 미국, 남미, 평양의 농업과학원 중앙 남새연구소 등에서는 오이, 고추, 토마토 등을 자루에 담아 수경재배에 많이 사용한다(그림 16-1, 좌). Resh(2013)에 의하면 왕겨는 3~5년간 사용이 가능하지만 매년 갈아주는 것도 좋다고 하였다. 미국의 캘리포니아에서는 왕겨가 박하 재배에 사용되는데, 고설베드에 숙성된 왕겨를 채우고서 200공 플러그트레이에 삽목한 후 4~5주가 되어 발근된 박하를 7.5 × 7.5cm로 심어서 가꾸는 방식이다. 왕겨는 모세관 현상이 낮아 왕겨 80%, 모래 또는 코이어를 20% 비율도 섞으면 보습성을 개선해서 좋다. 왕겨의 장점은 다공성, 경량, 통기성, 배수성이 좋고, 가격이 싼 유기물로서 폐기가 용이하다. 단점은 숙성을 시키지 않으면, 어린 벼가 많이 발아하고, 재배지에 따라 오염 성분이 있을 수 있으며, 분해돼서 장기 사용이 곤란하고,

그림 16-1 오이 왕겨 재배(좌, 중앙남새연구소)와 훈탄 토마토묘(우, 미가도종묘)

pH가 중성이 아닌 알칼리성인 점이다. 신선하거나 퇴비화한 왕겨는 망간 함량이 높다. 다만 pH 5 이하에서 용출되는데, 수경액은 pH 5보다 높게 공급하므로 고려하지 않아도 된다.

왕겨를 압착 팽창시킨 것을 팽화 왕겨라고 하며, 강원도에서 개발하였다. 피트모스 20% 정도를 혼합하면 토마토, 오이 등 과채류를 재배할 수 있다. 사용 연한이 1년 정도로 짧은 게 흠이지만, 배추, 오이, 고추 육묘에 적합하며(최, 1991), 싹인삼 재배도 가능하다(양, 2001). 이와 같은 좋은 특성에도 불구하고, 팽화(연) 왕겨의 소비가 많지 않아 현재는 생산이 중단된 상태이다.

2) 훈탄

훈탄(燻炭, carbonized rise hull)은 왕겨를 약 300°C 정도에서 12~16시간(연통 이용 3~4시간) 동안 불완전 연소시켜서 숯으로 만든 후에 하루 이상 수세한 수경재배 배지이다. 1980년대 초에 일본이 중심이 되어 많이 사용했고, 우리나라에서도 1980년대 초 중반에 이를 이용하여 재배한 적이 있다. 훈탄을 채운 포트에 육묘한 후, 포트를 제거하고서 NFT 방식을 이용하여 토마토를 재배하는 방법을 택하였다(그림 16-1, 우). 시간당 왕겨 10~15m^3를 650℃와 850℃에서 탄화시키는 기계가 해외에서 시판된다.

훈탄의 물리성은 가비중이 0.15g/cm^3이고, 공극률이 80% 이상이며, 유효수분 함량은 30%로서 자갈 모래 같은 배지보다 보수성과 통기성이 좋다. 화학성을 보면 규산 함량이 약 50% 이상이고, 구용성 인산이 0.78%, 칼륨 0.8%, pH는 8.0으로 상당히 높다. 탄화 과정과 중화 과정에 노력이 많이 필요하고, 하루 정도 수세를 시켜도 알칼리성을 나타내어 배양액 관리에 다소 문제가 있어서 장기 사용이 어려운 단점이 있다. 그러나 태운 배지이기 때문에, 병충해가 없고, 검정색이어서 지온 상승효과가 있어 육묘에 좋다.

탄화시킬 때 너무 태우지 말아야 하며, 펄라이트 등 다른 배지와 혼용하면 육묘나 자루 배지로 사용할 수 있다.

3) 바크

나무껍질을 바크(bark)라고 하는데, 목재를 만드는 과정에서 생기는 부산물이다. 우리나라에서는 주로 난 재배에 많이 사용한다. 바크는 목재에 따라 그 특성이 다르다. 소나무껍질은 다른 유형의 나무보다 분해가 더디고 영양용액으로 침출될 수 있는 유기산이 다른 나무껍질보다 적기 때문에 수경 배지로서 좋은 것으로 간주된다.

바크는 일단 퇴비화시킨 후에 사용한다. 바크의 퇴비화에는 두 가지 방법이 있다. 한 가지 방법은 바크를 3~12개월간 둑처럼 3.5~4.5m로 쌓아 두고서 숙성시키는 것이다. 이때 쌓아 둔 바크 내의 온도, pH, 가용성염 등을 조사하고, 분해 조건을 유지시키기 위해 시기적으로 약간의 조절을 가한다. 이때 높이는 3.5~4.5m 이상 되지 않게 해야 하는데, 이는 퇴비화 과정 중에 화재가 발생할 수 있기 때문이다. 두 번째 방법은 $1m^3$의 바크에 약 3kg의 질소를 질산암모니아로 혼합시켜서 노지에 퇴적한다. 이렇게 하면 4~6주 사이에 부숙이 이루어진다. 이 두 과정을 통해 송진 같은 생육 억제 물질이 파괴되고, 목질은 분해되며, 굵은 입자가 다소 작아진다. 특히, 발효 과정에서 발생하는 열에 의해 나무껍질에 붙어 있는 해로운 병균, 벌레, 선충 그리고 잡초 씨앗 등이 제거된다. 미국의 경우에서는 판매하기 전에 몇 가지 크기로 분류되는데, 3mm 이하의 것은 골프장 그린 관리용으로 사용되고, 10~20mm의 크기는 시설 화훼나 채소 재배에 첨가되어 유기질원이 된다. 입자 크기가 10mm보다 작은 것은 시설재배용 배지로서 과채류 재배 등에도 이용된다(그림 16-2, 좌).

바크의 장점은 크기가 다양하고 수분을 잘 유지해 준다. 퇴비화나 숙성되지 않은 것은 질소의 보충이 필요한데, 퇴비화된 것은 이러한 문제가 없다. 또한 가벼워서 물이 많을 때 뜨는 문제점과 목재의 종류에 따라 품질의 차이가 큰 단점이 있다.

그림 16-2 바크 배지 멜론(좌, Duch bucket 이용)과 톱밥 자루 재배(우, Alberta)

4) 톱밥

나무의 제재 과정에서 생성되는 톱밥을 고형배지로 사용하는 이유는 저렴하고, 가벼우며, 광범위하게 이용할 수 있기 때문이다. 북미지역에서 1970년대와 1980년대에 많이 사용되었고, 1990년대는 피트모스의 대용으로 사용되었지만 암면으로 대치된 후 현재에는 혼합배지로서 일부 지역에서 사용된다. 그러나 캐나다와 미국의 북부지역에는 가격이 저렴해서 톱밥 자루 재배하는 농가가 일부 있다(그림 16-2, 우). 남아프리카에서는 톱밥을 이용해 토마토, 오이, 상추 등을 많이 재배한다(Schwarz, 1995). 톱밥은 부숙 후에 사용하며 신선한 상태로의 사용을 금하고 있는데, 이는 질소 고정이 이루어지기 때문이다. 톱밥을 1년간 부숙시키면 대체로 사용이 가능하지만, 내부에 있는 톱밥에서는 때에 따라 휘발성 유기산이 만들어지는 경우가 있다. 이러한 톱밥은 색깔이 진하고 자극적인 매운 냄새가 나는데, 배지로 사용하지 않는 것이 좋다. 톱밥 수경은 질소를 공급해서 높은 C/N 율(1000/1)을 교정하여 사용하는데, 숙성 후에도 분해가 계속되어 산성화될 수 있으므로 중화를 위한 석회 첨가가 필요하다. 국내 목재는 수입해서 바다 속에 저장했다 가공하므로, 바크와 톱밥은 염분 농도를 간단한 무 발아시험을 해 봐서 문제가 없으면 사용한다. 톱밥은 목재에 따라 다양한 품질을 가지지만 다른 배지와 혼합하면 좋다(표 16-1). 딸기를 재배할 때 코이어나 화산회토를 혼합해서 사용하면, 수량이 코이어 단일 사용에서보다 증대하는 효과가 있다(Marinou 등, 2013). 상추, 토마토, 수박, 멜론의 프러그 트레이 발아 시험에서는 톱밥 단용이 코이어보다 대체로 5~10% 정도 발아율이 떨어진다.

톱밥을 동일 부피의 피트모스와 혼합하여 재배한 딸기에서의 수량은 코이어 배지와 차이가 없었다고 한다(Depardieu 등, 2016). 자가 제조 농가는 고려하여 볼만하다.

5) 폴리우레탄

수경용 합성 유기배지에는 폴리우레탄(polyurethane, PUR), 폴리스틸렌(polystyrene),

표 16-1 딸기 생육과 수량에 미치는 배지 영향(Marinou 등, 2013)

배지 조성	엽면적(cm^2)	수량(g/주)	과일 수	신선중(g)
화산회토	828.2c	32.9b	2.6b	14.6a
톱밥	885.4c	26.9b	2.6b	11.3b
코이어	1,641.1a	34.8ab	2.8b	12.6ab
코이어 : 톱밥 (50 : 50)	1,120.3bc	40.4ab	2.6b	15.6a
화산회토 : 톱밥 (50 : 50)	887.5bc	49.4a	4.2a	11.3b
코이어 : 화산회토 (50 : 50)	1,185.6b	29.3b	2.8b	10.6b

그림 16-3 폴리우레탄 LED 육묘(좌: 상추, Bustanica)과 오아시스 수경 토마토(우)

폴리에스텔 플리스(polyester fleece) 등이 있는데, 이 가운데 폴리우레탄이 가장 많이 사용된다. 폴리우레탄은 폴리우레탄 에테르 폼(polyurethane ether foam)을 압착기에 넣고 80~250kg/m^{3}의 밀도로 압축한 다음, 140°C의 증기로 20분 동안 가열과 팽창 과정을 거쳐서 일정한 모양으로 성형시킨 제품이다. 폴리우레탄은 1990년대에 벨기에와 이탈리아에서 일부 수경재배를 했던 방법으로, 미리 소독해서 이용하면 10~15년간 사용이 가능하다(Benoit and Ceustermans, 1994). 당시에 폴리우레탄 슬래브가 생산 보급되었지만, 값이 싼 코이어 등의 등장으로 인해 생산이 중단되었으며, 현재는 관심 있는 농가에서 슬래브를 제조하여 사용하기도 한다.

육묘용 폴리우레탄은 폐기물의 재활용품이 아닌 식물재배용으로서 일부 생산된다. 육묘용으로는 참나물(일본), 상추(국내 식물공장), 기타 청경채 등에 많이 사용되는데, 최근에는 LED 광을 이용한 육묘가 주를 이룬다(**그림 16-3, 좌**).

폴리우레탄은 대체로 밀도가 낮은 것이 작물 재배에 알맞으며, 밀도는 50~100g/L 그리고 수분 보유력은 최대 전체 용적의 70% 정도가 좋다. 화학적으로 중성이며, 양분 흡착이 적고, 용탈이 아주 쉽다. Huber 등(2005)은 암면과 폴리우레탄을 이용한 오이의 생육 비교 시험에서, 과일의 크기나 수량에 큰 차이가 없었고 수경재배용으로 우수하다고 보고하였다. 그러나 Resh(2013)은 폴리우레탄 폼은 점적관수에도 불구하고 슬래브 내에 건조 부분이 생겨나 수량이 떨어지는 문제점이 있어서, 농가에서는 사용을 기피하고 오히려 암면이나 톱밥수경으로 바꾼다고 지적했다.

폴리우레탄의 장점은 가격이 싸고 쉽게 구할 수가 있다는 점이다. 단점은 수경배지 매체로서의 실용화 연구가 육묘 이외는 많지 않고, 수분 보유의 문제점 그리고 생산품에 따라 폐품을 재사용해서 생산된 상품은 유해 물질을 함유하고 있을 수 있다.

6) 오아시스

합성 유기배지로서 오아시스의 특징은 부피의 30~40배되는 물을 흡수하고, 무균이며, 공기 흐름을 원활히 하고, 근권에 산소 공급을 촉진해서 유식물의 성장을 촉진하는 특징을 가지고 있다. 시중에 판매되는 오아시스 육묘용 호트큐브(Hortcubes)는 채소와 허브의 수경재배 종자 발아를 위해 특별히 설계된 저밀도, 고배수성 폼으로서, 과다한 물주기 조건에서도 이상적인 공기-물 균형을 유지하여 발아 및 뿌리 성장을 촉진하고 조류 발생을 최소화한다. 육묘용은 큐브는 pH가 5.5이고, 수분 보유능은 82%이며, 104, 162, 276 cells가 있다. 증식용 루트큐브(Rootcubes) 배지는 최적의 캘러스 형성과 빠른 뿌리 발달을 촉진하는 삽목 전용 오아시스로서, 제라늄, 뉴기니 임파티엔스, 푸크시아, 관엽식물, 다년생 식물 등 다양한 작물의 꺾꽂이에 적합하다. 삽목용 큐브는 pH가 5이고, 수분 보유능은 89.9%이며, 13, 15, 50, 104, 162, 276 cells이 있다. 이와 같은 특성과 가격 때문에 주로 수경용 채소의 육묘용으로 많이 사용한다. 유럽에서는 과거 오아시스 슬래브를 만들어서 토마토 등 과채류를 재배하였고, 폐품은 안스리움 등 화훼류 수경재배에도 사용되었다(그림 16-3, 우). 일본에서는 수경 세파 육묘용으로서 인기가 있다.

7) 대팻밥(pine shaving)

소나무 대팻밥은 저렴한 수경재배 배지로서 캐나다 등 북미에서 많이 이용한다. 재배 방법은 베드를 만들고 충전한 후에 점적법으로 재배를 한다. 다만 목재의 방부를 위하여 전 처리된 유해 물질이 함유되어 있는지 반드시 확인 후에 사용해야 한다. 가마에서 건조된 목재의 대팻밥은 식물에 해로운 수액이 제거되어 있어 좋다. 상품이 유기농 가능이라고 표시되어 있으면 안심하고 이용하면 된다. 수경재배용은 너무 고운 대팻밥보다는 거친 것이 좋다. 너무 고운 대팻밥은 물을 흡수하면 가라앉아서 재배 중에 용적이 줄어든다. 큰 대팻밥은 형태를 잘 유지하고 공기 유통이 잘된다. 방부제로 처리해서 이취가 나는 대팻밥은 사용하면 안 된다. 시간이 지나면서 미생물에 의해 분해되므로 질소 공급을 잘 관리해야 한다. 대팻밥은 저렴하고, 구입해서 포트에 충전하는 데 노력이 필요하지만, 토마토의 경우에는 포트에서 잘 자랐다고 한다(Morgan, 2022).

8) 기타 배지

최근에 새로운 배지로서, 식물체를 무산소 상태에서 열분해시켜 만든 biochar(바이오차)가 소개되고 있다. 원료 물질에 따라 중금속 등의 함유가 문제가 되지만, 왕겨, 대나무 등 좋은 재료를 500°C로 태우면 양질의 biochar를 만들 수 있다. 왕겨 biochar를 단용으로 사용하면, 양배추, 딜, 아욱, 적상추의 생육을 억제했지만, 코이어와 반반씩 혼합하여 사용하면 성장이 좋고 양액 내의 조류 발생도 억제되었다고 한다(Award 등. 2017).

또 다른 연구에서도 코이어에 5% 정도만 희석해도 생장이 좋아졌다고 보고하였다. 야자열매 속 단단한 핵으로 만든 biocahr도 인조자갈에 혼용하면 적상추의 생장을 좋게 한다. 가격이 싸지는 않지만 앞으로 혼합 사용을 고려해야할 새로운 배지라고 여겨진다. 그 외에 볏짚, 보릿짚, 사탕수수 섬유, 갈대 등도 훌륭한 배지가 될 수 있다. 외국에서는 소나무 섬유 또는 땅콩껍질, 사탕수수 섬유 등도 사용되는데, 이들 배지는 C/N 율을 잘 조절해서 사용해야 한다. 최근에 호주에서는 양털을 이용한 수경재배가 시도된 적이 있으며, 폐면도 새로운 배지로서 인도 등지에서 연구하고 있다.

16.2 장치

식물을 재배하기 위해서는 이들을 플라스틱 용기, 스티로폼 재배상이나 플라스틱 자루에 10L 또는 20L 크기로 담아 배지로 이용한다. 유럽에서는 소나무 섬유나 대팻밥 등을 그물망에 넣어 상품화하여 판매하며, 국내에서도 왕겨를 이용한 슬래브 제조가 일부 실용화되고 있다. 따라서 이들이 상품화된 것을 온실 내에 설치한다. 방법은 비순환식은 온실 바닥에 비닐을 깔아 설치하고, 순환식에서는 잉여 양액을 모아서 탱크로 이동되도록 시설을 만들어야 한다. 대팻밥이나 기타 목재 산물을 넣을 수 있는 재배상을 비닐 등을 이용해서 간이로 만들어 사용할 수 있다. 이들 배지경에서 양액 탱크, 원수 탱크, 관배수장치 등은 암면 재배에 준한다.

왕겨수경 방법에는 자루 재배과 고설재배법이 많이 사용된다. 자루 재배는 펄라이트 재배와 동일하게 자루를 만들어 2~3그루를 심어서 가꾼다. 고설재배법은 폭 1.2m, 길이 47.5m, 높이 8cm, 기울기 2.5/100% 베드에 점적 호스를 30cm 간격으로 설치하고, 하루에 2~3번, 1~1.5시간 타이머 관수를 한다.

톱밥수경 방법에는 베드법과 자루 재배법이 있다. 베드법은 역경 재배와 같이 베드를 폭 60cm, 높이 25~30cm로 하고, 바닥은 배수가 이루어지도록 V자형으로 5~10cm 더 깊게 만든 다음, 플라스틱 비닐을 깔고 배수 파이프를 설치한 후 톱밥을 충전하는 방법이다. 2줄로 오이나 토마토를 심고서 점적 장치를 설치하여 양액을 공급한다. 자루 재배법은 길이 90cm, 폭 20~25cm, 높이 10cm의 자루를 만든 후에 펄라이트 재배법과 동일하게 설치하여 재배한다(Resh, 2013). 국내에서는 톱밥수경이 많이 이루어지지 않지만, 강원도 산간시대에서 생산되는 신선한 소나무 톱밥을 이용한 톱밥 자루재배는 장치만 잘하면 성공을 거둘 수 있다고 본다.

16.3 급배액

일단 설치가 완료되면, 다른 장치는 암면이나 기타 고형배지경처럼 액비 공급관을 설치한 다음 점적관 또는 점적 호스를 이용해서 양액을 공급한다. 양액공급 시에 부숙이 덜 되었거나 C/N 율이 아주 높은 배지에서는 질소 고정이 이루어질 수 있으므로, 특히 톱밥과 바크를 이용할 때는 초기에 충분한 질소를 공급해 주는 것이 좋다. 코코넛 코이어나 톱밥도 초기에 충분한 질소와 미량 원소를 공급시켜 주는 것이 원칙이다. 이 과정에서 부숙되면서 배지 용적이 급속하게 감소될 수 있으므로, 배지에 펄라이트 등을 처음부터 25~50% 정도 섞어서 사용하는 것도 한 가지 대처 방법이다.

톱밥의 경우에 14L를 담고서 자루 아래 2.5cm되는 곳에 구멍을 뚫어 배수와 동시에 아랫부분은 저수조 역할을 하게 한다. 톱밥에서 배수되는 양액의 농도를 여름에는 $1.6dS \cdot m^{-1}$, 겨울에는 $2.0dS \cdot m^{-1}$, 그리고 pH는 6.5가 되도록 관리한다.

급배액 시 유의할 것은 다른 배지와는 다르게 유기성 배지는 생육이 진전되고 시간이 경과함에 따라 배지의 형태뿐만 아니라 내용물의 변화가 이루어져 배지 내의 영양 상태가 변화된다는 것이다. 따라서 배액을 자주 분석해서 알맞은 양액을 초기부터 알맞게 공급해야 코이어 배지나 암면 배지와 동일한 수량을 가져올 수 있다. 어느 배지를 이용하든 재배자의 양액 관리가 작물의 수확량을 좌우하므로 배양액을 잘 관리해야 한다.

표 16-2 재배 전 양분을 공급하지 않은 신선한 톱밥에서 재배되는 오이 양액 조성

(Papadopolous, 1994)

양액	비료	최종액 내 질소 성분		
		N 126ppm	N 168ppm	N 210ppm
A	질산칼리	160	500	550
	질산칼슘	680	680	680
	질산암모늄	-	-	100
B	황산칼리	360	44	-
	황산마그네슘	500	500	500
	최종액 1,000L에 넣은 me			
C	미량 원소 원액[z)]	220	220	220
	인산(75%)[y)]	100	100	100

[z)] 1L 따뜻한 물에 100g 킬레이트철(7% Fe), 15g 황산망간, 12g 붕산, 2.2g 황산아연, 0.6g 황산구리, 0.2g 몰리브덴산을 녹인다. 이 용액을 최종액 L당 220mL를 1000L에 넣는다. 이 경우 1.54ppm Fe, 1.07ppm Mn, 0.46ppm B, 0.11ppm Zn, 0.034 Cu, 그리고 0.023ppm Mo 수준이 된다.

[y)] 최종액에 직접 조심스럽게 넣는다.

톱밥재배 시에 재배 전 톱밥에 비료분을 투여하지 않고서 재배할 때는 양액 농도를 다소 높여주고, 재배 전에 속효성 또는 완효성 비료분을 섞었을 경우에는 양액의 농도를 낮게 공급한다. 신선한 톱밥 재배용 캐나다 양액의 구성을 보면 표 16-2와 같다. A, B액 이외에 C액을 미량원소로 첨가하는 것은 국내에서의 재배와 다르지만 신선 톱밥 수경에서는 필요한 방법이다.

16.4 재배 관리

다른 고형배지경처럼 피트모스나 잘 부숙된 유기질 배지를 충전한 성형 셀이나 포트에서 육묘를 잘 수행하여 건전한 묘를 정식하는 것이 좋다. 정식 전에 배지가 충분한 수분을 갖게 해서 정식 후에 수분 부족이 나타나지 않게 한다. 관수는 점적관이나 점적 호스를 사용하여 뿌리가 잘 내리도록 관수한다.

양액은 배지의 종류에 따라서, 흡착의 유무, C/N 율 관계 등을 고려하여 제조한 후에 관수한다. 관수 횟수와 방법은 배지에 따라 다소 다르다. 코코넛 피트, 톱밥, 대팻밥 등에서는 초기에 미생물에 의한 질소의 고정이 이루어져서 양분 부족이 나타나기 쉬우므로 배지에 충분한 질소와 미량원소를 공급시켜야 한다(양, 2001). 저자가 연구한 바에 의하면, 인삼 바크 재배시 질소를 첨가하지 않으면 일반 배지에 비해서 초기에 질소 부족에 의한 생육 억제 현상이 나타난다(그림 16-4). 만일 미량 원소 결핍증이 보이면 바로 엽면살포를 해야 한다. 소나무 섬유나 대팻밥을 이용할 때는 재배 후 7~9주부터 pH 7~8까지 상승하고, EC는 그 정도 낮아진다(Benoit & Ceustermans, 1994). 따라서 양액 관리를 잘 해야 한다. 특히, 초기에 나트륨, 인, 칼슘 등이 미생물에 의해서 고정 또는 조직에 흡착되므로 배액의 분석을 통한 충분한 양액 공급이 필요하다.

그림 16-4 밤나무 바크에서 나타나는 인삼의 생육 억제(좌), 폐버섯 배지(우)

16.5 유기 배지경의 장단점

유기 배지의 장점은 환경 친화적으로 재배 후 포장재를 제외하고 퇴비로 이용할 수 있으며, 가벼워서 힘이 덜 든다. 아울러 값싸고 쉽게 구할 수 있다. 양분과 수분의 완충력과 보유력이 있어 액비 송출 펌프 고장 시에 다른 배지보다 위험성이 작고, 양수분의 수평 이동이 가능하다. 마지막으로, 관비 농법처럼 점적관 등을 이용해 관리할 수 있어 큰 수경 탱크가 필요하지 않다.

유기배지의 단점은 성형화된 상품이 없어 베드 제조의 어려움이 있고, 재료를 구할 수 있는 곳에서만 가능하다. 합성유기성 배지를 제외하고 식물성 재료이므로 재료에 따라 C/N 율이 크게 차이가 나서 초기에 질소 고정이 많고 재배 기간 중에 부숙되어 부피가 줄어드는 문제가 있다. 재료에 따라 물리, 화학성이 달라서 배출액 분석을 통해 배양액 조절을 해야 한다. 톱밥 재료로 아무 나무나 이용하는 것은 곤란하고, 부숙이 안 된 바크를 사용하면, 탄닌, 레신, 테르핀이 용출되어 작물 재배가 어렵다. 마지막으로, 모든 유기 배지는 미생물이 서식하기에 좋으므로, 반드시 소독해야 한다.

16.6 발전 방향

환경 친화적인 양액재배에 있어서 가장 중요한 것이 유기 배지경이다. 여기에서 제시된 재료에 대한 국내에서의 이용 방법을 보다 체계적으로 연구할 필요가 있다. 특히, 국내에서 많이 생산되는 왕겨를 신선하게만 이용하는 것이 아닌 뻥튀기 방법을 이용한 팽연 왕겨 자루 재배 상품을 다시 생산하여 보급한다면 한국형 배지로 수출도 가능하리라 본다. 아프리카에서는 면화 배지, 커피 과실 껍질을 이용한 채소 양액 육묘가 이루어지는데, 이는 현지에서 폐유기물의 가격이 저렴하고 친환경 배지이기 때문이다. 따라서 톱밥을 얻기 쉬운 강원도에서 톱밥수경도 지역 공급을 목적으로 하는 소규모 재배 농가에서 발전할 가능성이 크다고 본다.

최근 톱밥, 왕겨 등을 무산소 상태에서 열분해시켜 탄소를 안정화시킨 biochar로 만든 수경재배 신소재가 소개되고 있다. 다공성 무균 배지로서 혼합할 때 모양이 변화하지 않고 수십 년을 유지할 수가 있다는 이점이 있어서 톱밥이나 왕겨의 새로운 대체 배지로서 수경배지나 토양 첨가물로의 이용이 기대된다.

제 17 장 기타 무기 배지경

최근 암면 등의 폐기 처분에 문제가 발생하고 있다는 환경론자들의 주장이 제기됨에 따라서 다양한 천연 또는 인공 무기 배지경이 시도되고 있다. 따라서 여기에서는 그 동안 이용되어 왔거나 앞으로 이용 가능성이 있는 무기 배지에 대해 그 특성을 알아보고 재배 방법을 설명한다.

17.1 무기 배지 종류와 특성

17.1.1 버미큘라이트(vermiculite)

질석(蛭石)이라고도 부르며, 버미큘라이트 원광(880~1,040g/dm^3)을 약 1200°C 고열에서 팽창시키면 원광의 16배로 커져서 가벼운 입자 상태(110~160g/dm^3)가 된다(그림 17-1). 원예용으로는 파종, 삽목, 묘목 재배, 토양 개량 등에 사용된다. 가볍고 수분 보유력과 통기성이 좋아서 수경재배에서는 주로 육묘용으로 많이 이용된다. 배지경에서는 단용보다는 다른 재료와 혼용되어 재배에 이용된다. 양이온 치환 능력이 19~22.5me /100g (1.9~2.7me/100cc) 있으므로 다른 배지보다 완충 능력이 있다. 대체로 미국에서 생산되는 것은 6~10mesh이다. 가벼우므로, 1년 정도 사용하면 용적이 20% 가량 줄어든다. 2년 후에는 사용이 어려워지는데, 이는 서로 접착이 되어 공극과 배수가 나빠지기 때문이다. 버미큘라이트의 산도는 생산지에 따라 차이가 난다. 미국에서 생산되는 버미큘라이트는 약알칼리성이지만, 아프리카산은 강알칼리성으로 가끔 pH 9 정도되는 것도 있다. 알칼리성이 강한 버미큘라이트는 산성인 피트모스나 바크와 섞어 쓰면 배지로서 큰 문제가 없다.

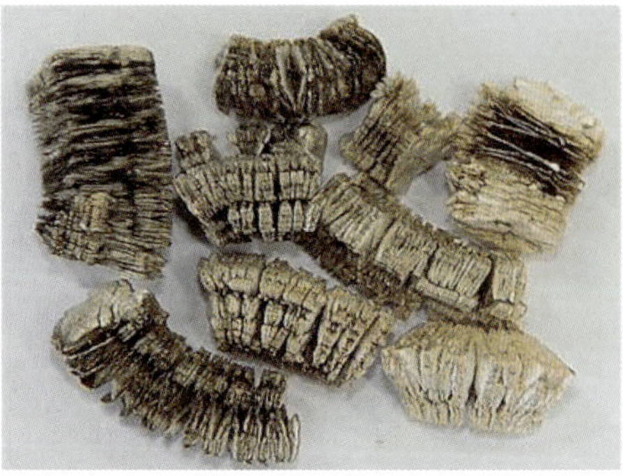

그림 17-1 질석 원석(Wikipedia)과 팽창된 버미큘라이트(Google)

버미큘라이트는 규산 39.4%, 점토 12.1%, 산화마그네슘(MgO) 23.4%, 칼륨 2.5%, 그리고 0.3%의 망간을 갖는다고 한다. 버미큘라이트는 음이온 흡착을 거의 하지 않지만, 인산을 고정시키는 능력이 많고, 양이온으로는 NH_4^+을 많이 고정하므로, 단용보다는 펄라이트나 피트모스를 섞어 육묘나 재배하는 것이 좋다.

버미큘라이트의 장점은 통기성과 수분 보유력이 좋고, 무균이며, 혼합하면 무거운 배지를 가볍게 해준다. 씨앗 발아와 발근을 촉진하는 특성이 있다. 반면에 잘 부스러지는 단점이 있다. 또한 제품에 따라 pH가 높은 것도 단점이지만, 산도를 조절하지 않은 블루베리 재배용 피트모스 배지와 혼용하면 큰 문제는 없다.

17.1.2 화산회토

화산회토(pumice)는 경석(輕石)이라고도 불리는데, 화산에 따라 백색, 회색, 적색을 나타내며 다양한 특성을 갖는다. 부석은 다공성 구조로서 통기성과 보수성이 뛰어나고 무균으로 불활성이면서 통기성과 영양분/수분 보유력의 조합은 뿌리 성장을 강력하게 촉진하므로 수경 재배에 적합하며, 흔히 선호되는 배지이다. 우리나라에서는 제주 송이가 대표적 배지이며, 일본, 네덜란드, 뉴질랜드 등에서도 화산회토를 양액재배용 배지로서 농가에 따라서 매우 선호하기도 한다. 화산회토는 국가에 따라 성분이 다르다. 일본에서는 스티로폼으로 성형된 베드에 경석을 채우고 암면 육묘한 오이나 과채류 묘를 심어 점적관개로 재배한다. 경석 크기는 1~2mm, 1~4mm, 1~7mm, 4~20mm 크기로 유통되는데, 1~7mm가 수경재배에 알맞다(그림 17-2, 좌).

제주 송이(붉은색을 띠는 제주 화산석을 칭함)를 이용한 수경법은 제주 지역에서만 가능하며, 자연 파괴 문제로 인해 육지로의 반출이 금지되어 있다. 제주 송이는 가비중이 0.4~0.8g/cm^{3}이고, 공극률은 70~85%로서 다른 배지에 비해 수분 보유력이 낮아 식물이 양수분을 흡수하는 데 제한적이다. 처음 사용할 때는 고농도의 나트륨 이온이

그림 17-2 화산회토 이용 육묘(좌), 제주 송이 상추 재배(우)

용출되어 나오므로 주의한다. 제주에서는 곰취, 상추, 토마토 등의 시험 재배에서 좋은 결과를 가져왔다(그림 17-2, 우)

Dins(1983) 등에 의하면, 터키의 화산회토는 pH가 7.3, CEC 13.8me/100g, 가밀도 0.77g/cm^3, 입자는 모래 성분 67.1%, 양토 성분 22.2%, 그리고 점토 성분 10.7%로 구성되어 있다. 독일의 경석은 크기가 2~15mm이고, 공극은 85% 정도이나. 최대 용수량은 건조 중량의 약 45%이다. 경석을 그냥 사용하면 초기에 인산, 특히 철, 망간, 그리고 붕소를 고정시킨다. 따라서 사용하기 전에 24시간 동안 1% 제1인산 용액에 담가 두는데, 이때 1m^3당 100~200mL의 염산을 이 용액에 첨가시킨다. 그런 다음, 경석을 깨끗이 씻은 후에 사용한다. 심기 전에 철, 망간, 그리고 붕소 같은 미량 원소가 포함된 용액을 1m^3당 10L 정도로 골고루 뿌려 준다.

경석은 다공성으로서 배수와 통기성이 높다. 물이 잘 배수되어 뿌리 부패가 적고 재활용이 가능하므로 육묘용으로 좋다. 하지만, 세척하고 건조를 잘하지 않으면 박테리아 서식의 가능하여 병이 발생할 수가 있다. 오래 사용하면 천연자갈과 달리 마모되어 체적이 감소한다.

17.1.3 기타

기타 무기 배지로는 석영사, 굵기가 서로 다른 인조자갈, 마사토, 깨진 기왓장, 광산잔사, 슬래그 등 다양하다. 석영사는 가격이 비싸 주로 실험용으로 사용하고 수경재배에서는 거의 사용되지 않는다.

인조자갈(expanded clay)은 역경 재배에서 일부 언급하였으며, 유럽에서는 최근 들어 육묘용 양액재배 배지로서 많이 사용한다. 특히 분무경 육묘나 담배수 재배 배지로서 이용이 많다(그림 17-3). 독일에서 생산되는 인조자갈의 성분은 규산이 70%를 차지하고, 그 외에 CaO 1%, MgO 2%, Fe_2O_3 8%, K_2O 3%, Mn_3O_4 1%, 그리고 P_2O_5가 1%로 구성

그림 17-3 인조자갈 이용 상추 담액재배(LECA/Hydrotons)

되어 있다. 우리나라에서는 실험용 이외에 취미재배가들이 이용하고 있지만, 농가에서는 상업적 재배가 아직 없다. 그럼에도 미래에는 이용이 기대되고 있다.

마사토는 입자가 큰 것은 분재용으로 많이 사용되고, 일부 상토에 혼합하여 재배용으로도 사용되지만, 유럽에서는 초기에 수경재배용으로 사용되었다(Penningsfeld and Kurzmann, 1966).

기왓장을 잘게 부순 것도 유럽에서 일부 사용된 적이 있으므로, 재건축 과정에서 폐기되는 흙으로 만들어진 기왓장을 부셔서 사용할 수 있을 것이다. 광산 잔사는 광산에 따라 다소 차이가 있는데, 용출물에 따라 생육이 억제되는 예가 있어서 실용화 연구가 좀 더 이루어져야 한다. 화학 발전소에서 나오는 슬래그를 이용할 수 있는데, 알칼리성이 강한 슬래그는 12시간 동안 5% 황산에 담군 후에 씻어서 배지로 사용해야 한다. 슬래그를 수경 배지로 이용할 시 이를 오염된 재료로 여겨서 소비자의 기호도가 떨어질 수가 있다.

17.2 제품의 종류

버미큘라이트는 fine, medium, coarse, EX coarse 등 4가지로 분류되어 유통되고 있다(그림 17-4, 좌). 화산회토는 세계적으로 국가마다 상품이 판매되고 있다. 국내에서는 화산회토가 제주도에서만 생산되며, 판매되는 제품은 없다. 현재 대량 생산되는 것은 주로 인조자갈인데, 이는 건축용 자재로도 많이 사용되기 때문이다. 그 외는 주문에 따라 공급을 받는다. 인조자갈은 크기에 따라 지름을 2~4mm, 4~8mm, 8~16mm, 10~30mm로

그림 17-4 버미큘라이트(좌)와 인조자갈 제품 분류(우)(출처: Google)

나눈다(그림 17-4, 우). 인조자갈의 pH는 7.0 정도이고, 수용성 염은 제품 종류에 따라 다르지만, 1,200~1,600 ppm 정도이다.

17.3 장치 및 관리

재료에 따라 가벼운 화산회토나 버미큘라이트는 자루 재배나 대형 화분에 이용하며 간이로 만든 재배용 베드에 채운다. 배양액은 점적 관개나 역경 재배처럼 저면 관개를 할 수 있다. 인조자갈 같은 무거운 재료는 시멘트나 알루미늄 베드 등에 채우고서 다른 고형배지에서처럼 저면 관개를 실시한다. 인조자갈은 사용 전에 물 1,000L에 200L의 인조자갈을 담그는 비율로 깨끗하게 씻어 주는 것이 좋다. 이렇게 함으로써 제조 과정 중에 생긴 유해 물질을 제거할 수 있다.

배지에 따라 화산회토 같이 초기에 양분을 흡수하는 것은 재배하기 전에 충분하게 양액을 공급하는 것과 같은 전처리를 잘한 후에 재배에 임하도록 한다. 또한 천연배지 베드나 자루로 부터 배출액을 분석해서 초기에 양분 부족 현상이 나타나지 않게 관리하는 것이 중요하다. 광산 잔사에서와 같이 재배가 진행됨에 따라 원석에서 다른 성분이 용출되는 경우에는 그에 맞춰서 양액을 조절해야 한다.

육묘는 소독된 배양토를 충전하여 자란 플러그 묘를 정식하거나 오아시스, 암면 등을 이용하여 육묘하여 정식할 수 있다. 기타 양액 공급, pH나 EC 등은 기존 고형배지경에 준하여 배출액 자료를 참고하여 재배작물에 맞게 관리하면 된다.

17.4 배지 소독

배지의 종류에 따라 다양한 특성을 갖게 되므로, 베드 내에 보온용 엑셀파이프를 설치한 경우에는 이것을 통해 온도를 80℃로 높여서 소독한다.

기타 저면 관개용 배지는 골재가 무거워 꺼내서 소독하는 방법은 불가능하므로, 살균제를 넣어서 소독한 후에 깨끗한 용수로 씻어내는 작업을 반복해야 한다. 설치된 베드에서 재배한 경우에는 작물을 제거하고 수일에 걸쳐서 재배한 배지를 완전 배수 후에 고온의 수증기를 고형배지 위에서 뿌려 준 후 온실을 닫고서 고온을 수일간 유지시키는 것도 한 가지 방법이다.

17.5 무기 배지경의 장단점

무기배지경의 장점은 버미큘라이트 외에는 다년간 사용이 가능하며 쉽게 주변에서 구할 수가 있는 재료라는 점이다. 재배적인 측면에서는 유기배지와 달리 식물의 지지가 용이하며 환경 친화적이다. 입자가 매우 크고 무거운 인조자갈 이외 무기 배지는 통기성이 좋고 수분 보유력이 높아 육묘용으로 적합하다.

무기배지경의 단점은 버미큘라이트를 제외하고는 재질이 비교적 무겁고 베드 만들기와 관리, 소독 등이 어렵다. 또한, 재료에 따라 양분의 고정이나 미량원소가 누출될 수 있으므로 양액 조절이 어렵다. 따라서 소재별 작물의 생육 단계별에 따른 적정 양액 농도와 산도 등의 조절 체계를 잘 세워야 하며, 자주 배액의 양분을 분석해서 대비를 해야 한다.

17.6 발전 방향

무기 배지들은 대부분 다른 배지들과 다르게, 단지 육묘용으로 많이 사용되고 있다. 이는 비교적 가격이 비싸기 때문인데, 앞으로 이들의 생산 단가가 현재보다 싸게 되고, 화산회토의 경우에는 환경론자들이 자연에서 채취하는 것을 반대하지 않는다면 수경

배지로서 국내외 이용이 증가하리라 본다. 지난 수년간 일본에서는 화산회토를 이용하여 다양한 수경재배 연구를 수행했는데, 오이 재배에서 큰 효과를 보았다고 한다. 그리고 뉴질랜드에서는 화산화토의 구입이 용이하여 토마토나 오이를 20L 플라스틱 포트에 심고 점적관개를 하여 재배를 하는 농가가 늘어나고 있다. 이처럼 국가마다 화산회토의 공급과 이용의 차이가 나지만 미래에 수경배지로서 가치가 크다고 볼 수 있다. 버미큘라이트는 재배 기간 중에 부피가 줄어들 우려가 있지만, 보습, 완충 능력이 있으므로, 다른 배지와의 혼용 기술이 확립되어 가격이 저렴해지면 수경용 고형배지의 부재료로서의 이용성이 높아질 것으로 생각된다.

가정용 화훼재배에서는 가볍고 쉽게 구할 수가 있는 인조자갈이 자연 채취가 금지된 경석이나 송이를 대치함으로써 역경 재배로서 가치가 증대될 것이다. 특히, 인조자갈은 100% 천연 점토로 만들어져서, 불활성이고, pH 중성으로 깨끗하며, 단독으로 사용하거나 코코넛 껍질, 나무껍질, 숯 또는 기타 재배 매체와 혼합하여 수경재배 배지로 사용하면 가능성이 크다고 본다. 특히 아쿠아포닉에서 바이오필터용으로 사용이 증가되면 필터용 자갈에서 채소재배가 가능하여 이용성의 증대가 기대된다.

제 18 장 아쿠아포닉 (Aquaponics)

아쿠아포닉은 양식업(담수어를 탱크에서 키우는 것)과 수경재배를 결합한 식량 생산 시스템으로서, 어류 양식에서 발생하는 영양이 풍부한 물을 이용하는 방식이다. 이 방법은 한국을 포함한 동남아지역에서 논에 미꾸라지나 붕어를 기르는 데서 출발하였다. 1960년대부터 미국과 독일 등지에서 연구가 이루어졌다. Dr. James Rakocy과 그 동료들이 버진 아일랜드 대학교에서 수행한 연구(Rakocy 등, 2004)를 바탕으로 하여 담액수경법을 적용한 거대한 아쿠아포닉 농장이 미국 내에 여러 곳이 만들어졌다. 수경재배 분야의 하나로서, 최근에는 여러 나라에서 다양한 규모로 아쿠아포닉이 이루어지고 있다.

18.1 아쿠아포닉의 특징

아쿠아포닉(aquaponics)은 물고기, 새우, 가재 등 담수 양식(aquaculture)과 수경재배(hydroponics)를 결합하여 만든 합성어로서, 채소와 물고기를 동시에 생산하는 시스템을 의미한다. 고기나 담수동물의 배설물을 자연 속의 질소고정 박테리아가 식물의 양분으로 전환시켜서 수경 시스템에 공급하여 식물을 재배함으로써 생태적 재순환을 통해 물고기와 식물이 공생하는 재배법이다. 이 방법의 특징은 식물과 물고기의 상호작용을 통한 생태 시스템으로서, 물을 배수나 여과시키지 않고 순환만 시키며 어떤 비료도 줄 필요가 없는 지속 가능하고 환경친화적으로 물고기와 채소를 생산하는 것이다.

양어에서는 물고기의 배설물이 많아지면 독소가 되므로 전통적인 담수양어에서는 물을 10~20% 정도 바꾸어 준다. 하지만, 아쿠아포닉에서는 물고기의 배설물이 들어 있는 물이 담액수경 베드로 이동 과정에서 박테리아가 물속의 암모니아태를 질산태로 변환시키고 수경재배 식물이 이를 이용하여 자연 정화되므로 물의 교환이 필요가 없다.

18.2 아쿠아포닉의 구조

아쿠아포닉은 설치 장소에 따라 실내형과 실외형으로 나뉜다. 실내형은 양어장과 수경재배시설이 실내에 있는 형태로서 주로 온대지방의 형태이다(**그림 18-1, 좌**). 실외형은 열대나 아열대 지역에서 적용하는 방법이며, 양어장만 그늘에 설치하고 수경재배는 야외에 설치한다(**그림 18-1, 우**). 형태에 따라 평면형과 수직형 아쿠아포닉(vertical aquaponics systems)의 구조가 있다. 수직형은 소규모이며, 대규모는 시도 중에 있다. 규모에 따라 소, 중, 대형으로 나누는데, 소형은 주로 가정재배 형태이다.

양어와 식물재배를 위해 모든 구조는 다음 5가지 시스템을 갖추어야 한다.

1. 양어장(rearing tank): 물고기를 기르는 곳으로 산소공급 장치가 설치되어 있다. 다양한 크기가 있는데, 보통 10톤 용량의 탱크 서너 개로 구성되어 있다.
2. 정화기(clarifier): 비식용 찌꺼기와 물고기 분뇨 및 폐액의 침전물 등을 여과시켜서 바이오필터로 보낸다. 여기서 회수되는 고형물은 따로 분리해서 분해조의 혐기 상태에서 분해시켜 액은 재투입하고 남은 찌꺼기는 따로 버린다.
3. 바이오필터(bio-filter): 질산화 박테리아가 자라는 공간이다. 정화기에서 온 물이 바이오 필터 미디어(media)가 들어 있는 탱크를 통과하는 시스템(**그림 18-2, 좌, 중**)과 자갈이나 모래를 채운 베드를 통과시키는 시스템이 있다(**그림 18-2, 우**). 여기서 물고기가 배출한 암모니아를 *Nitrosomonas* 박테리아가 아질산염 (NO_2^-)으로 전환하면, 다른 박테리아(*Nitrobacter*)가 아질산염을 질산염(NO_3^-)으로 전환한다. 전환된 물의 질산태 질소는 60~70ppm 수준인데, 수경재배 식물이 흡수하면 농도가 낮아져서 물고기에 해를 주지 않는다. 다만 수경재배를 통과한 물의 아질산태는 물고기에 치명적이므로 1ppm 이하여야 한다.

그림 18-1 실내 소형(좌, 딸기 재배)과 실외 개방형 아쿠아포닉(우)(Google)

그림 18-2 바이오필터 미디어(좌, Holly)와 바이오필터 탱크(중), 자갈 필터(우, Google)

4. 수경 시스템(hydroponics system): 바이오필터를 통과한 물을 사용하여 식물 재배를 하는 곳으로, 담액수경, 역경 재배, 사경 재배, NFT 방법이 적용된다. 일반 상추 수경재배에서는 EC가 1.5이지만, 아쿠아포닉 용수는 EC가 0.8 정도이다.
5. 정화된 수경액 저장통(sump): 수경재배된 곳에서 정화되어 나온 물을 저장했다가 필요할 때마다 펌프를 이용하여 양어장으로 송출한다. 농가에 따라서는 저장 탱크를 갖추지 않고서 정화된 물을 양어장으로 바로 보내는 곳이 많다.

그림 18-3은 위에서 제시한 5가지 기본 구조를 가진 아쿠아포닉의 기본 모식도이다. 물고기는 양어장에서 기르고(그림 18-4, 좌), 침전물을 펌프로 바이오필터(암모니아태를 질산태로 전환시키는 곳)를 통해 식물이 자라는 곳으로 보낸다. 대부분 아쿠아포닉은 재배조가 담액수경(그림 18-4, 우)이지만, 일부 농가는 사경이나 역경 시스템을 작물 재배 겸 바이오필터로 사용하기도 한다. 식물이 질산태 질소를 거의 흡수하여 정화된 물을 저장 탱크로 보내고 그곳에서 다시 양어장으로 펌핑한다.

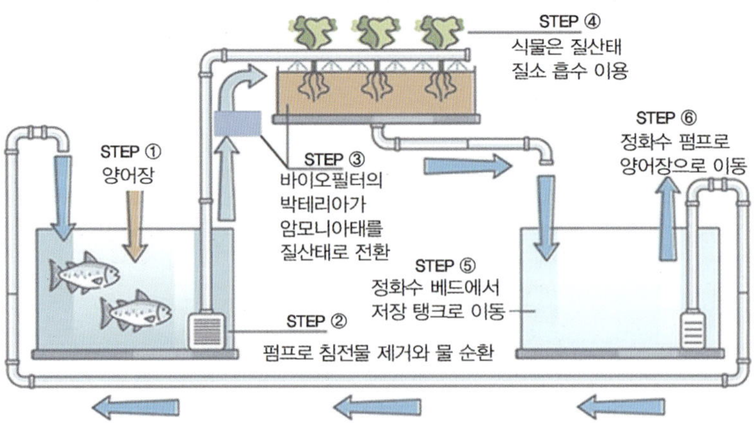

그림 18-3 아쿠아포닉 기본 모식도

그림 18-4 아쿠아포닉 양어 탱크(좌)와 담액 재배(우)(여주 아쿠아포닉)

18.3 양어장 관리

아쿠아포닉에서 기르는 담수 고기는 재배 작물에 충분한 양분을 제공하는 것이 가장 중요하고, 그 다음으로는 판매하여 수익을 올릴 수가 있는 어종이어야 한다. Deer 등(2021)은 미국인이 선호하는 어종은 틸라피아, 메기, 송어이고, 중간 어종은 베스, 블루길이고, 가장 인기가 없는 고기는 잉어였다고 하였다. 틸라피아의 최적 수온은 25~30°C이고, 메기는 23~30°C이며, 송어는 14~16°C이다. 수경재배를 위해서는 근권 온도가 20~25°C는 되어야 하므로, 송어는 아쿠아포닉에는 부적합하다. 틸라피아와 메기의 경우 수중 총 암모니아 2ppm 이하, 아질산 1ppm 이하가 좋다. 특히 용존 산소는 틸라피아 4ppm, 메기 5~8ppm 이상을 유지하도록 잘 관리해야 한다. 금붕어, 잉어, 미꾸라지, 코이(koi: 관상용 물고기), 크래피(crappie: 북미 중부 산 담수어) 등이 아쿠아포닉 어종으로 추천이 되지만, 국내에는 관련 자료가 부족하다(Adams, 2017).

북미에서는 수조 10L에서 0.61~1.05kg의 물고기를 기를 수 있다. 국내에서는 10L에 메기를 약 3.3kg(10t 탱크에 메기 300kg 사육, 여주 아쿠아포닉)을 양어한다. 미국은 1일 150g 틸라피아 체중의 1.5~3%에 해당하는 사료(약 2.3~4.6g)를 준다. 반면에 국내에서는 150g 메기 체중의 0.6~1.0%에 해당하는 1~1.5g을 제공한다. 사료량을 결정할 때는 어종, 생육 단계, 영양소 균형, 가용성, 비용 등을 고려해야 한다.

양어장은 매일 펌프 작동, 수위 유지, 시스템의 누수, 수온, 사료 급여, 물고기의 움직임 등을 점검해야 한다. 매주 1회 pH, 암모니아, 아질산염(NO_2^-) 및 질산염(NO_3^-)에 대한 수질 테스트를 해야 한다. 기타 바이오필터를 점검한다. 중요한 것은 물고기의 분뇨를 이용한 작물 재배이므로, 물고기의 건강을 잘 챙겨야 한다. 근래에는 사료 대신에 버미큐라이트 등에서 기른 지렁이 등을 제공해 주는 유기 아쿠아포닉(organic aquaponics)에 대한 연구가 진행되고 있지만, 많은 지렁이를 구하기가 어려워 실제 적용에는 어려움이 있다(Rogosa, 2017).

18.4 재배 관리

아쿠아포닉용 엽채류 묘는 버미큐라이트와 코이어를 1:1로 혼합해서 소형 포트를 이용하여 LED로 보광하고 기른다. 영양분이 들어 있는 상토는 양액의 녹조화를 촉진하고, 펄라이트는 양액에 부유하므로 사용을 피한다. 암면, 오아시스를 이용할 수 있다.

아쿠아포닉에서 기를 수 있는 식물은 재배 시스템의 종류에 따라 다르다. 일반적인 담액 시스템에서는 상추, 청경채, 근대와 같은 엽채류와 바실, 민트, 고수 같은 허브류가 좋다. 또한 역경 재배, 사경 재배 등을 이용하여 식물을 고정할 수가 있다면, 토마토, 오이, 고추, 파프리카, 주키니 호박 같은 과채류와 브로콜리, 꽃양배추 같은 화채류도 가능하다. 과채류는 많은 양분을 필요로 하기 때문에 그 만큼 많은 물고기를 기르고 영양소가 풍부한 사료를 공급해야 한다. 재배 시 과채류에 양분 결핍이 나타나는지 확인하고, 필요에 따라서는 킬레이트 철(작은 물고기의 경우 한 번에 0.005ppm 이하)이나 붕소를 제공한다.

정상적인 재배에서는 담액수경 베드에 이끼가 끼고 침전물이 생기지만, 미생물이 존재하므로 너무 깨끗하지 않아도 된다. 고온기에는 수온이 오를 수가 있으므로 수냉식 온도 저하 장치를 갖추어야 하고, 물고기 또한 용존 산소가 5~8ppm 필요하므로 산소 공급기를 설치해 공급해준다. 고온기에는 차광막을 치고 에어컨을 작동시킨다.

18.5 아쿠아포닉 장단점

아쿠아포닉의 장점은 첫째, 물고기의 배설물을 식물을 통해 재활용하여 작물을 재배하므로, 환경친화적인 생산이 가능하다. 둘째, 양어에 필요한 물의 교환이 대폭 절감된다. 물고기를 연못에서 생산하는 것과 비교해 1% 정도의 물만 필요하므로 물이 부족한 사막 지역에서의 양어에 적합한 방법이다. 셋째, 식물이 폐수로부터 양분을 흡수한 후 양어에 필요한 수준의 물로 전환하므로 별도의 정화시설 구축이 필요 없다. 넷째, 식물의 생육에 필요한 양분을 양어장에서 무료로 얻을 수가 있어 비료가 필요 없고 저 질산염 채소 생산이 가능하다. 다섯째, 배액이 없이 완전 재순환시스템으로 운영된다.

아쿠아포닉의 단점은 다음과 같다. 첫째, 수경재배 전문가는 양어에 대한 지식이 부족하여 사업 착수에 부담이 있다. 둘째, 초기 자본이 많이 필요하다. 셋째, 영양분을 많이 필요로 하는 토마토 같은 과채류에서는 양어장에서 공급되는 영양소만으로는 생육이 부진하며, 적정 추가 양액의 공급 기술이 필요하다. 넷째, 국내에서는 메기 이외 어종이 한정되어 있어, 다양화가 필요하다. 다섯째, 정전되면 물고기가 폐사하는 위험이 있으므로 대규모 양식장에서는 발전기의 설치가 필요한 점이다.

이러한 장단점을 잘 파악하고서 아쿠아포닉을 시작해야 한다.

18.6 발전 방향

2023년 세계 아쿠아포닉 시장 규모는 10억 4,832만 달러로 평가되었다. 이 시장은 2024년 11억 4,571만 달러에서 2032년 23억 9,996만 달러로 성장하여 예측 기간 동안에 연평균 9.68%의 성장률을 보일 것으로 예상된다. 북미는 2023년 42.38%의 시장 점유율로 아쿠아포닉 시장을 주도했다(Wikipedia, 2024). 이와 같이 미국 주도의 아쿠아포닉이 우리나라에서도 발전의 여지가 있다고 본다.

아쿠아포닉은 일반적으로 수익성이 높고 지속 가능한 것으로 여겨지지만, 다양한 현장 조건, 기후 변화, 그리고 시장 가격 변동으로 인해 비용 계산 및 시스템 비교가 복잡해진다. 에너지 비용은 중요한 요소인데, 국가별로 상당한 차이를 보여 수익성 평가를 복잡하게 만든다. 일부 미국 연구자들은 아쿠아포닉이 2년 후에 재정적 균형을 이룬다고 주장하는 반면, 국내 농가들은 초기 투자로 4~5년 이상은 되어야 수익성이 맞는다고 주장한다.

아쿠아포닉은 초기 자본이 많이 필요하고, 양어에 대한 지식, 그리고 바이오필터에서 서식하는 좋은 균주의 확보가 안 되면 폐농이 되기 쉽다. 따라서 성공한 농가에서 충분한 교육을 받은 후에 시작해야 한다. 아쿠아포닉에서 생산되는 채소는 유기성분이 많이 함유된 물에서 재배되기에, 맛이 매우 좋고 질산염이 일반 채소보다 장기간 저장이 가능하다. 따라서 이를 홍보하면 판로 걱정이 없는 농법으로서 발전의 여지가 아주 많은 수경법이라 여겨진다.

제 19 장 유기 수경 (Organic Hydroponics)

유기 수경재배는 화학비료나 농약과 같은 합성 화학물질을 사용하지 않고 허가된 유기 수경 비료를 사용하여 농산물을 생산하는 수경재배를 의미한다. 미국 이외 국가에서는 수경재배 산물을 유기농이라 인정을 않지만, 미국에서는 2018년부터 허락된 유기 수경용 비료를 사용하면 USDA(미국 농무성) 규정에 따라 유기농 인증을 받고 유기 농산물로 판매가 가능하다. 따라서 국내에서도 축산 분뇨나 유기질 추출물을 이용한 유기 수경이 미래에 가능하리라고 예상되므로, 유기 수경에 대해 설명하기로 한다.

19.1 유기 수경의 특성

유기 수경재배는 일반 수경재배에 비해 몇 가지 장점이 있다. 특히, 고농도의 질산염은 건강에 위험을 초래하는데, 유기 영양소를 사용하면 잎 조직에 질산염(NO_3)이 덜 축적된다. 따라서 유기 수경재배가 더 안전한 농산물을 제공할 수 있다. 대도시에서 유기농 자재를 투입하여 유기농 농산물을 생산하는 것은 어렵지만, 유기 수경재배 시스템을 활용하면 전통적인 토양 기반 유기농 재배가 불가능한 지역에서도 신선한 유기농 채소를 생산하여 도시민에게 공급할 수 있는 큰 장점이 있다.

유기 수경을 적용하는 수경법이나 장치는 따로 없으며, 담액 수경과 NFT 방법을 사용한다. Park과 Williams(2024)의 분석에 의하면, 최근 유기 수경 연구에 사용된 17개 방법 가운데 담액 수경이 10개, NFT가 5개, 담배수와 Kratky가 각각 1개씩이었다고 한다. 따라서 담액 수경이나 NFT를 적용하여 재배하면 된다. 또한 다양한 연구에서 코이어 같은 식물성 배지에 허가된 유기 양액을 공급하였을 경우, 순수한 담액 재배에서 나타날 수 있는 미생물과 불필요한 성분의 해작용을 감소시켜 생육을 안정적으로 도모할 수가 있다고 보고하였다. 따라서 앞으로 유기배지경의 적용이 필요하다.

19.2 유기 수경 적용 비료

미국에서는 Pre-Empt, Espartan, Bombardier, Caos, Tundamix, Rhyzo(Hort Americas, Fort Worth, TX, USA), Tomato & Veg Formula(Neptune's Harvest, Gloucester, MA, USA), Grow Big(FoxFarm, Pendleton, SC, USA), Aqua Power(SaferGro, Ventura, CA, USA) 등 다양한 액상 유기 비료가 정부의 승인하에 시중에서 판매되고 있다(그림 19-1). 이러한 비료는 천연 식물 추출물, 생선 유제, 비나스(vinasses: 응축 당밀 가용물, 사탕수수, 사탕무를 포함한 설탕 또는 에탄올 산업의 액체 부산물), 해초, 당밀, 유카 추출물, 부식산, 지렁이 분뇨, 다시마, 밀과 보리 및 옥수수 추출물, 동물 뼈 및 혈액에서 유래한다. 앞으로 유기 등급을 받은 도시 고형 폐기물 퇴비 제품을 영양분 공급원으로서 재활용하는 기술이 개발되면 보다 다양한 제품이 보급되리라고 예상된다(Park & Williams, 2024).

Espartan은 신선한 채소로부터 분리한 유기질 액상비료로 유기물 33.5%, 풀빅산(fulvic acids) 19.0%로 구성되며, 100L에 약15-50ml를 희석해서 사용한다. Neputune's Harvest는 바다에서 갓 잡은 어류를 가수분해시켜서 만든 토마토 전용 유기질 액상비료이다. Aqua Power는 어류 농축액으로 약 10,000ppm 농도로 사용한다.

그림 19-1 다양한 유기 수경용 비료(좌: Espartan, 중: Neputune, 우: Aqua Power)

19.3 재배 관리

유기 수경에서는 정해진 비료를 희석해서 재배하며, 수경재배할 때에 문제가 되는 EC, pH, 용존 산소, 미생물 관리는 다음과 같다.

유기 수경액에 있어서 EC 측정은 고려할 점이 많다. 많은 유기물은 미생물이 분해를 시작하기 전까지 전하를 띠지 않기 때문이다. 보통 며칠 경과해야 EC가 측정된다. 일반 수경재배 양액 농도와 같은 수준의 질소 시비량을 투여하면 유기 수경에서 EC가 높다. 액상 유기비료를 사용하면 무기 영양분을 사용한 용액보다 EC가 약 0.5dS/m 높지만, 재배시험에서는 EC가 조금 높아도 버터헤드 상추의 생장에는 큰 차이가 없었다(William & Nelson, 2016).

유기 수경재배에 사용하는 비료에서 유출수의 pH 7은 식물의 최적 영양소 흡수 범위를 초과하는데, 이는 수경재배 시스템에서 흔히 관찰되는 수확량 제한의 원인이 되고 있다. 이(2023)는 국내에서 자체 생산한 돈분액비를 사용하여 EC를 1.5로 맞추었을 때, pH의 경우 상추 양액은 6.0인데 돈분액비는 7.7로 높았고, 중탄산의 경우 상추 양액은 15.2ppm인데 돈분액비는 201.3ppm으로 매우 높았다고 한다. 이와 같이 추출물의 액상 유기 비료를 사용할 경우 pH가 높기 때문에, 유기 수경재배에서 영양소 흡수를 최적화하기 위한 용액의 pH 관리는 기존 수경법에 비해 훨씬 더 어렵다. 이는 유기 수경재배 영양액 pH는 유기 영양소 공급원 및 처리 방법을 포함한 수많은 요인에 따라 달라지고, 동일한 기질에서 추출한 유기 비료의 경우에도 큰 차이가 나기 때문이다. 또한 유기 양분 용액 내에서 질산화, 식물 질소 흡수, 그리고 질소 이용률 간의 상호작용은 식물 생장 전반에 걸쳐서 pH 변동을 초래할 수 있다. 식물의 NO_3 흡수는 양분 용액의 pH를 증가시키는 반면에, NH_4 흡수는 pH를 감소시키기 때문이다.

유기 수경재배를 할 때 pH 조절을 위해 황산이나 수산화나트륨과 같은 화학약품을 사용하면 미국에서 유기농 인증을 받을 수가 없다. 미국 유기 수경재배 매뉴얼에서는 pH를 낮추는 데 사용되는 물질은 미생물이 생성하는 산(일부 구연산과 같은)과 40% B-하이드록시트리바랄릴산 또는 레오나르다이트에서 추출한 알칼리성 부식산을 이용해야 한다. 이러한 물질은 무기 물질보다 약하므로 pH를 비슷하게 조절하기 위해서는 더 많은 양과 비용이 필요하다.

수경재배에서 적절한 용존 산소를 유지하는 것은 매우 중요한데, 수경재배 유기 자재에는 미생물이 들어 있어 이들이 유기물 분해 등을 하려면 산소를 이용해야 하므로 용존 산소가 감소한다. 예를 들어, 질소 520ppm의 옥수수 침지액을 사용한 결과에서는 260ppm의 화학비료를 사용한 것에 비해서 용존 산소가 약 2~3ppm 감소했다. 이런 결과는 많이 발생하므로 양액을 자주 교환하고, 용존 산소 증가 방법을 사용하여 물을 공급하며, 여름에는 수온이 높아서 용존 산소가 더 감소할 수 있으므로 산소공급기를 설치해야 한다.

미생물은 다양한 박테리아, 곰팡이 및 기타 미생물을 포함한다. 일반 수경재배 양액에는 소독 등으로 인해 미생물이 없다. 유기 수경재배에서는 유기 비료를 사용하여 유익 미생물을 시스템에 도입할 수 있다. 또한, 미생물 제품과 토양 미생물을 사용하여 유익 미생물을 도입하는 것은 유기 수경재배의 성공에 중요한 역할을 할 수 있다. Park & Williams(2024)은 첫째, 식물은 미생물 군집의 구조와 기능에 강한 영향을 미친다. 이는 식물-미생물 상호작용에 중대한 영향을 미치고, 결과적으로 식물 생장에도 영향을 미친다. 둘째, 빛, 온도, 기질, pH, 용존 산소(DO), 영양소 수준과 같은 지상부 줄기와 근권의 환경 조건은 미생물의 생장과 활동에 영향을 미친다. 미생물의 생장과 활동을 위한 최적의 조건을 확보하는 것은 미생물의 이점을 극대화하는 데 필수적이다.

결론적으로, 이러한 요소들 간의 상호작용을 이해하는 것은 유익 미생물의 잠재력을 최대한 활용하여 성공적이고 지속 가능한 유기 수경 작물 생산을 달성하는 데 필요하다. 앞으로 유기 수경재배에서 미생물이 포함된 비료의 사용은 불가피하므로, 이들에 대한 정보를 제대로 알고 사용해야 한다.

19.4 품질

Williams와 Nelson(2016)은 '렉스' 버터헤드 상추를 대상으로 한 실험에서 관행적으로 비료를 준 처리구에서는 잎자루의 질산염 수치가 600~1,100ppm이었지만, 상업용 유기 영양소 혼합물을 비료로 준 식물에서는 35~200ppm로 낮았다고 했다. 유기 수경재배 제품이 맛이 좋고, 낮은 질산염에 따라 저장성이 향상되며, 토지에서 생산한 유기 농산물보다 미생물 등의 위험으로부터 안전하고 고품질이어서 건강을 고려한 소비자에게는 유기 수경 농산물에 대한 인기가 높다고 했다.

Tikasz 등(2019)이 10~50g/L 농도의 닭, 소, 칠면조 분뇨 추출물이 로메인 상추와 붉은 러시아 케일(*Brassica napus* var. *pabularia*)의 수확량에 미치는 영향을 조사하였을 때, 칠면조 분뇨를 50g/L 처리한 식물이 가장 높은 신선중과 건물 중량을 나타냈다. 호글랜드 용액과 비교했을 때, 칠면조 분뇨를 50g/L 처리한 상추는 신선중은 비슷했지만 잎의 건물중은 61% 더 높았고, 케일은 신선중은 45% 낮았지만 건물중은 비슷했다. 칠면조 분뇨 50g/L를 제외하고, 닭과 소 분뇨를 사용하여 재배한 식물은 호글랜드 용액을 사용하여 재배한 식물보다 잎의 신선중과 건물중이 낮았다. 이와 같이 품질의 기준이 되는 건물중은 비료에 따른 차이를 보였다.

류(2009)는 퇴비단 여과 액비를 사용하여 상추를 재배한 결과에서 상추 일반 양액의 60% 정도 생육을 나타내었기에 유기 액비를 이용한 수경재배가 가능성이 있다고 했다. 일반 양액에 퇴비단 여과 액비를 20~40% 혼합한 경우에는 상용 액비와 유사한 수량을 나타냈는데, 이는 퇴비 액비에 함유된 humic acid와 fulvic acid가 양분의 흡수를 촉진한 것으로 보인다. 따라서 이를 적당히 혼용하면 비료비의 절감이 가능하다고 하였다.

국내에서 돈분 발효액 50배를 이용한 결구상추의 관비재배는 일반 재배와 동일한 수량을 나타내었다는 보고(김 등. 2001)가 있었지만, 수경재배에 실제로 적용된 사례는 거의 없다. 이(2023)는 '이자벨', '이자트릭스', '선풍포찹' 등 상추 3품종을 이용하여 2년간 돈분액비와 일반 상추액비로 코이어 배지경을 실시했는데, 3품종 모두에서 돈분액비 처리구가 생육이 저조하였다. 그 주요 요인은 돈분액비 속의 높은 암모니아태 질소, 나트륨(70.1ppm, 원소한계치 60ppm), 염소(165.8ppm, 용수한계치 50ppm)와 낮은 질산염(상추 양액의 25% 수준), 칼슘, 마그네슘, 황 때문이었다. 돈분 발효 액비를 상추재배용으로 활용할 경우에는 질산태질소의 추가 공급이 필요하며, 생육이 저조한 것은 질소 급원이 가장 큰 문제로 작용한 것으로 분석되었다. 동일 배지를 이용하여 2년차 시험을 수행하였을 때는 1년차 보다 주당 평균 중량이 80g 정도 증대하였다. 1년차 시험에서는 '선풍포찹'의 경우 상추 양액에서 자란 상추 생체중의 35% 수준이었는데, 2년차는 약 60% 수준을 나타내었다. 그림 19.2를 보면, 액비 처리에서 생육은 억제되지만 안토시안 색소가 높아 오히려 좋아 보인다.

Chowdhury(2024) 등은 Green butter lettuce를 NFT, 담액수경(deep water culture), Dutch bucket (DB), 플라스틱 컨테이너(regular plastic container, RPC)에서 유기양액으로 28일간 재배하였을 때 순수수경법인 NFT와 담액에서는 생육이 저조했지만, 유통되는

그림 19-2 돈분 발효 액비(좌)와 양액(우) 처리 비교: 상추 "선풍포찹" (이, 2023).

상토를 채워서 재배한 DB와 RPC에서는 정상적으로 자랐다고 보고하였다. 이는 상토의 유기물의 완충작용과 공기가 충분하여 미생물의 활동이 원만한 데 비해서, 순수 수경에서는 미생물의 활동이 약한 것과 용존 산소가 낮고 양분의 이용에 차이가 있는 것에 원인이 있다고 분석했다. 따라서 순수 수경보다 코이어나 피트 같은 유기 배지에 유기 수경 양액을 공급하면 정상적인 수준의 생산이 가능하리라 본다.

19.5 유기 수경 장단점

유기 수경재배는 미국 이외의 나라에서는 인정이 되지 않고 있지만, 앞으로 더 많은 국가에서 유기 농산물로 인정되어 확대가 이루어지면 미래가 기대되는 수경 농법이라고 생각된다.

유기 수경의 장점을 살펴보면, 첫째, 유기 수경재배 채소는 질산염이 낮고 맛이 좋다. 아쿠아포닉 상추는 질산염이 낮아 저장성이 높고 맛이 좋은 장점이 있는데, 다양한 어류 추출물을 비료로 사용한다는 점에서 유기 수경 산물도 맛과 향이 높을 것이다. 둘째, 도심이나 도시 근교에서는 토양 유기 재배가 어려운데, 식물공장에서 유기 수경재배를 통해 신선한 유기채소를 공급할 수 있다. 셋째, 일반 화학비료와 달리 Espartan(에스파르탄) 같은 유기질 비료는 배지에 들어 있는 유익한 미생물 활동을 지원하여 식물이 영양소를 더욱 효과적으로 흡수하게 도울 뿐만 아니라 뿌리의 생장을 촉진하는 장점이 있다.

유기 수경의 단점은 다음과 같다. 첫째, 지금까지 많은 연구에서 유기 수경재배가 일반 수경재배보다 생육이 저조했다. 둘째, EC나 pH 조절이 다소 어렵다. 셋째, 정해진 유기비료의 가격이 대단위 면적을 재배하기에는 비싸고 비료 성분이 원료에 따라 균일하지 않다. 넷째, 유기 영양소에는 너무 많은 성분(예: 미량 영양소)이나 불필요한 성분(예: 나트륨: 음식물 유래 유기물)이 포함되어 있을 수 있으며, 이러한 경우를 대비해서 영양소 저장 탱크에서 이들의 이온 특이적 모니터링을 정기적으로 수행해서 대처해야만 재배에 성공할 수 있다. 다섯째, 비료에 따라 탄닌 등이 들어 있어서 양액의 색을 어둡게 하는 문제점이 있으므로 주의가 필요하며, 아쿠아포닉에서 추가 양분 공급을 위해 이용이 곤란한 단점이 있다. 마지막으로, 유기농 수경재배는 기존 농업에 비해 매우 많은 양의 지식, 경험 및 투자가 필요한데, 일반 농가에서 이를 극복하는 것이 문제로 작용한다.

19.6 발전 방향

전 세계의 유기 수경 관련 시장 규모는 2024년에 12억 달러로 추산되며, 2026년부터 2033년까지 연평균 12.6% 성장해서 2033년에는 35억 달러에 도달할 것으로 예상되기에, 유기농 수경재배에 대한 생산자와 소비자의 관심도 높다(RAA, 2025). 앞으로 생산적인 유기 수경재배 환경을 조성하려면 균형 잡히고 안정적인 pH 수준, 영양소 용액 내 전기전도도(EC)의 정밀한 제어, 그리고 적절한 미생물의 존재가 필요하다고 본다. 그러나 순수 수경이 아닌 코이어나 피트모스 기타 유기성 배지 같은 완충력 있는 유기 배지경은 미국에서 제시한 유기 수경 비료를 이용하는 재배법을 확립시킨다면 유기 수경 발전에 큰 도움이 될 것이다. 국내에서도 앞으로 미국에서 인정한 유기 수경 비료 사용방법을 통해 생산된 수경 농산물을 유기 농산물로 관계기관이나 농민 단체에서 인정함으로써, 점점 줄어드는 토양 유기 농산물을 대처하는 것도 하나의 방법이다.

국내의 소비자 중에 다소 비싸더라도 유기 농산물을 구입하려는 층이 있으므로, 미국처럼 국가에서 인정을 한다면 유기 수경은 국내에서도 미래에 가능성이 높은 수경법으로서 충분히 발전할 수 있다고 본다.

제20장 식물공장 (Plant Factory)

20.1 식물공장의 정의와 및 특징

식물공장(plant factory)이란 제한된 공간에서 식물에 필요한 수분과 무기양분을 근권에 자동으로 공급하고, 광, 온도, 습도, 탄산가스, 공기유동 등 지상부 환경을 자동 제어하여 작물을 연중 생산하는 시스템으로서, 파종, 정식, 작물 이동, 수확 과정이 컴퓨터에 의해 완전 자동화가 동반된 식물 대량 생산 시스템이다. 처음 식물공장이라는 용어를 창출한 일본을 포함한 국내외에서 수경재배를 식물공장으로 다루고 있는데, 이는 엄밀히 말하면 잘못된 분류이다. 식물공장이라 불리려면, 식물의 파종에서 수확에 이르는 진행 과정에서 자동 이동 과정이 반드시 포함되어야 한다.

광의의 식물공장은 조직배양, 약배양(꽃가루), 세포배양, 육묘공장, 수경재배 등이 모두 포함된다. 협의의 식물공장은 채소, 화훼, 버섯을 생산하는 곳이 적용 대상이 된다. 식물공장은 작물재배 베드의 이동 여부에 따라 고정형 식물공장과 이동형 식물공장으로 나뉜다. 고정형 식물공장은 평면형이든 입체적 수직 수경 방식이든 간에 단순한 수경법이다. 이동형 식물공장은 파종, 정식, 베드의 재배기간 동안 이동, 다자란 식물을 베드와 함께 수확실로 이송, 식물의 자동 수확 및 분류가 진행되는 동안 자동화와 이동화가 이루어져서 연중 동일한 규격의 고품질 식물을 대량 생산해야지만 엄밀한 의미에서 식물공장이라고 할 수가 있다. 따라서 식물공장에서는 식물의 공장적 생산 시스템(factory-style plant production system)이 적용된다. 채소 작물을 생산하는 경우에는 채소공장(vegetable factory)이라 한다. 그러므로 식물공장에서는 환경에 제한받지 않고서, 원하는 시간에 원하는 규격의 생산물을 원하는 수량만큼 자동 생산하는 것을 궁극적인 목적으로 한다.

표 20-1 식물공장의 특징

입지	자연 조건에 영향을 받지 않는다. 토지 이용률이 높으므로 대지 값이 비싼 곳에서도 가능하다. 소비지와 가까운 곳에 설치할 수 있어 도시형 농업이 가능하다.
작업 환경	작업 환경이 좋다. 힘든 작업이 없어서 노약자도 가능하다.
품질	무농약 재배, 채소의 기능성화, 고품질 생산이 가능하다
시설, 생산	초기 건설비가 많이 필요하며, 인공광형은 전기를 많이 사용한다. 연간 수회 생산 가능하여 단위면적당 생산량이 높다. 생산 시기 및 생산량을 계획하여 조절할 수 있다.
재배	생육 속도가 빨라 재배 기간이 짧다. 동력원에 이상이 없는 한 연중 가동이 가능하다. 파종 정식, 재배 베드 이동, 수확 등 작물재배의 자동화가 가능하다. 식물이 수확실로 자동 이동된다.

식물공장의 특징은 **표 20-1**과 같다. 입지에 전혀 구애받지 않으므로 어디서나 설치 가능하다. 자동화된 만큼 인공광형은 시설비와 전력비가 많이 필요하다.

20.2 식물공장의 개발 상황

식물공장은 일조량이 적어 일반 재배가 어려운 북유럽에서 시작되었으며, 그 선두는 싹채소인 크레스(cress)를 움직이는 벨트를 이용하여 재배한 덴마크의 크리스텐센 농장이다. 그 후 본격적인 실용화 연구는 1970년대에 미국에서 시작되어 General Electric 사, General Mills 사, General Foods 사 등이 완전 제어형 공장을 개발하였다. 그러나 개발 후 얼마 뒤에 채산성이 낮아 개발이 중지되었지만, General Mills 사를 인수한 파이토팜 사가 실용화에 성공하였다. 그 후 네덜란드, 캐나다, 벨기에, 스웨덴 등 여름이 비교적 시원한 북유럽에서 식물공장을 만들어 실용화하고 있다. 1980년대부터는 토지가 비싼 일본에서 연구를 시작했고, 1987년 세계 최초로 일본에서 식물공장 시스템 박람회가 열렸으며, 이후 여러 나라에서 식물공장, 우주 농업 등에 대한 많은 연구 결과가 발표되었고 첨단 설비도 전시되었다. 더 나아가 일본에서는 1989년 식물공장학회가 설립되었고(Takatsuji, 2007), 2017년 기준으로 약 200개소가 운영되고 있다.

표 20-2 식물공장의 제어 형태별 개발 작물

개발 단계	태양광 이용 방식	인공광 이용 방식
실용화	상추, 잎파, 허브, 채소 및 화훼 육묘	싹채소, 버섯, 상추
일부 실용화	토마토, 딸기, 파프리카, 화훼류 모종	조직배양에 의한 육묘
가능성	수경재배 대상 채소류, 분화류 꽃 등	엽채류 및 종묘

우리나라의 경우에는 1990년대에 이르러서 연구가 산발적으로 이루어지기 시작하였으며, 1995년 8월 한국식물공장연구회가 결성됨에 따라 식물공장에 대한 체계적인 연구가 이루어지고 있고, 농진청, 대학교 등에서 실험적으로 생산하고 있다. 근래에는 일부 버티컬 팜형 식물공장이 운영되고 있어, 앞으로 더욱 확대될 것이라고 본다(손, 2022).

식물공장은 광원에 따라 태양광형과 인공광형 및 겸용형으로 나뉘며, 현재 재배되는 작물과 앞으로 가능성이 있는 작물의 종류는 표 20-2와 같다.

현재 실용화된 식물공장은 인공광 이용 방식보다는 태양광 이용 방식이 많으며, 근래에는 에너지 절감을 위해 태양광과 인공광을 동시에 사용하는 겸용형이 주를 이룬다. 재배시설이 고정된 인공광 이용형은 초기에는 연구용이 주를 이루었지만, 최근에는 국내에서도 일부 농가에서 엽채류를 생산하고 있다.

이상과 같은 식물공장 방식은 한국, 일본 등지에서 주로 다루고 있으며, 미국의 Resh(2013)는 우리가 언급하는 식물공장을 DFT, NFT 등에 소속된 수경 방식 중에 하나로 분류하였고, 식물공장이라는 용어를 사용하지 않았다.

20.3 식물공장에 필요한 설비

식물공장에서는 작물을 생산하는 재배 장치와 환경 조절 장치 및 이들을 제어하기 위한 제어 장치 등이 기본적으로 필요하다.

20.3.1 수경재배 장치

식물공장의 목적을 달성하기 위해서는 식물생육과 환경을 최적 상태로 하되, 자동화를 기본으로 해야 한다. 식물재배 방식으로는 수경재배 방식을 사용하는 것이 가장 적합하다.

표 20-3 식물공장 재배상 종류와 특징

재배상의 종류	특징
평면 고정식	재배상은 평면 상태. 모든 작업은 일정 장소에서 고정적으로 수행됨.
평면 이동식	재배상은 평면 상태. 생육 단계별로 작물이 이동됨. 겸용형 적용
입체 고정식	재배상을 입체화하여 재식 밀도를 극대화함. 광분포가 제한 인자임.
입체 이동식	재식 밀도와 광이용 효율을 극대화하면서 베드가 상하, 좌우로 이동함.

수경재배 방식 중 고형배지경에서는 근권 환경(根圈環境)을 엄밀히 제어하기 어렵고, 무게가 무거워서 이동 등의 문제로 인해 식물공장의 방법으로 많이 채택되지 않고 순수수경 방식을 택하는 경우가 많다. 다만, NFT용 커널에 코이어를 채우고서 베이비 채소를 생산하는 공장은 있다. 베드가 평면 이동식일 경우에는 배양액량이 적은 NFT 시스템이 좋고, 입체적인 수직 이동일 경우에는 분무수경법이 많이 채택된다.

식물공장에서는 이동재배 기술이 중요한데, 이를 위해 표 20-3에는 재배상의 종류에 따른 특징을 제시했다. 현재 식물공장에서 베드의 평면이동식이 겸용형 인공광을 병행할 수가 있어 가장 많이 채택하는 방법이다.

20.3.2 환경 조절 장치

환경 조절 장치로는 온도 조절 장치, 습도 조절 장치, 환기 장치, 탄산가스 발생 장치, 창문 개폐기, 광환경 제어 장치 등이 필요하다. 이들 대부분은 다른 산업에서의 이용도가 많아 일찍부터 실용화돼서 현재는 만족할 정도까지 개발되어 있지만, 생육을 대상으로 한 광환경 제어 장치에 대해서는 개발이 다소 부족한 실정이다.

1) 광환경 제어장치

인공광을 이용한 재배에서는 전기요금이 전 생산비의 50% 정도, 직접 생산비의 90% 정도를 차지하는데, 그중에서 인공광 사용비가 60% 이상을 점유한다. 따라서 광원의 선택과 절약적인 운영이 수익성 있는 식물공장 경영 합리화에 가장 중요하다.

(1) 인공광

공장에서 광을 조사할 때에는 광량과 광질을 고려해야 한다. 광파장은 적외선(700nm 이상), 원적색광(700~800nm), 적색광(650~700nm), 녹색광(490~535nm), 청색광(400~500nm), 자외선(280~400nm)으로 나누는데, 식물의 생육에 적외선과 자외선은 큰 영향이 없다. 대체로 파장이 짧은 청색광은 생장을 억제하고, 파장이 큰 원적색광과 적색광은 생육을 촉진한다. 따라서 광파장이 나오는 영역을 감안하여 식물공장의 광원으로 사용한다(표 20-4).

고압나트륨등은 생장을 억제시키는 청색광이 없어 형광등, 메탈핼라이드(metal halide) 전등을 겸용한다. 고압나트륨등은 수명이 20,000시간으로 매우 길고, 같은 광도에서의 전력비가 전등 중에서 가장 작은 것이 큰 장점이다. 일본은 식물공장의 80%가 형광등과 고압나트륨등을 사용했는데, 최근에는 고가이지만 사용 기간이 긴 LED (light-emitting diode)를 많이 사용한다. LED는 식물생육에 필요한 특수한 파장의 단색광만 방출하는 인공광원이다. 따라서 청색 LED는 청색광만, 적색 LED는 적색광만, 그리고 원적색 LED는 원적색광(far-red)만 방출한다. 이들 단파장을 조합한 식물공장 내에서 재배 연구가 많이 이루어졌다. 특히 빨간색 및 파란색 광 방출 LED는 식물공장에서 광원으로 널리 사용된다. 상추의 경우는 적색 : 청색의 비율이 10 : 1인 상태에서 광합성 속도와 1일 생장량이 좋았다고 한다(강 등, 2008). Razakk(2022) 등은 식물공장에 온도를 밤낮으로 20 ± 2℃, 일장은 16시간을 유지하면서 다양한 적색, 녹색, 청색 비율을 시험하였을 때, 적색 72%, 녹색 10%, 청색 18% 조합이 가장 생육이 좋았다고 했다. 최근에는 식물공장에서 육묘할 때, 적색, 녹색, 청색 LED 소자를 혼합한 등을 설치한 후 육묘한다. 식물공장 내에서 광을 제공할 때 청색과 적색의 조합비에 따라 반응이 다르다.

표 20-4 각종 광원의 종류와 특징

광원의 종류	특징
형광등	열복사가 거의 없어 냉방 부하를 증가시키지 않으며, 가시광 영역에 풍부한 스펙트럼을 보유. 효율이 매우 낮다. 수명 10,000시간.
백열등	자연광에 비해 적외선 영역의 스펙트럼을 많이 포함. 다량의 열선이 발생하므로 열을 차단해 줄 필요가 있다. 수명 1,000시간, 개화 조절에 이용.
메탈핼라이드등	적색광과 원적색광의 에너지 분포가 자연광과 유사 청색광도 풍부하여 완전 인공광형 식물공장에 청색광 보광으로만 사용한다. 수명이 6,000시간 정도로 짧아서 식물공장에서는 사용하지 않는다.
고압수은등	수은 증기압을 높여서, 청, 녹, 황 등의 가시광을 발산하도록 고안된 전등으로, 효율이 좋고 수명도 길지만 청색 부근에 강한 스펙트럼을 갖고 있으므로 나트륨등의 광질 개선용으로 사용할 수 있다. 수명 9,000시간.
고압나트륨등	나트륨이 발광하면서 주황색을 낸다. 출력이 수은등의 2배로 높고 광합성 효과가 크지만, 500nm 이하 파장이 없어 식물이 웃자라므로, 완전인공광형 식물공장에서는 매탈할라이드등으로 청색광 보광 필요. 수명 20,000시간.
발광다이오드	발광다이오드(light-emitting diode, LED)는 식물에 필요한 단색 광선만 방출하는 광원, 발광효율이 높고 최대수명 50,000시간. 소비전력은 형광등의 20%, 백열등의 10% 정도임, 가격이 다소 고가이다.

그림 20-1 버터헤드 생육과 적색과 청색광 조합 비율(Chen 등, 2021)

Chen 등(2021)은 적색광(100%) 또는 적색광(90%) + 청색광(10%)은 버터 헤드(butter head) 타입 상추의 황화와 줄기의 이상 생장을 일으켰다고 한다. 반면에 적색광(80%) + 청색광(20%)에서는 생육과 품질이 가장 좋았고, 적색광에 대하여 청색광 비율이 높으면 생육이 억제되었다고 한다(그림 20-1).

(2) 광주기 제어

암흑조건에서 1,000분의 1초 이하일 동안에는 식물의 광합성 속도가 떨어지지 않는 것에 착안하여 깜박이는 단속 전등(flicker lamp)의 개발이 시도되었다. 백열등이나 형광등은 어렵기에, LED를 이용한 펄스(pulse) 발광 다이오드가 생산되었다. 펄스란 매우 짧은 간격으로 온오프(on/off)를 조절해 깜박이는 것을 의미한다. 지금까지 많은 연구를 통해 펄스광은 잎 면적과 총 잎 면적을 늘릴 수 있고, 생체중 및 건조중량, 2차 대사산물도 증대가 가능하다고 했다. 상추의 LED 펄스 처리를 400/0(연속 조사), 300/100us(조사/중단), 200/200us, 133/266us, 100/300us 등 5가지로 구분하여 처리를 했는데, 연속광과 300/100us 간에는 생육 차이가 없었다(Choi 등, 2013). 이는 광합성을 위한 충분한 PPFD(광합성 광량자속 밀도, photosynthetic photon flux density)를 가진 LED를 사용한 펄스 조사가 식물 성장 억제 없이 에너지를 절약하는 데 효과적으로 사용될 수 있음을 의미한다(Son 등, 2018). 펄스광은 작물에 따라 반응이 다르므로, 다양한 작물을 대상으로 해서 연구를 통해 펄스광을 이용하여 전기료를 절감하는 실용적인 재배 방법의 정립이 필요하다.

(3) 광도 및 배치

광도는 광질 및 광주기와 함께 광환경을 제어하는 기본 개념으로서, 이를 나타내는 단위가 몇 가지 있다. 조도(lux)는 밝기를 표시하는 단위이지만, 사람의 눈으로 느끼는 밝기를 나타내는 것이지 식물이 느끼는 밝기를 나타내는 것이 아니므로 사용하지 않는 것이 좋다. 광량자량(W/m^2)은 빛이 가지고 있는 에너지로서 $J/s/m^2$로 표시하는데, 조도보다는 식물에 적합한 단위이지만 파장을 고려하지 않으므로 식물의 증발산량과의 관계에서 주로 사용된다. 광합성 유효복사량(PAR, photosynthetically active radiation)은 400~700nm 사이의 파장이 갖는 빛에너지를 지칭하는 것으로서, 식물이 이 범위의 파장을 광합성에 이용하므로 가장 적합한 단위이다. PAR은 광합성 광량자속 밀도(PPFD, photosynthetic photon flux density)로 표현하며, 단위는 $\mu mol/m^2/s$이다. 상추에 필요한 적정 PPFD는 150~350$\mu mol/m^2/s$이다. 손(2022)은 상추에 필요한 PPFD를 150$\mu mol/m^2/s$로 봐서, 상추 1주당(15 x 15cm) 점유면적 0.00225m^2, 작물 1주당 필요한 PPF는 4.22$\mu mol/m^2/s$, LED 광원 $\mu mol/m^2/W$를 사용할 경우에 작물 1주당 1.51W가 필요하다고 제시하였다. 만일 1일 1,000주 상추를 20일간 생산한다면 공장에는 20,000주가 재식된다. 주당 1.51W가 필요하면 20,000주이므로 30.2kW의 LED 광원이 있어야 하고, 30W 모듈을 사용할 경우 1,007개가 필요하다. 이 방식으로 작물에 적당한 PPFD를 근거로 해서 식물공장에 필요한 LED 모듈을 계산할 수 있다(손 등, 2022).

최근 작물에 알맞은 LED 모듈이 보급되고 있어서, 이를 유식물로부터 30cm 높이에 배치해도 지장이 없다(그림 20-2). 버터헤드 타입 상추의 경우에서, 권장 일일 광적분은 팁번 발생 감소를 위해 17molmol/m^2/day 이하로 조사해야 한다. 팁번은 칼슘이나 붕소 이동이 저조한 원인도 있지만 강한 조명으로 인해 악화되는 칼슘 결핍증이다.

그림 20-2 LED 설치 육묘장(여주 아쿠아포닉)

2) 온도 조절 장치

태양광형 식물공장에서는 겨울철에는 야간에는 보온 커튼을 이용하면서, 온수난방, 증기난방, 온풍난방, 전열난방을 도입하여 난방한다. 인공광형 식물공장은 광원에서 열이 발생하지만, 난방은 전열난방, 온수난방, 지역난방 등을 이용하여 난방한다.

태양광형은 여름에 고온이 문제시 된다. 온실 지붕 상단에 차광 장치가 된 곳은 그것을 사용하고, 엽채류는 내부에 차광망을 이용해도 된다. 무더운 여름의 고온기에는 fog system을 가동하고, 지하수를 가온 파이프로 통과시키며 송풍기로 온실 속의 공기를 강제로 빼준다. 물의 증발 냉각장치를 이용하여 온도를 낮출 수가 있는 팬 앤드 패드(fan and pad) 방식이 있다. 온실 측면에 패드(pad: 플라스틱 섬유)를 부착시키고, 여기에 물을 흘러내려 보내면서 반대쪽에서는 강력한 풍압형 환기팬을 사용해서 실내 공기를 빼내는 시스템이다. 팬과 패드의 간격은 45m가 좋다.

인공광형은 건설할 때부터 충분히 단열하고 냉동기를 설치하여 고온과 습도를 조절해야 한다. 냉동기에는 압축식과 흡수식이 있는데, 지역난방에서 온수를 공급받을 수가 있으면 흡수식 냉동기가 유리하다. 초기 자본은 많이 들지만 지열 히트 펌프 냉난방을 하는 것도 고려해야 한다. 네덜란드는 지하 수백 미터에서 지열을 이용한 히트 펌프를 많이 사용하지만 국내에는 많지 않다. 식물공장에 있어서 광원 다음으로 냉난방이 중요하므로 건설 시부터 충분히 고려해야 한다.

3) 탄산가스 발생 장치

광합성 속도의 제한 인자로서 CO_2 농도를 높이면 식물 생장이 빨라지는 현상을 이용한 장치이다. 식물에 따른 차이가 있지만, 일반적으로 1,000ppm 이상의 CO_2를 공급한다. 탄산가스는 천연가스 연소, 프로판가스 연소(**그림 20-3, 좌**), 액체 탄산가스를 이용한다. 자연광형 식물공장에서 탄산가스 시비는 해가 뜨기 1시간 전부터 해지기

그림 20-3 탄산가스 공급기(좌)와 토마토 과경 자동 측정 장치(우)(Google)

한 시간 전까지 공급한다. 그러나 인공광형 식물공장에서는 보광시간을 고려해서 24시간 광조사하면 탄산가스 센서에서 보내오는 농도를 기준으로 과채류는 최저 500ppm, 엽채류는 1,500ppm이 되게 한다. 지속적으로 일정 농도를 유지시키도록 하는 것이 바람직하다.

20.3.3 식물 생태 측정 장치

식물의 생육을 조절하는 데 정보가 될 수 있는 것으로는 광합성, 증산량, 수분 퍼텐셜, 생체중, 품질 등의 측정을 들 수 있다. 이들은 각종 분석 장치로 조사할 수 있는데, 측정치를 재배에 이용하기 위해서는 식물 생장을 실시간, 원격, 자율적, 정밀한 측정을 달성하기 위한 새로운 기술이 필요하다. 토마토 수분 상태를 알아보기 위해 줄기 직경 변화 센서로 측정한 민감도를 평가하여 토마토의 건조 상태를 비파괴로 원격에서 조사할 수가 있었다고 한다.

체적을 측정하는 방법에는 여러 가지가 있다. 식물 생장용 스트레인 게이지 센서는 식물의 변형을 감지하여 과경 등 식물 생장을 측정하는 유연한 센서이다. 변형은 전기 신호 또는 광학 파장 변화로 식물체 전체를 측정하는 데는 로드 셀(load cell)이나 스트레인 게이지(strain gauge)와 같은 중량 센서를 많이 이용한다(그림 20-3, 우). van Eck(1998)는 이미지 분석(image analysis)법을 이용해서 오이의 크기와 모양을 측정하였다.

Fukuda 등(2023)은 저렴한 카메라를 이용한 이미지 분석을 통해 토마토 줄기 두께와 화방과 생장점 사이 거리 측정하는 프로그램을 개발함으로써, 기존의 측정 노력을 80% 절감할 수 있다고 했다. 토마토에서 TPD(tomato pose detection) 알고리즘을 이용해 숙기의 판단에 적용할 3D 포즈의 실용적 기반을 완성하였으며, 이는 다른 과일(배, 감귤류, 사과)에도 적용이 가능하고, 로봇 수확을 위한 기초 자료로도 이용할 수 있다고 제안하였다(Du 등, 2023).

광전자 반사 센서와 마이크로 컨트롤러 보드(microcotroller board)를 기반으로 과일과 줄기 성장을 지속적으로 모니터링할 수 있다(Wang 등, 2024). 또한 인조 코를 이용하여 토마토나 딸기에서 많이 발생하는 잿빛곰팡이병(*Botrytis cinerea*)과 숙기를 원격에서 측정하는 방법도 개발되어 사전에 병 발생을 감지할 수 있게 되었다(Melendez 등 2023).

이와 같이 실시간 생장, 숙기 측정, 병해 발생까지 비파괴로 측정할 수 있는 정보를 클라우드 서버에 저장하여 스마트 수경재배를 유지 관리하는 기본 자료로 이용하면 좋다. 물론 측정기기의 저렴화가 우선되어야 할 것이다.

20.3.4 제어 장치

식물이나 환경에 대한 정보를 입수하여 원하는 제어를 하기 위해서는 식물공장에 적합한 컴퓨터나 조절기가 필요하다.

컴퓨터와 조절 장치 외에도 여러 가지 인터페이스(interface), 모뎀(modem), 기록계(recorder), A/D 변환기(analog/digital converter) 등이 필요하다.

20.4 제어 체계

식물공장이라 하더라도 종류가 다양하고, 재배가의 형편에 맞는 제어체계를 채택하므로 한마디로 말할 수는 없지만, 일반 시설재배와 다른 점은 재배와 관련된 모든 작업이 자동화될 수 있도록 관련 시설들을 유기적으로 배치하는 것이다.

식물공장 내부의 계측 입력과 조절 출력의 관계는 매우 복잡하다. 개개의 입출력 값은 독립적으로 제어되는 것이 아니라 상호 관련성을 갖고 있으므로 서로 간의 우선순위(priority)를 항상 고려하여야 한다. 식물공장 특유의 상호 관련성 및 우선순위에 의해 현장에서 제어의 어려움을 겪는 경우가 많은데, 이를 극복하기 위하여 새로운 통신, 컴퓨팅, AI가 역할을 할 수 있는 생산 현장 운영기술의 동반 상승효과를 제고시킬 수 있는 식물공장 정립이 필요하다.

식물공장의 성공은 LED 보조 시스템, 식물생산 시스템, 환경 제어 시스템이라는 하위 시스템에 크게 의존한다. 인공광형 폐쇄형 식물공장에서는 보광의 중요성에 따라 LED시스템이 중요한 역할을 한다. 사물 인터넷(IoT)을 활용해서, 온도, 상대 습도, 이산화탄소, pH, 전기전도도 등에 대한 피드백을 제공하는 대형 센서를 식물 공장에 배치하여 생장 환경을 종합적으로 파악하고, 식물 생장 상태를 정밀하게 제어할 수가 있다. 즉, 하위 중요 시스템은 다양한 생산 시스템 관찰 센서와 기후 요인 측정 센서를 기반으로 한 산업용 통신과 컴퓨팅이 충족시켜 줄 수가 있다. 버티컬 팜이나 평면 생산 베드에는 양액 공급기와 거기에 관련된 pH, EC, 수온 센서가 있고, 실내에는 조도, 온도, 습도, 공기유동, 탄산가스 센서가 있으며, 식물의 건강을 실시간 모니터링을 하기 위한 고속 고해상도 이미지/비디오 전송 서비스를 하는 카메라가 설치되어 있다. 이들 센서나 카메라의 정보를 모아서 보내는 게이트웨이를 통해 엣지 컴퓨터에 전달되면서 프로토콜에 의해 현장에 필요한 빠른 의사결정을 하여 작물 생육을 최적화한다. 이때 양액의 수온과 EC를 온도와 광도에 따라 제어하고, 광이 부족하면 보광을 해준다. 그러나 이는 태양광형 온실에 해당되며, 인공광에서는 주어진 프로토콜 모듈에 의해서 최적 광, 공기, 근권 환경을 조절하게 된다.

식물공장에서는 매일 수백만 개의 센서 데이터 포인트가 수집되는데, 이 엄청난 데이터 분석은 클라우드 플랫폼에서 처리되어 저장되고 중요 사항은 재배자에게 제공해 준다. 결과적으로, 적절한 컴퓨팅 아키텍처와 작업을 다른 컴퓨팅 단위로 나누면 식물공장의 효율성이 극대화된다. 알고리즘을 사용하여 데이터를 분석하고 학습하는 머신 러닝과 인공 신경망을 사용하여 복잡한 패턴을 학습하는 딥 러닝의 발전으로 산업 프로세스에 AI가 도입되었다. 식물공장의 경우, 산업용 AI의 심층적 활용이 불가피하며, 식물 생장 시스템의 자동화 최적화, 식물 건강 모니터링 및 진단 측면에서 엄청난 잠재력이 있다. 이에 대한 구체적인 연구와 데이터 수집이 더욱 필요하다(Liu 등, 2022, 그림 20-4).

제어하는 방법에도 여러 가지가 있는데, 가장 간단한 제어로는 on/off 제어가 있다. PID 제어(비례 제어, proportional: 적분 제어, integral: 미분 제어, differential가 합쳐진 개념으로 목표값과 현재값의 오차를 메워 주어 목표값에 빠르게 도달할 수 있게 하는 제어), 인공 지능을 이용한 제어, 적응 제어 등은 높은 수준의 제어가 가능하지만 현장 적응에는 시간이 다소 필요하다(손 등, 2022). 그러나 앞으로 식물의 생체 정보 및 제어에 대한 수준은 산업체의 도전으로 더욱 향상될 것으로 기대된다.

식물공장에서는 여러 가지 계측기기로 수경재배와 공장 내 환경을 측정한 후, 컴퓨터를 이용하여 원하는 조건으로 조절기기를 제어한다. 이를 위해서, 식물 재배에 관련된 사항들을 데이터 뱅크로서 컴퓨터에 저장해 놓은 후 식물과 환경의 상호 관련된 정보들

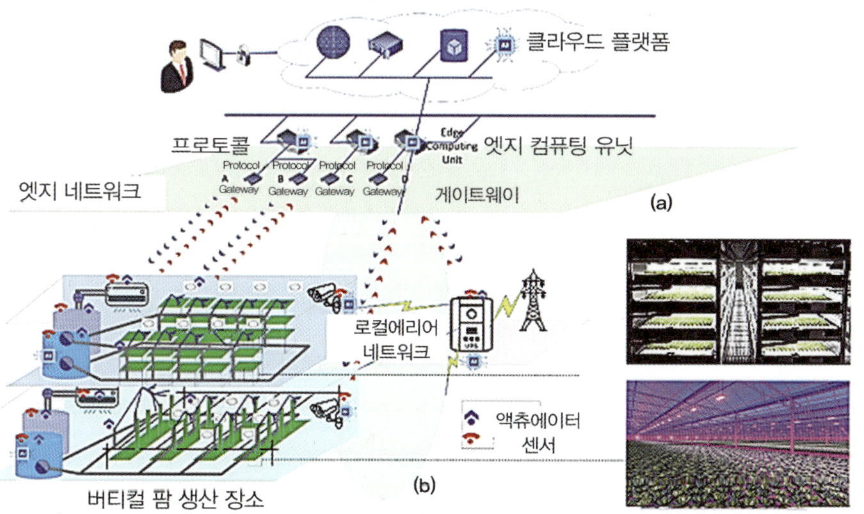

그림 20-4 식물공장 제어체계 모식도(Liu 등, 2022)

을 이용한다. 식물공장 농가는 제어용 컴퓨터를 통해서 도시근교 농가 경영정보와 지역 농업 정보를 수집하여 관리하는 식물공장 관리 센터의 네트워크와 연계한다. 여기서는 국가 규모 데이터베이스, 시장을 관리하는 기관의 정보, 지구 및 지역 기상 데이터, 농산물 수출입 및 국가 규모 생산 관리를 총괄하는 농업 중앙기관의 네트워크 관리를 받게 된다. 이는 앞으로 우리 정부의 스마트 팜 정보 시대의 청사진을 제시한 것이다.

아직까지 실용화되고 있는 것은 일부분에 지나지 않지만, 앞으로 생산, 유통, 판매 등의 네트워크가 사회적인 변화와 소비자의 동향 그리고 기상과 관련된 유동인구 변화, 국제 농업 여건에 따른 수출입 농산물의 동향 등을 종합적으로 수집, 분석, 대처안을 제공하는 네트워크 연동 대처 시대로 접어들어서, 식물공장의 생산 품목, 생산량의 조절도 해야 하는 미래 스마트 하이드로포닉 농업이 전개될 것이다.

20.5 식물공장에 필요한 기술

20.5.1 품종 개발

기존의 품종들은 토양재배를 전제로 한 것이므로, 재배 환경을 인위적으로 조절하는 식물공장에 적합한 품종을 육성하는 것이 필요하다. 식물공장에서는 AI에 의해 최적 환경 조건을 만들어 줘서 생장이 대단히 빠르기 때문에, 체내 흡수나 이동이 느린 칼슘 같은 영양분이 결핍되어 상추에서 잎끝마름병(tip burn)이 나타나기 쉬우므로, 이러한 현상이 전혀 나타나지 않거나 작은 품종을 개발해야 한다. 시간이 걸리지만, 인공광 조건에서 생리장해가 적고 수량이 많은 향상된 고품질의 품종을 육종하면, 식물공장의 사업에 잠재적으로 도움이 될 수 있을 것이다. 식물 공장의 재배면적이 작아 육종회사의 관심은 덜 하지만, 앞으로 식물공장의 면적 증대가 예상되므로 엽채류와 함께 과채류의 육종도 필요하다.

20.5.2 육묘

식물공장에서는 균일한 생산물이 나와야 하기 때문에 육묘 과정이 중요하다. 육묘 과정에서는 파종의 자동화, 균일한 묘의 생산, 발아실 이동의 자동화가 필요하다. 육묘는 암면, 폴리우레탄, 피트 블록, 코이어 블록, 오아시스 등을 이용한다. 육묘장의 온도, 광조건, 습도 등은 컴퓨터로 조절된다. 조직배양법을 이용하여 고구마나 감자 등은 조직배양을 통한 균일한 공장적 대량 묘 생산이 실용화되고 있다. 이외에도 인공 종자, 묘의 저장 기술, 가공 기술 등에 관한 연구도 이루어지고 있다.

20.5.3 태양광 이용

식물공장 운영비이 많은 부분을 차지하는 보광 비용을 줄이기 위해서는 채광을 동한 작물 재배가 필요하다. 국내에서도 태양광 수집 장치의 비교 연구와 작물 연구가 이루어지고 있다. 광효율은 크롬 코팅 반사기를 사용하면 41.1%가 향상되고 비코팅 반사기를 사용하면 20.6%만 향상되었다. 상추 묘는 광섬유 처리의 효율을 LED 처리의 효율과 비교하였을 때 광섬유 처리로 식물이 더 잘 자랐다고 한다(Lee 등, 2019). 햇빛이 강한 시간대는 태양광으로 구동하고 어두운 시간대는 주 전력망으로 자동 전환되는 하이브리드 태양광을 이용하여 엽채류를 생산하면서 전기 비용을 최소화하는 방법도 고려해야 한다. 식물공장 건설 시부터 식물공장 옥상 등을 이용한 효율적인 채광 기술을 발전시켜 장기적으로 전력비를 절감해야 한다고 본다. 태양광의 채광 기술은 식물공장뿐만 아니라 우주 농업에서도 가장 중요한 과제이다.

20.5.4 환경 제어 기술

현재까지 실용화된 식물공장 시스템에서는 각종 환경 제어장치에 대한 개별적인 조작은 물론, 마이크로컴퓨터와 같이 연산 및 판단 기능을 보유한 제어기를 도입하여 환경 제어장치를 상호 연관시켜서 제어하는 복합 환경 제어가 일반적으로 사용되고 있다.

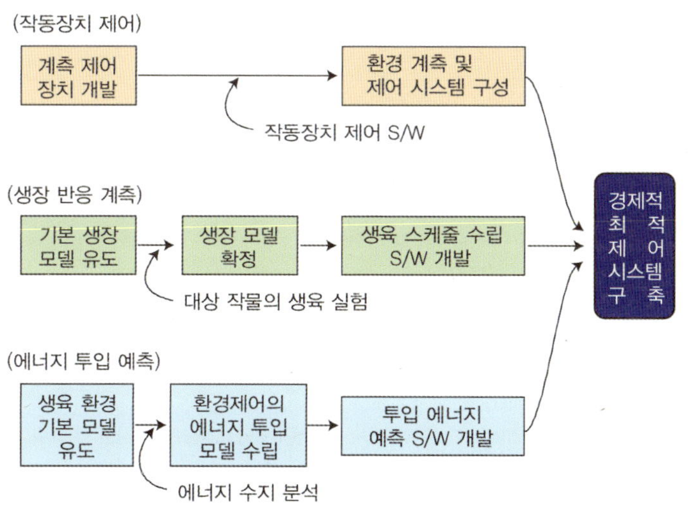

그림 20-5 식물공장의 환경 제어를 위한 여러 기술의 통합 방법

한편, 작물의 최적 생육 환경은 생육 단계나 다른 환경 요인에 따라 달라지며, 이로 인하여 그 조합이 수없이 많아지기 때문에 적정 제어 알고리즘의 개발하는 데에는 많은 시간과 노력이 요구되지만, 최근에 환경제어 기술이 발달되고 있다. 환경 제어에 사용되는 각종 센서와 작동장치(actuator), 제어 알고리즘 등이 비교적 많이 제공되고 있지만, 가격이 비싸서 일반 농가는 접근이 어렵다. 국내 기업체가 구축하고 있는 식물공장은 운영 시스템을 네덜란드에서 턴키베이스로 도입하여 운영하고 있다. 최근에 국내 기업도 정부의 스마트 팜 체제로의 변환 정책에 따라 수요가 창출되고 있으므로, 미래에는 저렴한 센서의 생산 보급과 함께 장치 및 운용 프로그램에 대한 실용화가 이루어질 것이다. 식물공장의 환경 제어를 위한 여러 기술의 통합 방법은 **그림 20-5**와 같다.

20.6 식물의 재배 조건

공장에서 작물을 재배할 때 근권 조건은 양액 재배에서와 같다. 따라서 여기서는 공장 내의 환경 조건으로 광, 공기 조성, 온도, 습도 등의 조절에 관해서만 설명한다.

20.6.1 광

광에서는 전등의 위치, 간격 및 조명 시간, 조도를 고려해야 한다. 조명 시간은 생육과 전기 비용, 즉 투입 에너지에 대한 생산량의 비율을 고려해서 정해야 한다. 상추를 예를 들면. 적합한 조명은 광 강도, 광주기, 적색광과 청색광의 비율에 따라 달라진다. 광 강도는 200μmol·m^{-2}·s^{-1}, 공기 흐름은 300m^3/h으로 제공하면 상추 생육이 좋다. 광 강도를 너무 높게 하면 잎마름병이 발생할 수가 있다. 광주기 조절을 통하여 생육을 조절할 수 있는데, 짧은 암흑 기간은 상추 성장을 촉진한다. 16h/2h의 명암 주기에서는 16h/8h 주기에서 재배한 상추보다 약 30% 더 무거운 상추를 생산할 수가 있다. 발광다이오드(LED)를 이용한 적색광 대 청색광 비율이 7 : 3 또는 8 : 2이면 상추에서 지속 가능한 재배 효과를 볼 수가 있다. 과거에는 가격이 싼 형광등이 식물공장에서 많이 사용되었지만, 최근에는 대부분 작물 생육에 최적화된 LED 모듈을 사용한다. LED는 바이오매스 생산성 및 특정 화합물의 합성을 촉진한다. 특히 청색광은 적상추의 안토시안 생성을 촉진한다. 여기서는 식물공장에서 많이 재배하는 상추를 대상으로 설명하였지만, 다른 엽채류도 유사하다. 다만 과채류는 식물공장에서 재배가 거의 이루어지지 않는데, 앞으로 이에 알맞은 최적 인공광 조사연구가 필요하다(**표 20-5**).

표 20-5 환경 요소와 반결구 상추의 생육 소요 일수 간의 관계

명기 시간	명기 온도 (°C)	암기 온도 (°C)	CO_2 농도 (ppm)	생육 일수 (일)	적산 조명 (시간)	품질
12	24	18	300	24.0	288.0	하
14	24	18	300	17.4	243.6	중
14	24	22	300	22.4	313.6	하
24	24	-	300	14.2	340.8	하
14	22	18	300	18.9	264.6	상중
14	22	16	300	20.5	287.0	상
14	22	18	1,000	16.5	231.0	상

상추에 처리하는 명기(인공광 처리 기간)와 생육과의 관계를 보면, 표 20-5와 같이 조명 시간이 길다고 해서 생육이 좋은 것은 아니며, 주간 온도와 야간 온도가 작물에 영향을 크게 미치는 것을 알 수 있다. 명기 시간과 주야간의 온도가 같을 때 탄산가스를 시비하면 수확기까지 날짜를 줄일 수가 있다. 24시간 조명을 해주면 수확기가 2일 정도 단축되지만 품질은 아주 열악해진다. 상추는 24시간 연속 조명하면, 광합성 산물의 전류가 원활하지 않게 되어 육질이 두꺼워지는 현상이 나타나서 품질이 떨어진다. 바질은 단일인 경우 개화하지만, 장일 조건을 만들어 주면 연중 생산이 가능하다.

20.6.2 온도

일반 온실재배에서는 온도 제어가 불완전하기 때문에 생육 적온의 폭이 있다. 그러나 식물공장에서는 자동조절이 가능하다. 상추는 호냉성 채소이므로, 생육을 위해서 지상부 및 근권 온도(수경액) 범위를 시원하게 해주어야 한다. 상추는 7~18℃ 범위에서 자라지만 최적 온도는 16~18℃이다. 최고로 견딜 수 있는 온도는 29℃이다. 고수 또한 호냉성 작물이므로 식물공장에서는 상추와 같은 온도로 관리해야 한다. 배지 및 용액의 최적 온도는 15~21℃이다. 근권 온도를 기온보다 3℃ 높이면, 식물생장과 카로티노이드, 아스코르브산, 엽록소를 포함한 대사산물이 증대된다. 이는 영양소 흡수를 증가시키고 뿌리의 대사를 활성화시키기 때문이다.

우리나라와 일본의 식물공장에서는 토마토, 샐러드나 피자에 필수적인 바질을 많이 생산한다. 바질은 상추와 달리 호온성 작물이므로, 재배 온도는 21~26℃로 관리해 주며 12℃ 이하로 내려가지 않게 재배한다. 발아 온도는 25~30℃이다. 견딜 수 있는 최고 온도는 상추보다 5℃가 높은 35℃이다. 호온성 작물인 오이, 토마토, 파프리카는 바질 온도 관리에 준하면 된다. 바질은 열대작물이어서 냉장고의 낮은 온도에서는 잎이 검게

변하는 저온 장해를 입으므로 10℃ 이하가 안 되도록 저장하여야 하며, 겨울철 출하할 때는 온도에 주의한다.

20.6.3 공중 습도

식물공장에서 습도 조절은 매우 중요하다. 너무 낮으면 잎 가장자리가 타고 너무 높으면 흰가루병이나 잎마름 현상(tip burn)이 나타난다. 상추는 품종과 생육 단계에 따라 요구하는 습도가 다르다. 유묘기의 상대 습도(RH)는 60~70%, 노지의 상추는 40~60%가 좋다. 그러나 식물공장에서 버터헤드 타입은 50~70% RH를 선호한다. 습도 조절 방법에는 가습기, 안개 분무 등이 있다. 습도 센서가 설치되어서 서버에 의해 자동으로 조절이 되지만 자주 관찰하는 것이 필요하다.

습도가 다소 높아도 공기 유동이 잘 이루어지면 증산이 촉진돼서 칼슘이나 붕소의 이동이 잘되어 잎마름 같은 생리장해 출연이 낮아진다. 그러나 습도가 높으면 칼슘과 붕소의 이동이 나빠서 잎마름 증상이 상추 새잎에 나타나면 상품 가치가 떨어지므로 주의한다. 식물공장에서는 공간이 밀폐되어 있어 노지보다 공중 습도가 높아지므로, 상추 품종을 고를 때에 반드시 잎마름에 둔감한 품종을 선택해서 재배해야 한다.

20.6.4 바람

식물 공장의 공기 이동제어는 균일한 기후와 성장환경을 유지하는 데 사용된다. 바람은 잎 부근의 습도를 낮춤으로써 증산을 촉진시키는 작용과 잎의 생장 억제 작용을 갖고 있으므로, 식물에 알맞은 바람을 인위적으로 조성해 주는 것이 좋다. 일반적으로 공기 유동은 0.5m/sec 정도가 되어야 한다. 습할 때는 1m/sec까지 필요하다. 환기량은 시설이나 공장 면적 $1m^2$에 $0.6m^3$를 움직이는 정도로 설정하며, 환풍기는 $30m^3$ 정도의 용량이 되어야 한다. 따라서 10a당 약 20개가량의 송풍기를 설치하여 공기가 같은 방향으로 이동하게 한다.

온도 공조가 되는 곳에서는 찬 공기가 자동으로 유입되므로, 이를 감안해 송풍기를 설치해서 증산 작용을 촉진시켜 주면 상추의 끝마름병 같은 생리장해가 적어진다. 구석진 곳이나 입구 쪽은 공기 유동에 신경을 쓰고, 버티컬 팜에서는 수직 공기 흐름을 사용하면 상추의 잎마름병을 방제할 수가 있다.

식물공장에서는 IoT 시스템이 광, 온도, 공중 습도, 공기 유동 같은 지상부 환경 데이터를 수집하여 최적 조건이 되도록 조절해 준다.

20.7 식물공장의 종류

20.7.1 식물공장의 분류

식물공장은 주된 광원에 따라 크게 태양광 이용 방식, 인공광 이용 방식(완전 제어형), 겸용 방식으로 분류하는데, 실용화된 주요국 기업은 표 20-6과 같다.

태양광 이용 방식은 온도를 완벽하게 제어하기 어려우며, 이를 제어하기 위해서는 온도 조절 설비, 보온 설비와 같은 시설이 요구된다. 태양광 이용 방식은 수경재배와 구별하기가 어려운데, 그 이유는 식물공장에서는 수경재배 방식을 필수적인 재배법으로 채택하고 있고, 수경재배 또한 자동화를 기본으로 하고 있기 때문이다. 태양광 이용 방식에서는 광조건이 나쁘면 보광을 해줘야 한다. 겸용형은 태양광으로부터 전력을 얻어서 인공광으로 조명하는 방식이 바람직하리라 생각된다.

광의 이용 방식에 따라 3종류로 분류하며, 해당 식물공장의 특성은 다음과 같다.

1) 인공광 이용 방식

인공광을 이용한 광의의 식물공장은 대단위 배양기를 이용한 인삼 뿌리의 조직 배양, 감자의 기내 배양, 고구마 순의 기내 배양, 사과의 바이러스 무병묘(virus free) 생산,

표 20-6 실용화된 식물공장과 광이용 형식

국가	개발 기업	형식	특징
한국	대농바이오	인공광	모든 싹채소 공정 생산
한국	팜에이트	인공광	엽채류, 일부 허브 생산
일본	Vitech Vegi. Factory	인공광	일존에 5개 식물공장을 가지고 있음
UAE	Bustanica 사	인공광	엽채류, 베이비채소 생산
미국	AeroFarm	인공광	상추 등 엽채류
미국	Hydronov	태양광	DFT, 상추 자동 생산
미국	Agri-system	태양광	NFT, 증발 냉방 이용
네덜란드	Koppert Cress BV	겸용	베드형, 싹채소 자동화 생산
덴마크	Christensen	겸용	베드형, 크레스의 일관 자동생산
네덜란드	Agriport A7	겸용	Rockwool, 과채류, 태양광 이용, 자동운송체계
벨기에	Hortiplan	겸용	NFT, 상추 재배 자동화
스웨덴	Swedponic	겸용	NFT, 겨울철 전등 보광, 그루 간 제어

난류의 조직 배양, 버섯 생산 등이 포함되지만, 여기에서는 협의의 식물공장으로서 싹채소 공장, 엽채류 생산 공장 등에 대해 설명하기로 한다.

(1) 대농 싹채소 공장

대농 싹채소는 둥근 드럼식 컬형(curl type)에서 재배하는 인공광 이용 방식으로 국내 싹채소 공장에서 많이 사용한다(그림 20-6, 좌). 재배 방법은 종자를 6~9시간 침지한 후에 실온에서 15시간 동안 물 빼기를 한 후 드럼통에 넣는다. 드럼이 설치된 실내 온도는 20~25°C로 암조건 또는 광조건에서, 3~5일간 회전하면서 관수를 한다. 발아되어 유근이 적당히 자라면 꺼내서 세척 탈수를 2~3회하여 종피가 완전 분리되면, 이를 탈수시켜서 3~4°C에서 저장했다가 적당한 크기로 포장해서 출하한다. 주요 싹채소는 무, 브로콜리, 알팔파, 클로버, 땅콩, 메밀, 비트 등이다.

(2) 비텍 채소 공장

Restar Holding Corporation(본사, 도쿄 신가와구)이 2015년 식물공장 사업에 진출하면서 차린 회사다. 현재 오다테 공장이 있는 아키다현을 포함해서 전국의 5개소에서 식물공장을 운영하고 있으며, 공장마다 매일 약 20,000주 상추를 담액수경 방식으로 생산한다. 2020년 현재 5개 농장 생산품이 모두 Global GAP 인증을 받았다. 폐쇄형 식물공장으로 주로 엽채류를 생산한다. 앞으로 일본에서 공장을 더욱 확장을 할 계획이라고 한다(그림 20-6, 우)

(3) AeroFarms

미국에서 2004년 창립하였다. 재배조가 버티컬 형태를 가지고 있으며, 면적은 약 6,000m^{2}이고, 에어로포닉 시스템으로 운영된다. 7층 버티컬 타입이며, 완전 제어형 공장

그림 20-6 대농 바이오의 싹채소 공장(좌)와 비텍 채소 공장(우)

그림 20-7 Aerofarm 식물공장(좌)와 Bustanica(우)

이다(그림 20-7, 좌). 초기에는 엽채류를 생산했지만, 지금은 마이크로 그린(micro- greens, 베이비 채소)을 주로 생산한다. 전 미국 마이크로 그린 소매시장의 70%를 차지한다. AeroFarms 소비자들이 이 회사 생산품의 강렬한 맛, 종류의 다양성, 일반 채소보다 5~40배 많은 마이크로 그린의 영양적인 특성에 따라 지속적인 소비를 하는 것으로 알려져 있다. 특허를 받은 분무수경 기술을 적용하고, 자동화된 운송 시스템, 로봇공학, AI 및 머신러닝을 활용하여 최적 환경에서 식물을 재배한다. 재생 에너지를 100% 사용한다.

(5) 버스타니카(Bustanica)

아랍에미리트 두바이에 2022년 설립되었다. 3층 27개 실로 구성되어 있으며, 총면적 2.9ha의 세계 최대 수직형 식물공장이다. 하루 엽채류 생산량은 약 3,000kg으로 아랍에미레이트 항공 기내식으로도 공급된다. 옥상에 설치된 태양광 패널을 이용하여 식물공장에 필요한 전기의 1/3을 생산함으로써 지속가능성을 강화한 공장이다(그림 20-7, 우).

(6) GigaFarm

UAE 정부가 주관하여 두바이 Food Tech Valley에 건설하는 약 8.4ha의 폐쇄형 버티컬 팜이다. 2025년부터 생산이 시작되었는데, 주로 샐러드 채소이다. 이 농장이 특이한 것은 연간 약 50,000톤의 음식 쓰레기를 곤충에게 공급하면, 곤충이 이를 분해해서 나온 물과 유기물을 이용하는 시스템이다. 작물 생산량은 연간 약 300만 kg이 예상되며, 이는 UAE 수입 신선 농산물의 약 1% 정도이다. 이 농장은 앞으로 UAE의 지속 가능한 식품산업에 획기적인 변화를 가져올 수 있는 모범 농장으로서 가치가 크다고 본다.

(7) 팜에이트

평택에 공장이 있으며, 2012년 165m^{2}로 시작해서 현재는 약 2,300m^{2}로 확장되어 국내에서 가장 규모 큰 식물공장이다. 버티컬 팜 형태로 자체 제조한 특수 LED로 보광하고 베드는 12단으로 구성되어 있다. 엽채류와 허브류를 매일 1톤씩 생산한다(그림 1-6, 14쪽 참조).

(8) 기타 인공광형 공장

Techno Farm Keihanna는 2018년 일본에서 Techno Farm™ 시스템을 도입한 최초의 시설이다. 세계에서 가장 큰 자동화된 수직 농장 중 하나로서, 로봇, IoT 및 기타 최첨단 기술을 활용하며, 하루 30,000주를 생산한다.

Spread 사는 일본회사로서 인공광형이며, 상추를 하루에 약 21,000주 수확한다. 딸기 재배도 LED 조명하에서 진행하고 있으며, 벌을 이용한 수정도 공장에서 수행한다.

2) 태양광 이용 방식

태양광을 이용하는 방식으로 흐린 날씨나 일장이 짧은 경우에는 인공광을 같이 사용한다. 스마트 팜에서는 태양광이 효과를 가져 올 것이라고 본다.

(1) 루트너(Ruthner) 방식

태양광을 이용하는 방식 중에서도 가장 큰 방식으로서, 오스트리아 빈의 오트마르 루트너(Othmar Ruthner)가 경영하는 루트너 사가 1963년에 개발했다.

구조상 수직 생산 시스템인 버티컬 팜(vertical farm, 수직농장)의 효시가 된다. 그림 20-8(좌)과 같이, 폭 11m, 높이 22~54m 크기의 하우스 안에서 수직의 벨트 컨베이어를 이용하여 1m 간격으로 붙어 있는 베드에서 엽채류를 가꾸는 방법이다. 재배상은 컨베이어에 연결시키는데, 컨베이어가 수평, 수직 이동을 하더라도 재배 베드는 수평을 유지하게 되어 있다. 바닥에 배양액 탱크를 설치하여 컨베이어가 하루에 한 바퀴 돌아 아래로 내려왔을 때 재배상이 배양액에 잠긴다. 모든 공정을 자동화하여 인건비를 최소화

그림 20-8 루트너 사 온실(좌, 하누버 대학교)과 베드에 추가 관수하기(우)

하고, 연속생산이 가능하다. 여름에 고온이 되어서 공급한 수분이 부족할 경우가 발생하면 인위적으로 관수를 추가해 주기도 한다(그림 20-8, 우).

태양광을 이용하는 루트너식은 식물을 수직으로 여러 줄을 재배하므로 식물과 재배 베드의 그림자로 인해 광선이 차단된다. 또한 온실의 높이가 크기 때문에 위와 아래 부분의 온도 차이가 크며, 건설비가 비싼 단점이 있다. 또한 광열비의 절감액보다 냉난방 등에 들어가는 공조 설비 및 운전 비용이 커서 태양광 이용 방식의 장점이 반대로 단점이 되기도 한다. 1990년을 마지막으로 건설되지 않고 있다.

(2) Hydronov 사

미국의 Hydronov 사가 개발한 스티로폼 재배 베드를 이용한 부유식 수경(DWC)을 이용한 공장이다. 현재 미국, 카나다를 포함한 일본 등지에 가장 많이 채택된 대단위 수경 재배법을 제공하는 회사로서 로열티를 받고 공장을 설치 운영하는 방식을 택하고 있다. 육묘 기간에는 보광을 하지만 주로 태양광으로 재배한다. 대형 재배 조에서 베드를 자동으로 이송하여 재배하고 수확 시에는 베드를 들어 올려서 컨베이어를 이용해 수확실로 이동시켜 수확 포장한다. 페널은 소독 수세되어서 재활용한다. 버터 헤드 타입(butter head type) 상추를 주로 재배한다(그림 20-9).

(3) SKY GREEN

1960년대에 건설된 세계 최초의 버티컬 팜은 태양광형 식물공장에서 언급한 루트너식이었지만, 1960년대 이후 건물 자체가 존재하지 않는다. SKY GREEN은 이후에 나타난 태양광형 버티컬 팜의 형태로서, 2012년 싱가포르에서 상업적 운영이 시작되었다. 구조는 높이 9m의 A자형 알루미늄 구조물에 38개의 재배형 홈이 설치되어 상하로 회전하면서 양수분과 광을 받는 자연광형 공장이다(그림 20-10). 재배 베드의 특허 받은 유압식

그림 20-9 Hydronov 결구 상추 재배(Google)

그림 20-10 SKY GREEN

수력 구동 시스템에 의해 구동된다. 9m 타워 구동에 필요한 전력은 40W(전구 1개 해당) 전구를 켜는 정도면 된다. 또한 1.7톤 수직 구조물을 회전시키는 데 필요한 물은 0.5리터에 불과하다. 양액은 중력에 의해 위에서 아래로 천천히 이동해 지하 양액 탱크에 수집되어 재순환하는 형태이다. 수량은 토지보다 약 10배 높다. 주로 순수 수경을 하지만 때에 따라서는 재배 베드에 상토를 충전하여 가꾸기도 한다. 1년 내내 열대지방의 풍부한 햇빛을 활용해서, 땅콩, 카이란, 백경채, 시금치 등 열대 채소를 생산한다. 캐나다 등 해외에도 설치되어 있다(Sky Greens, 2017).

(4) 국내 식물공장

국내의 태양광 식물공장은 이동식 시스템의 적용이 많지 않은 수경재배법이다. 만나 EEA(약 9,800m^2, 엽채류와 허브, 연간 200~250톤 수확), 에그로닉스(6,658m^2, 인삼, 엽채류), 여주 아쿠아포닉(1,200m^2, 다양한 엽채류, DWC식 적용. 재배 페널 이동식), 고려인삼 농원(평택, 1,800m^2, 2단 베드, 재배 상토 교반장치 자동화 시스템 적용, 싹인삼 농장) 등이 있다.

2) 겸용형 방식

(1) 크리스텐센 방식

이 방식은 태양광을 이용한 최초의 공장으로서, 덴마크의 크리스텐센(Christensen)이 1957년 개발하였다. 코펜하겐 근처에 있는 이 농장에서는 매운맛이 나는 싹채소로 크레스(cress)를 생산한다. 그림 20-11(좌)과 같이, 약 20a 면적의 공장에서 파종부터 출하까지 컨베이어로 완전 자동화하고 있다. 크레스 종자는 펄프 상토가 담긴 소형 플라스틱 상자에 파종하여 발아실로 이동한 후에, 온도 20℃, 습도 80%에서 발아가 이루어지면 식물의 키를 똑같이 조절하기 위해 대형판으로 눌러주고 서서히 올려준다. 그런 다음, 녹화실로 운반해서 고압나트륨등(HPS)을 이용하여 떡잎이 녹색이 되게 한다. 쓴맛을 증가시키기 위하여 5일째는 송풍을 해준다(표 20-7). 햇빛이 강한 여름에는 보광 처리를

표 20-7 크리스텐센 농장의 크레스 생산 과정

발아 암실			재배실		
제1일	제2일	제3일	제4일	제5일	제6일
파종, 시비, 발아		압박	육성	송풍	육성
온도 20℃, 습도 80%		기계로 압박해서 뿌리를 고정	HPS 등으로 조사	쓴맛을 주기 위해 송풍	HPS 등으로 조사
초장(mm) 0~2			10~15	25	40~50

그림 20-11 Cress 식물공장(좌)와 cress 싹채소(우, Bucktown Seed)

하지 않지만, 겨울과 우천 시에는 보광을 한다. 식물이 온실 안을 5~6일간 이동하는 사이에 각 생육 단계에 맞는 최적의 조건을 제공하여 주면 균일한 양질의 크레스가 최종적으로 생산된다. 온실의 녹화 과정에서 보광 처리하므로 겸용형으로 분류된다. 시중의 유통 상품은 키가 균일하지 않다(그림 20-11, 우).

(2) 스웨드포닉(Swedponic) 사

스웨덴의 스웨드포닉 사가 개발한 방법으로 현재 유럽의 북부와 중부에서 15개 이상의 공장이 가동 중이다. 주로 엽채류나 허브류를 생산하는 공장으로 이용된다. 식물공장의 전체적인 구조는 크게 육묘, 재배, 수확실로 나뉘어져 있으며, 서로의 유관 관계가 잘 구성돼서, 파종, 정식, 수확이 빈틈없이 맞아야만 공장 운영이 원활하게 되고 최대의 수확을 올릴 수 있다.

육묘 방법은 두 가지인데, 포트(높이 5cm, 상부 지름 5.5cm, 하부 지름 3.5cm)에 피트를 채워서 육묘하는 포트 육묘 방법과 피트 블록에 육묘하는 방법이 있다. 잎상추는 포트 육묘할 때 포트당 3립, 반결구 상추는 피트 블록에 육묘할 때 1립의 종자를 파종한 후 발아실에서 발아시킨 다음, 로봇이나 사람 손을 이용해서 11.6m 길이의 양액이 흐르는 재배조(channel)에 포트를 정식한다(그림 20-12, 좌). 심겨진 재배조는 자동으로 재배실로 이동되며, 완전히 자라면 반대쪽의 동일한 컨베이어 시스템을 통해 수확실로 이동된다(그림 20-12, 우).

재배 방법은 NFT 방식이며, 식물은 온실 끝까지 100m를 자동으로 이동하는 동안 수확기에 접어들도록 조절된다. 처음 재배조 간격은 9cm이지만, 점차적으로 12, 15, 24cm로 벌어져 최종 수확 단계에 이르게 된다. 따라서 처음에는 m^2당 88개 식물이 재식되지만 나중에는 26개 정도가 재식된다. 이동은 체인에 의해 움직인다. 식물이 커가는 재배 기간 동안 광이 부족하면 보광을 한다. 보광은 400W 고압나트륨 전등을 사용하는데, $1m^2$당 800W 이상의 보광이 이루어진다. 필요한 경우에는 CO_2 시비도 한다.

그림 20-12 Swedponic 사의 자동정식기(좌)와 재배조 운반 컨베이어(우)

실내 온도는 작물의 종류에 따라 조절한다. 수확은 상추의 경우 정식 후 21~28일 사이에 실시한다. 포트에서 재배한 식물을 포트 째로 원추형의 비닐봉지에 넣어서 출하한다. 피트 블록에서 자란 반결구 상추 등은 뿌리를 절단한 상태에서 비닐봉지나 상자에 넣어서 출하한다. 재배조는 세척 후 처음 정식했던 곳으로 되돌아가서 다음 재배에 이용된다.

재배조를 통과하여 재순환되는 양액은 모래여과기를 통해 정화된 후, 마지막으로 UV 소독장치를 거쳐서 재사용된다.

(3) Hortiplan 식물공장

벨기에의 메헬렌에 위치한 식물공장으로 NFT 방식을 택하고 있다. 육묘는 피트 블록을 이용하는데, 여름에는 5×5cm 크기, 겨울에는 6×6cm이다. 육묘한 상추나 허브를 3~4주 육묘하여 폭 10cm, 허브는 폭 7cm인 재배조에 심는다. 재배조 길이는 9.6, 12.0, 12.8m이고, 높이는 5cm이며, 6.5×6.5cm, 또는 6.8×6.8cm 크기의 재식공이 26cm 간격으로 뚫려 있다. 피트 블록에서 자란 묘를 옮겨 심고서 재배 시스템에 올리면 생육기간 동안 재배조 채널은 천천히 간격이 벌어지며, 마지막 단계에서는 $1m^2$에 14주 상추의 밀도를 나타낸다. 식물이 자라는 재배조는 드로우바(drawbar, 견인 막대)에 의해 초기에는 좁게, 후기에는 넓게 완전 자동 조절한다(그림 20-13, 좌). 수확실로 자동으로 이동되면 수확자는 상추의 노엽이나 황화된 잎을 제거한 다음 수확하여 즉석에서 포장한 후에 컨베이어를 통해 저온고로 이동하여 저장했다가 출하한다(그림 20-13, 우). 이때 수확이 끝난 재배조는 자동으로 세척돼서 다시 재배실로 자동 이동된다. 태양광을 주로

그림 20-13 Hortiplan 상추 재배(롤로로사, 좌)와 포장 상추 운반 시스템(우)

이용하므로, 여름에는 5~6주 후에 수확하고 겨울에는 8~11주 후에 수확한다. 관수는 소형 호스 또는 점적관을 통하여 양액을 주입하며, 재배조의 구배는 1%이다. 생산하는 상추 품종은 Boston, Bibb, 녹색 또는 적색 oak leaf, Lollo Rossa 등이다. 그리고 3종류 색깔이 들어간 상추(red oak leaf + Lollo Rossa + Lollo Bionda)를 한 포트에 같이 심은 모둠 상추도 생산한다.

20.8 발전 방향

세계 식물공장 시장 규모는 2022년 1억 2,900만 달러로 평가되었으며, 2023년 1억 3,800만 달러에서 2028년 1억 9,600만 달러로 성장해서 예측 기간(2023~2028년) 동안 연평균 성장률 7.3%를 기록할 것으로 예상된다. 식물공장 시장 수요는 여러 요인으로 인해 지난 몇 년간 꾸준히 증가해 왔다(Market and Marketes, 2025). 식물공장을 보급함에 있어 극복해야 할 점은 먼저 생산 단가가 비싸다는 것이다. 생산 원가에서 보광과 냉난방비가 큰 비중을 차지한다.

식물공장에서 농산물을 생산 시 농업용 전기에 대한 명확한 요율 기준과 판단 기준을 마련한다. 태양광 이용 방식은 냉난방비가 많이 들고, 완전 제어 방식은 보광비가 많이 든다. 시설 규격화 및 표준화를 통한 초기비용 저감, 그 다음으로는 기술 부족을 들 수 있다. 식물공장에 필요한 기술로는 표 20-8과 같은 사항을 들 수 있는데, 몇 가지 분야는 꾸준한 개발이 요구된다.

표 20-8 식물공장에 필요한 제반 기술

기본 기술	생장의 정량화 및 생장 촉진
공통 기술	생산체계 설계 : 품종 개발과 저비용 최적 공장 설계 표준화 수경재배 기술 : 육묘, 정식, 재배, 수확 자동화 기술 도입 이동재배 기술 : 베드 및 수확물 자동 이동 체계 확립 밀식재배 기술 : 최적 보광을 통한 작물, 품종별 밀식 방법 환경제어 기술 : IT기술 도입 작물별 최적 환경제어 각종 자동화 : 양수분 공급, 온습도, 탄산가스 시비 등 자동화
인공광 방식	광원 개발 : 저에너지 소모, 최적 파장 LED 모듈 개발 광원의 조명 설계 : 최적 광도로 수량 증대 최적 공조 : 저렴한 공조법 고안과 적용 단열재 선정 : 에너지 절감형 단열재 개발 복합 환경 조절 : 생체정보 기반 IT 기술 적용 최적 환경 제어
태양광 방식	최적 제어 기술 : 태양광 이용의 극대화를 통한 복합 환경 제어 열선 흡수 및 반사 피복재 개발 : 동계의 열선 흡수, 하계 적정 반사 가능 피복재 개발

생산성 증대는 어느 정도 수준이지만, 생산 체계 설계를 위해서는 공장 전용 품종 및 수익성 높은 작물의 선택과 최적 저비용 공장의 표준화된 설계가 제시되어야 한다. 재배적 측면에서는 파종, 정식, 작물의 이동, 온습도나 탄산가스 시비 등 환경 조절의 완전 자동화가 확립되어야 한다. 생산 원가를 낮추기 위해서는 절전하는 방법과 특수 작물을 도입해서 생산성을 더욱 높이는 방법을 생각할 수 있다. 인공광형 공장에서는 태양광을 포함한 저렴한 동력의 개발과 효율 좋은 광원의 개발이 가장 중요하다. 광을 단속적으로 사용하는 LED 이용 펄스 조명도 고려할 필요가 있다. 태양광 온실에서는 자연광 이용의 극대화를 위해 열선 흡수 및 반사 피복재를 개발하고 각종 센서를 통한 복합 환경 제어 기술이 확립되어야 한다.

이와 같은 식물공장의 기술 개발과 함께 정부에서는 식물공장 발전을 위하여 문제의 소지가 있는 것은 과감하게 협조하고 규제를 풀어야 한다. 먼저 도시의 지하 공간, 폐 공간을 이용하여 식물공장 구축 시에는 건축기본법, 소방법의 규제 완화가 선행되어야 한다. 그리고 인공광형 식물공장에서 사용하는 전기료에 대한 혜택을 보다 많이 주어야 한다. 아울러, 식물공장에서 생산되는 인삼을 포함한 약용작물을 노지 작물과 같은 선상에서 인정해 주어야 한다(박 등. 2016).

이와 함께 앞으로 정부의 스마트 팜 정책에 따라 우선적으로 수익형 식물공장의 비즈니스 모델 개발하고, 장기적으로 미래 전략형 식물공장의 차세대 모델을 개발한다면, 국내의 식물공장도 개발도상국을 포함한 해외 수출도 가능하다고 본다.

제21장 버티컬 팜 (Vertical Farm)

21.1 버티컬 팜의 개념

비티길 팜(vertical farming, 수직농장)은 일반적으로 다층 마천루, 중고 창고 또는 운송 컨테이너에서 식물을 층층이 재배하는 것을 의미한다. 즉, 도심의 고층 건물의 실내에 다층 구조의 베드를 설치한 다음 인공광 등을 이용한 제어환경농업(CEA: controlled-environmental agriculture)을 실시해서 농산물을 생산하는 것을 수직농법(vertical farming)이라 하며, 이와 같이 생산하는 농장을 버티컬 팜 또는 수직농장이라 한다. 1999년에 Dickson Despommier(2009)가 그의 학생들에게 50,000명을 먹일 수 있는 고층 건물 농장의 디자인을 제시했다. 물론 이 디자인은 아직 완성되지 않았지만 수직 농업이라는 아이디어를 대중화하는 데 성공했다. 그는 마천루에서 상업적인 목적의 식물재배에 대한 개념으로 버티컬 팜을 제안하였다.

원예 분야에서는 고층 건물에서의 생산 개념이 아닌 온실형 식물공장과 건물형 식물공장에서의 작물 생산을 아우르는 용어로 다루기도 하지만(손 등. 2022), 협의로는 "식물공장 내에 평면식이 아닌 다단식 재배 베드가 설치된 수경 시스템을 버티컬 팜"이라 정의할 수 있다. 본서에서는 이러한 분야를 제20장의 식물공장에서 설명하였다.

21.2 버티컬 팜의 형태

버티컬 팜은 형태에 따라 혼합이용형(Mixed-use skyscrapers), 데스포미어형(Despommier skyscrapers), 선박 컨테이너형(Stackable shipping container)과 폐광을 이용하는 디프 팜(deep farm)으로 나눌 수가 있다(Wikipedia, 2023).

혼합이용형은 Ken Yeang(2017)이 제안하였으며, 밀폐된 공간이 아닌 오픈된 곳에서 환경 조절과 소비를 위한 마천루의 혼합적인 건물이다. 그의 기본 철학은 건축 양식이 도시 속에 독자적으로 존재하는 것이 아니라, 건물 내의 정원과 테라스에 인공 생태계를 필수적으로 조성하여 건물과 자연 생태계의 조화를 이루어야 한다고 하였다. 이에 Yeang은 인공 생태계의 건축 양식에 다음 세 가지 목적이 담기도록 디자인하였다. 첫째, 정원과 테라스는 건축 환경적 측면에서 미학적이며 주변 생태계와 조화를 이룰 것. 둘째, 건축물의 가든과 테라스의 디자인은 주변 환경의 지속적인 확장 선상에서 있도록 그 자체가 살아 있는 생태계의 생명체로서 참여 요소가 될 것. 셋째, 빌딩의 형태 속으로 식품과 다른 원료 물질의 생산 능력, 물과 공기의 개선, 유기물의 분해와 같은 것이 생태계와 지속적으로 통합되면서 생산성과 제어적인 이익성을 형성할 것. 이 개념은 모든 도시에서 이용할 수 있는 인간 친화적이면서 환경친화적인 수직 농장이라고 볼 수 있다.

데스포미어형은 Ken Yeang과는 반대로 폐쇄 공간에서 적은 에너지로 오염이 낮은 식물을 생산하는 것을 제안하였다. 이는 식물 생산을 위한 환경제어, 보광을 포함한 모든 조건을 인위적으로 제공하기 때문에 문제점을 많이 갖고 있다(그림 21-1, 우).

선박 컨테이너형은 컨테이너를 차곡차곡 쌓아가면서 만드는 재배 방식으로, 도시 근교에서 시스템을 간단하게 설치할 수 있는 이점이 있다. 국내에서도 남극의 세종연구소에 컨테이너 식물공장을 설치한 예가 있으며, 광원으로는 LED를 이용한다.

폐광 갱도 이용형은 땅 아래의 지하 갱도를 이용하므로, 심층 농업(deep farming)이라 칭한다. 일정한 지하 온도가 유지되므로 냉방비를 절감할 수가 있고, 갱도 내외부에서 쉽게 지하수를 사용할 수 있어 물 공급하는 비용을 줄일 수 있다. 영국에는 버려진 15만 개 이상의 폐광이 있어 이용 가능성 높다고 했다(Grossman. 2018). 갱도 하나를 설치하는 데 약 4천만 원이 소요되며, 냉난방이 필요 없어서 운영비는 매우 저렴한데, 매년 세 가구가 소비하는 에너지보다 적게 든다.

Yeang의 혼합이용형, 데스포미어형과 디프 팜형은 실제 도심의 빌딩이나 폐광산에서 농산물의 실제적인 대량 생산 적용에 시간이 필요하지만, 컨테이너형은 미국을 포함한 많은 지역에서 실용화되었다. 세계의 다양한 버티컬 팜이 건설비용뿐만 아니라 재배 식물의 환경 조절에 필요한 보광과 냉난방비가 차지하는 비용 증가에 따른 운영비 과다로 인해 50% 이상에서 생산을 중단했기 때문에 이들을 건설하여 상업적으로 경영합리화를 기할 수 있는지 사업 착수 전에 심사숙고해야 한다. 중동을 포함한 선진국에서 버티컬 팜의 미래 수익을 근거 없이 제시하고 모금하여 건설에 착수하려는 시도가 비농업인에 의해 많이 이루어지고 있으므로 주의해야 한다.

그림 21-1 혼합 이용형(좌)와 데스포미어형 버티컬 팜(우)

1) 혼합 이용형

Ken Yea의 첫 번째 버티컬 팜 건설은 말레이시아에서 시작되었다. 생물기후학적 디자인을 내외부적으로 적용하여 열대 기후에 이상적인 저에너지 건물을 조성한 IBM 본사가 효시이다. 3층 높이의 식물 더미에서 나선형으로 파사드를 따라 하늘 정원까지 식물이 식재되어 있고, 건물 상층부의 3층 높이 매립형 테라스에도 식물이 식재되어 있다. 이 아트리움은 자연 환기를 가능하게 하며, 식물은 그늘을 만들고 산소 공급을 증가시켜 준다. 이 건물은 고층 건물 설계에 적용해 온 생물기후학적 접근 방식의 원칙을 통합했다. 또한 건물 한쪽 면에 지면에서 최대한 높이까지 식물을 쌓아 올리는 것으로 시작하여 인간과 환경이 친화적으로 공존할 수 있는 공간을 창출한다. 이러한 이점에도 인간에 필요한 작물의 생산이 초기 설계에서 배제되고 조경적인 측면만 강조한 점이 아쉽지만, 앞으로는 폭발적인 인구 증가에 대비한 도심 생산 농업도 가미되리라 본다(그림 21-1, 좌).

2) 데스포미어형

컬럼비아 대학교 교수였던 데스포미어는 도심에 버티컬 팜을 세우고 과수원과 밭으로 가득 찬 고층 빌딩을 전 세계 도시에 만들어서 연중 내내 농작물을 생산한다는 아이디어를 제안했다(그림 21-1, 우). 이는 무공해 농지를 확보하는 것뿐만 아니라, 장거리 운송에 따른 운송비와 이산화탄소 배출량을 줄일 수 있다는 것이다. 또한 운송 과정에서 불가피하게 발생하는 부패도 줄일 수 있는 장점이 있다. 수직 농업에는 비판적인 시

각도 있다. 거대한 구조물의 비용 때문에 재정적으로 비현실적이라고 주장한다. 과수원과 밭이 층층이 쌓여 있어 자연광이 최상층에만 직접 들어오므로 연중 내내 인공조명을 사용한다면 엄청난 전기요금을 지불해야 할 것이다. 데스포미에의 수직 농장 이론을 믿든 믿지 안 든 간에, 그는 현재 농업 시스템의 현실에 낙담한 대중의 상상력을 사로잡는 데 큰 성공을 거두었다. 유엔에 따르면 2050년까지 전 세계 인구의 약 70%가 도시 지역에 거주할 것으로 예상된다. 이러한 수치를 고려할 때, 도시 농업은 앞으로도 중요한 개념으로 남을 것이다. 큰 꿈과 약간의 행운, 그리고 전략적 계획만 있다면, 2050년에는 전 세계 스카이라인을 장식할 마천루형 온실이 생겨날지 모른다. 중요한 것은 건물에서 식물을 생산하는 데에는 수경 농법이 필수적이라는 것이다.

3) PodPonics

미국에서 2010년 시작한 컨테이너형의 버티컬 팜으로서, 애틀랜타에 100개 넘는 컨테이너 "growpod"를 설치했다. 형태는 단층 또는 버티컬형으로 2~3층 컨테이너를 설치했다(그림 21-2). 오만(Oman)에 80여 개 그리고 두바이(Dubai)에도 많이 설치되었다.

재배 방법은 내부에 5단 NFT 방법을 이용한다. 일본의 유명한 전기회사인 샤프와 공동으로 공장 내의 LED 조명을 최적화하고, 샤프의 우수한 판매망을 이용하여 미국뿐만 아니라 세계 각국에 공장을 판매한다. 제어 관리는 IoT(사물 인터넷: internet of things)을 사용해서 공장 내 광과 생육환경을 최적화한다. 재배용 포드(pod. 컨테이너)는 지역환경에 맞게 제조해서, 주문, 제조, 운송, 설치한다. 450m^2 면적인 16개의 포드에서 100톤의 상추와 기타 마이크로 그린을 생산할 수 있다고 한다. 한 사람이 포드(컨테이너)를 4~5개를 관리하며, 재배작물은 반결구 상추, 로켓 샐러드(rocket salad), 크레스, 물냉이 등 엽채류가 주를 이룬다(PodPonics., 2017).

그림 21-2 PodPonics

4) 디프 팜(deep farm)

채탄이 끝난 탄광은 어느 나라나 쓸모없이 여기저기에 흉물로 남아 있다. 그러나 영국의 노팅엄 대학교의 학자들은 이러한 탄광에서 식량의 생산 가능성이 있는 잠재적 가능성을 보았다(Llyoid, 2018). 영국에 버려진 15만 개 폐광을 디프 파밍(deep farming)이라고 불리는 새로운 식물 생산 시스템으로 이용할 수 있다는 아이디어로 특허를 취득했다. 디프 파밍은 날씨의 영향을 받지 않는 기후 특성을 가지고 있으며, 풍부한 지하수를 이용하여 분무경이나 순수수경법에 LED 등을 이용하여 작물을 재배하면 냉난방을 하지 않아도 도심 지하에서 채소를 생산할 수가 있는 큰 장점이 있다. 층마다 수경재배에 의해 작물을 재배하면서 구동 팔 로봇으로 수확하여 지상으로 자동 이동하게 하는 시스템을 운영하는 것이다(그림 21-3, 좌). 소규모 디프 팜(deep farm)은 연간 80톤의 식량을 생산할 수 있으며, 노지에서 1~2번 수확할 때 연간 최대 10번의 수확이 가능하므로, 실내의 0.1ha에서는 작물에 따라 노지의 0.4~0.6ha 이상 수확이 가능하다. 재배할 수 있는 작물에는 상추, 시금치, 케일 같은 잎채소와 바질, 민트 같은 허브 그리고 딸기, 버섯, 당근, 가지 등 다양하다.

노팅험 대학교 교수들은 바다 속에 대형 수직 컨테이너 구조물을 만들고 바닷물을 여과하여 양액재배를 하면서 LED로 보광재배하는 것을 제안했다(Planbox, 2019). 이는 플로팅 디프 팜(floating deep farm, 그림 21-3, 우)으로 실현 가능성은 낮지만, 데스포미어형이 육상 버티컬 팜이라면, 이는 바다의 버티컬 팜에 해당되는 것으로서 미래에는 다양한 버티컬 팜이 또 다른 학자들에 의해 제시될 것으로 예상된다.

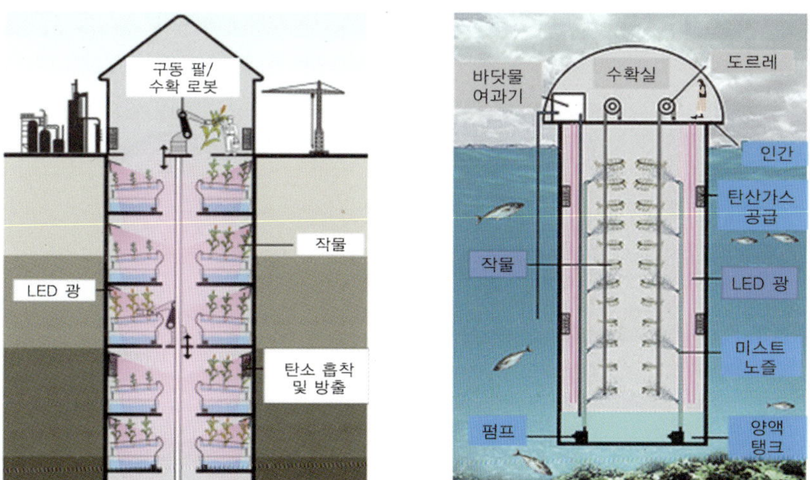

그림 21-3 디프 팜(좌)과 플로팅 디프 팜(우).

21.3 버티컬 팜의 장단점

채소생산용 버티컬 팜에 관심이 많아 국내에서도 많이 시도되고 있지만, 큰 발전은 아직 되지 않고 있는데, 이는 많은 장단점이 있기 때문이다.

장점은 다음과 같다. 첫째, 미래 식량 생산을 위한 전진 기지가 될 수가 있다. 이는 2050년이 되면 세계인의 80% 이상의 시민들이 대도시에 거주하게 되고, 인구가 현재보다 30억 명이 증가되어 100억 명이 예상되는데, 농경지가 부족해져서 버티컬 팜이 새로운 대안이 될 수가 있다. 둘째, 단위면적당 수량이 높고 도시에서 바로 생산하여 소비하므로, 시장을 통해 소비자에게로 운송되는 중에 폐기되는 농산물의 약 30%를 줄일 수가 있다. 셋째, 지구온난화가 지속적으로 진행되면서 나타나는 변화무쌍한 자연재해로부터 농산물의 안정된 생산이 가능하다. 넷째, 자원 절약형이다. 즉, 농약 비료의 사용 및 재배에 필요한 물의 소비를 극소화해서 생산이 가능하다. 예를 들면, 버티컬 팜 내에서 아쿠아포닉(aquaponics)을 이용하여 물고기를 생산하면 양어장 물의 2%만 소모해도 동일한 양의 물고기를 생산할 수가 있다. 다섯째, 깨끗한 환경에서 작업하여 인간 친화적인 생산 시스템의 도입이 가능하다. 여섯째, 새로운 도시농업 형태로 자리매김하면 많은 생산자의 노동력을 도심에서 창출하고 부산물은 발효시켜 에너지화할 수 있다.

단점은 다음과 같다. 첫째, 경제적인 관점에서 투자 대비 수익성이 문제시 된다. 즉, 토지와 건축비가 많이 든다. 국내에서도 많은 곳에서 도전하지만, 투자 대비 손익분기점을 계산하기 어려울 정도로 많은 비용이 요구되는 문제로 인해서 해외에서도 수년간 잘 운영되던 회사들의 절반이 사업을 포기하고 있다. 둘째, 폐쇄형 공장은 빌딩 내에서 재배하므로 조명과 냉난방 등에 많은 비용이 필요하다. 세계적으로 완전 제어형 식물공장이 크게 환영을 받지 못하는 것과 같은 맥락에서 부수적인 비용이 많이 드는 것이 발전에 가장 큰 걸림돌이다. 셋째, 재배 식물이 채소, 허브가 주를 이루어 수익성이 낮고, 고소득 작물은 제한이 많다. 넷째, 온도, 빛, 물, 습도의 섬세한 균형이 유지되지 않으면 버티칼 팜 내에서 자라는 작물의 생리 장해가 유발되어 정상적인 작물 생산을 하지 못할 수도 있으므로, 고도의 재배 기술과 경험이 필요한 점이다. 다섯째, 버티컬 팜은 노지보다 오염원의 배출이 많다. 식물 재배에 필요한 전력, 수경재배에 소요되는 비료와 제반 재료 등을 생산하기 위한 자연 부하가 평지보다 높아 탄소 배출이 높을 수 있다는 점이다. 즉, 노지에서 생산한 것보다 단위 무게당 필요한 에너지가 아주 높기 때문에 환경친화적인 농법이 아니다.

21.4 발전 방향

식물공장과 버티컬 팜(수직 농장)을 구분할 때 여러 층으로 건축 구조물을 사용하는 것을 버티컬 팜으로 하고, 단동 건물 내에 재배 베드만 7~9단 층을 만들어서 재배하는 것은 인공광형 식물공장으로 다루는 것이 좋다고 본다. 물론 미국의 유명한 수경재배학자 Resh는 식물공장이라는 단어를 사용하지 않고 모든 것을 수경법의 일종으로 분류하고 있다. 필자는 여기에서 컨테이너형, 자연광, 인공광형, 디프 팜 등을 각 1개소씩 예를 들어 버티컬 팜을 언급하였다. 그러나 현시점을 기점으로 10년 안에 북미에서 수직 농장이 대규모 밭에서 재배하는 것과 수익면에서 경쟁할 가능성이 사실상 보이지 않는 것이 현실이다.

미국의 경우, 동부 버티컬 팜에서 생산하는 상추가 서부 캘리포니아에서 장거리 수송해 온 상추 가격의 2배인 것으로 분석된다. 따라서 지구 환경이 급변함에 따른 최후의 보루로서 버티컬 팜의 가치를 인정해야 할 것이다. 그런 때가 오면 건축가들이 주장한 모형에 따라 도심 한복판에 20~30층 건물을 세우거나 오픈 또는 크로스된 환경하에서 수경 또는 비수경법으로 작물을 재배하여 도시민에게 비록 고가이지만 인간 친화적 자연환경과 신선한 채소를 공급할 수 있게 될 것이다. 또한 영국이나 독일의 대도시 인근에 존재하는 수많은 지하 갱도에서 채소를 생산하는 디프 팜 그리고 바다 속에서 신선한 채소나 허브를 생산하는 플로팅 디프 팜이 나타날 수 있다.

그러나 미래의 버티컬 팜 발전을 위해서는 생산비가 최소화되는 형태의 모델과 수익성 높은 약용식물이나 고기능성 허브 작물의 개발과 육종도 병행해야만 성공적인 발전이 가능하다. 한국의 수경재배 기술은 중동 지역에서도 관심을 받고 있어서 보다 경제적인 K-버티컬 팜의 모델화가 이루어지면, 앞으로 국내외에서 이 분야 발전에 크게 공헌할 수 있을 것이다.

전 세계의 수직 농업 시장 규모는 2024년 56억 달러에서 2029년 137억 달러로 성장할 것으로 예상되며, 2024년부터 2029년까지 연평균 19.7% 성장할 것으로 예상된다(Market and Markets. 2025). 따라서 이와 같은 세계적인 추세에 대응하여 국내에서도 경제성 있는 버티컬 팜에 대한 지속적인 연구와 해외 판매 등의 대책을 마련할 필요가 있다.

제22장 우주 농업 (Space Farming)

인구의 폭발적인 증가, 산업 발전에 따른 지구온난화, 핵무기와 사린가스 등 화학무기의 무절제적인 사용 가능성 등에 따른 지구 파괴의 시나리오는 영화에서와 같은 지구 탈출의 현상이 인류에게 닥치지 말라는 법은 없다. 그래서 세계 각국은 우주여행 동안 인간 환경 적응을 시험하기 위하여 우주정거장(space station)에서 1년 이상 생활하도록 하면서 데이터를 축적하고 있다. 최근에 국제우주정거장(international space station: ISS)에서 6명의 우주인이 우주에서 자란 로메인 상추를 우주인 식량과 함께 시식하였다. 이는 그 동안의 NASA를 비롯한 많은 관련 연구 기관의 연구 결과이다(NASA, 2015). 국내에서 우주 식물재배와 관련된 기초 연구는 미미하지만, 미래의 한국 우주 농업 연구를 위한 기초 지식 제공을 위해 선진국의 우주에서의 수경재배 적용에 대하여 알아보기로 한다.

22.1 우주 농업의 의미

우주 농업(space farming)이란 우주 또는 지구 밖 천체에서 식량 및 기타 재료를 위한 작물을 재배하는 것을 말한다. 우주농업은 우주 환경에서 지구 상의 식물을 키우는 것과 지구 이외의 공간에서 존재할 수가 있는 식물 발견을 연구하는 천체식물학(astrobotany)을 기본으로 한다. 우주농업은 몇 광년이 떨어진 우주를 비행하게 될 우주인에게 우주선 내에서의 작물 재배는 비행사의 식품 제공이라는 측면과 생리활동에 필요한 산소의 공급 및 원예치료적인 측면에서 심리적인 안정을 가져오는 데 매우 중요하다.

우주여행이 점차 현실로 다가오고 있는 가운데, 우주에서의 식량 자급 또한 중요한 연구 분야로 대두되고 있다. 우주에서는 토양과 물을 구하기 어려우므로 물 1g은 금보다 매우 비싼 가치를 가진다. 따라서 물을 반복해서 사용해야만 하므로 폐쇄형 식물공장 시스템으로 접근할 수밖에 없다. 우주에서의 식물 생산이 지상에서와 다른 점은 무중력이란 것과 광의 스펙트럼이 다양하다는 것이다. 따라서 무중력 상태에서의 식물 생장 특성을 구명해야 하며, 광이나 온도 등의 환경을 최적으로 제어하는 방법과 시스템 구축이 병행되어야 한다.

22.2 생명 지원 시스템과 우주 농업

미국에서는 1990년대에 우주 기지에서 식물을 재배하기 위해 NASA가 중심이 되어 연구하고 있으며, 폐쇄 생태계 생명 지원 시스템(CELSS: controlled ecological life support system 혹은 closed ecological life support system)을 구축하여 연구하고 있다. CELSS는 인간의 생명이 유지되도록 환경을 제어하면서, 식물 생산, 물과 공기의 정화와 재생, 발생하는 폐기물의 처리 등이 가능하도록 만든 시스템이다.

22.2.1 생명 지원 시스템의 구성

생명 지원 시스템에서는 생물적, 물리화학적인 과정을 통합할 수 있는 시스템으로서, 식품과 식용수 생산, 호흡할 수 있는 환경 조성, 폐기물 처리와 재생 같은 과정이 이루어진다. 이들 가운데 식물과 인간의 상호 보완적인 생리화학적 과정이 폐쇄 공간 속에서 완벽하게 이루어지도록 설계되어 있다. CELSS의 가장 중요한 개념은 식물생장실이다. 식물생장실(plant growth unit)에서 생산된 바이오메스(biomass)는 식품가공시스템(food processing subsystem)으로 가고, 여기서 수확된 산물은 식품으로 변환된다. 생산된 식품은 우주선 승무원들에 의해 섭취돼서, CO_2, 물, 오줌, 배설물, 그리고 그 외 폐기물들로 변환된다. 승무원들에 의해서 발생하는 고형물 혹은 액체 물질은 폐기물처리시스템(waste processing subsystem)에서 화학적인 형태가 변해 식물의 양분으로 재이용하게 된다. 탄산가스와 수증기는 폐기물의 산화에 의해 변환되어 발생하며, 광합성에 이용된다. 또한 수용성 무기염류는 식물생장을 위한 영양소로 다시 제공된다. 식물생장실, 식품가공실, 승무원, 그리고 폐기물 처리실 사이의 물 순환은 제습장치를 통해서

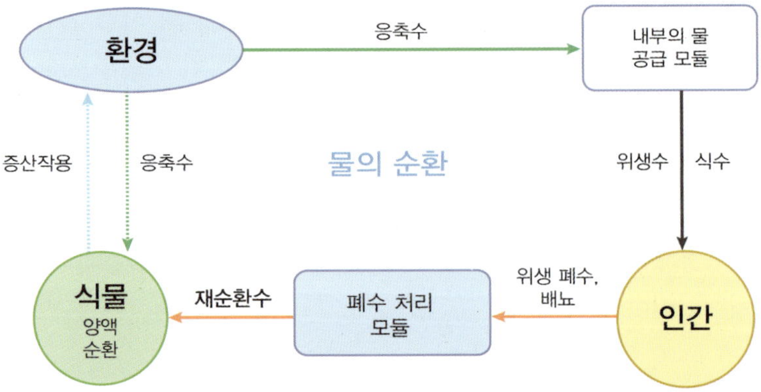

그림 22-1 CELSS 내에서 물순환(Zhang 등, 2019)

물 정화실로 이동한다. 이와 같은 물은 식물 생산에 이용되고, 승무원들의 식용수와 설거지용, 그리고 식품 가공공정에 사용되기도 한다. 승무원, 식품가공 공정에서 발생하는 모든 수분은 순환되어서 식물이 이용하게 한다.

앞서 설명에서와 같이, 폐쇄 공간에서의 수분 이용은 장기 비행에 있어서 매우 중요하다. Zhang 등(2019)은 작물의 성장과 승무원의 일상생활에 필요한 물 수요를 보장하기 위해 4인이 180일 동안 총 23m^{3}의 물을 이용하여 폐쇄형 시스템에서 생활하는 물 순환 연구에 참가하였다. 응축수를 수집해서 가정용 물을 공급하였고, 인간 분뇨나 폐수를 회수하여 폐수처리 모듈을 통과해서 식물영양액 등에 재활용하였으며, 식물 재배 장소와 실내 환경에서 발생하는 응축수는 내부 물 공급 모듈을 통해서 승무원의 식용수로 이용하였다. 전체 물 순환 공정에서 식물 영양액은 지속적으로 자체 순환했는데, 총유기탄소가 20~30mg/L, $NH4^+-N$은 1.0mg/L 이하로서 비교적 안정적인 수질을 유지했다고 한다(그림 22-1).

물뿐만 아니라 우주선, 달이나 화성의 거주기지에서는 식물이 공급하는 산소와 인간의 호흡에서 나오는 탄산가스가 인간–식물 상호 간에 이용하게 된다.

CELSS farm을 이용하여 인간이 달에서 생활한다면 면적이 얼마나 필요할 것인가를 추정하였을 때 1인당 13~50m^{2}이 필요하다. 그래서 100명이 달에서 거주한다면, 작물에 따라 차이가 있지만 약 5,000m^{2}가 필요하므로, 수경 시스템으로는 물의 소모량이 가장 작은 분무수경이 좋다고 제안하였다(Bugbee and Salisbury, 1989).

22.2.2 우주에서 재배 가능 식물과 수경 시스템

CELSS farm에서 많은 과학자들에 의한 우주 생산 시스템의 연구 결과, 재배 식물은 공간을 작게 차지하면서 우주인의 식품을 공급해 줌과 동시에 원예 치료적으로 인간의 심리적인 안정과 만족을 유도시키는 기능을 가지면 좋다. 또한 생명 지원 시스템에서 재배 가능한 식물은 생산성이 높고, 조리성이 용이하며, 소화가 잘되고, 왜성(矮性)이면서, 우주선 내의 습도 유지를 위해서 높은 증산성을 지녀야 한다. 많은 시험 작물 중에서도 감자가 적당한 작물로 제시되는데, 이는 탄수화물 공급원으로서 생육기간이 짧고 비타민 C가 함유되어 있기 때문이다.

궤도 테크놀로지(orbital technologies: ORBITEC)는 케네디 우주 센터와 함께 식물 생산을 하는 Veggi(vegetable production system. NASA의 첫 번째 신선식품 생장 시스템으로 우주정거장에서 채용하여 운영하고 있음)를 만들어 상추를 생산하는데, 최근 들어 가장 많은 연구를 하는 것은 에너지의 60%를 절감하면서 식물을 생장시키는 LED 보광이다. 또한 적절한 수경 시스템으로 분무수경(aeroponics)을 택하고 있다. 분무수경은 근권이 담액보다 다소 많은 공간을 차지하지만, 물의 사용이 적다는 점에서 각광을 받는다. 우주인은 식물을 기르는 데 많은 시간을 할애할 수가 없기에, NASA의 지원을 받은 BioServe Space Technologies는 잎의 두께를 측정하면서 관수하는 새로운 시스템을 사용해서, 제공하는 수분을 25~45% 절약하는 농법을 개발하여 특허 출원하였다. NASA에서는 Veggi를 이용하여 단순하면서도 제어가 가능한 우주선 내에서의 식량 생산을 다양한 연구소, 대학교, 국가 간에 연구하지만, 생산의 기본은 수경재배가 포함되어 있으므로, 이 분야 연구에 있어서 원예인의 동참은 필수적이다.

22.2.3 우주에서 식물 연구

1) 종자 처리

무중력 상태에서 종자 처리는 NASA가 중심이 되어서 연구를 수행하고 있다. 1971년, Apollo 14호가 달의 주변을 돌면서 약 500종류의 수목 종자를 각종 조건에 노출을 시킨 후에 지구로 가져와 발아시켰지만, 변화를 볼 수가 없었다고 한다. 감자도 우주선에서 일정 기간 노출을 시킨 후에 지구로 가져와서 심었는데, 감자 맹아 발생에는 별다른 지장이 없었다고 한다(Wikipedia, 2025). 2030년까지 우주농업에서 종자 산업이 차지하는 비율이 55% 정도될 것으로 예상된다. 우리나라도 우주농업을 위한 종자 육성에 참여해야 하는데, 이를 위해서는 국가의 전폭적인 연구비 지원이 필요하다.

2) 식물 재배

우주선에서 식물 재배는 1982년 Soviet Salyut 7호에서 *Arabidopsis*를 재배하여 개화시키는 결실을 보았으며, 그 후에 많은 연구를 수행했다. 지금까지 우주 연구에서 성공한

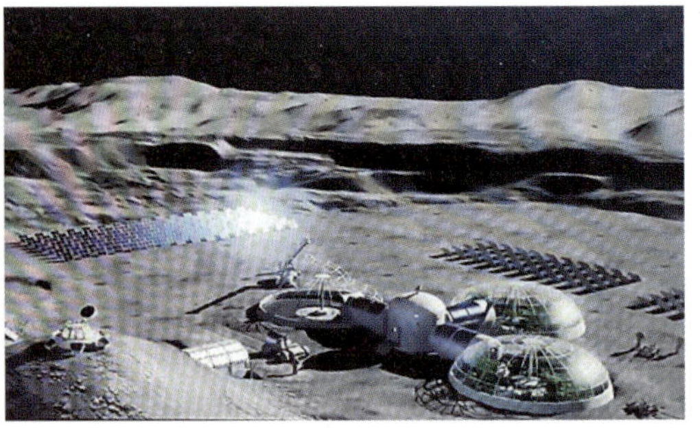

그림 22-2 우주정거장에서 핀 백일홍(좌)과 달의 거주공간과 재배온실 상상도(우, NBC)

식물은 왜성 밀, 완두콩, 아마 같은 작물과 감자, 양파, 무, 양배추, 백경채, 미주나, 적로메인, 파슬리, 마늘 등 채소와 백일홍, 해바라기 같은 화훼류, 딜, 시나몬 바질 같은 허브가 있다. NASA(2016)가 개발한 Veggie-3에서 plant pillows(재배용 식물 배게, 사각형의 특수 재배 시스템)와 root mats(뿌리 매트) 등을 개발해서, 여러 작물을 재배 시험했고 백일홍을 개화시켰다(그림 22-2, 좌). 중국은 Tiangong Space 우주선에서 벼를 2년간 재배하면서 우주 공간에서 돌연변이를 유도한 후 지구 상으로 가져와 3세대째 재배하면서 선별하고 있다. 앞으로 우주선에서 벼의 재배가 가능할 것이라고 한다(CAS, 2024).

이상의 식물 연구를 바탕으로 해서 우주 식물 생산은 광원과 생육조건을 잘 조절해야 한다. 태양계 내에서 태양광을 에너지화하여 거주 공간과 온실 냉난방 및 LED 광원으로 사용해야 한다(그림 22-2, 우). 달의 온실 내에서는 현재의 지구 상 작물 품종으로는 한계성이 있기 때문에 GMO를 이용해서라도, 무중력 상태, 낮은 산소 상태에서 우주인에게 공급할 수 있는 식물을 육종을 해야 한다.

22.3 우주 농업의 장단점

우주 농업의 가장 큰 장점은 다음과 같다. 첫째, 장기간 우주여행 동안 우주인의 폐쇄 공간에서의 생명 유지에 기여한다. 둘째, 녹색의 식물이 잎과 꽃은 장기 폐쇄 공간에서 심리적인 안정을 주는 원예 치료적인 효과를 준다. 셋째 지구가 아닌 우주에서의 식물 생리학 등 식물 과학적 새로운 발견이 가능하다. 넷째, 지구 이외에서 작물 생산이 가능하여 자원 효율성을 증대시킨다. 다섯째, 무중력 우주선 내에서 물을 절약하면서 작물을 생산하는 새로운 재배 기술을 확립할 수가 있으며, 우주에 적응할 작물 육종이 가능하다. 여섯째, 모든 식물, 인간 폐기물의 고도 재활용 기술을 지구 상에 적용하여 지속 가능한 농업 발전에 기여할 수가 있다.

우주 농업의 단점의 다음과 같다. 첫째, 무중력 상태에서 나타날 수가 있는 식물체 내 물 분배, 낮은 중력에 따른 오옥신 이동 문제, 산소의 근권 접촉이 어려운 문제가 있다. 둘째, 폐쇄 시스템으로 인해 발생할 수 있는 인간과 식물의 물 재활용과 폐기 문제, 식물의 양분 공급 문제, 탄산가스 공급과 폐기 문제, 조명을 위한 에너지 공급 문제, 제한된 공간에서 작물 생산의 혁신적인 증대 능의 문제를 해결해야 한다. 셋째, 환경적인 측면에서 극한 온도에 따른 식물의 생장, 우주 방사선에 대한 생장 능력 저하, 기압 감소에 따른 식물 신진대사 문제, 이산화탄소의 양 변화에 따른 광합성 감소 문제, 엄청난 속도나 감속에 따른 관성력 발생으로 인한 식물 생장의 영향 등의 문제가 있다. 기타 문제로서는 식물이 열악한 조건에서 병충해 내성 감소에 따른 재배상 문제, 수확 및 가공의 효율적인 시스템 개발 문제, 우주인의 원예적 치료를 고려한 식물 선택과 접촉을 고려하는 문제 등이 있다. 이러한 과제를 극복하기 위해서는 폐쇄 공간 최적 수경재배 시스템 개발, 조명 및 공기 순환 최적화, 식물의 무중력 적응 방식 이해 등 혁신적인 해결책이 필요하다

22.4 발전 방향

달 기지에서 농업적 생산을 위해서는 식물의 생산성, 폐쇄된 환경, 자동화와 로봇화, 우주 특수 환경 등 네 가지 방향에 대한 대책을 마련해야 한다. 우주선 내에서는 승무원 모두가 식물을 재배할 수가 없으므로, 이식과 정식 작업, 양액 공급, 알맞은 양액 비율, 식물의 크기와 생육단계 모니터링, 수확, 식용과 비식용 부위 분류 등의 자동화와 로봇화가 필요하다(이 등, 2012). 우주 환경에 관련해서는 식물 생장에 적합하지 않아서, 광 조건, 식물 지지, 공기의 조성과 압력 등도 고려해서 특수한 시스템을 만들어야 한다. 국립수목원이 NASA와 자생식물 대상 연구 중에 있어 기대가 된다.

우주 농업 시장은 2033년까지 129억 6천만 달러 규모로 성장할 것으로 예상된다. 2023년 시장 규모는 50억 달러였으며, 2024년부터 2033년까지 연평균 성장률(CAGR) 10%로 성장할 것으로 예상된다. 현재는 종자 부문이 시장 점유율 55%, 매출 27억 5천만 달러로 시장을 주도하고 있으며, 농업 부문은 시장 점유율 60%, 매출 30억 달러를 기록하고 있다(Lucitel. 2025). 따라서 우리도 우주 환경에 적응력이 강한 우주 작물을 육성하는 데 국가 자원의 선쏙적인 지원과 민간 기업이 참여함으로써, 앞으로 세계의 우주 종자 시장에 진출이 가능하리라 본다.

참고 문헌

Adam, J. 2017. The best aquaponics fish species for you. www.aquaponicssystems.net/aquaponics...fish/aquaponics－fish Retrieved 17. Feb. 2017.

Adams, P. and G. W. Winson. 1984. Some response of cucumbers and lettuce grown in a peat substrate to phosphate and lime. Acta Hort. 145 : 102–111.

Adamson, RM and EF Maas. 1971. Sawdust and other soil substitutes and amendments in greenhouse tomato production. HortSci. 6(4):397–399.

Atkin K, Nichols MA. 2004. Organic hydroponics. Acta Horti, 648: 121–127.

Awad, et al. 2017. Biochar, a potential hydroponic growth substrate, enhances the nutritional status and growth of leafy vegetables. J. Cleaner Prosuc. 156: 581–588

Basamid.www.plantproducts.com/.../Basamid Granular fumigant label 2014－05－14. Pdf.

Benoit, F. and N. Ceustermans. 1994. Growing cucumber on ecologically sound substrates. Acta Hort. 396 : 55–66.

Bugbee, B. B. and F. B. Salisbury. 1989. Controlled envieonment crop production: hydroponic vs lunar regolith. In Ed. D.W. Ming, and D.L. Henniger. 1989. Lunar base agriculture: Soil for plant growth. ASA－CSSA－SSSA. pp. 107–129

Carter, W.A. 1942. A method of growing plants in water vapor to facilitate examination of roots. Phytopathology 732: 623–625.

Chang, D. C. 2004. Potato(*Solanum tuberosum* L) growth responses by hydroponic system, root zone environment, recirculation system, and nutrient control. Ph thesis. University of Seoul.

Chen, XL et al. 2022. Red and blue wavelengths affect the morphology, energy use efficiency and nutritional content of lettuce(*Lactuca sativa* L.) Sci. Rep. 11. Art No. 8374.

CAS(Chinese Academy of Sciences). 2024. Scientists harvest sweet space-grown rice.

Chowdhury, Met al. 2024. Evaluation of hydroponic systems for organic lettuce production. Controlled Environment Plant Sci. Volume 15. | https://doi.org/10.3389/fpls.2024.1401089

Cooper, A. J., 1988. The ABC of NFT. Grower Books, London.

Cornell Uni. 2025. Strawberries. Nutrient deficiencies. mpp3@cornell.edu.

Deer, C et al. 2021. Nitrification and maintenance in media bed aquaponics. Oklahoma. Coop. Ext. Ser. HLA－6729－8.

Depardieu C, V. Prémont, C. Boily, J. Caron. 2016. Sawdust and bark－based substrates for soilless strawberry production: Irrigation and electrical conductivity management. PLoS ONE 11(4): e0154104. https://doi.org/10.1371/journal.pone.0154104.

Despommier, D. 2009. The rise of vertical farms. Scientific American. 301 (5): 60–67.

Dry Hydroponics B.V. 2025. Dry hydroponic. info@dryhydroponics.nl.

Du, et al. 2023. Tomato 3D pose detection algorithm based on key point detection and point 334 cloud processing.Issue Chttps://doi.org/10.1016/j.compag.2023.108056.

Ellis, C. and M. W. Swaney. 1947. Soilless growth of plants. Reinhold.

Finck, A. 1976. Pflanzenernährung in Stichworten. Verl. Ferdinand Hirt.

Florida Today. 2018. ISS space flowers may need some help from 'Martian'. Retrieved 8 April 2018..

Flow Grow. 2024. Commercial hydroponic system. Flow Grow Hydroponics.

Fontes, M. R. 1973. Controlled－environment horticulture in the Arabian desert at AbuDhabi. HortSci. 8 : 13–16.

Fukuda K, et al. 2023 An automatic tomato growth analysis system using YOLO transfer learning. Appl. Sci. 13(12), 6880;

Gericke, W. F. 1940. The complete guide to soilless gardening. Prentice－Hall, New York.

Global market insight(GMI). 2024. Aeroponics market crop type and forecast, 2024–2032. https://www.gminsights.com/industry－analysis/aeroponics－market.

Grossman, D. 2018. Abandoned coal mines could be future of farming. Popular Mechanics. Retrieved 3 December 2018.

GVR(Grand View Reserch). 2024. Hydroponics market size, share and trends analysis report. pp 1–150. Market Analysis Report.

He, LZ, et al. 2022. Comparison of rockwool and coir for greenhouse cucumber production: chemical element, plant growth, and fruit quality. Heliyon. 8(10):e10930

Hodges, T. K. 1973. Ion absorption by plant roots. Advances in Agronomy 25 : 163–207.

Huber JJ. et al. 2005. Hydroponic cucumber production using urethane foam as a growth substrate. Acta. Hort. 637:139–145.

Hurd, R. G. 1978. The root and its environment in the nutrient film technique of water culture. Acta Hort. 82:87–97

Ikeda, H. and T. Osawa, 1981. Nitrate and ammonium N absortion by vegetables from nutrient solution containing ammonium nitrate and the resultant change of solution pH. J. Japan. Soc. Hort. Sci. 50 : 225–230.

Incementoglu et al. 2012. Investigation the effects of different support medium on product with nutrient film technique in hydroponic plant growth. Thesis no: 78 Affiliation: Middle East Technical University.

Jensen, M. H. and W. L. Collins. 1985. Hydroponic vegetable production. Hort. Rev. 7 : 483–557.

Jones, J. B. Jr. 1983. A guide for the hydroponic and soilless culture grower, Timber Press.

Jungk, A. 1979. Gießwasser－Beurteilung der Qualität, Gb und Gw 10 : 238–241.

Kazachkova, Y, 2023. Give me some sugar: a transporter responsible for sugar uptake from the rhizosphere identified in apple. Plant Physiol. 183(10): 156–158.

Kim. S. E., J. E. Lee, S. Y. Sim, Y. S. Kim. 2014. Nutrient absorption pattern by analysis of drainage through growth stages in cucumber coir bag culture. Protected Horticulture and Plant Factory Vol.23 No.3 pp. 229–234

Kirkby, E. A. and K. Mengel. 1967. Ionic balance in different tissues of the tomato plants in relation to nitrate, urea, or ammonium nutrition. Plant Physiol. 42 : 6–14.

Kratky, B.A. 2009. Three non－circulating hydroponic methods for growing lettuce. Proceedings of the International Symposium on Soilless Culture and Hydroponics. Acta. Hort. 843:65–72.

Lee, S.G., J.S. Lee, and J.H. Won. 2019. Analysis of light traits in a solar light collector device and its effects on lettuce growth at an early growth stage. J. Environ. Sci. Inter. 28 : 1019–1025.

LettUs Grow, 2024. Ultrasonic aeroponics boosts agricultural sustainability. www.lettusgrow.com.

Linandakis, D. K. and B. I. Manios. 1997. Hydroponic culture of strawberries in perlite. Perlite Institute INC. New York.

Liu Y et al. 2022. Plant factory: A new playground of industrial communication and computing. Sensors 2022, 22(1), 147; https://doi.org/10.3390/s22010147

Llyoid, M. 2018. Old coal mines can be 'perfect' underground food farms. BBC Plant Factory: A new playground of industrial communication and computing

Lucitel. 2025. Space agriculture market report: Trends, forecast and competitive analysis to 2030.

Marinou, E. A. Chrysargyris, N. Tzortzakis. 2013. Use of sawdust, coco soil and pumice in hydroponical grown strawberry. Plant Soil Environ. 59(10) 452–459.

Meléndez, F. et al . 2023. Design of a multisensory device for tomato volatile compound detection based on a mixed metal oxide—Electrochemical sensor array and optical reader. Micromachines (Basel).14(9):1761. doi: 10.3390/mi14091761.

Morgan, L. 2022. How to grow hydroponic tomatoes. The Garden Style.

Mori, Y. et al. 2002. Effect of pulsed white LED on the growth of lettuce. Shokubutsu Kojo Gakkaishi 14(3) : 136–140 DOI: 10.2525/jshita.14.136.

NASA. 2015. Space farming yields a crop of benefits for earth.
https://www.nasa.gov/.../space－farming－yields－a－crop－of－benefits－

NASA. 2016. iss046e009646 (01－17－2016) Zinnia flower grown inside the Veggie facility onboard the International Space Station.

NASA. 2024. A noble approach to growing gardens in space. NASA official for Sci.

Papadopoulos, A. P. 1994. Growing greenhouse seedless cucumber in soil and in soilless media. Agri & Agri－Food Canada Pub.

Park, SJ. & W. Kim. 2021. Design and implementation of a hydroponic strawberry monitoring and harvesting timing information supporting system based on Nano AI－Cloud and IoT－Edge. Electronic. https://doi.org/10.3390/electronics10121400.

Park, YJ, KA Williama. 2024. Organic hydroponics: Review. Sci. Hort. 324: 112604

Penningsfeld, F. and P. Kurzmann. 1966. Hydrokultur und Torfkultur, Verlag Eugen Ulmer.

Planbox, 2019. Floating deep farms offer year－round crops. IdeaConnection.

PodPonics. 2017. www.podponics.com Retrieved April. 5. 2017.

Rajaseger, et al. 2023. Hydroponics: current trends in sustainable crop production. Bioinformation 19(9):925–938. doi: 10.6026/97320630019925.

Rakocy, J. E., K. A. Schulz, D. S. Bailey, E. S. Thoman. 2004. Aquaponic production of tilapia and basil: comparing a batch and staggered cropping system. Acta Hort. 648 : 63–69.

Razzak, A, et al. 2022. Effects of supplementing green light to red and blue light on the growth and yield of lettuce in plant factories Sci. Hort. 305. https://doi.org/10.1016/j.scienta.2022.111429.

Resh, H. M. 2013. Hydroponic food production. CRC Press.

Röber, R. und K. Schaller. 1985. Pflanzenernährung im Gartenbau. Verlag Ulmer. 13.

Rodriguez, J. C., N. C. Shaw, D. J. Cantliffe and Z. Karchi. 2005. Nitrogen fertilization scheduling of hydroponically grown 'CALIA' muskmelon. Pro. Fla. State Hort. Soc. 118:106－112.

Rogosa, E., 2017. Organic aquaponics. Retrieved 17. Feb. 2017.

Rosli NSM, et al. 2023. Effect of biochar as a hydroponic substrate on growth, colour and nutritional content of red lettuce (*Lactuca sativa* L.). Soil & Plant Nutri. | https://doi.org/10.1590/1678－4499.20220177.

Ross, J, 1988. Hydroponic tomato production. Casper Pub.

Roy, S. 2023. Dubai's Giga Farm project to boost food security and agricultural GDP.

Sase, S., H. Ikeda, and T. Takezono. 1988. Plant production in the artificial environment. Acta Hort. 230 : 323–328.

Sawan O. M. M. and A.M. Eissa 1996. Sawdust as an alternative to peat moss media for cucumber seedlings production in green houses. Acta Hort. 434: 127–138.

Schwarz, M. 1995. Soilless culture management. Springer Verlag.

Sky greens. 2017. https://www.skygreens.com/ Retrieved Feb. 18, 2017

Smith, D. L. 1987. Rockwool in horticulture. Grower Books, London.

Son, KH et al. 2018. Comparison of lettuce growth under continuous and pulsed irradiation using light－emitting diodes. Hor. Sci. Tech. 31: 542–551.

Stoner, R. J. 1983. Aeroponics versus bed and hydroponic propagation. Florists' Review Vol 173 No. 4477 : 1–2.

Takatsuji, M. 2007. Plant factory, Ohmsa Ltd.(Japanese).

Thomas. W. and B. Thomas. 1997. Growing orchids in perlite. Perlite Institute. INC. New York.

Tindall, H. D. 1983. Vegetables in the tropics. Avi Pub Co.

Tikasz, P. 2019. Aerated chicken, cow, and turkey manure extracts differentially affect lettuce and kale yield in hydroponics. Inter. J. Recycling. Organ. Waste in Agri. 8(3) DOI: 10.1007/s40093－019－0261-y

Van Eck, J., G. van der Heijden, and G. Polder. 1998. A accurate measurement of size and shape of cucumber fruits image analysis. J. Agri. Engineer. Res. 7 : 335–343.

Viscon Group. 2025, Deep water culture system for hydroponics. INFO@VISCON.EU.

Wang S. et al 2024, Highly stretchable, robust, and resilient wearable electronics for remote, autonomous plant growth monitoring vol. 2, Issue 4, 19 April https://doi.org/10.1016/j.device.2024.100322.

Water Technology Magazine. Sept. www.ozomax.com/pdf/hydroponics.pdf ~261.

Wikipedia. 2017. Aquaponics. https://en.wikipedia.org/wiki/Aquaponics.

Wikipedia. 2025. Astrobotany.

참고 문헌

Williams KA, Nelson JS. 2016. Challenges of using organic fertilizers in hydroponic production systems. Acta Hort. 1112 : 365–370.

Wilson, G. C. S. 1983. Analytical analyses of perlite substrates. Acta Hort. 150 : 41–46.

Woodroof, J. G. 1979. Coconuts: production, processing, products. Avi.

Yara. 2025. Strawberry nutrient deficiencies. Yara UK Ltd

Yeang, K. 2017. Ecology and architecture－Museum of the city. www. museumofthecity.org/ .../ken－yeang－ecology－and－architecture/ Retrieved Feb. 18, 2017.

Zhang, et al. 2019. Water management in a controlled ecological life support system during a 4－person－180－day integrated experiment: Configuration and performance. Science of The Total Environment. 651(2)15 : 2080–2086.

山崎肯哉. 1982. 養液栽培全編, 博友社, 日本.

岩尾和哉. 1994. 毛管水耕による簡易養液栽培裝置. Hydroponics 8(1) : 19–20.

伊東 正. 1990. 毛管水耕の種類とその特性. Hydroponics 3(2) : 68–70.

宇田川雄二（1996）イオン濃度制御による養{液栽培イチゴ'女峰'の養{水分吸収および生育・収量. 千葉県農試研報. 37, 1–11

강승원, 백준필, 서상규, 박권우, 이용범, 김선형 공역. 2008. 식물공장(Takatsuji 저). 월드사이언스

강종구, 양승열, 김승열. 1996. 질소 수준이 분무경 재배감자의 생장과 괴경 형성 및 품질에 미치는 영향. 한원지. 37 : 765–766.

김영철. 2001. 펄라이트 수경재배 토마토의 생육, 품질 및 저장성에 미치는 규소의 영향. 박사학위 논문. 고려대학교

김용철. 1970. 관비농법에 의한 농지자원개발에 관한 연구. 한원지. 8:93–105

김원배, 권영기, 장석울, 임상철, 2001. 고랭지 결구상추의 관비재배 시 돈분뇨 발효액비 시용효과. 한국자원식물학회지. 14:84–88.

농축식품부, 2024 a, 채소재배 현황

농축식품부, 2024 b. 화훼재배 현황

노미영, 이용범. 1996. Predictive control of concentration of nutrient solution according to integrated solar radiation during on hour in the morning. Acta. Hort. 440 : 256

류종원. 2009. 퇴비단 여과 액비를 이용한 채소 수경재배 연구, 축산시설환경. 15(1). 51–58.

매일신문. 1996. 인삼水耕재배 기술 개발. maeil@msnet.co.kr

문원, 이용범, 손정익. 2011. 시설원예학. 한국방송통신대학.

박권우, 김수경. 2025, 향신허브 & 아로마테라피학. 월드사이언스

박권우, 김영식. 1998. 양액재배. 아카데미출판

박권우, 김영식. 2022. 원예식물 영양학. 월드사이언스

박성태. 2015. 장미 코이어배지 수경재배에서 FDR 센서를 이용한 급액제어. 박사학위논문. 서울시립대학교.

박종석 등. 2016. 식물공장 중장기 정책수립 방안 연구. 농림축산식품부

심상연. 2009. 토마토 펄라이트 자루 재배 시스템 개발, 박사학위 논문. 상명대학교

양원모. 1988. 분무경과 박막 환경 양액재배에 따른 시설재배 토마토의 생리·생태 및 형태적 적응에 관한 연구. 전남대 박사학위 논문.

유형주. 2014. 파프리카 코이어 재배에서 FDR 센서 급액제어가 배액률과 생육에 미치는 영향. 박사학위논문. 서울시립대학교

이용범, 2023. 수출용 북방형 스마트 팜 패키지 모델 개발. 농기평보고서.

이용범, 강호민, 김계훈, 김일섭, 배종향, 안철근, 오정심, 유용만, 이정필, 이정현, 최기영. 2013. 수출 파프리카 생산기술. 파채류공동 수출연구사업단.

이용범, 박권우, 박성태, 배종향, 유형주, 조영철, 최기영, 최은영. 2015. 수경재배론. 도서출판 진솔

이용범, 전하준, 손정익. 2012. 신고 시설원예학. 향문사

이정필, 이정현, 명동주. 2011.. 시설환경조절과 파프리카 재배 기술. 대영씨엔이

손정익 등. 2022. 수직농장학. 향문사

양동식, 2001. Production of functional Korean ginseng by substrate and selenium in hydroponics. 고려대 석사학위 논문.

정순주, 篠原 溫, 油田英男, 鈴木芳夫. 1992. 양액의 분무 간격에 따른 분무재배 토마토의 생장 및 생체 정보의 관련성. 생물생산시설환경. 1 : 154–161.

조자용, 소성일, 정순주. 1997. 방울토마토와 멜론의 배지경재배시 근권미생물상. 한원지. 38 : 468–473.

최원장. 1991. 튀긴 왕겨 및 피트모스 혼합 상토가 배추, 오이, 및 고추묘의 생육에 미치는 영향. 고려대 석사논문

부록 1

배양액 내 각 성분(이온) 농도 간의 환산법 및 비료 소요량 계산법

농도에 관한 기본적인 사항은 본문 3.8절을 참조하며, 이곳에서는 계산을 중심으로 기술한다. 대상으로 하는 비료의 순도는 100%인 것으로 가정한다. 순도 계산은 부록 2를 참조한다.

1. 각 이온 농도 간의 환산법

① ppm(mg/l)을 알고 있는 경우에 이를 me/l 혹은 mM로 환산할 경우

◎ $\text{몰농도(mM)} = \frac{\text{ppm}}{\text{원자량}}$

◎ $\text{규정농도(me/l)} = \frac{\text{ppm} \times \text{원자가}}{\text{원자량}}$

> **예** Ca이 120.3 ppm 있을 때 다른 농도로 표시하면?
>
> $$\text{몰농도(mM)} = \frac{\text{ppm}}{\text{원자량}} = \frac{120.3}{40.1} = 3 \text{ mM}$$
>
> $$\text{규정농도(me/l)} = \frac{\text{ppm} \times \text{원자가}}{\text{원자량}} = \frac{120.3 \times 2}{40.1} = 6 \text{ me/l}$$

② me/l를 알고 있는 경우에 이를 ppm 혹은 mM로 환산할 경우

◎ $\text{ppm} = \frac{\text{규정농도(me/l)} \times \text{원자량}}{\text{원자가}}$

◎ $\text{몰농도(mM)} = \frac{\text{규정농도(me/l)}}{\text{원자가}}$

> **예** Ca이 6 me/l 있을 때 다른 농도로 표시하면?
>
> $$\text{ppm} = \frac{\text{규정농도(me/l)} \times \text{원자량}}{\text{원자가}} = \frac{6 \times 40.1}{2} = 120.3 \text{ ppm}$$
>
> $$\text{몰농도(mM)} = \frac{\text{규정농도(me/l)}}{\text{원자가}} = \frac{6}{2} = 3 \text{ mM}$$

③ mM을 알고 있는 경우에 이를 me/l 혹은 ppm으로 환산할 경우

◎규정농도(me/l) = 몰농도(mM) × 원자가

◎ppm = 몰농도(mM) × 원자량

> **예** Ca이 3mM 있을 때 다른 농도로 표시하면 ?
>
> 규정농도(me/l) = 몰농도(mM) × 원자가 = 3×2 = 6me/l
>
> ppm = 몰농도(mM) × 원자량 = 3×40.1 = 120.3ppm

2. 이온의 농도만 알 때, 비료의 양 산출법

배양액 조성에서 실제로 필요한 비료의 양이 아니라 각 성분(이온)의 농도만 표시되는 경우가 있다. 이럴 경우, 실제로 필요한 비료의 양을 구하는 방법은 다음과 같다. 이해를 돕기 위하여 사용하는 모든 비료를 예로 들었다. 비료의 종류, 분자량, 당량 등은 표 3-1 및 표 3-14를 참조한다.

① 이온의 농도가 ppm(mg/l)으로 표시되어 있는 때, 비료의 양을 구하는 방법

$$\text{비료의 소요량}(mg/\ell) = \text{성분의 ppm} \times \frac{\text{비료의 분자량}}{\text{성분의 원자량}}$$

예

성분명	성분 농도	비료명	비료의 소요량(mg/ℓ)
칼슘	200ppm	$Ca(NO_3)_2 \cdot 4H_2O$	$200ppm \times \frac{236}{40.1} \fallingdotseq 1177$
질소	150ppm	$Ca(NO_3)_2 \cdot 4H_2O$	$150ppm \times \frac{236}{14} \fallingdotseq 2529$
		KNO_3	$150ppm \times \frac{101.1}{14} \fallingdotseq 1083$
인	100ppm	KH_2PO_4	$100ppm \times \frac{136.1}{31} \fallingdotseq 439$

② 성분의 농도가 mM로 표시되어 있는 때, 비료의 양을 구하는 방법

$$\text{비료의 소요량}(mg/\ell) = \frac{\text{성분의 mM}}{\text{분자식 중의 성분의 개수}} \times \text{비료의 분자량}$$

예

성분명	성분 농도	비료명	비료의 소요량(mg/ℓ)
칼슘	4mM	$Ca(NO_3)_2 \cdot 4H_2O$	$4mM \times 236 \fallingdotseq 944$
질소	14mM	$Ca(NO_3)_2 \cdot 4H_2O$	$\frac{14mM}{2} \times 236 \fallingdotseq 1652$
		KNO_3	$14mM \times 101.1 \fallingdotseq 1415$
인	1mM	KH_2PO_4	$1mM \times 136.1 \fallingdotseq 136$

③ 성분의 농도가 me/ℓ로 표시되어 있는 때, 비료의 양을 구하는 방법

$$\text{비료의 소요량}(mg/\ell) = \frac{\text{성분의 } me/\ell}{\text{당량}} \times \text{비료의 분자량}$$

예

성분명	성분 농도	비료명	비료의 소요량(mg/ℓ)
칼슘	8me/ℓ	$Ca(NO_3)_2 \cdot 4H_2O$	$\frac{8}{2} \times 236 = 944$
질소	14me/ℓ	$Ca(NO_3)_2 \cdot 4H_2O$	$\frac{14}{2} \times 236 \fallingdotseq 1652$
		KNO_3	$\frac{14}{1} \times 101.1 \fallingdotseq 1415$
인	3me/ℓ	KH_2PO_4	$\frac{3}{3} \times 136.1 \fallingdotseq 136$

3. 비료의 양만 알 때, 이온(성분)의 양 산출법

배양액을 조제할 경우에는 필요한 비료의 양만 알아도 되지만, 사용하는 배양액에 포함되어 있는 성분 원소의 농도를 알고자 하는 경우가 발생한다. 예를 들어, 질산칼륨의 소요량은 알고 있더라도 이중 질산태 질소(NO_3-N)의 농도 혹은 양을 알아야만 질소의 농도를 변형할 수도 있고, 재배 중 양분의 불균형에 의한 문제가 발생했을 때 이를 해결할 수 있다. 이 절에서는 성분의 양을 ppm(mg/ℓ)로 나타냈다. 다른 농도로 환산하는 방법은 앞 절을 참조한다.

$$\text{성분의 양(ppm)} = \frac{\text{성분의 원자량} \times \text{비료에 포함된 성분의 개수}}{\text{비료의 분자량}} \times \text{비료량}$$

예

<table>
<tr><th>비료명</th><th>비료량 (mg/ℓ)</th><th>성분명</th><th>원자량</th><th>계산식</th><th>성분의 양 (mg/ℓ)</th></tr>
<tr><td rowspan="2">KNO_3</td><td rowspan="2">1,415</td><td>NO_3-N</td><td>14</td><td>$\frac{14\times1}{101.1}\times1415$</td><td>196</td></tr>
<tr><td>K</td><td>39.1</td><td>$\frac{39.1\times1}{101.1}\times1415$</td><td>547</td></tr>
<tr><td rowspan="2">$Ca(NO_3)_2 \cdot 4H_2O$</td><td rowspan="2">1,652</td><td>NO_3-N</td><td>14</td><td>$\frac{14\times2}{236}\times1652$</td><td>196</td></tr>
<tr><td>Ca</td><td>40.1</td><td>$\frac{40.1\times1}{236}\times1652$</td><td>281</td></tr>
<tr><td rowspan="2">$NH_4H_2PO_4$</td><td rowspan="2">76.7</td><td>NH_4-N</td><td>14</td><td>$\frac{14\times1}{115}\times76.7$</td><td>9.3</td></tr>
<tr><td>PO_4-P</td><td>31</td><td>$\frac{31\times1}{115}\times76.7$</td><td>20.7</td></tr>
<tr><td rowspan="2">KH_2PO_4</td><td rowspan="2">272.2</td><td>K</td><td>14</td><td>$\frac{14\times1}{136.1}\times272.2$</td><td>28</td></tr>
<tr><td>PO_4-P</td><td>31</td><td>$\frac{31\times1}{136.1}\times272.2$</td><td>62</td></tr>
<tr><td rowspan="2">$MgSO_4 \cdot 7H_2O$</td><td rowspan="2">493</td><td>Mg</td><td>24.3</td><td>$\frac{24.3\times1}{246.5}\times493$</td><td>48.6</td></tr>
<tr><td>SO_4-S</td><td>32.1</td><td>$\frac{32.1\times1}{246.5}\times493$</td><td>64.2</td></tr>
<tr><td>FeEDTA</td><td>24</td><td>Fe</td><td>55.9</td><td>$\frac{55.9\times1}{382.1}\times24$</td><td>3.51</td></tr>
<tr><td>H_3BO_3</td><td>3</td><td>BO_3-B</td><td>10.8</td><td>$\frac{10.8\times1}{61.8}\times3$</td><td>0.52</td></tr>
<tr><td>$MnSO_4 \cdot 4H_2O$</td><td>2</td><td>Mn</td><td>54.9</td><td>$\frac{54.9\times1}{223.1}\times2$</td><td>0.49</td></tr>
<tr><td>$ZnSO_4 \cdot 7H_2O$</td><td>0.22</td><td>Zn</td><td>65.4</td><td>$\frac{65.4\times1}{287.6}\times0.22$</td><td>0.05</td></tr>
<tr><td>$CuSO_4 \cdot 5H_2O$</td><td>0.05</td><td>Cu</td><td>63.5</td><td>$\frac{63.5\times1}{250}\times0.05$</td><td>0.01</td></tr>
<tr><td>$(NH_4)_2MoO_4$</td><td>0.02</td><td>Mo</td><td>95.9</td><td>$\frac{95.9\times1}{196}\times0.02$</td><td>0.01</td></tr>
</table>

부록 2

비료의 순도 및 각 성분의 함유 비율 계산법

함유 비율이란 비료의 성분이 어느 정도 포함되어 있는가 하는 비료 자체의 순도를 말한다. 순도 및 구성성분 비율로부터 비료량을 구하는 방법을 간단히 설명한다.

1. 비료의 순도로부터 비료의 소요량 산출법

대부분의 비료는 100% 순수하지는 않다. 비료의 순도는 상품에 적혀 있으므로, 배양액을 만들 때에는 순도를 계산에 넣어야 한다. 순도가 적혀 있지 않은 비료는 판매처에 문의하여 반드시 순도를 알아야 한다. 순도를 고려하지 않은채 배양액을 조제하면 양분의 부족이 나타날 가능성이 크다. 비료의 소요량은 다음의 식으로 구한다.

$$\text{비료의 소요량} = \frac{\text{순도 100\%짜리 비료의 소요량} \times 100}{\text{순도(\%)}}$$

> **예** 질산칼륨이 100g 필요한데, 순도가 90%라면 넣어 주어야 할 비료의 양은 $\frac{100 \times 100}{90} \fallingdotseq 111\text{g}$이다.

2. 원하는 성분이 비료에서 차지하는 구성비율 산출법

$$\text{성분의 구성비율(\%)} = \frac{\text{성분의 원자량} \times \text{성분의 개수}}{\text{비료의 분자량}} \times 100$$

이 경우, 모든 성분의 구성비율을 합하면 반드시 100%가 된다.

예 질산칼륨(KNO_3)에는 질소와 칼륨이 몇 % 포함되어 있는가.

표시법	계산식	구성 비율(%)
K 함량	(39.1/101.1) × 100	≒ 38.7%
N 함량	(14/101.1) × 100	≒ 13.8%
O 함량	(16×3)/101.1) × 100	≒ 47.5%
전체 함량		100%

예 제1인산칼륨(KH_2PO_4)에는 인과 칼륨이 몇 % 포함되어 있는가.

표시법	계산식	구성 비율(%)
P 함량	(31/136.1) × 100	≒ 22.8%
K 함량	(39.1/136.1) × 100	≒ 28.7%

황산마그네슘($MgSO_4 \cdot 7H_2O$)에는 황과 마그네슘이 몇 % 포함되어 있는가.

표시법	계산식	구성 비율(%)
Mg 함량	(24.3/246.5) × 100	≒ 9.90%
S 함량	(32.1/246.5) × 100	≒ 13.0%
$MgSO_4$ 함량	(120.5/246.5) × 100	≒ 48.9%

3. 구성성분의 비율로부터 비료의 소요량 산출법

구성성분의 비율로부터 비료의 소요량을 구하기 위해서는 먼저 사용하고자 하는 비료의 종류를 알아야 한다. 비료의 종류가 정해진 다음에야 구성성분의 비율이 산출되기 때문이다.

$$\text{비료의 소요량} = \frac{\text{비료의 분자량} \times \text{성분 소요량}}{\text{성분의 원자량} \times \text{성분의 개수}}$$

$$\text{비료의 소요량} = \frac{100}{\text{성분의 구성비율(\%)}} \times \text{성분의 소요량}$$

예 마그네슘의 구성 비율이 9.9%인 비료에서 마그네슘이 48.6g이 필요하다면, 황산마그네슘($MgSO_4 \cdot 7H_2O$) 비료는 얼마나 필요한가.

$$\frac{100}{9.9} \times 48.6\text{g} \fallingdotseq 490.9\text{g}$$

찾아보기

국문 색인

(ㄱ)

(ㄴ)

(ㄷ)

(ㄹ)

(ㅈ)

(ㅊ)

(ㅋ)

(ㅌ)

(ㅍ)

(ㅎ)

영문 색인